新编全国高等职业院校烹饪专业规划教材
烹饪工艺与营养专业项目课程教材

中式烹调工艺与实训

ZHONGSHI PENGTIAO GONGYI YU SHIXUN

张荣春◎主编　颜忠　史红根◎副主编
陶宗虎　蒋云翀　史居航　孙学武◎参编

北京·旅游教育出版社

烹饪工艺与营养专业项目课程教材
编写委员会

出版说明

我国烹饪享誉世界。进入21世纪以来，随着社会经济的发展和人们生活水平的不断提高，国际化交流不断深入，烹饪行业经历了面临机遇与挑战、兼顾传承与创新的巨大变革。烹饪专业教育教学结构也随之发生了诸多变化，我国烹饪教育已进入了一个蓬勃发展的全新阶段。因此，编写一套全新的、能够适应现代职业教育发展的烹饪专业系列教材，显得尤为重要。

本套"新编全国高等职业院校烹饪专业规划教材"是我社邀请众多业内专家、学者，依据《国务院关于加快发展现代职业教育的决定》的精神，以职业标准和岗位需求为导向，立足于高等职业教育的课程设置，结合现代烹饪行业特点及其对人才的需要，精心编写的系列精品教材。

本套教材的特点有：

第一，推进教材内容与职业标准对接。根据职业教育"以技能为基础"的特点，紧紧把握职业教育特有的基础性、可操作性和实用性等特点，尽量把理论知识融入实践操作之中，注重知识、能力、素质互相渗透，契合现代职业教育体系的要求。

第二，以体现规范为原则。根据教育部制定的高等职业教育专业教学标准及劳动和社会保障部颁布的执业技能鉴定标准，对每本教材的课程性质、适用范围、教学目标等进行规范，使其更具有教学指导性和行业规范性。

第三，确保教材的权威性。本套教材的作者均是既具有丰富的教学经验又具有丰富的餐饮、烹饪工作实践经验的专家，熟悉烹饪专业教学改革和发展情况，对相关课程的教学和发展具有独到见解，能将教材中的理论知识与实践中的技能运用很好地统一起来。

第四，充分体现教材的先进性和前瞻性。在现代科技发展日新月异的大环境下，尽量反映烹饪行业中的新工艺、新理念、新设备等内容，适当展示、介绍本学科最新研究成果和国内外先进经验，体现教材的时代特色。

第五，体例新颖，结构科学。根据各门课程的特点和需要，结合高等职业教育规范以及高职学生的认知能力设计体例与结构框架，对实操性强的科目进行模块化构架。教材设有案例分析、知识链接、课后练习等延伸内容,便于学生开阔视野,提升实践能力。

作为全国唯一的旅游教育专业出版社,我们有责任也有义务把体现最新教学改革精神、具有普遍适用性的烹饪专业教材奉献给大家。在这套精心打造的教材即将面世之际,深切地希望广大教师学生能一如既往地支持我们,及时反馈宝贵意见和建议。

旅游教育出版社

前　言

随着教育改革的不断深入和发展，我国高等职业教育已成为高等教育的重要组成部分，特别是烹饪专业的高等职业教育要紧跟时代的发展步伐，在理论和实践教学中，在课程的设置、教学的内容、教学的方式和方法上都应加以改革，以培养出更多的受企业欢迎的高级烹饪技术人才。

“中式烹调工艺与实训”是烹饪专业的主要核心课程。本教材在原有的项目课程教材的基础上，重新调整烹饪专业教学模式，以烹调技法的实训为主线，以岗位工作任务为路径，以行业标准为依据，制定基本功达标训练的标准，以提高学生的职业能力、创新能力和社会适应能力为方向。本教材的编排打破传统的文化基础课、专业基础课、专业课的三段式，紧紧围绕工作任务来选择和组织课程内容，培养职业能力，塑造职业形象，培育职业精神。

本教材突出烹调技法的实训，突破了传统的教学模式。全书共分为四大项目，16个模块下设多项工作任务，包括学习目标、技能标准、任务目标，以知识储备、菜品制作工艺与实训、拓展知识与应用、实训思考与练习题的结构模式，突出基本功与技能训练的融合，知识运用能力的培养，使学生真正做到“做中学，学中做”，突出了烹饪与营养专业的特色，体现了与时俱进的特点，力求在科学性、规范性、先进性、系统性和适用性等方面达到一个新的高度。

本教材由南京旅游职业学院张荣春副教授任主编，颜忠、史红根任副主编。具体分工如下：南京旅游职业学院张荣春编写项目一（模块二、模块四），项目二（模块一、二、三、四）；史居航编写项目三（模块三、四、五的菜品制作工艺）；颜忠编写项目三（模块三、四、五的其他内容）；史红根编写项目三（模块一、二、六）；陶宗虎编写项目一（模块一、三）；蒋云翀编写项目四（模块一、二）。南京旅游职业学院烹饪与营养学院院长吕新河对教材体例提供了帮助。金陵饭店行政总厨孙学武参与编写部分内容。南京旅游职业学院教授周妙林、邵万宽细阅了书稿，并提出了许多建设性的意见。南京旅游职业学院领导对教材的编写给予了大力支持。全书由张荣春编写大纲和体例，并进行统稿和总纂。

本教材在编写过程中，参考了国内相关的烹饪工艺专业书籍，以及有关专业人员对烹调技术研究的部分成果，在此向相关的作者表示诚挚的谢意。由于编写时间仓促、编者的水平有限，书中难免有疏漏和不足之处，恳请广大同行、读者提出宝贵意见。

编者

2018 年 1 月 12 日

目 录

项目一

烹调基本功与实训

模块一

认识烹调基本功

学习目标

知识目标

掌握烹调基本功的内容，熟知烹调基本功在烹饪中的作用，了解掌握烹调基本功的途径，了解基本功对菜品质量的影响。

技能目标

掌握烹调基本功与实训的标准，具有正确地使用常规厨房刀具、设备、工具的能力。

实训目标

（1）掌握烹调基本功的内容。

（2）掌握烹调基本功在烹饪中的运用。

（3）熟知烹调基本功与实训的标准。

（4）常规厨房刀具、设备、工具的使用。

实训任务

任务一　烹调基本功的认知

任务二　烹调基本功实训标准

任务一　烹调基本功的认知

一、知识储备

烹调基本功是厨师在烹调过程中必须具备的基本的烹调知识与烹调技能。只有掌握了这些知识和技能，才能熟练地制作出色、香、味、形俱佳的菜品，才能创制出新菜品。

（一）烹调基本功的实训内容

烹调基本功是烹饪专业的基础。烹调任何菜品，采用何种烹调技法，都离不开烹调基本功，它是一名合格厨师不可缺少的基本技能。作为中式烹饪专业的学生，必须了解、掌握相关的基本知识，熟练掌握烹调实际操作技能。烹调基本功的具体内容主要包括以下几方面。

1. 烹调基本功的实训项目

（1）刀工运用合理。刀工是按食物和烹调需要使用不同的刀具、运用不同的刀法，将烹饪原料或半成品切割成各种不同形状的操作技术。

（2）投料准确适时。在烹调菜品时放入原料的顺序有讲究，以便于更好地控制不同食材的生熟，便于掌控烹调时间。

（3）糊浆适度均匀。上浆挂糊是原料精加工的重要环节，是用一些佐助料和调料，以一定的方式，给菜品主料裹上一层“外衣”的过程，故而又称“着衣”。在烹调过程中采用上浆挂糊，可使食物表面多一层保护层，不但保护了蛋白质、维生素等营养素，而且菜肴细嫩、润滑，口感好。

（4）灵活识别和掌握油温。油温是菜品烹调过程中，所用的火力大小和时间长短。烹调时，一方面要鉴别油温，另一方面要根据原料性质控制油温，掌握成熟时间的长短。两者统一，才能使菜肴烹调达到标准。

（5）勾芡恰当。在菜品接近成熟时，将调好的粉汁淋入锅内，增加芡汁对原料的附着力，从而使菜肴汤汁的粉性和浓度增加，改善菜肴的色泽和味道。

（6）翻锅自如，出锅及时。翻锅是根据菜品的不同要求，运用不同的技法，将原料在勺内进行娴熟、准确、及时、恰到好处的翻动，从而使菜肴受热成熟、入味、着色，达到质量要求。

（7）装盘熟练。装盘是根据菜品的不同种类、不同大小、不同形状灵活掌握，以便菜品更加赏心悦目。

（8）熟练掌握原料初加工。对原料进行初加工，使毛料成为净料，以便于后续加工处理。

2. 烹调操作基本知识

（1）临炉姿势。面向锅炉，身体自然挺直，两脚分立站稳，一般距离为10厘米，目光注视锅中变化。

（2）工具使用。左手执锅，右手执勺或铲（大锅操作则是双手执铲）。操作时应用腕力，要灵活，不可太紧，两手有节奏地配合，动作要迅速。

（3）翻锅。翻锅有“小翻”和“大翻”之分。“小翻”又称“颠”，即将锅连续向前颠动，使菜运动移位，芡汁包裹均匀，避免粘锅或烧焦，颠动时应注意菜肴不出锅口。“大翻”即将锅内原料一次全部大翻身，翻前应将锅内菜肴转几次，加少量油以免粘锅。

（二）烹调基本功的要求

（1）能正确使用烹调机械、工具和用具，符合操作流程。

（2）熟悉原料的初加工，按规范要求对家禽、家畜进行除骨和部位分料，对干货原料的涨发等操作都要符合用料要求。

（3）熟知刀工技术，切、片、划、斩四大刀法要熟练，加工处理后的半成品原料应符合烹调用料规格的要求。

（4）熟悉切、推、卷、制汤半成品的精加工。

（5）能科学合理配制原料，对菜品原料的组合要符合规格标准。

（6）熟悉各种烹调方法的火候要求，熟练各种烹调工艺流程和操作要求，正确运用大火、中火、小火、微火等各种火候和加热时间，能合理运用火候烹调菜品。

（7）能适时投料，根据原料的特性和菜品的要求，先后有序、时机恰当地投料，合理控制菜品原料成熟度、原料加热时间。

（8）挂糊上浆勾芡要适度均匀，能调制各种糊浆的种类，熟悉糊、浆、芡的性能和应用范围，使糊、浆厚薄均匀，芡汁稀稠有度，符合烹调要求。

（9）调味准确，熟悉调味理论、原料性能和烹调方法，掌握各种调味品的性能，掌握基本味和复合味的调制方法和要领，达到最佳的调味效果。

（10）合理掌握烹调操作程序，熟练各种烹调的操作方法和要领。

（11）能按照菜品规格标准烹调出符合标准的菜品。

（12）菜品出锅及时，成菜温度适当，装盘成型美观。

（三）烹调基本功实训的学习方法

通过烹调基本功训练的实训，应掌握基本的中式菜品烹调技术，具备一定的技术与组织管理能力，为成为高素质的复合型人才打下坚实的技能基础。培养良好的学习习惯，完成实训内容，还要掌握专业理论知识和厨房设备使用，这样才能达到实训的基本标准。在实训的过程中要掌握以下学习方法。

1. 仔细观察法

在烹调基本功实训时要积极地思考与分析，要发现实训过程中出现的各种问题，细心分析操作动作，从而有效地获得更好的实训效果。在实训学习过程中，要勤于思考与认真学习，培养独立解决问题的能力，不断提高烹调基本功水平。

2. 勤于思考法

实训作为教学中的一个重要环节，主要是提高实际动手能力，如正确操作实训器具和使用设备。在提高动手能力的同时，必须勤于思考、分析，通过实训，培养基本功的运用能力，培养创新能力。

3. 交流学习法

烹调基本功实训是系统项目课程，有着一定规模和复杂程度，在实训过程中往往需要小组集体合作。参与实训的成员必须有明确的分工与合作，不但需要每个成员能独立完成烹调实训项目，而且需要小组成员之间相互沟通，在实训过程中培养团队协作意识。

4. 现场教学法

理论和实训课程是完整的知识体系，中式菜品制作工艺更是系统的理论知识。烹饪原料的选择、菜品制作、实训要求，都是项目课程体系的内容，需要不断总结。

5. 情景教学法

烹调理论知识的掌握需要与实际工作情景相结合。现实厨房工作情景给学生提供了实训动手的平台，要在实践中完成教学任务。

二、拓展知识与运用

（一）认知烹饪与烹调

“烹饪”一词，最早见于2700年前的典籍《易经·鼎》中，原文为“以木巽火，亨饪也。”《易经》是儒家经典著作之一，它介绍了当时的社会状况，保存了一些古代朴素辩证法的思想。“鼎”是先秦时代的炊、食共用器，形似庙里的香炉，初为陶制，后用铜制，还充当祭祀的礼器。“木”指燃料，如柴、草之类。“巽”的原意是风，此处指顺风点火。“亨”在先秦与“烹”通用，为“煮”的意思。“饪”既指食物成熟，也指食物生熟程度的标准，是古代熟食的通称。随着社会的进步，烹饪的内涵不断扩大，现在多指人类为了满足生理需要和心理需要，把可食原料用适当方法加工成为食用成品的过程。烹饪包含烹调生产和饮食消费及与之相关的各种文化现象。其成品以安全、卫生、营养和具有美感为基本特质。烹饪水平是人类文明的标志，正是有了烹饪，人类的食物才从本质上区别于其他动物的食物。

烹调是制作菜肴、食品的技术。一般包括原料选择、粗加工、细加工、临灶制作、用火、调味以及装盘的全过程。烹调工艺是制作各类食品的全部加工技法及其流程的概称。其主要作用在于将烹饪原材料制成可口的食品，即有目的、有计划、有程序地对烹调原料进行切割、组配、调味和烹制，使之成为能满足人们饮食需要的菜品的技法。烹调与烹饪的区别：烹调是单指制作菜肴而言，烹饪包含菜肴和主食的整个制作过程。

（二）中式烹调菜品的特色

（1）用料广泛。中国菜肴的用料是极其丰富的，天上的、地上的、水中的、地下的，植物、动物，几乎无所不用。

（2）选料讲究。选料是厨师的首要技艺，是做好一款菜肴的基础。厨师要具备丰富的知识，了解各种原料、辅料等的物质特点。每种菜肴所取的原料，包括主料、配料、辅料、调料等，都有很多讲究和一定的规则。

（3）刀工精细，配料巧妙。刀工是菜肴制作的重要环节，是菜肴定型和造型的关键。中国菜肴在加工原料时非常讲究大小、粗细、厚薄一致，以保证原料受热均匀、成熟一致。中国菜肴注重原料的质、色、形、味和营养的合理搭配。

（4）技法多样，善用火候。烹调技法是我国厨师的又一门绝技。常用的技法有炒、爆、炸、烹、熘、煎、贴、烩、扒、烧、炖、焖、氽、煮、酱、塌、卤、蒸、烤、拌、炝、熏，以及甜菜的拔丝、蜜汁、挂霜等。火候是形成菜肴风味特色的关键技术之一。火候瞬息万变，没有多年操作实训经验很难做到恰到好处。

（5）菜品繁多，味型丰富。我国幅员辽阔，各地区的自然气候、地理环境和产物都不尽相同，因此各地区、各民族的生活习惯和菜肴风格都各具特色。中国各大菜系都有自己独特的调味味型，除了要求掌握各种调味品的调制比例外，还要求巧妙地使用不同的调味方法。

（6）讲究盛器，注重造型。中国饮食器具之美，美在质，美在形，美在装饰，美在与菜肴的和谐。盛器之美不仅限于器物本身的质、形、饰，而且表现在它的组合之美，它与菜肴的匹配之美。中国菜肴造型美的追求是有悠久传统的，造型在菜肴的质量评价中是相当重要的。菜肴的造型美主要由色和形两部分组成。色对菜肴的作用主要有两个方面，一是增进食欲，二是视觉上的美感。形包括原料的形态、成品的造型或图形等外观形式。

（7）中西交融。吸收西餐的长处，洋为中用，是提高和改进中国烹调技艺的一个可行的方法。西餐注重营养搭配，清洁卫生，分食制，以及某些烹调特色，都可以借鉴到中国烹调技艺中来。

（8）地方性强。不同地区的饮食习俗都有鲜明的民族性和地域性，饮食原料的不同，饮食习惯就有明显的差异。各民族饮食生活习惯的形成，有其社会根源和历史根源。

（三）中式烹调菜肴的基本属性

所谓菜肴属性，就是衡量菜肴的质量标准，具体内容包括色、香、味、形、器、质、养、量、洁、意。

（1）色：即菜肴的色泽，是指构成菜肴主、辅料颜色的调和及菜肴成品汁、芡等色彩的纯净。

（2）香：指菜肴上桌时，人们感受到的气味和在口中的感觉，此外，还包括个别用煲、铁板等盛装的菜肴在上桌时，汁液浇淋在上面所散发出来的香气。

（3）味：指菜肴散发的气味和食客品尝到的滋味，还有客人就餐时环境所影响的心理味觉，对菜肴滋味的感觉。

（4）形：指组成菜肴的各种原料的形状及成品装盘后的整体形态。

（5）器：泛指器皿，包括盛器的形状、颜色、质地（金、银、陶、瓷、木、玻璃、竹、铁、石头、玉等）。

（6）质：菜肴的质感。质感是比较难形容的，特指各种原料自身所具备各种性质或特性。

（7）养：指构成菜肴的营养搭配。

（8）量：指组成菜肴的各种原料的配比，总量与盛器规格的配合。

（9）洁：指菜肴的清洁卫生。

（10）意：指菜肴的寓意。

任务二　烹调基本功实训标准

一、知识储备

烹调基本功是烹饪专业必需的基础技能，是学生在掌握专业基础理论知识的基础上进行实训的操作技能。运用烹调基础知识，解决烹调过程中实际问题的能力，为学生继续深造和适应职业转换奠定必要的知识和能力基础。烹调基本功实训的标准是学生在校学习必须完成的，也是行业高素质劳动者所需的基础知识和基本技能。

（一）实训阶段一：烹调基本功实训标准

1. 烹调基本功目标与任务（见表1-1）

表1-1　烹调基本功目标与任务

序号	实训任务	实训目标	实训内容	实训要求
1	基本功训练	掌握翻锅的各种方法	（1）体能训练，臂力训练 （2）翻锅训练	姿势正确，动作连贯，双手配合恰当
2	基本功实训	掌握刀工操作姿势、刀具设备的保养	掌握刀工操作姿势、刀工设备的保养	（1）站姿：双脚自然分立，与肩同宽，上身略向前倾，头部端正，双眼正视两手操作部位 （2）磨刀：动作正确，熟练自然，磨完后刀刃锋利

续表

<table>
<tr><th>序号</th><th>实训任务</th><th>实训目标</th><th colspan="2">实训内容</th><th>实训要求</th></tr>
<tr><td rowspan="5">3</td><td rowspan="5">刀法实训</td><td rowspan="5">熟练掌握推切、拉切、推拉切、跳切的操作方法，掌握滚切、摇切、铡切、斩、砍等刀法</td><td rowspan="5">直刀法</td><td>推切</td><td rowspan="5">（1）掌握直刀法的七种基本手法
（2）下刀要垂直，用力要均匀，不能偏斜，两手配合要协调有节奏</td></tr>
<tr><td>拉切</td></tr>
<tr><td>推拉切</td></tr>
<tr><td>跳切</td></tr>
<tr><td>其他刀法</td></tr>
<tr><td rowspan="4">4</td><td rowspan="4">刀法实训</td><td rowspan="4">熟练掌握平刀批、推刀批、拉刀批，掌握抖刀批、锯刀批和滚料批</td><td rowspan="4">平刀法</td><td>平刀法</td><td rowspan="4">（1）两手操作姿势正确，左手的食指和中指应分开些
（2）刀刃批进原料后，运行要快，一批到底</td></tr>
<tr><td>推刀批</td></tr>
<tr><td>拉刀批</td></tr>
<tr><td>其他刀法</td></tr>
<tr><td rowspan="5">5</td><td rowspan="5">刀法应用</td><td rowspan="5">掌握常用原料一般成型种类和加工过程、规格</td><td rowspan="5">原料成型（运用平刀法、直刀法）</td><td>丝</td><td rowspan="5">加工后的原料成型大小、厚薄、粗细、长短符合标准</td></tr>
<tr><td>块</td></tr>
<tr><td>条</td></tr>
<tr><td>片</td></tr>
<tr><td>丁</td></tr>
<tr><td rowspan="2">6</td><td rowspan="2">基本功实训</td><td rowspan="2">鲜活原料的初加工</td><td colspan="2">鱼类（去鳞、内脏）</td><td rowspan="2">刀口部位位置正确，大小适当；整理、洗涤达到标准</td></tr>
<tr><td colspan="2">禽类（去内脏）</td></tr>
<tr><td rowspan="2">7</td><td rowspan="2">基本功实训</td><td rowspan="2">常用原料的分档取料</td><td colspan="2">鱼类的分档取料</td><td rowspan="2">（1）熟悉鱼类、家禽的骨骼肌肉组织，下刀部位必须准确
（2）要最大限度地合理使用原料，做到物尽其用</td></tr>
<tr><td colspan="2">禽类的分档取料</td></tr>
<tr><td rowspan="2">8</td><td rowspan="2">基本功实训</td><td rowspan="2">掌握常见干料的涨发方法和要领</td><td>水发</td><td>木耳、香菇、笋干、干贝</td><td>熟悉原料质地，选用恰当的方法涨发</td></tr>
<tr><td>油发</td><td>蹄筋、肉皮</td><td>掌握油温，熟悉操作过程</td></tr>
<tr><td>9</td><td>刀法的应用</td><td>熟练掌握原料成型的各种刀法、规格要求</td><td colspan="2">各种原料成型。重点为丝、丁、片、块、条</td><td>加工后的原料成型大小、厚薄、粗细、长短符合标准</td></tr>
<tr><td>10</td><td>花刀的应用</td><td>熟练掌握各种剞刀法</td><td colspan="2">常用的小型花刀</td><td>加工后的原料美观，符合要求；能根据不同的原料，选用恰当的成型刀法</td></tr>
</table>

2. 烹饪基本功训练达标标准

实训一　翻锅（见表 1–2）

表 1–2　翻锅技术要求和实训标准

序号	项目	重量要求	技术要求	达标等级（次 / 分钟）	实训标准
1	翻锅	重量（炒锅 + 沙）2250 克	女生：每分钟 60 次	60 次以上及格 60 次以下不及格	（1）端锅时，离开锅灶 （2）端锅的高度与胳膊肘平齐，身姿挺直，小胳膊平行
2	翻锅	重量（炒锅 + 沙）3000 克	男生：每分钟 80 次	80 次以上及格 80 次以下不及格	

实训二　切土豆丝（见表 1–3）

表 1–3　切土豆丝技术要求和实训标准

项目	重量要求	技术要求	达标等级	实训标准
切土豆丝	重量 400 克（去皮）	粗 0.2 厘米，长 7 厘米	10 分钟完成 10 分钟以上及格 10 分钟以下不及格	（1）直刀切、跳切训练 （2）土豆丝粗细均匀，长短一致，无下脚料

实训三　切姜丝（见表 1–4）

表 1–4　切姜丝技术要求和实训标准

项目	重量要求	技术要求	达标等级	实训标准
切姜丝	姜 50 克	截面粗 0.8 厘米	6 分钟完成 6 分钟以上及格 6 分钟以下不及格	（1）推拉切 （2）姜丝粗细均匀，不发毛

实训四　白干丝（见表 1–5）

表 1–5　切白干丝技术要求和实训标准

项目	数量要求	技术要求	达标等级	实训标准
白干丝	祖名牌白干 2 块	每块白干片 22 片，厚度 0.05 厘米	15 分钟完成 15 分钟以上及格 15 分钟以下不及格	（1）厚薄一致，片形完整，无漏洞 （2）分两步，先片后切

实训五 兰花刀（蓑衣刀，见表 1–6）

表 1–6 兰花刀技术要求和实训标准

项目	数量标准	技术标准	达标等级	实训标准
兰花刀	河南小黄瓜 2 个	拉长后长度是原来的 2 倍	4 分钟完成 4 分钟以上及格 4 分钟以下不及格	（1）剞刀训练 （2）刀距相等，深度一致

（二）实训阶段二：烹调基本功实训标准（见表 1–7）

表 1–7 烹调基本功目标和实训要求

<table>
<tr><th>阶段</th><th>实训任务</th><th>实训目标</th><th colspan="2">实训内容</th><th>实训要求</th></tr>
<tr><td>1</td><td>调味训练</td><td>掌握常用复合味的调制</td><td colspan="2">（1）掌握单一味的特点
（2）常用复合味：糖醋汁、姜醋汁、番茄汁、麻辣汁、鱼香汁、辣椒油等的特点</td><td>熟练掌握常用复合味的原料配比、调制工艺、质量标准，做到用料准确、方法得当，初步具备用感官测算用量的技能</td></tr>
<tr><td rowspan="4">2</td><td rowspan="4">初步熟处理</td><td rowspan="4">掌握初步熟处理的操作过程、适用范围，重点是过油中的糊浆处理和油温的掌握</td><td rowspan="4">初步熟处理的方法和操作要领</td><td>过油</td><td>（1）能基本掌握各种糊浆的调制
（2）能根据不同的糊浆特性采用不同的油温
（3）能根据不同的原料、成菜要求采用适当的糊浆</td></tr>
<tr><td>焯水</td><td rowspan="3">能采取恰当的方法加热，操作过程规范，加热程度符合制作菜肴的要求</td></tr>
<tr><td>走红</td></tr>
<tr><td>汽蒸</td></tr>
<tr><td>3</td><td>制汤</td><td>掌握奶汤、清汤制作的方法和要领</td><td colspan="2">了解清汤吊制的技术，掌握奶汤的调制</td><td>（1）能准确掌握好原料与水的比例
（2）恰当地掌握调制时的火力和时间
（3）准确掌握调料的数量和投放顺序</td></tr>
</table>

（三）实训阶段二：烹调基本功训练标准

实训一 土豆丝（见表 1-8）

表 1-8 土豆丝技术要求和实训要求

项目	数量标准	技术标准	达标等级	实训要求
土豆丝	重量 300 克（去皮）	粗 0.1 厘米，长 7 厘米	40 分钟完成 40 分钟以上及格 40 分钟以下不及格	（1）平刀片、直刀切；油温测试、火候调节训练 （2）土豆丝粗细均匀，长短一致，炸好的土豆松无白筋，呈金黄色

实训二 肉丝滑油（见表 1-9）

表 1-9 肉丝滑油技术标准和实训要求

项目	数量标准	技术标准	达标等级	实训要求
肉丝滑油	猪里脊 2000 克	肉丝粗细均匀	30 分钟完成 30 分钟以上及格 30 分钟以下不及格	（1）批、推拉切 （2）上浆、滑油、滑炒、勾芡

实训三 三拼（见表 1-10）

表 1-10 三拼技术标准和实训要求

项目	数量标准	技术标准	达标等级	实训要求
三拼	三种原料	9 寸圆盘，二层三等分	30 分钟完成 30 分钟以上及格 30 分钟以下不及格	厚薄一致，纹路均匀，间距等称，形态饱满

实训四 调制糖醋汁（见表 1-11）

表 1-11 调制糖醋汁评分标准

标准	时间 5 分钟（5 分）	调料配比恰当（30 分）	口味符合要求（30 分）	色泽纯正（15 分）	调制方法正确（15 分）	清洁卫生（5 分）	总分	达标等级
评分								60 分以上及格，60 分以下不及格

实训五　调制糊浆（见表1–12）

表1–12　调制糊浆评分标准

标准	时间 10分钟 （10分）	用料配 比恰当 （25分）	调制方 法正确 （25分）	浓度恰当 （15分）	调制均匀 （15分）	清洁卫生 （10分）	总分	达标等级
评分								60分以上及格，60分以下不及格

（四）烹调基本功实训的途径

1. 明确指导思想，坚持高标准、严要求

烹调基本功的练习是从粗加工和精加工做起，对烹饪理论的理解也是从这时开始的，如果没有对烹饪技术兢兢业业的刻苦学习，也谈不上发展。对一个厨师来说，对烹饪理论的理解与掌握过硬的基本功同样重要。

2. 烹调基本功训练要循序渐进，不能急于求成

在实训过程中，应把烹调基本功的训练同菜点制作有机地结合起来。烹调基本功不是一朝一夕就能练就的，“拳不离手、曲不离口”“夏练三伏、冬练三九”“三天不练手生”。苦练烹饪基本功必须循序渐进，不能急于求成。

二、拓展知识与运用

（一）烹调基本功与菜品质量

烹调是一种复杂而有规律的物质运动形式。它在选料与组配、刀工与造型、施水与调味、加热与烹制等环节上既各自独立，又互相依存，有着特殊的原理与法则。烹饪之所以复杂，是因为在菜品制作过程中，料、刀、炉、火、器、味、水、法等八大要素，都在激烈地运动。烹调之所以有规律，是因为这八大要素在运动中都有各自的轨迹。一方面要积极创造条件让这些要素运行；另一方面又要因菜制宜地对某些要素的运动加以约制，使之“随心所欲不逾矩”，这就要靠厨师调度和掌控，认识烹调基本功对菜品质量的影响。

（1）料：这是烹调的物质基础，也是烹调诸要素的核心，因为其他要素都是作用于它的。料转化成菜品后，可以提供营养，满足食欲，所以用料必须筛选，恰当组合。

（2）刀：主要作用是切割原料或半成品。不同的刀法和刀口，不仅可以美化菜品，还影响原料成熟的快慢。要通过刀工运用，剔除不能食用的部分，分割出烹饪所需要的部分，可以起到进一步选料的作用。不论生切、熟切，都是烹调工

艺流程中的重要环节和手段。

（3）炉：是烹调加热的必需设备。不同的炉灶适用于不同的烹调技法；炉灶设计科学与否，对菜品质量有直接影响。炉灶不能得心应手，厨师的技艺就难以正常发挥。

（4）火：即提供热能的燃料释放出的能量。这一能量直接使原料发生由生到熟的质变。火在烹饪中至关重要。烹饪的实质，就是用火；如何用火，大有讲究。由于火的变化“精妙微纤”，故不同的火候可形成不同的技法，制出不同风味和质地的菜品。

（5）器：主要指炊具。它既是传热的媒介，又是制作菜品的工具。不同的炊具有不同的效用，可以形成不同的技法。作为生产工具，炊具属于生产力的范畴，它在烹调工艺中往往是最活跃、最有创造性的基因，可以引起连锁反应。我国几次大的烹饪变革，都是由新炊具的问世而触发的（如陶罐和水烹、铁锅和油烹）。

（6）味：即调味，它可改变菜品的属性，并赋予菜品特殊的风味。味是菜品质量鉴定中最主要的指标，也是饮食的基本要求。欲使至味物质进入原料，须解决系列技术难题，其间变化甚多，常常不易把握，而且在传统习惯上，厨师水平的高低也多以调味准否来衡量，故而味在烹调中有定性、定质的作用。

（7）水：水是烹调中的辅助物，几乎每道工序都少不了。水可以传热、导味，也可保护营养素，还能制约菜品的外观与口感。水是烹调中的“无名英雄”，它与“火”相得益彰。对于这一特殊的“媒介物”和“催化剂”，也应深入研究。

（8）法：即技法，如生烹（含理化反应、微生物发酵、味料渗入）、火烹、水烹、汽烹、油烹、矿物质烹、混合烹、熟烹。法既是工序，又是技巧，还是规程，更是上述七个要素的有机结合。烹调技法千变万化，是数千年中华厨艺的结晶。不同的技法可制出不同的菜肴，这亦是地方风味的成因之一。

（二）烹调基本功训练的内容

1. 掌握烹调原料知识

熟练掌握常用烹调原料的名称、产地、上市季节、品质、营养价值、用途及主要原料的检验、贮存和保管方法，并具备发现和使用烹调新型原料的能力。

2. 刀功技能的实训

实践性的教学课程，是对刀工、刀法基本功的讲授和操作训练。通过学习和训练，熟练掌握烹调中用刀的各项基本功，重点掌握各基本功的达标要求，为以后技术的提升奠定基础。

3. 翻锅技术与实训

主要是综合运用翻锅的方法与技巧，在烹调菜肴的过程中运用相应的力量及推、拉、送、扬、托、翻、晃、转等不同的方法，使炒锅中的烹调原料能够不同程度地翻动。翻锅技艺对烹调成菜至关重要，直接关系到成品菜肴的品质，也是衡量中式烹调师水平的重要标志。

4. 烹调火候的实训

主要内容是讲授区别不同烹调的传热介质、传热方式对烹调原料的影响，识别油温的高低，掌握油温的变化，能运用不同油温对原料进行烹调，提高实践能力。

模块二

刀工工艺与实训

学习目标

了解厨房刀具的分类；掌握刀工工艺和原料的切割方法；熟悉选择刀具的方法，掌握美化刀的运用及代表料形。

技能目标

能够使原料在经过不同的刀工切割之后，形成多种多样的料形；熟练掌握不同的刀法。

实训任务

任务一　认识烹调加工的刀具

任务二　烹调基本刀工刀法

任务一　认识刀工的工具

一、知识储备

（一）厨房刀具的分类

厨房刀具按功能分为切片刀、砍骨刀、斩切两用刀，水果刀等，其他还有冻肉刀、面包刀、多用刀等；按照刀具加工工艺分类有冲压成型、红热锻打等；按材料分碳钢、不锈钢、陶瓷（氧化锆）等。现在的品牌刀具都是成套的，一般成套的刀具还包括磨刀棒和刀架。

（1）切片刀：用于食物的切片，但不宜切割未解冻的冻肉（见图 1–1）。

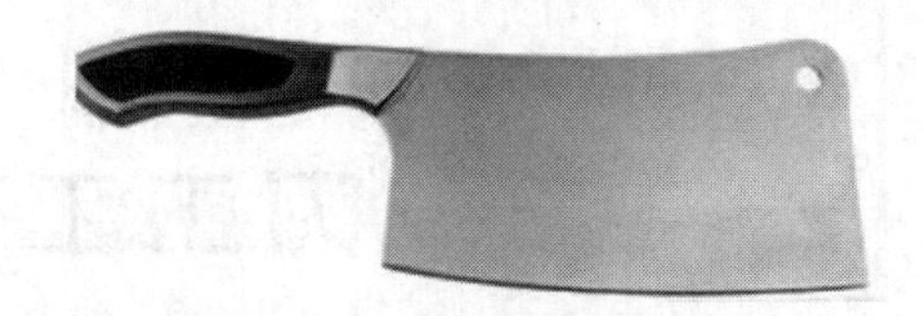

图 1–1　切片刀

（2）砍骨刀：用于斩骨头类硬质食材（见图 1–2）。

图 1–2　砍骨刀

（3）斩切刀：可斩可切，但切片时没有专用切片刀锋利好用（材料、工艺相同的情况下），另外不适合砍大骨，适于剁肉馅（见图 1–3）。

图 1–3　斩切刀

（4）水果刀：用于削蔬菜瓜果的表皮（见图 1–4）。

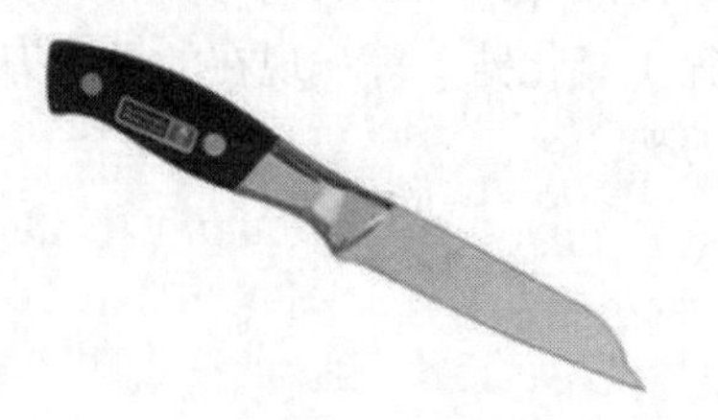

图 1–4　水果刀

（二）刀具的选择

1. 刀刃锋利

刀刃要锋利、平直、无缺口。对于菜刀第一的要求是锋利，最好是持久的锋利。菜刀的锋利是由以下几个方面决定的。

（1）材料。通常是不锈钢、碳钢，还有陶瓷（氧化锆）等。不同的材质决定了刀具具有不同的硬度，菜刀的“快”还取决于刀刃口的硬度、柔和度等。陶瓷刀比不锈钢刀具有更高的硬度，但是在使用过程中没有不锈钢刀锋利。陶瓷刀有不腐蚀等优点。

（2）开刃的方式。分为机器开刃和手工开刃，平时使用的刀具就锋利度而言，钢材硬度高，刃口柔和度数小；刃口部位弧度柔和而非线性直降的菜刀会更快，更好用，尤其是切片刀。所以同样材料、工艺的切片刀比砍骨刀更锋利。

2. 使用舒适

刀柄设计要人性化，拿握舒适。刀柄的主要材质有木质、工程塑料、钢等，其各有优点。通常冲压成型的菜刀刀柄更好用、更精致，传统锻打工艺的刀具多采用木柄。

3. 使用安全

刀柄要有防滑设计，不会脱手伤及使用者。成品菜刀通常刀背厚，横切面呈楔形。与冲压成型菜刀相比较，锻打菜刀钢质更密实，刀身应力分布更均匀，锋利保持度更好。

（三）刀具的日常保养

刀具需要经常保养，以延长使用寿命，使其锋利不钝，从而确保刀工质量。刀具保养应做到以下几点：

（1）用刀时，要仔细谨慎，爱护刀刃。各种刀具要使用得当，切片刀不宜斩砍，斩切刀不宜砍骨头。运刀时以断开原料为准，合理使用刀刃的部位；落刀若遇阻力，不应强行操作，防止伤手指或损坏刀刃。

（2）用刀之后，必须用洁布擦干刀身两面的水分，特别是在切咸味、酸味或者带有黏性和腥味的原料，如咸菜、泡菜、西红柿、藕、鱼等。黏附在刀两面上的盐、无机酸、碱、草酸等物质，容易腐蚀刀，使刀身变黑。刀用完后，必须用清水洗净，擦干水分。

（3）使用之后，必须将刀固定放在刀架上，或分别放置在刀箱内，不可随手乱放，避免碰撞硬物，损伤刀刃。严禁将刀砍在菜墩上。

（4）遇到气候潮湿的季节，用完刀之后，先擦干水分，再在刀身两面涂上一层植物油，以防止生锈或腐蚀，失去光泽度和锋利度。

二、拓展知识与运用

（一）磨刀的技巧

为了提高切割的效率和烹调原料成型的质量，要使用刀口锋利的刀具，“工欲善其事，必先利其器。”作为一个刀工操作者，明白“磨刀不误砍柴工”的道理，这就要求有质量较好的磨石，配之以正确的磨刀姿势和方法，才能使刀锋达到要求。

（二）磨刀的工具

磨刀的工具是磨刀石（磨石）。磨石有粗磨石、细磨石、油石三种。

（1）粗磨石：主要成分是黄砂石或红砂石，其质地松而粗，多用于新刀开刃（俗称“起刀”）和磨有缺口的刀。

（2）细磨石：主要成分是青砂石，其质地坚实而细，不易损伤刀口，适于磨刀刃锋利的切片刀。

（3）油石：油石为人造石，是采用金刚砂合成的磨石，有粗、细之分，呈长方形，使用方便，易于保管。用法同粗磨石、细磨石。

任务二　烹调基本刀工刀法

一、知识储备

（一）刀工与原料成型工艺

原料经过不同的刀工后，形成多种多样的料形，既便于烹调又便于食用，常见的有块、片、丝、条、段、丁、末、丸、蓉、泥和球等。

1. 块的刀工成型

块是较大的一种料形，一般原料都可加工成块状。块的成型经常使用直刀法中的切、剁、斩等。块多用于烧、焖、煨，较小的也可用于熘炒。块的大小既决定于所切条的宽窄、厚薄，也取决于不同的刀法。块的种类有象眼块、菱形块、正方块、长方块、骨牌块、劈柴块、斧头块、滚刀块等。

【实训要求】

各种块形的选择是根据烹调的需要以及原料的性质、特点来决定的。当块形较大时，也可在两面剞上些花刀，便于烹调入味。

2. 片的刀工成型

片是烹调中运用最多的一种料形。用的刀法有直刀法中的切，斜刀法中的批

（片），平刀法中的批（片）、削。片的大小、厚薄要根据原料的品种、性质和烹调方法来确定。厚度 0.1 厘米的片称为薄片，0.3 厘米以上的称为厚片。常用的片有菱形片、月牙片、柳叶片、夹刀片、指甲片、抹刀片、合页片、象眼片、磨刀片、长方片等。

【实训要求】

片状烹调原料不带骨骼，厚薄均匀，片形一致。

3. 丝的刀工成型

丝是料形中较小的一种，是先将原料加工成片，再将片切成丝。料质韧而坚的原料可切得细一些，质地松软的原料切得稍粗些。丝的长度一般为 5 厘米。采用的刀法有直刀法中的各种切法、斜切法中的各种片法、平刀法中的各种片法。

【实训要求】

切丝的片要薄厚均匀，切丝时要切得长短一致、粗细均匀。要将切好的片码整齐，不要太厚，防止滑动；左手压料尽量紧些，不使料滑动；刀距尽量保持均匀，同时根据原料的性质来决定丝的纹路方向。

4. 条的刀工成型

条的成型与丝相同，只是先切成的片较丝厚，再改刀切条时的刀距比丝大。一般条的宽厚为1厘米，长为 4.5 厘米。使用刀法有直刀法中的各种切法、斜刀法中的各种切法、平刀法中的各种切法。

【实训要求】

切条时根据原料的形状、大小决定条的种类，片的厚度要适当，下刀要准确。

5. 段的刀工成型

段和条相似，段比条宽些、长些，由剁或切的刀法加工而成。

6. 蓉泥的刀工成型

用刀背将动物性原料剁成如同泥一样的细碎状，要求细，如泥，无筋络。采用排剁的方法，先将选好的原料去掉筋皮，切碎，再用刀背砸成泥状，其间要将细小的筋络、膜等用刀抹刮除去。

【实训要求】

为增加黏性和口感效果，要在制蓉之前掺入猪肥膘肉，鸡蓉放 30% 的猪肥膘肉，鱼肉、虾等放 30%~40% 的猪肥膘肉。常见蓉泥品种有鱼蓉、鸡蓉、虾蓉，现在多采用粉碎机加工蓉泥。

7. 球、丸的刀工成型

球、丸大体相同，但又有区别。在制作上，球一般是将原料经刀工处理之后，再加热使之卷缩成为球状，如虾球、肾球等。植物性原料通过削、刮、旋等特殊刀法修整而成。

（二）刀法及其分类

中式烹调技艺中刀法类型多样，极富特色，其中切、片、剞三种刀法运用广泛，技术性强，工艺性高，被称为三大基本刀法。

1. 刀法的概念

刀法就是将烹调原料加工成不同形状的技法。刀法有初加工刀法，如砍、劈等；有细加工刀法，如切、片等；有精加工刀法，如剞、雕、刻等。

2. 刀法的种类

（1）直刀法。

直刀法是指刀面与砧板或原料接触面成直角的刀法。

①切。刀由上而下用力结合推拉等动作。切又分为以下几种：

a. 直切：又叫跳切。运刀方法为左手按稳原料，右手执刀，一刀一刀笔直切下去，运刀方向由上至下。

【实训要求】

操作时持刀要稳，原料数量适当，码放整齐，两手配合，协调一致，行刀有力稳健。

b. 推切。又叫推翻切。运刀方向由上至下，结合由里向外推的动作，着力点在刀的后端，一刀切到底；同时，刀顺势向外侧斜倾一下，切出的料既不连刀，而且排列十分整齐。

【实训要求】

持刀稳，原料按稳，两手协调，行刀稳健，收拉刀时要提起刀的后半部。

c. 拉切。运刀方向由上至下，同时结合由外向里拉的动作，着力点在刀的前端。操作要求：持刀稳，原料码放整齐，数量适当，推时要翘起刀刃的前半部。

d. 锯切。又叫推拉切。运刀方向由上至下，结合由里向外再由外向里的动作，一推一拉，像拉锯一样切下去。

【实训要求】

持刀稳，原料放整齐并按稳，推拉时均匀用力，不可使原料移动失散，下刀要轻盈稳健。

e. 铡切。有两种方式：一是先将刀刃贴近原料表面，用力由上至下进行，以刀刃的两端分别为支撑点，摆动刀身使刀刃切至原料；二是先将刀刃平放在原料表面，再用手掌拍击刀背，一次将原料切断。

【实训要求】

持刀有力稳健，运刀迅速果断，下刀位置准确。

f. 滚切。又称滚刀。滚切是在切的过程中同步滚动原料的行刀方法，用于加工圆柱形、圆形原料。

【实训要求】

持刀要稳，两手配合要协调，滚料的同时落刀，落刀部位要准确。

②斩。

也称剁，是上下垂直方向运刀并需多次重复行刀的刀法，一般分直斩、拍斩、刀背砸斩。斩需要在运刀时猛力向下。

a. 直斩。又叫直剁。左手按住原料，右手将刀对准要斩的部位，垂直用力猛向下斩去。

【实训要求】

准而有力，一刀斩到底，斩出的料整齐美观，不能支离破碎。

b. 排斩。左右各持一把刀，两刀之间隔一定距离，从左到右，再从右至左反复排斩，斩到一定程度时要翻动原料，直到将原料斩成细而均匀的泥蓉为止。

【实训要求】

两手握刀要灵活，用腕部的力量，刀起落有节奏，两刀不能互相碰撞，勤翻动原料，使之均匀细腻。

③砍。

又称劈。这是只有上下垂直方向运刀的刀法，在运刀时需猛力向下。

a. 直砍。上下用力一刀一刀砍断原料。

【实训要求】

持刀要稳，用力要猛，落刀部位要精确。

b. 跟刀砍。先将刀刃镶嵌在落刀的部位，然后将刀与原料一同提起，同时落下砍断原料。

【实训要求】

持刀有力，用力稳而快，可分数次砍，直至砍断为止。

（2）平刀法。

平刀法是指刀面与砧板表面呈平行状态（180°）的刀法。

①推刀片。左手按稳原料，右手执刀，刀而与砧板呈平行状态，用力方向由右向左、由里向外，推刀片入原料。此法用于加工质嫩或熟的原料。

【实训要求】

持刀稳，运刀的方向协调一致，片中结合推的动作。

②拉刀片。刀面与砧板表面呈平行状态，用力方向由右向左、由外向里，拉刀片原料。刀身随着腕力轻轻左右移动，使刀刃在原料中呈平面左右移动的状态，将原料片开。

【实训要求】

持刀稳，原料平放至稳，运刀方向一致，片中结合拉的动作。

③推拉片。是推刀片与拉刀片的结合。

【实训要求】

持刀要稳健，落刀部位要准确，推拉动作要协调一致，平刀片。刀面与砧板表面呈平行状态，刀刃直接由右向左片入原料，用于质嫩原料。

④滚料片。又称滚料批，是平刀片的变种手法，适用于圆柱形原料。左手按住原料表面，右手放平刀身，刀刃从原料右侧底部批进做平行移动，右手扶住原料向左滚动，边批边滚，直批成薄长条片。

【实训要求】

两手配合要协调，右手握刀推进速度与左手滚动原料的速度保持一致，否则会批断原料；刀身要放平，与砧板表面距离保持不变，否则厚薄不匀。

⑤抖刀片。刀面与砧板面呈平行状态，在运刀过程中加入上下抖动刀刃的动作，用于加工质嫩且软中带硬的原料。

【实训要求】

运刀过程中上下抖刀的幅度一致，运刀方向一致。

（3）斜刀法。

斜刀法是指刀面与砧板呈斜角（小于90° 或大于90°）的运刀方法。此法又可分为正刀片、反刀片。

【实训要求】

持刀稳，料放平，落刀部位要准，两手配合协调，能控制刀的停顿行走。

二、拓展知识与运用

刀法实训的基本要求：

（1）刀具要锋利，砧板要平整洁净。

（2）有正确的操作姿势，便于操作，有利于提高工作效率，减少疲劳。

（3）有持久的体力和耐力，能坚持长时间的操作。

（4）双手配合协调，下刀、用刀的方法正确。

（5）目测能力强，指法配合娴熟。

（6）熟悉各种刀法。掌握各种用刀方法，操作规范、准确。

（7）刀面整齐美观，刀口利落清爽，连、断分明。

（8）清洁卫生，做到四清：手清、脚下清、随时清、干完清。

（9）尽力保持原料营养成分不受损失，按规程操作。

模块三

翻锅与勺工的实训

学习目标

了解翻锅的种类及翻锅前准备工作；了解勺子的品种，知道采用不同的勺法烹制不同菜肴。

技能目标

熟练掌握各种翻锅方法，并能根据不同需要灵活运用；学会运用各种不同的勺法保持菜肴的品质、外观与美味。

实训任务

任务一　翻锅的基本要求与实训

任务二　勺工的实训技法

任务一　翻锅的基本要求与实训

一、知识储备

翻锅是根据烹调和食用的需要，将切配成型的原料，加热、入味、成熟、装盘的过程。翻锅是烹调过程中的重要基本功之一，必须有正确的翻锅操作姿势，熟练掌握各种翻锅方法，并能根据不同需要灵活运用。

（一）翻锅实训前的准备工作

（1）检查炉灶等设备及用具。

（2）检查燃料储备情况。

（3）检查各种调味料是否齐备。

（4）检查炉灶等设备及用具的清洁卫生。

翻锅是烹调菜品时一项对锅的使用技术。具体讲，翻锅是运用锅与手勺互相配合、相互协调使菜肴原料在锅中翻动的一项技术。中国菜肴多数用锅加热。制作锅的材质有铁、不锈钢。铜、铝和陶瓷，以铁器占绝大多数；锅的形态主要有弧形锅与平底锅，以弧形锅居多；锅的结构分单锅、火锅与蒸锅，以单锅为主；锅的用途分烧炒锅、炖焖锅、煎烙锅等，以烧炒锅为主。

翻锅就是将烹调原料在锅中晃动，适用于炒锅的操作。它需要运用腕力或臂力使锅前端向上运动，锅的后端向下运动，锅中的原料在滑动时呈现抛物线运动，使锅中原料移位，从而达到翻锅的目的。根据翻锅的幅度大小和方向不同，通常翻锅分为小翻锅、大翻锅、后翻锅、左翻锅、右翻锅五种。

（1）小翻锅。小翻锅又称为颠翻，是将原料在锅中部分翻动的一种操作方法。

【实训要求】

左手握住炒锅，端起后使锅的前端略低，使锅中的原料向前滑动，再将锅向前送出，接着突然向后上方拉回，使锅中原料在惯性作用下被抛出后落回锅中，这样使锅中部分原料翻了160°~180°，还有一部分原料未能翻过来，接着重复上述动作。小翻锅在烹调过程中使用频率特别高，能够使原料受热均匀，成熟一致。小翻锅一般适用于一些加热时间较短的烹调方法，如炒、爆、熘、煎、塌、挂霜、拔丝等，以及烹调过程中煸炒、勾芡、调味等辅助操作。

（2）大翻锅。大翻锅是将原料在锅中全部翻转180°的一种操作方法。锅中的原料经过大翻锅后，既要全部翻转180°，又要求翻过来的原料形态完整，原料本身的形状不能被破坏，还要求在翻转原料的过程中，避免汤汁四处飞溅。在翻锅技艺中，大翻锅是难度较大的一项操作技能。大翻锅一般适用于扒菜、整鱼煎皮、涨蛋翻身和煎、塌类菜肴的翻身等。

【实训要求】

锅中油或卤汁要特别少，以防止翻锅时油或卤汁飞溅；翻锅前要将原料在锅中晃动，保证翻锅时能产生一定的惯性；要完成好翻锅的每一步动作。

（3）后翻锅、左翻锅、右翻锅。后翻锅、左翻锅、右翻锅的操作方法与小翻锅基本相同。后翻锅，就是原料从后面向前翻，适用于一些卤汁较多的菜肴，通过这样翻锅可以使卤汁不溅到自己身上。左翻锅，就是原料从左边向右翻过去，右翻锅则相反。后翻锅、左翻锅和右翻锅在实际工作中一般使用较少，故只要了解有这几种翻锅方法即可。

（二）翻锅的基本要求

1. 翻锅对身体的基本要求

（1）加强身体锻炼。翻锅技术是一项劳动强度大、操作时间长、消耗体能多的工作，因此作为一名合格的烹饪工作者，必须具有强壮的体魄和良好的身体素质。为了达到这一目的，烹饪工作者要坚持每天做一些行之有效的身体锻炼，以便形成良好的身体素质。

（2）加强耐力训练。耐力也是烹饪工作者必须具备的一个条件，初学者往往耐力不够，练习不了几下，就感觉没劲了，尤其是烹饪专业的女生更是如此。出现这种情况，一方面是由于初学，还不适应翻锅的动作，拿锅很呆板；另一方面就是耐力确实不够。耐力不够，必然会使翻锅这项工作失去稳定性，也会使身体变形，导致不必要的肌体损伤。为了能够长时间地进行翻锅练习，要求同学们每天都要利用一定的条件进行锻炼，比如抓砖头、举哑铃等，练习久了，耐力也必然会增强。

（3）加强腕力和灵活性的训练。翻锅不是一项机械的运动，具有一定的灵活性，比如每一次翻锅过程中都会出现推、拉、送、扬等一系列动作，还有晃、举、颠、倒、翻等动作，这都需要具有相当的灵活性，而且这些动作全部都依靠强劲的手腕来实现，因此，要想顺利地学会整套翻锅动作，务必要加强腕力和灵活性的训练。

2. 翻锅对心理的要求

初学翻锅者，往往是看别人翻锅挺帅的，锅一到自己手中不知如何操作；用沙子练习时候还好，一旦站在炉灶面前就浑身发抖。这些都是心理素质的问题。练习翻锅在进行每一个动作之前，要做好充分的思想准备，时刻在想这一步怎么做，关键在哪里；同时，还要对下一步或下几步的动作做到心中有数，否则，恐慌、胆怯都会使动作失败。另外还要加强对翻锅协调性的训练和对翻锅适应性的训练，只有适应了、协调了，久而久之，才能练就熟练的翻锅技能。

3. 翻锅的动作要求

翻锅的动作比较复杂，也比较多变，要完成一套完整的动作，除了要有充分的思想准备，注意力集中外，还要达到如下要求：

（1）协调一致。主要是指在完成每一项动作时，都要做到心与手一致、眼与手一致、两手之间一致，只有心、眼、手密切配合，两只手协调一致，才能将整个动作完美地做出来。

（2）清爽利落。就是在翻锅的过程中，该翻就翻，该颠就颠，动作要利落，也不能翻而不过或翻出锅外。两只手要密切配合，动作要一致、协调。在装盘过程中决不要拖泥带水。

（3）配合烹调。翻锅不是一种程式，也不是固定不变的翻法。在翻锅的时候应根据锅中的菜肴，采用不同的翻锅方法，即使方法相同，翻锅的力度也应该有所区别，具体情况具体对待。

（4）利于表现。翻锅是一项基本技能，从翻锅的推、拉、送、扬、晃、举、颠、倒、翻等一系列动作来看，确实是一项综合的表现艺术。从这方面来看，就要求操作者能够连贯地、规范地完成各个动作，要流畅，要赋予该项基本技能以特定的表现力。

二、拓展知识与运用

（一）正确的站立姿势

正确的站立势姿对于训练规范的翻锅非常重要，站立姿势正确、规范可以使动作自然协调，减少疲劳。正确的站立姿势是身体自然站直，两脚自然分开，与肩保持同宽，眼睛平视。在训练之初，往往以“四点一线”作为训练目标，即选择一面墙壁作为参照物，使脚后跟、臀、背和头部成一条直线，坚持一段时间以后，这方面意识增强了，可以变通一下再进行训练。

【实训要求】

动作不要过分呆板，尽可能地保持规范、自然、轻松，这样有利于动作的完成。

（二）正确站立姿势的实训

正确的站立姿势：不仅要站得直，站得自然，站得规范，而且要达到动作优美、操作自然和减轻劳动负荷的目的。长期锻炼以后，不仅能掌握一项牢固的基本技能，而且能够保持身体健康，增强体魄，为完成更加繁杂的工作奠定良好的基础。

（三）端锅的基本姿势

（1）正确的端锅姿势是：两脚分开，自然站立，与肩保持同宽。两腿自然站直，左手端握锅把，将锅放于正前方，两眼平视。

（2）端锅的实训。身体正直，不偏不歪，自然曲肘 90°，将锅端在自己的正前方，锅要端得平稳，要有一定的耐力，能坚持一段时间动作不走样。

（四）端握炒锅的方法

（1）单把炒锅的实训。正确的端握单把炒锅的姿势是面对炉灶，上身自然挺起，双脚分开，与肩同宽站稳，身体与炉灶相距 15 厘米，左手掌心向上，大拇指在上，四指并拢握住锅柄。端握炒锅时力度要适中，锅应该端平、端稳。

（2）双耳炒锅的实训。左手大拇指勾住锅耳，其余四指并拢，掌心向着锅沿，托住锅身，握锅时五指同时用力，夹住炒锅。正式烹调时，应该用厚的湿抹布包裹住锅耳，以免把手烫伤。

（五）端锅的实训要求

（1）动作正确。单锅用左手握住锅把，双耳锅用左手的大拇指勾住锅身并用其余四指托住锅身，将锅置于胸前大约 15 厘米处。

（2）持锅平稳。锅应平稳地端于正前方，不能歪，也不能斜。

（3）力度适中。应根据锅的重量和自己的力量，使用适中的力度将锅托住，不要举得过高，也不能被锅拖得下沉。

（4）耐力恒定。要将锅托住，端稳，端平放于正前方，并能够坚持数分钟而动作不走样。

任务二 勺的实训技法

一、知识储备

翻勺通常叫“抢火候”，可适应多种烹调方法和菜品的需要，可加快烹调速度，适用于旺火速成的炒、爆等烹调方法，具有保持菜品的鲜、嫩、脆和防止粘锅煳底等特点。翻勺可使原料不断移动变位，能在高温条件下和短暂的时间内，使菜品受热均匀，成熟一致，调味全面，色泽相同，避免生熟不匀、老嫩不一的情况。翻勺使原料不易破碎，确保菜品形态美观。

翻勺能使菜品和芡汁交融，均匀地黏附在主辅料上，迅速地起到除腥解腻、提鲜增香等作用，并且能协调和美化菜品的形状。翻勺技术功底的深浅直接影响到菜品的质量。原料由生到熟的瞬间变化中，稍有不慎就会失误，因此，翻勺对菜品质量至关重要。

在烹调过程中，要使原料成熟一致、入味均匀、着色均匀、挂芡均匀，除了用手勺搅拌以外，还要用翻勺的方法达到上述要求。

在我国，由于菜系流派众多，其历史渊源、地域环境、文化积蕴、民风食俗等差异较大，因此所形成的“勺工”流派、技法也很多。翻勺的方法，按原料在勺中运动幅度的大小和运动的方向，原料形状不同、成品形状不同、着芡方法不同、火候要求不同、动作程度不同等因素，可分为小翻勺、大翻勺、助翻勺、悬翻勺、晃勺、转勺以及手勺等多种技法。

1. 小翻勺

小翻勺也称颠勺，是一种常见的翻勺方法，主要适用于数量少、加热时间短、散碎易成熟的菜肴。

【实训方法】

左手握勺柄，利用灶口边沿为支点，勺略前倾将原料送至勺前半部，快速向后拉动到一定位置，再轻轻用力向下拉压，使原料在勺中翻转，然后再将原料运送到勺的前半部，再拉回翻个，如此反复做到勺不离火、敏捷快速、翻动自如，使烹制出的菜肴达到质量要求。例如用爆法制作的“宫爆虾仁”，是着芡、调味同时进行，制作时必须用小翻勺的技法来完成，使菜肴入味均匀、紧汁抱芡、明油亮芡、色泽红润。制作“青椒鸡丝”，原料入勺后用小翻技法不停地翻动原料并随之加入调味品，使鸡丝受热入味、均匀一致，成品达到鲜、软、嫩的质量要求。制作“红烧排骨”，主料在加热成熟过程中用小翻勺的技法，有规律地进行翻动，勾芡时用小翻勺的技法淋入水淀粉，边翻动主料，使汤汁变稠分布均匀，达到明油亮芡的最佳效果。

2. 大翻勺

大翻勺是将翻勺内原料一次性做 180° 翻转，也就是说原料通过大翻勺达到“底朝天”的效果，因动作和翻转幅度较大而称为大翻勺。

【实训方法】

左手握勺柄，晃动勺中菜品，然后将勺拉离火口并抬起随即送向右上方，将勺抬高与灶面呈 60°~70°，在扬起的同时用手臂轻轻将勺向后勾拉，使原料腾空向后翻转，这时菜肴会产生一定的惯性，为减轻惯力要顺势将勺与原料一同下落，角度变小，接住原料。上述拉、送、扬、翻、接一整套动作的完成要敏捷准确、协调一致，一气呵成，不可停滞分解。

大翻勺适用于整形原料和造型美观的菜肴，例如扒法中的“蟹黄扒菜心”，将菜心熟处理后，码于盘中，再轻轻推入已调好的汤汁中，用小火扒入味，勾芡后采用大翻勺的技法，使菜肴稳稳地落在勺中，其形状完整不散。制作“红烧鳜鱼”，主料烧入味勾芡后同样采用大翻勺的技法。

3. 晃勺

左手握勺柄，通过手腕的力量将大勺按顺时针或逆时针方向进行规律的旋转，通过大勺的晃动带动菜肴在勺内的转动。晃勺适用于扒菜、锅塌菜和整个原料制作的菜肴。晃勺的实训要求是：

（1）调整勺内的原料受热状况，使汁芡、口味、着色均匀一致，避免原料煳底。

（2）由于晃勺的作用，使淋入的明油分布更加均匀，减少原料与勺的摩擦，增强润滑度。

（3）由于晃勺产生的惯性使原料与大勺产生一定的间隙（用肉眼难以观察到），为大翻勺顺利进行奠定了基础。

（4）由于勺与主料产生摩擦使部分菜肴的皮面亮度增强。例如“双冬扒鸭”，将蒸熟入味的鸭的整皮面朝下入勺内煨制，勾芡时边晃勺边沿原料边缘淋入水粉汁，使汤汁浓稠，芡汁分布到各个部位，然后淋明油晃勺调整位置，把握时机大翻勺，将色泽金红明亮的皮面朝下拖入盘中，其形其色甚是美观。

二、拓展知识与运用

悬翻勺的基本训练

悬翻勺是左手握勺柄或锅耳，在恰当时机将大勺端离火源，手腕托住大勺略前倾，将原料送至勺的前半部；向后勾拉时前端翘起，与手勺协调配合，快速将原料翻动一次。由于勺内原料翻动及整套动作均悬空进行，所以称悬翻勺。这种方法适用于一些特殊菜肴和盛菜时使用，以保证菜肴火候、装盘和卫生、质量的要求。例如拔丝苹果，将苹果挂糊炸熟后投入熬好的糖浆中，快速将大勺端离火源，采用悬翻的技法不断翻动原料，使苹果块（条）挂满糖浆，达到质量要求。采用爆、炒、熘等方法烹制数量较少的菜品，盛菜时多数采用悬翻勺的方法，具体方法是在菜肴翻起尚未落下的时候，用手勺接住一部分下落的菜肴放入盘中，另一部分落回大勺内，如此反复，一勺一勺地将菜肴全部盛出。

模块四

厨房烹调实训的安全规范

学习目标

知识目标

掌握厨房安全操作实训标准，熟知厨房安全用电、安全操作规程，了解厨房控制系统安全操作规程和使用方法。

技能目标

（1）能熟练使用厨房里的设备和各种用具。

（2）了解厨房控制系统的安全操作规程。

（3）熟知厨房设备安全操作规程和使用方法。

实训任务

任务一　烹调厨具设备及安全操作

任务二　厨房作业区实训安全

任务一　烹调厨具设备及安全操作

一、知识储备

（一）厨房安全操作实训标准

（1）严禁长明灯、长流水，减少不必要的浪费。

（2）煤气罐应远离火源或暖源；随时随地要留意煤气管道是否有泄漏，以免发生危险。

（3）清扫厨房卫生时，千万不要在带电状态下用水管冲刷墙体以及电器设备，保证配电设备在干燥的环境中运行。

（4）不要用湿手去触摸电器开关按钮以及插头，设备不用时应切断电源。

（5）冰箱、冰柜应定期除霜。严禁用金属利器敲击冰箱冷管上的冰层；注意清除冷凝器、压缩机、电机周围的异物，使其保持良好的通风散暖功能，同时要避免老鼠咬坏管线。

（6）制冰机要确保水源、电源的不间断供应，尤其不能断水。

（二）工具、用具的规范

（1）所有用具、工具摆放整齐，做好各种料盒、刀具、菜墩、抹布的整理工作。

（2）检查电冰箱、恒温柜运转是否正常，若出现故障，应及时报修。

（3）消过毒的刀、墩、抹布等物品应洁净、无油渍；污物盒放置切配台或原料架上。盛放各类废弃物的垃圾桶应放在切配台的适当位置上，以方便使用。垃圾桶上必须要有垃圾桶盖。

（4）将不能立即加工完成的水产品、肉类，放入粗加工间的恒温箱中。

（5）专人看管排污设备的指示灯，最低不能低于25%，最高不能超过75%。

（三）厨房用具及维护

1. 刀具

在使用刀具时，根据原料性质选择合理的刀法，以免刀口受损；对刀具的磨制要采取合理的方法；刀具使用完毕后应洗净擦干，用毛巾包裹放置。

2. 菜墩

对刚购进的菜墩要用盐水浸泡；每次使用完毕后要刮洗干净，立起来放置。

3. 烹调用具

每天对铁锅、炒（手、漏）勺、网筛、调味缸等烹调用具进行清洗，并用沸水煮制消毒。

4. 餐具

餐具的维护：收台、运送、清洗时要按质地、形状、大小进行分类，并轻拿轻放，避免碰撞。放置时不宜重叠得太高，以防压碎。

（四）烹调设备及维护

随着烹饪技术的发展，厨房设备也随之发展，这既改善了厨房卫生条件，减轻了员工体力劳动强度，提高了工作效率，同时也促进了烹饪技术的发展。厨房设备价格贵，投资大，所以应对设备进行维护，充分利用设备，尽可能地延长设备的使用寿命，否则会影响到厨房的工作效率，还会直接影响菜点质量。

1. 炉灶

每天对各种炉灶的面板、挡板、锅台、下水槽进行认真清洗，随时保证下水通畅。定期检修燃气喷头、鼓风电机、气阀、水管阀。

2. 蒸箱

每天对蒸箱进行清洗，特别注意清洗蒸箱内部；经常检查蒸箱的上下水是否通畅；定期对炉头进行检修；检查蒸箱门是否关闭严实。

3. 烤箱

每天清洁烤箱内部的烘烤室；经常检查炉门是否关闭严实；检查线路是否通畅；检查烤箱内实际温度与面板指示温度是否一致；检查定时器是否准时；检查发热管是否工作正常；定期检查烤炉内的炉头；检查烤箱内挂物的钩、架是否安稳，检查烤箱门能否关闭严实；每天清洁烤箱内外，保持排废油、污水的小孔通畅。

二、拓展知识与运用

（一）预防食物中毒要点

（1）在进货、烹饪及保管中防止菜品及原料受细菌感染而产生毒素。

（2）防止细菌在食物上繁殖。

（3）有毒化学物品与食物必须严格分开，严防有毒化学品引起中毒。

（4）注意原料本身含有的毒素。

（二）安全操作要点

（1）操作时不得持刀向人指手画脚，不得刀口向人；不得在工作台上放置刀具，防止刀落砸伤人；清洁刀具锐利部位需将手布折叠成一定厚度，从刀口中间部位轻慢地向外擦洗。

（2）搬运重物时应先站稳脚跟，保持背挺直，不可向前或向侧弯曲，重心应在腿部。从地面取物应弯曲膝盖。不可一次性超负荷搬运货物，尽量和其他员工合作，或使用手推车搬运。

（3）使用烹调设备、煤气设备时须遵守操作规程。

（4）容器盛装热油、热汤时应适量，端起时应垫布，并提醒他人注意。

（5）清洗设备时应待其冷却后再进行，拿取热源附近的金属用品应用垫布。员工不要在炉灶间、热源处嬉戏打闹。

（三）厨师安全操作规程

（1）进入工作区域，必须按规定着装，穿防滑鞋；发现设备异常要停止使用并及时报修。

（2）点火时必须使用点火工具，不能直接点火。

（3）制作菜品时，不准离开岗位；制作食品和搬动食品时，注意防滑，当心摔倒。

（4）使用汽锅时应检查受压锅体、管道是否安全。

任务二 厨房作业区实训安全

一、知识储备

（一）厨房作业区的卫生要求

1. 厨房工作人员卫生管理

厨房人员的卫生管理是保证食品卫生的一个重要组成部分，它包括以下三方面：

（1）日常个人卫生：厨房工作人员应具有健康意识，懂得基本的健康知识。努力保持身体健康，做到精神饱满，睡眠充足，胜任工作而不过度劳累。讲究个人清洁卫生，养成良好的个人卫生习惯，勤洗手，不可留长指甲、涂指甲油。在工作中认真贯彻、执行食品卫生“五四制”内容。穿戴整洁的工作衣帽，防止头发或杂物混入菜点中。

（2）烹调加工的卫生管理：烹调加工的卫生管理的目的是防止工作人员因工作时的疏忽而导致食物、用具遭受污染。每次品尝都要使用清洁的匙，而不能用手直接抓取品尝，或用手指尝味。如果必须用手操作（如片北京烤鸭），就必须戴一次性塑料手套。器皿、餐具掉落到地上，应洗净消毒后使用。

（3）卫生教育工作：学习、执行食品卫生法，懂得食品中毒原理，掌握中毒事故的处理方法。

2. 烹调生产实训过程中的卫生管理

厨房生产加工是厨房卫生的重要环节。诸如青菜中的头发、鸡翅上的羽毛、饺子馅中的铁丝等，都是工作中常出现的问题，特别是假冒伪劣食品误入厨房，会对消费者造成危害，所以，必须严把生产中的卫生关，确保生产加工过程万无一失。

（1）原料的卫生管理

烹饪原料是烹饪产品的基础，而烹饪原料卫生是烹饪产品卫生的根本。厨房生产者和管理者必须遵守卫生法规，从合法的商业渠道和部门购货。原料的使用必须在规定的时间范围内，从原料的采购进货开始，就要严格控制其卫生。烹饪原料卫生问题集中表现在原料的污染和原料的腐败变质，其原因有自然和人为的因素。其中人为因素更是令人痛惜，如有的酒店故意使用变质的畜禽、死虾、带农药的蔬菜、回收的调料等。常见的烹饪原料污染有蔬菜的农药污染、鱼类的重金属，肉类的兽药残留污染等。

（2）烹饪初加工中的卫生管理

厨房加工从原料领用开始，鲜活原料验收后要立即进行加工处理，成品要及时送入冷藏库保存。烹饪初加工包括原料整理、剖剥、清洗、切割等环节，对烹饪产品的卫生质量具有重要影响。如小白菜、油菜、生菜等叶菜的清洗直接关系到污染物的消除程度。鱼类的去鳃、去鳞、去黑膜等关系到鱼的卫生状况。容易腐坏的原料，要尽量缩短加工时间，大批量加工原料应分批从冷藏库中取出，以免最后加工的原料因在自然环境中放久而降低质量，加工后的成品应及时冷藏。

（3）烹调过程中的卫生管理

原料烹调阶段的主要卫生问题是操作状况所连带的卫生问题，烹调习惯所涉及的卫生问题、烹制技法所导致的卫生问题、装盘成型所产生的卫生问题等。具体而言，如果厨房的通风换气条件达不到要求，厨师在操作时"挥汗如雨"，头上的汗珠、灶的烟尘就会混入菜中。如果炒菜洗锅不勤，不仅炒出的菜品会串味，而且还易因粘锅焦煳而产生有害物质。在菜品装盘时，用未经清洗消毒的抹布"清洁"盘子、不戴一次性手套摆菜等都会造成菜品的二次污染。

（二）厨房用电、用气安全制度

1. 用电安全规范

（1）厨房内严禁吸烟。

（2）厨房设备使用后应及时关闭、切断电源。

（3）使用经检验合格的煤气罐，使用完毕后必须关闭总阀门。

（4）易燃、易爆危险物品，例如酒精、汽油、煤气筒钢瓶、打火机等，不可放置于炉具或电源插座附近，更不可靠近火源。

（5）每日下班前，要逐一检查阀门、电路、燃气开关、电源插座及开关的安全情况，如果发现问题应及时报修。要做好电源和门窗关闭的检查工作。

（6）定期检查厨房电路、气路及设备运行情况，杜绝隐患发生。

（7）严禁用湿布擦拭电源插头，严禁私接电源线。

2. 设备、刀具使用安全规范

（1）所有在岗厨师及其他作业人员在上岗前应能熟练掌握厨房的所有机械设备性能。使用机械设备时应严格按操作规程操作，设备一旦开始运转，操作人员不准随便离开现场。电器设备高温作业中要随时注意机器运转和油温的变化情况，发现意外要停止作业，及时上报厨师长或经理，遇到故障应及时报修。

（2）使用刀具时要注意正确的使用方法，不要乱摸刀口，刀具要握牢，以防掉落或割伤。厨师及其他作业人员使用的各种刀具应严格加强管理，严格按照要求使用和放置刀具，不用时应将刀具放在固定位置保管好；不准随意借给他人使用，严禁随处乱放，否则由此造成的不良后果，由刀具持有人负责。

（3）不得用刀具开启罐器。不用的刀具要稳当放置在安全刀架上，不得隐藏在橱柜或抽屉内，以免误伤。

（4）厨房必须保持清洁，染有油污的抹布、纸屑等杂物，应随时清除。炉灶油垢应经常清除，以免火屑飞散，引起火灾。

（三）用气安全规范

（1）使用前要闻气味，无燃气泄漏气味方可开阀门。

（2）开阀门要按以下程序操作：总阀→表阀→灶阀→点火阀。

（3）关阀要按以下程序操作：点火阀→灶阀→表阀→总阀。

（4）不同气种的燃具是不能通用的，如水煤气燃具、天然气燃具、液化石油气燃具不能通用。

（5）操作时做到"火等气"，即先点火而后再开气；若先开气后点火，气先流入空气中，遇火就会引起爆炸，这样很危险，所以一定要"火等气"。

（6）使用过程中，应保持室内良好的通风状态，以便随时把燃烧过程中产生的废气排出室外。

（四）厨房实训安全规范

（1）应牢固树立卫生意识，上岗前必须持有健康证（每年必须参加年审），熟知主要的食品卫生及相关知识，熟知灭火器材和石棉布的正确使用方法。

（2）上岗前，必须正确穿戴工作服、防滑鞋和工作帽，戴工作帽时头发必须置于帽内。制作熟食品时必须戴口罩、一次性手套。

（3）遵守验收程序，不收腐烂变质、有异味、无商标、无品名及无检验盖章的原料，以防食物中毒。

（4）在切菜过程中，要以正确的方法使用刀具，不得持刀打闹嬉戏，不得刀口向人，放置时要放在刀架上。

（5）炉灶开着时，操作者不得离开。操作中注意汤汁不要外溢，煮锅中搅拌食物要用长柄勺，防止汤汁溅出烫伤人；将易燃品置于远离火源的地方。

（6）每天剩余的半成品要用保鲜膜盖上，放入冰箱内。隔夜菜品必须回锅重烧，所有菜品建立 72 小时留样制度，用留样袋密封并建立食品台账。

（7）在厨房行走的路线要明确，避免交叉，禁止在厨房里跑跳。厨房内的地面不得有障碍物，发现地面砖松动要立即报修；在高处取物时，要使用结实的梯子，并小心使用。

（8）搬物不要超负荷，重物应请求其他员工帮助合作，或者使用手推车。取热汤、热饭和盛满的油锅时，要用布垫上，并提醒他人不要碰撞。

（9）破碎的玻璃器具和陶瓷器具要及时处理，要用扫帚清扫不得用手捡。

（10）在合、分电源开关时，必须将手擦干，以防触电。

（11）使用各种设备要严格按照操作规程操作，不得擅自拆卸维修电路和设备。不得随地乱扔烟蒂、杂物。要时常清洗吸抽油烟罩，以防止油垢起火。

（12）实训结束后，要及时关闭电源及煤气等开关，关好门窗，做好防火防盗工作。

（13）熟练掌握并严格执行本岗位“四不伤害”防护相关规定。

二、拓展知识与运用

（一）在实训过程中注意事项

（1）厨房内的燃气、燃油管道和阀门必须定期检查，防止泄漏。如发现燃气、燃油泄漏，首先应关闭阀门，及时通风。

（2）厨房中的气瓶应集中管理，气瓶距灯具或明火等要有一定的距离，以防高温烤爆气瓶，造成火灾。厨房中的灶具应安装在阻燃材料上，与可燃物要有足够的间距，以防烤燃可燃物。

（3）油炸食品时，锅里的油不应该超过油锅容积的2/3，并注意防止水滴和杂物掉入油锅，致使热油溢出。油锅加热时应采用温火，严防火势过猛、油温过高造成油锅起火。

（4）厨房灶具旁的墙壁、抽油烟罩等容易污染处应天天清洗，油烟管道应定期清洗，一般每三个月清洗一次。

（5）厨房内使用的各种炊具，应选用经国家质量检测部门检验合格的产品，切忌选择不合格的器具。使用器具应严格按规定操作，严防事故的发生。

（6）厨房内应配备灭火毯，用来扑灭各类油锅火灾；厨房内还应该配置一定量的ABC干粉灭火器，并应放置在明显部位，以备紧急时使用。

（7）操作人员下班时应及时关闭所有的燃气、燃油阀门，切断气源后方可离开。

（8）厨师长为部门的防火安全责任人，部门出现责任事故，由防火安全责任人负责。

（二）厨房防火教育

（1）严禁厨房里吸烟，吸完烟后烟头乱扔，会引发火灾事故。

（2）厨房在进行卫生打扫时，常会出现乱倒水现象，这些水容易进入各种电器设施的内部，不仅容易使电器设施生锈腐蚀，也极容易引起电器线路短路起火。针对绝大多数厨房的现状，要加强厨房的防火安全教育。

（3）加大对实训厨房员工的消防安全教育，定期进行培训，并制定相应的消防安全管理制度。

（4）厨房内使用的电器开关、插座等电器设备，以封闭为佳，防止水渗入，并应安装在远离煤气、液化气灶具的地方，以免开启时产生火花引起煤气外泄或液化气燃烧；厨房内的各种机械设备不得超负荷运转，时刻注意在使用过程中防止电器设备和线路受潮。

【项目小结】

通过实训学习掌握烹饪基本功的内容，熟知烹饪基本功在烹饪中的作用，熟知练好烹调基本功的途径。学会正确地使用常规厨房刀具、设备、工具。了解厨房设备安全操作规程和使用方法，熟悉厨房各种设备安全操作规范。

实训练习题

（一）名词解释

1. 刀工。

2. 剞刀法。

3. 刀法。

4. 翻锅。

（二）填空题

1. 刀工在烹调中的作用是（　　　　）、（　　　　）、（　　　　）、（　　　　）。

2. 选择刀具可从（　　　　）、（　　　　）、（　　　　）三方面来鉴别。

3. 刀工的基本操作姿势包括（　　　　）、（　　　　）、（　　　　）、（　　　　）、（　　　　）。

（三）判断题

1. 刀工在烹调中的作用仅仅是为了改变原料的形状。（　　）

2. 刀工和烹调作为烹饪技术的两道工序，相互制约、相互影响。（　　）

3. 在烹饪行业中有“横切鸡肉、竖切牛肉”的说法。（　　）

4. 菜墩是指用刀对烹饪原料加工时的衬垫工具，它对刀工技术没有关系。（　　）

5. 磨好的刀，刀身向外的一面，刀口微斜，使用时可使原料脱落，不粘在刀上；刀身向内的一面，刀口平直，便于手指控制运刀。（　　）

（四）简答题

1. 如何挑选一把适合自己的刀？如何保养？

2. 菜墩怎样使用才合理？

3. 简述磨刀的过程。
4. 怎样检测刀刃是否锋利？
5. 烹调刀工实训的基本要求是什么？
6. 简述美化刀的运用。
7. 预防事故的规范要点有哪些？
8. 厨房实训安全规范有哪些？

项目二

烹调加工工艺与实训

模块一

原料初加工工艺

学习目标

知识目标

了解鲜活原料初加工的一般方法和基本要求；熟悉新鲜蔬菜、水产品、家禽家畜及其腌腊制品的加工方法；能根据不同干制原料进行合理的加工涨发，掌握其步骤和技巧；掌握各鲜活原料的加工方法。

技能目标

掌握各种常用原料的加工方法和操作要领；会运用多种涨发方法涨发各类干制原料；会合理加工多种腌腊原料；加工的半成品原料符合菜品质量规格要求；熟悉不同原料的加工流程和制作要求。

实训目标

（1）能加工各类新鲜蔬菜原料。
（2）能加工不同种类的水产品。
（3）能加工不同的家禽原料。
（4）能加工家畜及四肢的原料。
（5）会涨发各类干制原料。
（6）会加工腌腊制品。
（7）掌握冷冻原料的解冻方法。

实训任务

任务一　新鲜蔬菜原料的加工
任务二　水产品原料的初步加工
任务三　家禽、家畜原料的初步加工
任务四　干制原料的加工
任务五　其他原料的加工与实训

鲜活原料是每天厨房烹调中不可缺少的食材，通常指新鲜的蔬菜、水产品、家禽、家畜类等。从市场上购进的鲜活原料，一般都有不能食用的部位及泥沙等污秽杂物，烹调前必须经过择选、洗涤处理等，使原料达到清洁卫生、便于加工食用的要求。初步加工时既要干净卫生，符合烹调的要求，同时又要注意节约，除了不能食用的部分外，不得浪费任何有用的部分，尽量做到物尽其用。

任务一　新鲜蔬菜原料的加工

一、知识储备

新鲜蔬菜在烹调中应用广泛，它既能做主料又能做辅料；可以做一般的菜肴，也可做高档宴席的菜肴。蔬菜含有多种的维生素、纤维素和无机盐，是人们在日常膳食中不可缺少的食材。蔬菜种类繁多，食用部位各不相同，有的食用种子，有的食用叶子，有的食用根茎，有的食用花蕾等。所以新鲜蔬菜的初步加工，也必须分门别类地进行。蔬菜中含有大量的维生素、纤维素和矿物质等，在加工过程中应尽量减少蔬菜中营养素的损失。只有当蔬菜中的水分保持在细胞里时才能维持其结构形态，随着水分的散失，蔬菜就会枯萎。新鲜蔬菜原料初步加工时，要注意尽可能地保存原料所含的营养成分，如叶菜是人们体内维生素 C 和矿物质的重要来源，而这些营养成分极易溶于水中，为保护这些营养成分，对蔬菜初加工时就应做到先洗后切。

（一）蔬菜初加工与实训的要求

（1）按蔬菜类别、规格整理加工。按照蔬菜各种原料的不同食用部分，采取不同的加工方法，去掉不能食用的部位，如叶菜类必须要去掉老根、老叶、黄叶等；根茎类要削皮或剥去表皮；果菜类须刮去外皮，挖掉果心；鲜豆类要去除豆类上的筋络或剥去豆荚；花菜类需要去掉外叶和花托。

（2）洗涤整理确保干净卫生。蔬菜类原料的洗涤整理，是一项很重要的加工程序，如洗涤整理不干净，会含有泥沙、草根、虫和虫卵，甚至还会含有残留的农药，严重影响食品卫生安全，对人体的健康造成不良的后果，所以，蔬菜的洗涤必须要严格按照“一浸、二洗、三漂”的原则处理。如在蔬菜洗涤时发现虫以及虫卵时，可在清水中加 2% 的食盐或小苏打浸洗，就可使菜上的虫卵浮在水面。

（3）洗涤整理后的合理放置。洗涤整理后的蔬菜原料要放在能沥水且符合食品卫生要求的盛器内，或分类、整齐地放在清洁的物料存放架上。夏秋季须隔夜的蔬菜还应放在15℃的保湿冷库内，以免混放或乱放而造成不必要的浪费。

（二）新鲜蔬菜的加工与实训

新鲜蔬菜的整理加工方法因蔬菜的食用部分不同而有差异，但不管是什么蔬菜，在初步加工时都需经过整理加工和洗涤两个步骤，以保证蔬菜原料的干净和安全。

（1）叶菜类。叶菜类蔬菜是指以肥嫩的茎叶作为烹调原料的蔬菜，常见的品种有青菜、芹菜、大白菜、卷心菜、青蒜、菠菜、韭菜等。叶菜类蔬菜的整理加工主要是将黄叶、老叶、老帮、老根等不能食用部分及泥沙等杂质剔除干净。

（2）根茎类。根茎类蔬菜是指以肥嫩的根或茎为烹饪原料的蔬菜，如冬笋、茭白、山药、山芋、土豆、莴笋、洋葱等。这类蔬菜的整理加工主要是剥去外层的毛壳或刮去表皮。应引起注意的是：根茎类蔬菜，大多数品种含有多少不等的单宁物质（鞣酸），去皮时与铁器接触后在空气中极易氧化而变色，故根茎类蔬菜在去皮后应立即放在水中浸泡，以防变色。

（3）瓜类。瓜类蔬菜是以植物的瓠果为烹调原料的蔬菜，常见品种有黄瓜、冬瓜、南瓜、丝瓜、笋瓜、西葫芦等。整理加工时，对于丝瓜、笋瓜等除去外皮即可；外皮较老的瓜，如冬瓜、南瓜等刮去外层老皮后从中间切开，挖去瓤洗净即可。

（4）茄果类。茄果类蔬菜是指以植物的浆果为原料的蔬菜，常见的有茄子、辣椒、番茄等。这一类原料整理加工时，去蒂即可，个别蔬菜如辣椒等还需去籽瓤。

（5）豆类。豆类蔬菜是指以豆科植物的豆荚（荚果）或籽粒为烹调原料的蔬菜，常见品种有青豆、扁豆、毛豆、四季豆等。豆类蔬菜的整理加工有两种情况：一，荚果全部食用的，掐去蒂和顶尖，撕去两边的筋络；二，食用种子的，剥去外壳，取出籽粒。

（6）花菜类。花菜类蔬菜是指以某些植物的花蕊为烹调原料的蔬菜，常见品种有西蓝花、花椰菜、黄花菜等。花菜类蔬菜在整理时只去掉外叶和花托，将其撕成便于烹饪的小朵即可。

在加工中为了避免不必要的浪费，不要扔掉如莴笋有用的叶子和芹菜的外茎。在去土豆皮和剥蔬菜时，要轻剥薄削，不要使营养成分损失。

（三）新鲜蔬菜的洗涤实训

加工整理新鲜蔬菜必须仔细清洗，对于枯萎的蔬菜要浸泡在冷水里或用冰覆盖，以帮助其恢复鲜嫩，但这并不能恢复其已失去的养分。新鲜蔬菜的洗涤方法常见的有冷水洗涤，也可根据情况采取盐水或高锰酸钾溶液洗涤。

（1）冷水洗涤法。是将经过整理加工的蔬菜放入清水中略浸泡一会儿，洗去蔬菜上的泥土等污物，再多次清洗直至干净即可。冷水洗涤可保持蔬菜的新鲜度，这是蔬菜洗涤最常用的方法。

（2）盐水洗涤法。常用于夏、秋季节上市的一些蔬菜，如扁豆，豆荚上吸附着许多虫卵，用冷水洗一般清洗不掉。可将蔬菜放入浓度为 2% 的盐水中浸泡 10 分钟左右，再放入清水中洗涤就很容易洗干净了。

（3）高锰酸钾溶液洗涤法。将整理加工的新鲜蔬菜放入 0.3% 的高锰酸钾溶液中浸泡 5 分钟，然后再用清水洗净。这主要用于洗涤供凉拌食用的蔬菜，用此方法洗涤可将细菌杀死，同时不改变蔬菜的原味。

（四）蔬菜初步加工与实训的要求

（1）科学合理加工。蔬菜品种繁多，在初步加工时应分类处理，根据不同蔬菜的特点采取相应的加工方法。例如：叶菜类蔬菜必须剔去黄叶、老叶等；根茎类应先去外皮；豆荚类应去掉豆荚上的筋络；花菜类则应去掉外叶和花托，以保证食用的质量和效果。

（2）做到先洗后切。新鲜蔬菜在洗涤时要注意洗净泥沙和虫卵等，在程序上应做到先洗后切，这是因为新鲜蔬菜内部含有丰富的水溶性的维生素和无机盐，如先切后洗，这些营养成分就会流失。另外，新鲜蔬菜在生长过程中，因施肥或施农药，表面有残留的化学有害物质，若先切后洗有可能人为地造成污染。

（3）根据原料性质合理放置。饭店中新鲜蔬菜使用量较大，同等数量的新鲜蔬菜与其他新鲜的烹饪原料相比，所占的体积要大且容易被污染。蔬菜洗涤后要放在干净的竹筐或塑料筐中，菜筐摆放时要整齐与卫生，最好摆放在斜式专用蔬菜货架上，便于沥干水分。

二、初加工工艺与实训

实训一　椒盐花菜

1. 烹调类别

炸。

2. 烹饪原料

主料：花菜 200 克。

配料：鸡蛋 1 个。

调料：大蒜 10 克、葱 10 克 、小米椒 2 个、芝麻油 5 克、淀粉 30 克、盐 7 克、味精 3 克、椒盐 8 克。

3. 工艺流程

（1）花菜切成小块，洗净沥干水分，焯水后加入盐腌渍。葱、大蒜和小米椒分别切成碎粒。鸡蛋在碗中打散，放入干淀粉搅拌均匀成糊状。

（2）炒锅上火油烧至150℃~160℃，将花菜薄薄地裹上鸡蛋糊，逐块放入锅中炸至金黄色捞出。锅内留底油烧至90℃，放入生蒜碎、红椒碎翻炒出香味后将炸好的菜花放入，然后加入椒盐和芝麻油，翻炒均匀即可。

4. 风味特色

色泽金黄、清淡脆鲜，美味爽口。

5. 实训要点

（1）花菜要切得形状整齐、大小一致。

（2）控制好油温，150℃~160℃。

（3）炒椒盐掌握好盐与花椒的比例。

实训二　土豆松

1. 烹调类别

炸。

2. 烹饪原料

主料：土豆300克。

调料：精盐15克、味精8克、色拉油400克（实耗60克）。

3. 工艺流程

（1）将土豆去皮，切成火柴梗粗细的丝，放入水中轻轻搓洗，去除粉质，捞起晾干。

（2）将油放入锅中，烧至八成热时，将土豆分3~4次下锅，炸至金黄色时捞出沥油，待全部炸完后，趁热撒上精盐和味精拌匀即成。

4. 风味特色

色泽金黄、酥脆、咸香。

5. 实训要点

（1）土豆丝要切得粗细均匀、长短一致。

（2）切好的土豆丝要用清水漂尽淀粉。

（3）炸时要分散下锅，油温控制在140℃~150℃，炸制土豆丝色泽一致。

实训三　炒雪冬

1. 烹调类别

炒。

2. 烹饪原料

主料：雪里蕻（芥菜）200克。

配料：冬笋150克。

调料：酱油5克、料酒10克、淀粉5克、味精3克、花椒2克、大葱5克、姜3克、花生油30克。

3. 工艺流程

（1）将雪里蕻洗净切成末。冬笋洗净去笋衣、笋根，切成厚片，葱切花，姜去皮切末。

（2）炒锅倒入油烧热，下入葱花、姜末爆香，放入冬笋片略炒，再放入雪里蕻煸炒，加酱油、料酒、味精、花椒水烧沸，采用小火焖8~10分钟，用湿淀粉勾芡翻锅即可。

4. 风味特色

清淡味鲜，冬笋鲜嫩。

5. 实训要点

（1）冬笋洗净去笋衣，焯水时去掉涩味，煸炒时控制好火候。

（2）雪里蕻洗净去掉咸味，尽量选用梗部。

（3）焖制时间不要太长。

三、拓展知识与运用

（一）新鲜蔬菜生吃有讲究

现在酒店菜单上有很多生吃的蔬菜，引导人们“返璞归真”，提倡“吃天然”，不过这是有前提的，只有个别品种的蔬菜才是可以生吃的，而且必须是无毒、无害，没有受到污染的。所以生吃的蔬菜应该是专门生产的。现在大多数蔬菜都喷洒农药，且常不止一种，因此或多或少含有农药，特别是外层叶子农药含量更多。有的所谓的“有机蔬菜”，用含有寄生虫卵和致病微生物的粪便作肥料，生吃很不安全。由于加热可以杀死致病微生物，分解较大部分的农药，所以吃不安全的生蔬菜有摄入更多农药和致病微生物的可能。而刀豆、扁豆本身含有毒素，必须加热破坏毒素后再吃才是安全的。青皮及出芽的土豆应先去皮及芽，烧熟煮透才能吃，以免发生龙葵素中毒。新鲜的木耳和黄花菜都含有毒素，只有去除毒素后才能吃，否则会中毒。干黄花菜水发后吃最安全。不认识及来路不明的蘑菇不能吃，每年有许多人因吃毒蘑菇导致中毒、死亡。

（二）蔬菜在加工中合理选用焯水技法

新鲜蔬菜有些含有草酸，特别是菠菜、冬笋、毛笋、蕹菜等，草酸含量很高。草酸很容易与食品中的钙结合成为不溶性的草酸钙，使人体白白浪费了宝贵的钙资源。在加工含有草酸的蔬菜时，应放在沸水中焯 2 分钟，让草酸溶于水中再取出沥干水分，就可避免钙的流失。蔬菜经过短时间焯水后仍能保留大多的营养素，且能保持绿色蔬菜的天然色，使蔬菜既好看又有营养。所以将经过焯水的叶菜捞起后浇上油和调料拌匀再吃，最符合科学原理，味道也很好。若用烧煮方法加工蔬菜，则应用急火快炒的加工方法，以尽量减少营养素的损失。

（三）新鲜蔬菜加工与保存

现在新鲜蔬菜的加工方法通常有罐藏、干制、腌渍和速冻等。

新鲜蔬菜的罐藏是将清洗、去皮、切分和热烫等预处理的蔬菜装入马口铁罐、玻璃瓶等能密封的容器中，排除空气，密封和杀菌后，抑制蔬菜中的微生物生长，能以较长期地保存。

新鲜蔬菜的干制是利用热能使蔬菜脱水，即采用自然干燥或人工干燥方法，使蔬菜中可溶性物质的浓度提高到微生物难以繁殖的程度。

速冻是蔬菜经预处理后，在 –30℃ ~ –37℃或更低的温度下速冻，然后用塑料袋或盒等容器进行包装，或先包装后进行速冻，然后存放于 –18℃的温度下冻藏，使蔬菜得以较长期保藏。

新鲜蔬菜的腌渍是酒店应用最普遍、传统的蔬菜加工方法，腌渍蔬菜的种类大致可分为发酵性腌菜和非发酵性腌菜两类，味汁有糖醋味、麻辣味、鱼香味、怪味等。

任务二　水产品原料的初步加工

一、知识储备

水产品的种类较多，一般分为咸水产品（海产品）和淡水产品（江、河、湖、池塘产品）两大类。在咸水产品中还有贝壳类，它也分为两类：一类是有开闭硬壳的软体动物，如牡蛎、蚌、扇贝、贻贝等；一类是有分节外壳的甲壳类动物，如龙虾、对虾、螃蟹等。由于水产品的类别较多，性质各异，因此，初步加工的方法也较为复杂，必须认真仔细地加以处理，才能符合烹调制作的要求。

（一）水产品初步加工与实训的要求

水产品含有丰富的蛋白质、脂肪、无机盐和维生素等营养成分，是制作菜品中不可缺少烹饪原料。水产品初步加工的实训要求是：

（1）加工时除尽污秽杂质。水产品初步加工时，必须将鱼鳞、鱼鳃、内脏、硬壳、沙粒、黏液等杂物除净，特别要尽量除去腥臭异味，这样可以保证菜品的质量不受影响，突出水产品原料的特色。

（2）加工时符合烹调要求。水产品初加工时，要符合烹调的不同要求，采取不同的加工方法。例如新鲜鱼类制作不同的菜品，对鱼体的形态要求不一。体现鱼形状完整的，在初步加工时，从鱼的口腔中将鱼鳃和内脏卷出；而用于出肉加工的鱼则可剖腹取出内脏。又如鳝鱼因烹制菜肴的品种不同，而采取生杀或熟杀两种不同方式。

（3）切勿弄破苦胆。鱼类特别是淡水鱼类在初加工时切勿弄破苦胆。弄破苦胆后，胆汁沾染到鱼肉上，会使鱼肉发苦而影响质量。

（4）根据水产品的不同品种进行加工。水产品有的带有鳞片，要直接去鳞片；有的带有黏液，要采用沸水去掉表面黏液；有的还带有沙粒，要采用剥皮等方法。初加工时应根据不同的水产品的特点进行，才能保证原料的质量符合烹调的要求。

（5）科学合理加工，做到物尽其用。水产品原料在加工时，要注意节约原料。如剔鱼肉时，鱼骨要尽量不带肉；一些下脚料要充分利用，鱼骨可以煮汤，鱼皮可以制冻，虾的卵干制后成为虾子酱，海产鱼类的沉浮器官干制后成为鱼肚。水产品初步加工时，要充分科学合理地使用原料，避免浪费。

（二）鱼类初步加工的流程

由于鱼的种类很多，形状、性质各异，加工的方法也不相同，主要流程有刮鳞、去鳃、取内脏、褪沙、剥皮、泡烫、宰杀等。

1. 刮鳞

适用于加工鱼鳞属骨片性鳞的鱼类。如大黄鱼、小黄鱼、鲈鱼、加吉鱼、鲤鱼、草鱼、鳜鱼等，加工时要把鱼身表面鳞片刮尽。刮鳞时将鱼头朝左、鱼尾朝右摆放在案板上，左手按稳鱼头，右手持刀，由鱼尾向鱼头方向将鱼鳞逆着刮下。

【实训要求】

（1）不可弄破鱼皮，否则会影响菜肴成熟后的造型。

（2）鱼鳞要刮干净，特别是要检查靠近头部、背鳍部、腹肚部、尾部等地方的鱼鳞是否去尽。需要注意的是，鲥鱼和鲫鱼的鳞下因附有脂肪，味道鲜美，初加工时可不去鳞。

2. 去鳃、取内脏

刮鳞后应去鳃，一般鱼鳃用手就可挖去，但有些鱼，如鳜鱼、黑鱼等，鱼鳃坚硬且鳃上有“倒刺”，这类鱼的鳃应用剪刀剪去，以防划破手指。

取内脏的方法要根据鱼的大小和烹调的不同要求而定，其方法通常有三种：

（1）剖腹取内脏。操作时在鱼的肛门和胸鳍之间用菜刀沿肚剖一直刀口，取出内脏。一般鱼类都采用这种方法摘除内脏。

（2）口中取内脏。为保护鱼体的完整形态，用菜刀在鱼肛门正中处横向切一小口，割断鱼肠。用两根竹棒或竹筷从鱼口腔插入腹内，卷出内脏和鱼鳃。例如清蒸鳜鱼，为保持鱼形的完整采取此法。

（3）脊背取内脏。有些菜肴为了保持鱼形的完整性，需要从脊部处剖开摘除内脏。如江苏名菜荷包鲫鱼，以体现加工工艺的变化和绝妙。

3. 褪沙

主要用于加工鱼皮表面带有沙粒的鱼类，即各种鲨鱼，如真鲨、姥鲨、星鲨、角鲨、虎鲨等。

鲨鱼褪沙前，应将鲨鱼放在沸水中泡烫，水的温度根据原料形状与老嫩而定，形状大与质地老的可用100℃沸水，形状小与质地嫩的水的温度为90℃。泡烫的时间，以能褪沙而鱼皮不破为准。褪沙后用刀刮净表面沙粒，洗净即可。操作时应注意不可将沙粒嵌入鱼肉，否则影响原料的食用。

4. 泡烫

主要用于加工鱼体表面带有黏液而腥味较重的鱼类，如鳝鱼、鳗鱼、泥鳅等，这类鱼表面无鳞，但有一层黏液，故应放入开水锅中泡烫后洗去黏液和腥味。

【实训工艺流程】

海鳗鱼、鳗鲡鱼去除鳃，内脏后，放入沸水锅中烫去黏液和腥味，再用清水洗净即可。黄鳝的熟杀方法是：锅中加入凉水，将黄鳝放入，加适量的盐和醋（加盐的目的是使鱼肉中的蛋白质凝固，使鱼肉结实；加醋则是去其腥味），盖上锅盖，用急火煮至鳝鱼嘴张开，捞出放入冷水中浸凉洗去黏液即可。

5. 剥皮

主要用于加工鱼皮粗糙、颜色不美观的鱼类，如比目鱼、橡皮鱼等。初加工时应先剥去皮。即由背部鱼头处割一刀口，捏紧鱼皮撕下即可。

6. 宰杀

主要用于加工一些活养的水产品，如甲鱼、黄鳝、鲤鱼、草鱼等。

（1）甲鱼加工流程的第一步是宰杀。甲鱼宰杀方法有多种，常用方法是将甲鱼放在案板上，在其头伸出时用左手握紧头部，用刀割断血管和气管，先放入凉水盆中将血泡出，再放入80℃~90℃的热水中烫5~7分钟取出（水的温度和泡烫时间，可根据甲鱼的老嫩和季节的不同而灵活掌握）；然后搓去周身的脂皮，从甲鱼裙边下面两侧的骨缝处割开，将盖掀起取出内脏，用清水洗净；再放入开水锅内煮去血污，清洗干净即为半成品。

（2）鳝鱼的宰杀方法，应视菜品要求采用不同的加工方法。

①鳝片：将鳝鱼摔昏，在颈骨处下刀斩一缺口放出血液，再将鳝鱼的头部按在菜板上钉住，用尖刀沿脊背从头至尾批开，将脊骨剔出，去除内脏，洗净后即

可用于批片。

②鳝段：用左手掐住鳝鱼的头部，右手执尖刀由鱼的下颚处刺入腹部，并向尾部顺着鳝鱼肚剖开，去其内脏，用清水洗净剁成鳝段。

7. 择洗

软体水产品的加工，如墨鱼、鱿鱼、章鱼等通常采用择洗的方法。

（1）墨鱼（又名乌鱼、乌贼鱼）。加工流程是把墨鱼放入水中用剪刀刺破眼睛，挤出眼球；再把头拉出，除去石灰质骨，同时将背部撕开，去其内脏，剥去皮洗净待用。墨鱼雄生殖腺干制后称为“乌贼穗”，雌墨鱼卵腺干制后称为“乌鱼蛋”，均为烹调原料。墨鱼加工时一般在水中进行，防止墨汁溅身上。

（2）鱿鱼体内无墨腺，加工方法同墨鱼大致相同，但要将表面上筋膜去掉洗净。

（3）章鱼（又名八带蛸）。先将章鱼头部的墨腺去掉，放入盆内加盐、醋搓揉，搓揉时可将两个章鱼的足腕对搓，以去其足腕吸盘内的沙粒，再用清水反复洗去黏液即可。

（三）虾、贝类的初步加工流程

1. 虾的加工

主要品种有海虾、河虾、对虾。通常就是剪去虾枪、触须、虾足，挑出头部的沙袋和脊背的虾肠、虾筋，有些菜品还要剥去虾壳，放在水盆里冲洗。小型虾大多用于去壳制成虾仁。加工时要注意保留虾卵，虾卵晾干或烘干后，可制成“虾子”。

对虾的初加工工艺有两种方法：其一就是把虾头及虾壳剥去，留下虾尾。然后用刀在虾背处轻轻划一道沟，取出虾肠，洗净。这种加工方法在西餐中普遍使用。其二用剪子剪去虾须、虾足，再从背部剪开虾壳，这种方法适宜制作扒制菜品。

2. 河蚌的加工

（1）用左手握紧河蚌，使蚌口朝上，用薄型小刀插入两壳相接的缝隙中，向两侧移动，沿两侧壳壁割开前、后闭壳肌，然后再将蚌肉取出；再用同样方法刮断另一端的吸壳肌，打开蚌壳，蚌肉即可完整无损地取出来。

（2）摘去鳃瓣和肠胃，用刀背轻轻将肉质紧密的蚌足捶松，将蚌肉放入盆中，加盐搓洗黏液，再用清水冲洗干净即可。

3. 蛤蜊、蛏子的加工

先将鲜活的蛤蜊、蛏子用清水冲去外壳的泥沙，然后浸入2%的食盐水中，静置1小时左右，使其充分吐沙，烹调时用清水冲洗即可。若取肉加工，既可直接取肉，也可放入开水锅中煮熟捞起，取出其肉。带壳烹调时，需割断闭壳肌。

4. 象拔蚌的加工

（1）把象拔蚌放在砧板上，用刀剔除两个蚌壳。剔壳的时候先用刀翘一边，另一半用手按住，剔壳时刀要紧贴着蚌壳，以免将肉剔坏。

（2）蚌壳和肉分离后，用清水分别洗净。炒锅中水烧沸，蚌肉放入锅中烫10秒，然后迅速取出，并去掉膜。

（3）用刀将蚌身与蚌胆轻轻分离。蚌身外部可以用刷碗用的钢丝球轻轻擦拭，擦拭掉黄色以及污物，再用清水冲洗一下就干净了。

二、初加工工艺与实训

实训一　红烧鲫鱼

1. 烹调类别

烧。

2. 烹饪原料

主料：鲫鱼2条（500克）。

调料：葱15克、姜20克、蒜10克、老抽酱油25克、盐12克、白糖20克、料酒10克、香菜10克。

3. 工艺流程

（1）将鲫鱼加工处理干净，挂起晾水。手拎着尾巴滑入滚油中煎，煎至两面焦黄，起锅滤油，热鱼见风就会酥脆。

（2）锅里剩一点油，开火，加葱、姜、蒜煸炒香，放入煎好的鱼，加入酱油、料酒，大火煮沸；翻身，加入糖、加盐、味精；加水，没过鱼身；煮15分钟，汁稠入味，起锅，撒上香菜。

4. 风味特色

鲫鱼肉肥汁浓，味道鲜美，甜中带咸。

5. 实训要点

（1）鱼在加工时要把鱼肚子里的黑色腹膜清洗干净。

（2）酱油有咸味，腌鱼的时候也要放盐，因此烹制时要控制用盐量。

（3）煎鱼最好把锅烧热，这样煎出来的鱼形状完整。

（4）不要选太大的鲫鱼，但要新鲜。处理干净后鱼要挂起晾水。

实训二　清蒸鲈鱼

1. 烹调类别

蒸。

2. 烹饪原料

主料：鲈鱼 1 条（500 克）。

配料：青红椒各 1 个。

调料：料酒 15 克、葱白 30 克、姜 15 克、蒸鱼豉油 26 克、花生油 20 克、胡椒粉 5 克、食盐 8 克。

3. 工艺流程

（1）鲈鱼初步加工干净。从鱼腹部剖开，保持背部连接；正面打斜刀，斜刀 45°，打至鱼骨；两面薄薄抹上一层盐和胡椒粉，腌渍 10 分钟；香葱、青红椒切细丝，切好的丝放进冰水中略浸。

（2）把鱼放平，鱼身上铺一层葱姜片；蒸锅大火上汽后放入鱼，盖上锅盖，开始计时，保持大火蒸 8 分钟；蒸好的鱼拣去葱姜，并倒掉蒸盘内的水，均匀地浇上适量蒸鱼豉油，并撒上葱丝、青红椒丝；另起一锅烧热适量花生油，烧得热一点儿，要微微冒油烟，将热油趁热浇在鱼身和葱丝上即可。

4. 风味特色

鱼肉细嫩爽滑、口味鲜美。

5. 实训要点

（1）鲈鱼加工时把内脏去净，这是去鱼腥的关键。尤其要洗净黑色腹膜。鱼鳞去净，表面黏液去净，用剪刀刮去内脏、血污、鱼鳞、黏液。

（2）蒸鱼豉油是调味的关键。

（3）蒸鱼之前用盐和胡椒粉腌渍，是为了让鱼更有滋味，腌渍鱼时掌握好盐量，但腌渍时间不能过长。

（4）蒸的时间一定要控制好。

三、拓展知识与运用

（一）水产品保鲜常用的方法

水产品的低温保鲜根据温度的不同可分为三类，即冷却、微冻和冷冻保鲜。

（1）冷却保鲜，温度 0℃ ~ 4℃，主要有撒冰法和水冰法两种。撒冰法是将碎冰直接撒到鱼体表面，融冰水可清洗鱼体表面，除去细菌和黏液，且失重小。水冰法是先用冰将清水降低至 0℃（清海水为 −1℃），然后把鱼浸泡在水冰中，待鱼体冷却到 0℃时即取出，改用撒冰保藏，此法一般应用于死后僵硬快或捕获量大的鱼，优点为冷却速度快。

（2）微冻保鲜主要有冰盐混合微冻法和低温盐水微冻法，目前应用于生产的尚不多。

（3）冷冻保鲜是将鱼直接放于 −18℃以下的冷冻室冷冻。

（二）世界名贵鱼类三文鱼的加工技艺

三文鱼也叫撒蒙鱼或萨门鱼，是西餐烹调中常用的鱼类原料之一。在不同国家的消费市场三文鱼有不同的种类，挪威三文鱼主要为大西洋鲑鱼，芬兰三文鱼主要是养殖的大规格红肉虹鳟鱼，美国的三文鱼主要是阿拉斯加鲑鱼。大马哈鱼一般指鲑形目鲑科太平洋鲑属的鱼类，有很多种，我国东北产大马哈鱼和驼背大马哈鱼等。三文鱼具有鳞小刺少、肉色橙红、肉质细嫩鲜美、口感爽滑等特点，既可直接生食，又能烹制菜肴，是深受人们喜爱的鱼类。同时由它制成的鱼肝油更是营养佳品。三文鱼中含有丰富的不饱和脂肪酸，能有效降低血脂和血胆固醇，防治心血管疾病。每周两餐食用三文鱼，就能将心脏病的发病率降低 1/3。三文鱼含有的虾青素，是一种强抗氧化剂；三文鱼所含的 Ω–3 脂肪酸更是人脑部、视网膜及神经系统所必不可少的物质，有增强脑功能、防止老年痴呆和预防视力减退的功效。

加工三文鱼的刀在挪威是特有的刀具，其形状为尖形、细长的单面西餐刀，十分锋利。刀片有很好的柔韧性，钳子是用来拔鱼刺的。

三文鱼初加工流程：

（1）将新鲜的三文鱼洗净，放在案板上，先用刀顺鱼鳃将其头部切下。把三文鱼切成两片，再从鱼腹部自上而下依骨切下。三文鱼肉质细嫩，在切时动作应轻一点。

（2）用刀切去鱼腹部含脂肪较多的部位，再将鱼侧部含脂肪较多的部分连皮一起去掉，用小刀把白肚膜顺鱼骨切掉。

（3）用钳子把鱼肉里的一些零落鱼骨去掉。

（4）去掉鱼皮。先在鱼肉尾段割一下，把鱼皮拉紧，慢慢地从尾段起将鱼皮去掉。注意切时应拉动鱼皮，刀不动。

（三）河蚌合理的烹饪方法

河蚌浑身是宝。河蚌是珍珠的摇篮，不仅可以形成天然珍珠，也可人工养育珍珠。除育珠外，蚌壳可提制珍珠层粉和珍珠核，珍珠层粉有人体所需要的 15 种氨基酸，与珍珠的成分和作用大致相同，具有清热解毒、明目益阴、镇心安神、消炎生肌、止咳化痰、止痢消积等功能。将蚌肉和蚌壳分别加工、蒸煮消毒和机械粉碎，即可制成廉价的动物性高蛋白饲料。

河蚌吃法以煲汤居多，当季烧锅河蚌豆腐汤，实为美味佳肴。河蚌洗净后先要用热油爆炒，杂以姜丝、黄酒，然后豆腐随之下锅。做这种菜关键是火候要到位，直炖到豆腐起孔也就差不离了，多炖就会把蚌肉煮老了。这个时候的河蚌豆腐汤，纯白色，和鲜奶无异，撒些蒜花、胡椒粉，热气腾腾地端上桌，鲜白的浓汤，碧青的蒜末，褐色的蚌肉，粉嫩的豆腐，令人食欲大振。

任务三 家禽和家畜的初步加工

一、知识储备

家禽和家畜是烹饪原料中的重要组成部分，在餐饮业中使用最为广泛，且初加工较为复杂，而且不同的菜品加工要求相差较大，处理得恰当与否直接影响到菜肴色、香、味、形的质量。这就要求烹调加工人员在加工前必须了解禽畜的有关特点，以合理地分割原料。

（一）家禽的初加工

1. 家禽的初加工实训要求

（1）杀口准确，放尽血液。宰杀时放尽禽血，才能保证禽类加工后皮和肌肉的色泽白净。

（2）煺尽禽毛。根据家禽的种类和禽龄的不同，掌握好烫毛的水温和煺毛的方法。

（3）洗涤干净。在剖腹前洗涤干净，去尽残毛，剖腹后再进行清洗整理。

（4）剖口正确。根据菜肴的需要，决定剖口的位置、剖口的大小。

（5）物尽其用。对家禽的内脏要认真清洗整理，合理利用。

2. 家禽的初加工与实训

禽类的初步加工程序一般可分为宰杀放血、泡烫煺毛、开膛去内脏和内脏洗涤四个程序。

（1）宰杀放血。

宰杀家禽时，首先准备接血的碗，碗内放入少许食盐和清水。宰杀时用左手捏住鸡翼，小指勾住鸡的右腿，把鸡颈弯转，以大指和食指紧紧捏住鸡颈骨后面的皮。右手在下刀处（在第一颈骨）处拔去少许颈毛，持刀割断气管和食管，刀口要小。宰杀后，用右手握住鸡头使之向下，鸡身倒置，让血流尽。血放完后，用筷子在鸡血碗内顺一个方向搅动使其凝结。

（2）泡烫煺毛。

泡烫煺毛这个步骤必须在禽类刚停止挣扎、双脚不抽动时进行，过早会因肌肉痉挛，皮紧缩而不易煺毛，过晚会因肌体僵硬羽毛也不易煺净。烫泡时水的温度依季节和禽的老嫩而异，一般老母鸡及老鹅、老鸭等应用沸水，嫩禽用60℃ ~ 80℃的水泡烫。冬季水温应高些，夏季水温可略低。

泡烫后煺毛要及时，先煺粗毛，爪上、嘴上的老皮，再煺其他部位的毛。煺毛时用力不宜过大，切忌拉破禽类外皮。在煺毛的过程中，以煺净羽毛而不破损鸡皮为原则。

（3）开膛取内脏。

禽类取内脏的方法应视烹调的需要而定。常用的取内脏方法有腹开法、背开法和肋开法。技法操作要领：在加热过程中随时翻动原料，使其受热均匀；要根据原料性质和切配烹调需要掌握好成熟度；异味重、易脱色的原料应单独焯水；焯水后的原料应立即漂洗、投凉。

① 腹开法。先在禽颈右侧的脊椎骨处开一刀口，取出嗉囊，再在肛门与肚皮之间开一条长 6~7 厘米的刀口，取出内脏，将禽身冲洗干净即可。操作过程中应注意切勿拉破肝和苦胆，因为肝破碎后就不宜使用了，而苦胆破碎，胆汁沾染到禽肉上会严重影响禽的口味和质量。

腹开法用途较广，凡是用于批片、切丝、切丁制作炒、爆菜肴及切块红烧菜肴的禽类均可采用此法。

② 背开法。背开法是在背脊处破骨，取出内脏，这种方法主要适用于清蒸、扒等烹调方法的禽类。因为采用背开法去内脏，禽类烹制成熟装盆时看不见刀口，禽类显得丰满，较为美观。

③ 肋开法。操作时在禽的右肋下开一刀口，然后从开口处取出内脏，拉出嗉囊、气管和食管，冲洗干净即可。操作过程中切忌拉碎禽的肝和胆；刀口不宜过大，否则烤制时易漏油汁。肋开法主要用于制作烤类的菜肴，如烤鸡、烤鸭，不在腹部或背部开刀，烤制时不致漏油，使鸡、鸭的口味更加肥美。

根据烹调的要求，禽类初加工去内脏有时不可开膛，如制作八宝鸭时，鸭的内脏应通过整料出骨的方法与骨架一同取出。整料出骨的详细内容，将在模块三中详细叙述。

（4）内脏的加工。

禽类的内脏除嗉囊、气管、食管、肺和胆囊不可食用外，其余均可烹制成菜肴，家禽内脏因污秽程度不同，洗涤加工也就有所区别，内脏清洗整理方法有：

①肫。割去食肠，从侧剖开，除去污物，剥去内壁黄皮（内金皮）洗净备用。

②肝。开膛取出肝后，随即摘去胆囊，注意不要撕破。

③肠。将肠理直，除去附在肠上面的两条白色的油肝，然后穿入竹筷或用剪刀尖顺肠剖开，冲去粪便；再用少量的盐、矾等揉搓，去掉肠壁黏腻物质，洗净扎好，用沸水稍烫待用。但不宜久烫，否则会失去脆性。

④油脂。母鸡、鸭腹中的油，可取出另用。为保持鸡、鸭油的色泽鲜艳，不宜熬炼，宜用笼蒸。正确的方法是先将油脂洗净切成小块，放入碗内，加入葱、姜、少许花椒，用保鲜膜封口后上笼蒸至脂肪融化取出，捡去葱、姜和花椒，这

样制作出的鸡油色泽金黄明亮，故烹饪上常称之为“明油”。

⑤禽血。鸡、鸭血凝结后用刀划成几个大块，微火煮熟，但不宜久煮，以免血中起孔，影响质量。

家鸽大部分采用放入水中闷死的办法，煺毛、开膛和取内脏方法与家禽基本相同。

（二）家畜内脏及四肢的初步加工

畜类动物的加工目前大多在专业的屠宰加工场进行，从宰杀到内脏的初步整理几乎都不在厨房中进行。肉品加工厂已将传统厨房的宰杀加工取代，并根据畜肉的不同部位进行分档，便于厨房生产加工烹调。厨师只对内脏及四肢进行加工处理。

1. 家畜内脏及四肢初步加工实训的要求

（1）迅速处理。内脏污秽，宜于细菌滋生，容易变质，初步加工要及时，才能保证内脏质量。

（2）洗涤干净。由于家畜内脏黏液多，污秽较重，一定要采用相宜的方法洗涤干净。

（3）除去异味。采用洗涤、出水、刮剥或用石灰、盐、矾、醋等，将内脏异味最大限度地除去。

2. 家畜内脏及四肢初步加工方法

家畜内脏及四肢泛指心、肝、肺、肚、腰、肠、头、蹄尾、舌等。由于这些原料污物多，黏液重，并带有异味，故加工时一定要认真对待。内脏及四肢洗涤加工的方法大体上有里外翻洗法、盐醋搓洗法、刮剥洗涤法、清水漂洗法和灌水冲洗法几种。

（1）翻洗法。

将原料由里向外翻出，这主要用于洗涤黏液较重的肠、肚等，是将原料里外轮流翻转洗涤。以肠的洗涤方法为例：肠表面有一定的油脂，肠里面黏液和污物较多，有恶臭味。初加工时把大肠口大的一头倒转过来，用手撑开，然后向里翻转过来；再向翻转过来的周围灌注清水，肠受到水的压力就会渐渐地翻转，等到全部翻转完后，就可将肠内的污物扯去，再加入盐、醋反复搓洗，如此反复将两面都冲洗干净。

（2）搓洗法。

主要用于洗涤有油腻、黏液和异味的原料，如肠、肚经翻洗后，还要用食盐、明矾、醋反复揉搓，再进行洗涤，才能把黏液、油腻和异味除去。

以猪肚为例：先从猪肚的破口处将肚翻转，加入盐、醋反复搓洗，洗去黏液和污物即可。

（3）刮洗法。

刮洗就是用刀刮去外皮的污物和硬毛，例如头、蹄、尾上的余毛和污物。一般采用火燎、水烫和拔除的办法去毛，用刀刮洗的办法除去污物。猪舌、牛舌一般在水中加热至舌的表层发白时捞出，用小刀刮去表层，再进行洗涤。

① 猪脚爪的初加工。用刀背敲去爪壳，将猪脚爪放入热水中泡烫；取出后刮去爪间的污物，拔净硬毛。若毛较多、较短不易拔除时，可在火上燎烧一下，待表面有薄薄的焦层后，将猪脚爪放入水中，用刀刮去污物后即可。

② 牛蹄的初步加工。将牛蹄外表洗涤干净，然后放入开水锅中小火焖煮3~4小时后取出，用刀背敲击，除去爪壳、表面毛及污物，再放入开水中，用小火煮焖2小时取出，去除趾骨，洗净即可。

（4）冲洗法。

主要用于洗涤肺脏。肺叶的气管和支气管组织复杂，肺孔多，血污不易清除，因此，洗肺时应将肺管套在自来水管的龙头上，灌水入内，使肺叶扩大，大小血管冲水之后，再将水倒出；如此反复冲灌几次，直至肺色转白，再划破肺的外部，冲洗干净；放入锅中，加料酒、葱、姜烧开，浸出肺管内的血污，洗净即可。

（5）烫洗法。

这种方法主要用于腥膻气味及血污较重的原料，如牛、羊的肠、肚等，经洗涤后再投入冷水锅加热烫煮（掌握好烫煮的温度、时间），即可去除内壁的污物和黏液，并减除不良气味。

（6）漂洗法。

这种方法主要用于洗涤猪、牛、羊的脑、脊髓等。此类原料细嫩易碎，应放在清水内用竹签挑去外层的血衣、血筋，轻轻漂洗。至于心、肝、腰等，如外表附有污物，用清水稍加漂洗即可。

在家畜内脏及四肢初步加工过程中，不同的加工方法可随原料的不同而选择使用。如肠、肚等原料必须综合运用上述几种洗涤方法，才能把原料洗净，因此在初加工时应根据原料情况灵活运用。

二、初加工工艺与实训

实训一　酸萝卜猪肺汤

1. 烹调类别

炖。

2. 烹饪原料

主料：猪肺 1250 克。

配料：酸萝卜 200 克。

调料：茶籽油 30 克、盐 16 克、姜 10 克、葱 15 克、鸡精 8 克、白胡椒粉 6 克。

3. 工艺流程

（1）猪肺从其喉部灌入清水变白后，用手挤出肺内污物，反复多次，冲洗干净后切成块状。萝卜洗净切块焯水，姜切成厚片，再用平刀拍碎，葱切成段。

（2）炒菜锅洗净，把切好的猪肺翻炒至猪肺不再出水，加入葱姜、清水、料酒，大火煮沸 10 分钟，再用小火煮 2 小时，加入酸萝卜煮 20 分钟至汤呈浓白色，加入鸡精、白胡椒粉即可。

4. 风味特色

汤汁浓白味鲜，萝卜微酸。

5. 实训要点

（1）清洗猪肺时一定要连着气管，不要弄破，只有完整的猪肺才容易清洗。只需将气管套在水龙头上，细水慢灌直至猪肺变白。

（2）猪肺切块不要太小，因为焯水后体积会缩小。

（3）控制好火候，大火煮沸，小火煮熟。要选用菜籽油。

实训二　青椒炒鸡杂

1. 烹调类别

炒。

2. 烹饪原料

主料：鸡杂 500 克。

配料：青红椒 150 克。

调料：盐 15 克、糖 18 克、老抽 15 克、葱 20 克、姜 10 克、蒜 15 克、味精 5 克、料酒 10 克、淀粉 26 克、胡椒粉 6 克。

3. 工艺流程

（1）鸡杂浸泡半个小时捞出并沥干水，将鸡杂切片并加入淀粉、生抽、料酒腌渍一会。红辣椒、姜切丝，葱切段。

（2）锅内加入少许油加热，下入鸡杂滑油，然后盛出沥干油；锅内加入少许油加热，下入葱、姜、蒜、青红椒翻炒片刻，放入鸡杂，并加入料酒、味精、盐、糖、老抽、胡椒粉调味起锅装盘。

4. 风味特色

鸡杂香脆鲜嫩，风味独特。

5. 实训要点

（1）鸡杂需提前浸泡半个小时，再用淀粉等腌渍。

（2）掌握好滑油的温度。

（3）炒制时速度要快。

三、拓展知识与运用

（一）禽类和畜类结构

主要包括四个方面。

（1）瘦肉。瘦肉是由被连接组织组合在一起的纤维构成的。纤维的厚度、纤维束的大小和相连组织的数量决定肉的质地。

（2）连接组织。连接组织将肌肉连接在一起，并决定肉的嫩度。连接组织覆盖在肌肉纤维壁上，将肌肉纤维连接成纤维束，并像膜一样把肌肉包起来。连接肌肉和骨骼的肌腱及韧带是由连接组织构成的。肉的部位越老，连接组织就越多。

（3）脂肪。脂肪是分布在肉中的大理石纹般的层装组织。脂肪对保持肉的嫩度和味道起作用。外层的脂肪覆盖在肌肉上。

（4）骨骼。骨骼是不可食用的。在采购原料中，肉的比重高于骨骼可以降低可食用单位的成本。骨骼的形状有助于识别肉块，骨骼用于炖汤味道鲜美。

（二）保护野生动物刻不容缓

为保护、拯救珍贵、濒危野生动物，保护、发展和合理利用野生动物资源，维护生态平衡，中华人民共和国第十届全国人民代表大会常务委员会第十一次会议于2004年8月28日通过了《中华人民共和国野生动物保护法》（以下简称《野生动物保护法》）。在中华人民共和国境内从事野生动物保护、驯养繁殖、开发利用活动，必须遵守《野生动物保护法》。《野生动物保护法》规定保护的野生动物，是指珍贵、濒危的陆生、水生野生动物和有益的或者有重要经济、科学研究价值的陆生野生动物。

野生动物是指生存于自然状态下，非人工驯养的各种哺乳动物、鸟类、爬行动物、两栖动物、鱼类、软体动物、昆虫及其他动物。中华人民共和国公民有保护野生动物资源的义务，对侵占或者破坏野生动物资源的行为有权检举和控告。各级政府应当加强对野生动物资源的管理，制定保护、发展和合理利用野生动物资源的规划和措施。在自然保护区、禁猎区和禁猎期内，禁止猎捕和其他妨碍野生动物生息繁衍的活动。驯养繁殖国家重点保护野生动物的单位和个人可以凭驯养繁殖许可证向政府指定的收购单位，按照规定出售国家重点保护野生动物或者其产品。工商行政管理部门对进入市场的野生动物或者其产品，应当进行监督管理。

违反《野生动物保护法》规定，出售、收购、运输、携带国家或者地方重点保护野生动物或者其产品的，由工商行政管理部门没收实物和违法所得，可以并处罚款；情节严重构成犯罪的，依照《刑法》有关规定追究刑事责任。

（三）家禽类原料开膛技法

根据烹调菜品的需要，每一种菜品制作对原料初加工都有严格的要求。例如，家禽类在宰杀后需去内脏，而开膛去内脏的方法有许多：制作烤制菜品时为了增加菜肴的美味，在烧烤时不致漏油，必须采用肋开膛的手法去除内脏；制作整只菜品时则不能开膛，必须采用整料脱骨的手法，将家禽原料的骨架连同内脏一并去掉；而传统的扒菜品，则必须采用背开的方式来开膛去内脏，这样制作出的菜肴，才显得饱满、美观。我们对原料进行初步加工时必须考虑到烹调的具体要求和菜品制作风格。

（四）吃生鸡蛋对人体的坏处

有人认为吃生鸡蛋营养价值高，其实，这是不正确的。鸡蛋的主要成分是蛋白质，蛋白质是由多种氨基酸构成的，其分子很大，要经过肠胃的消化、分解成为细小的氨基酸以后才能被人体吸收。其次，生鸡蛋的蛋清里含多量的抗生素蛋白和抗胰蛋白酶。抗生素蛋白和生物素相结合会变成人体无法吸收的物质。从食品卫生的角度，喝生鸡蛋也不卫生。大约 10% 的鲜蛋里，都含有细菌、寄生虫卵，特别是含有能使人致病的沙门杆菌。如果鸡蛋不新鲜，带菌的比例就会更高，因此，生食鸡蛋是很不科学的。

任务四 干制原料的加工

一、知识储备

干货原料（也称干料、干货）在烹调前必须有一个恢复其原有状态的过程，这个过程就称为干货涨发。所谓干货涨发就是采用一定的方法使干货原料重新吸收水分，最大限度地恢复新鲜时松软的状态。通过干货的涨发，可以清除腥臊气味和杂质，使原料易于切配烹调，符合食用要求，利于消化吸收。

干货原料的涨发是借助于一定的助发介质经过导热、浸溶、膨胀作用，使其达到涨发的效果。助发介质一般有清水、油脂、精盐，以及一些添加物，如碱、石灰等碱性原料。不同的助发介质会产生不同的发料品质。根据干货原料在涨发过程中所使用的助发介质的不同，可把干货涨发加工的方法分为自然水发法、碱水发法和热膨胀发法等几种。需要说明的是，在原料的涨发过程中这几种方法并非是孤立使用的，有些干货往往是多种方法混合使用。

（一）干制原料的加工与实训的基本要求

1. 熟悉原料的产地和性能

同是一种干货原料，产地不同，性能也不一样。要使涨发效果良好，必须正确掌握其质地和性能。例如同一鱼翅，有的翅板较大，沙多质老，涨发时要进行反复多次的煮、焖、浸、漂，才能完全褪沙、去腥、回软；而一般质软皮薄的鱼翅，就不宜煮，只需泡、焖即可。

2. 掌握原料的品质

根据干货原料的品质选择不同的涨发时间和涨发方法。例如咸水鱼翅，质地柔软而带有韧性；淡水鱼翅，质地坚硬。它们的涨发方法和涨发所需的时间，就不能一样。此外，鱼翅中还有“熏板”和“夹沙”，前者系用炭火焙干，后者鱼皮已被压破，沙粒很难清除，必须先去掉翅中的肉，漂去沙粒，取出翅筋，作为散翅，才能烹制。

3. 熟练操作流程

每一种涨发方法，都有一定的操作程序。如水发就有浸漂、泡发、煮发、焖发和蒸发等工序。这些工序的时间、火候都必须随原料的性能而适当掌握。

（二）干制原料涨发方法

干料涨发方法，一般有自然水发法、碱水发法、热膨胀发法三种，要根据干料的性能适当地选用。

1. 自然水发法

自然水发法是利用水的浸润能力，使脱水的干料重新吸收水分而恢复其软嫩状态的方法。除了有黏性、油质及表面有皮鳞的原料外，无论油发法或碱发法，都需要与水发法相结合，即先浸泡或浸漂。自然水发法是最普遍、最基本的发料方法。自然水发法又可分为冷水发和热水发两种。

（1）冷水发。

冷水发就是把干货原料放在冷水中，使其自然吸收水分尽量恢复到新鲜时的软嫩状态。冷水发可分为漂和浸两种，但主要是浸，“浸”就是把干料放进冷水中浸泡，使其吸收水分而涨大回软，恢复原形，或浸出其中异味。体小质嫩的干货，如冬菇、竹荪、黄花、木耳就采用冷水浸泡。至于体大质硬的干货在用碱水发和热水发前，要用冷水浸泡相当长时间，以提高发料的效果。“漂”是一种辅助的发料方法，往往用于整个发料过程的最后阶段，就是将煮发、碱发、盐发过的带有腥气、碱气的原料放入冷水中，不断地用水漂，以清除其异味和杂质。如鱼翅、海参、鱼皮等在煮发之后，要用冷水漂去其碱分；肉皮、鱼肚在盐发或油发之后，要用冷水漂去其油分或盐分等。

（2）热水发。

热水发就是把干货原料放入热水（温水或沸水）或水蒸气中，经过加热处理，使其迅速吸收水分，涨发回软成为半熟或全熟的半制成品。热水发主要是利用热的传导作用，促使干货体内分子加速运动，使原料加速吸收水分，成为松软嫩滑的全熟或半熟的半成品。

热水发一般可分为四种方法。

① 泡发：泡发就是将干料放入沸水或温水中浸泡，使其吸水涨大。这种方法用于体小质嫩的或略带异味的干料，如鱼干、银耳、发菜、粉条、脱水干菜等。泡发是热水发中最简单的一种操作方法，但在操作时应注意季节、气候及原料本身的质地特点而灵活掌握水温。

② 煮发：煮发就是将干料放入水中煮，使其涨发回软，这种方法适用于体大质硬或带泥沙及腥臊气味较重的干料，如鱼翅、海参、鱼皮等。这些干料经冷水浸泡一段时间后，需用热水煮，利用高温使水分子渗透到原料内部，使干货回软，最终达到涨发的目的。

③ 焖发：焖发是和煮发相结合的一个操作过程。经煮发又不宜久煮的干料，当煮到一定程度时，应改用微火或倒入盆内，或将煮锅移开火位，盖紧锅盖，进行焖发。如鱼翅、海参等都要又煮又焖，才能发透。

④ 蒸发：蒸发就是将干料放在容器内加水上笼蒸制，利用蒸汽传热，使其涨发，并能保持其原形、原汁和鲜味，也可加入调味品或其他配料一起蒸制，以提高质量。如干贝、哈士蟆、海米、淡菜、虾子等。这些原料经过水煮后会使鲜味受到损失，如把它们放在容器中加入适量的葱、姜、调料、水和高汤再上笼蒸，不仅能保持其鲜味，还能除去部分腥味。

干制原料在热水发料之前，必须先用冷水浸泡和洗涤，以便热发时能缩短发料时间，提高原料的质量。热水发料对菜品质量关系很大，如果原料涨发不透，制成的菜品就僵硬而难以下咽；若原料涨发过度，制成的菜品就过于软烂。所以，必须根据原料的品种、大小、老嫩等具体情况和烹调菜品的需要，分别选用不同的热水发料方法，掌握好发料时间和火候，以达到最佳的效果。

2. 碱水发法

碱水发法是将干制原料先在清水中浸泡，再放在碱水里浸泡，使其涨发回软。碱发能使坚硬的原料的质地松软柔嫩，如鱿鱼、墨鱼等干制原料，用碱发最为适宜。采用这种方法，是利用碱所具有的腐蚀及脱脂性能，促使干料吸收水分，缩短发料时间，但也会使原料的营养成分受到损失。因此除质地坚硬、不易发透或继续使用的干料外，其他质地较软的干料，都不宜采用碱发。此外，使用碱溶液的浓度，也应根据干料的老嫩和气候的冷热，适当控制。如体大质硬的原料，浓度稍大，体小质软的原料，浓度宜小。热天发料，浓度宜小，冷天发料，浓度稍大。另外，发料时间的长短也与碱溶液的浓度有密切的关系。碱溶液的浓度大，可缩短发料时间；浓度小，发料时间可适当加长。碱水发法又可分为生碱水发和熟碱水发两种。

（1）生碱水发。

① 涨发流程：将纯碱 0.5 千克放入 10 千克温水内溶化后，即成为 5% 的纯碱溶液，通常称为生碱水。生碱水泡过的原料有滑腻的感觉，适用于墨鱼、鱿鱼、章鱼、鲍鱼等干料。涨发时需要在 80℃ ~90℃的恒温溶液中提质使涨发后的原料具有柔软质嫩、口感较好的特点。恒温提质后，用清水浸漂退碱（需不断换水），最后在微量碱度的原汁内浸泡贮存备用。

② 涨发工艺原理：生碱水所使用的碱为碳酸钠，是一种强碱弱酸生成的盐。当碳酸钠溶于水中时，由于水解的作用，使水溶液表现出较强的碱性，水溶液变得黏滑，有一定的腐蚀作用。这时水溶液变成了强的电解质溶液，当干制原料放入纯碱溶液中时，干制原料外表角质被腐蚀，蛋白质分子的极性也被加强，使其极易与分子结合，这样就缩短了干货原料的涨发时间。

（2）熟碱水发。

①涨发流程：将纯碱 0.5 千克、生石灰 150 克放入陶制器皿内，加入沸水 5 千克搅和均匀，再加入冷水 2.5 千克搅匀，静置澄清后，滗取澄清的碱液，弃去渣滓不用，即成为熟碱水。熟碱水滑腻，浸泡后的原料不黏滑，适用于墨鱼、鱿鱼、鲍鱼等原料。涨发时不需要加温，直到膨胀发透，捞出退碱，用清水浸泡并不断换水，最后在微量碱度的原汁内浸泡贮存备用。涨发后的原料具有韧性及柔嫩的特点，适于炒、爆、熘等烹调方法。

② 涨发工艺原理：生石灰、纯碱和沸水在容器中搅和后，发生了一系列的化学变化，生成一种能微溶于水的碱性较强的碱。熟石灰与纯碱又可产生一种碱性和腐蚀性极强的碱，常称之为“苛性碱”。当干制原料放入熟碱水溶液中时，干制原料表面很快就被腐蚀和脱脂，电解质水溶液大大加强了水分子和干制原料蛋白质分子的极性，蛋白质分子的亲水能力明显加强，干货能迅速吸收水分，缩短了干货涨发的时间。

（3）碱水发的实训要求。

采用碱水涨发的干料，应先将大块的原料分别切成小块，经冷水浸泡，吸足水分回软后，再投入碱水中，以便涨发均匀和减低碱水对原料的腐蚀作用。注意掌握发料时间，先发透的先捞出，未发透的继续再发，以免有的涨发过度，有的又涨发不足。应掌握以下的实训要求。

① 利用碱水浸发是为了缩短时间并达到较高的涨发效果，这种利用化学强

化方法对原料营养及风味物质均有一定的破坏作用，因此，凡能运用自然清水通过加温等方法达到涨发标准的，应尽可能不用碱水浸发。

② 在浸发时应预先将干料用自然清水浸泡回软，以避免碱水对干料表体的直接腐蚀。

③ 严格控制浓度、温度、时间及投料量。一般来说，溶液 pH 值以 10 为基数，随干料的大小、老嫩、厚薄、多少而升降，与时间亦成正比，浓度高则要降低温度，防止碱液对原料表体腐蚀加快。

④ 所发干制原料涨发后呈半透明、形态丰满、富有弹性、质感脆嫩、软滑即基本成功。在涨发中应注意观察原料的发制情况，以保证原料的质量标准。

3. 热膨胀发法

（1）油发。

① 涨发过程：油发就是将干料放在油锅中炸发，经过加热，利用油的传热作用，使干料中所含的水分蒸发而变得膨胀而松脆。油发一般用于胶质、结缔组织较多的干料，如鱼肚、蹄筋、肉皮等。油炸发前，先要检查原料是否干燥，如已受潮，应先烘干，否则不易发透。油发时，一般宜将干料放入冷油锅或温油锅中，慢慢加热。炸时火力不宜过旺，否则会使干料外焦而内不透。特别是在干料开始涨发时，应减低火力，或将锅端离火位片刻，使其里外发透。油发后因原料很干脆，必须先放在温水中浸泡一下，挤出油分，再用沸水淹没，使其回软，最后用清水漂洗，即可应用。如在夏季，还应每天氽一次，然后放在加有少量食盐的沸水中，以免变质。

② 工艺原理：干料在油氽时，由于油的传热作用，使胶原蛋白受热而发生变化回软，随着温度的升高，蛋白质分子结构发生了变化。当温度升到 100℃以上时，干料中的水分子（各种干料在干制时虽已脱水，但还保持着一定的水分）开始蒸发、产生气泡，由于蛋白质结构的改变，干料内部在气体的膨胀压力下开始涨大，这样就使干料逐渐变得蓬松，最终达到涨发效果。

③ 实训基本要求。

a. 用油量要多。油的用量应是干料的几倍。要浸没干料，同时要便于翻动干料，使干料受热均匀。

b. 检查干料的质量。油发前要检查干料是否干燥，是否变质。潮湿的干料事先应晾干，否则不易发透，甚至会炸裂，溅出的油会将人灼伤。已变质的干货原料一定要禁止使用，以保证食品的安全。

c. 控制油温。油发干制原料时，原料要放入冷油或在低于 60℃的温油中，然后逐渐加热，这样才容易使原料发透。如原料下锅时油温太高或加热过程中火力过急、油温上升太快，会造成原料外焦而内部尚未发透的现象。当锅中温度过高时应将锅端离火口，或向热油锅中加注冷油以降低油温。

d. 涨发后除净油腻。发好的干制原料带有油腻，故而在使用前要用熟碱水除去表面油腻，然后再在清水中漂洗脱碱后才能使用。

（2）盐发。

盐发就是将干制原料放在盐锅中，经过加热、炒焖，使之膨胀松脆的方法。

① 盐发的原理：盐发与油发的原理基本上相同，一般用油发的干料都可以用盐发，盐发的制品较油发松软有力，并可节约用油，只是色泽不及油发的光洁美观。

② 盐发的过程：先将粗盐下锅炒热，使盐中的水分蒸发，粒粒散开，再将干制原料放入翻炒，边炒边焖，勤翻多焖，直至涨发松脆。翻炒时火不宜过大，特别是干制原料开始涨大的时候，应用微火处理，使其里外发透。涨发后应立即用热水泡发，再放入清水中漂洗，使其回软，并除去碱味。

二、干制原料的加工与实训

（一）冷水涨发加工与实训

玉兰片的涨发

先用常温自然水浸12小时回软，再用沸水泡6小时；放入沸水锅中煮开后改小火，煮15分钟取出，再用沸水泡10小时；然后再煮10分钟取出，用淘米水泡10小时，去掉黄色，如此三四次。在煮的过程中，要先挑选发透的使用。玉兰片横切开后没有白茬即已发透。玉兰片产出率：每500克可涨发至2~3千克。成品色泽洁白或微黄，质地脆嫩，无异味。

（二）热水涨发加工与实训

乌鱼蛋的涨发

选用不锈钢或陶质器具，将乌鱼蛋用清水浸泡6小时至初步回软，刮洗干净，放入足量的清水中，小火焖煮大约1小时至发透为止，取出撕掉外皮，剥离成片状，用清水漂净异味，然后放入清水中浸泡，在低温环境中存放。涨发出成率为300%。

（三）油涨发加工与实训

实训一　猪蹄筋的涨发

将猪蹄筋表面上的灰尘用清洁的干布擦净，放入清洁的食用油中，用60℃ ~ 90℃的温油浸泡发至回软，再用120℃的热油炸制至体形膨起。要及时翻动猪蹄筋，使之均匀受热，涨发一致。如果猪蹄筋横断面呈均匀的蜂窝状气孔，说明已涨发透。使用前应放入用食用碱与热水兑制的溶液中浸泡1小时至回软，将猪蹄筋中的油污洗净，并用清水漂净碱液，用清水浸泡，低温存放。涨发出成率为300% ~ 500%。

实训二 鱼肚的涨发

把鱼肚先放在温油中浸焐2~3小时，待鱼肚表面出现许多小气泡时，再将油锅离火，然后逐渐升高油温至150℃~160℃，用漏勺不断地进行翻拨炸发，并将鱼肚不断按入油中；待用手勺敲击鱼肚发出清脆的响声时，略升油温，用热油浇泼鱼肚，以降低鱼肚的含油量。发好的鱼肚色泽金黄，敲击声清脆，用手一掰即断，内无白心。将鱼肚放入热碱水中脱脂后再放入清水中漂洗去碱液即可。

（四）盐发加工与实训

干肉皮的涨发

将粗盐下锅炒干水分，放入干肉皮并埋入盐中，待发出膨炸声时翻动，再埋入翻动，如此反复炒、焖10多分钟，见肉皮回软卷曲收缩时取出，改小火把肉皮再埋入盐中焖、炒，视不卷曲时即已发好。再用开水浸漂，洗去盐分后在清水中继续漂洗即可备用。干肉皮的另一种涨发方法是油发，方法与油发鱼肚相同。

（五）干制原料菜肴的加工与实训

实训一 三鲜烩鱼肚

1. 烹调类别

烩。

2. 烹饪原料

主料：水发鱼肚350克。

配料：熟冬笋30克、火腿肠1根。

调料：青菜心5棵、胡萝卜20克、葱段15克、姜片15克、盐12克、胡椒粉3克、料酒8克、淀粉18克、味精4克。

3. 工艺流程

（1）将鱼肚切成大小适中的厚片，入沸水汆烫，用漏勺捞起沥干。青菜心修后再汆烫一下捞出，火腿肠、冬笋、胡萝卜分别切片备用。

（2）炒锅上火，加入色拉油用葱段、姜片炝锅，加入料酒和味精，捞出葱段、姜片不要。将鱼肚、火腿肠、冬笋、胡萝卜放入锅内，待汤汁滚起2~3分钟，加盐、胡椒、青菜心，再滚起后勾芡，四周淋上油即可。

4. 风味特色

入口软糯，香鲜嫩滑，味道鲜美。

5. 实训要点

（1）鱼肚在食用前，必须提前泡发，其方法有油发和水发两种，质厚的鱼肚采用两种发法皆可，质薄的鱼肚采用油发较好。

（2）在烩制鱼肚时不要在大火上煮得时间过长。

（3）鱼肚漂洗时动作要轻。

实训二　卤味香菇

1. 烹调类别

卤。

2. 烹饪原料

主料：香菇150克。

调料：料酒5克、老抽10克、白糖28克、精盐3克、味精3克、麻油15克。

3. 工艺流程

（1）香菇温水浸泡，逐个剪去根蒂，清水洗净，沥干水分。

（2）炒锅上火，放油烧热，下香菇煸炒几下，然后加料酒、酱油、白糖、精盐，加盖烧沸后用小火烧25分钟，让香菇松开，吸足卤汁；用大火收干卤汁淋上麻油，出锅装盘即成。

4. 风味特色

色泽酱红、菇香味美、甜中带咸。

5. 实训要点

（1）浸泡香菇的水不要倒掉，加入卤汁中可增加香气。

（2）控制好盐用量，卤汁要清淡。

三、拓展知识与运用

（一）干制原料的加工

干制原料是指经过脱水后干制而成的烹饪原料。原料经脱水后，可以抑制细菌的繁殖，延长原料的保存期；干制原料形体缩瘪，重量减轻后，便于运输；另外，原料经干制后还可以增加特殊的风味。由于鲜活原料性质不同，质量各异，产地不一，脱水干制的方法也不一样。例如，有的是阳光下晒干的，有的是放在阴凉处风干的，有的是用石灰或草木灰炝干的，有的是用火烘烤干的，也有用盐腌渍后再干制的。因而，干制原料性质非常复杂，一般来说，晒干烘干的脱水率较高，质地坚硬，但烘干的质量不如晒干的；风干的鲜味损失少，但因水分含量高故而不易贮存；腌干的带有咸苦味，容易改变原来的鲜味；石灰炝干的质量最差。在使用前应根据干货原料的特点涨发处理。

（二）干制原料的特性

新鲜的动植物原料经干制处理，会发生一系列物理变化和化学变化。干制原料与鲜活原料相比较，具有很多明显的特征。了解干制原料的性质，对于理解干制原料涨发原理，掌握和正确选择涨发方法，具有一定的意义。

1. 表面硬化，质地干韧

新鲜原料在干制过程中，由于大量失水，原料中干物质的浓度增大，原料组织变得非常紧密，从而具有干、硬、韧、老等质感。这种变化是从原料的表面开始，逐渐向原料内部深入，所以原料表面的硬化程度更大。

2. 体积缩小，外形干瘪

干制原料的水分大量散失，必然会导致其体积明显缩小。由于内部组织形态不是绝对均匀的，因此所含水分不可能均匀散失，所引起的体积缩小不可能规则，而是一种非线性收缩（即不规则收缩）。其结果造成原料扭曲变形。弹性较好的干制原料如海参、蹄筋等，变形情况稍好一些。

3. 颜色变化，风味减弱

颜色变化主要发生在蔬菜类原料的干制过程中。干制蔬菜往往会失去新鲜时的鲜艳色彩。叶绿素、胡萝卜素、花青素等天然色素的破坏，以及酶促褐变、非酶促褐变等都是引起其变色的原因。干制原料的风味大多不如新鲜状态，主要是风味成分随水分排出而大量散失以及脂肪酸败所致。不过对于一些特殊的原料，如海参、香菇等，干制可改善其风味。

（三）水发工艺原理与应用

吸水膨润使原料失去的水得以复原，主要是利用了水的溶解性、渗透性和原料所含成分带有的亲水基团及某些成分的可溶性，同时还与原料的组织构造有关。

干制原料在新鲜的时候，肌体内的蛋白质分子表面布满了各种极性不同的基因。这些极性基因同水分子之间有极强的吸引力，使水分子得以均匀地分布在蛋白质中，并达到饱和状态，从而使蛋白质具有一定的弹性和形状。在分子间的游离水和分子内部结合水的共同作用下，蛋白质呈丰满状态。当这些原料被干制时，由于受外部能量的作用，蛋白质也就变成了干制的凝胶块，但蛋白质分子间和蛋白质分子内部还会留有一定的当初存有水分子的空间。当这些干货原料放在水中长时间地浸泡时，水分子会慢慢地渗透到原料内部中，大量水分子重新进到蛋白质分子之间或蛋白质分子内部，填补原料干制后的水分子留下的空间，使干货原料体积膨胀、增大，重新变为柔软而富有弹性的原料。涨发后的原料是绝对不可能达到新鲜时的状态的，因为原料在干制时由于外部因素，如紫外线照射、加热等的影响，使一些蛋白质发生了不可逆的变性。

任务五　其他原料的加工与实训

一、知识储备

（一）腌腊原料的加工

腌腊肉制品是我国传统的肉制品之一，是指原料肉经预处理、腌渍、脱水、保藏、成熟而成的一类肉制品。腌腊肉制品特点：肉质细致紧密，色泽红白分明，滋味咸鲜可口，风味独特，便于携带和贮藏。腌腊肉制品主要包括腊肉、咸肉、板鸭、中式火腿、西式火腿等。

新鲜原料为了便于保存或改善原料的风味，往往需要进行腌渍或熏制加工处理。在腌渍加工过程中原料容易受灰尘、污物乃至微生物的污染，表面会吸附一些不能食用的杂物，加工前应先用清水洗涤干净。另外，在长期的储存、运输等过程中更容易使这些原料受到外界环境的污染，严重的会发生变质、变味现象，所以在食用或进行烹饪加工时，必须先进行预处理。

1. 火腿的加工

猪腿（多用后腿）经过腌、压、晒、熏、吹等多道工序加工而成火腿。火腿存放周期长，肉面会产生一层发酵保护层，皮面带有污垢。因此，在加工火腿时，先要将火腿进行预处理，然后再切配烹调。经过预处理后的火腿无异味，口味纯正，否则烹制出的菜肴有异味和哈喇味，影响成菜的风味和质量。

（1）火腿预处理方法。先用刀将火腿表层的发酵保护层仔细地削去，并用纸擦拭；然后用淘米水浸泡 2~3 小时，使皮涨肉软；再用温水将火腿洗净。按火腿部位（中方、上方、火熏和火爪）切成块，分别放入一定容器内，加料酒及少量白糖上笼蒸制。冷却后，盖上保鲜膜存放于冰箱内冷藏。在制作菜品时，从冰箱取出用高汤略煮一下，然后再根据菜形要求切片、切丁或切丝。

（2）整只火腿加工方法。先将火腿刷净，用清水浸泡 1~2 小时，清除其咸腥臭味；再用热水洗干净，剥去外皮，切除皮下脂肪，斩下爪；烧沸清水，加入适量料酒和姜、葱，以慢火将火腿炖熟；趁热取出腿骨，然后将火腿肉切成方块形状，以保鲜纸包裹着放入冰箱内，需要时取出使用。

（3）火腿在烹饪中的应用。火腿是一种腌腊制品，腌渍时肉质中的脂肪凝固，肌纤维有所分解，黏性降低，易酥碎。加工切制时，要根据火腿的组织结构和性能，耐心细致地顺着或斜着肌肉纤维切制，才能达到菜肴的要求，保证菜肴的质量。如果横着肌肉纤维切，则容易散碎，不易成型，影响菜肴的质量。火腿肉纤维紧实，皮干硬，水分少，所以一般多作为配料，不宜干炒、煎炸、干炸和滑炒等。如果采用不适宜的烹制方法，可促使蛋白质脱水，口感发柴。火腿肉用来烧汤时，应用冷汤下锅，才能使火腿鲜味散发出来。

2. 咸肉、咸鱼、板鸭等的加工

咸肉、咸鱼、板鸭等腌渍品，在加工前宜先将原料放在清水中浸泡，以除去一部分盐分，然后再进行各种加工。腌渍风鸡时，不拔鸡毛，带毛腌渍，毛上的盐和香料能起腌的作用，并可保持鸡肉的香味不散失，鸡毛层可阻挡潮气，保持鸡身干燥，不致滋长霉菌。加工时则要将鸡毛拔去。板鸭在加工时，先把外层灰尘和内腹的污物冲洗干净，放到冷水里浸泡 4~5 小时，使板鸭回软、减轻咸味后再进行加工烹制。

3. 海蜇的加工

海蜇又名水母。海蜇含有许多人体所需的微量元素，是一种绿色食品。海蜇是腔肠软体动物，很容易沾染上细菌、泥沙等杂质。海蜇有蜇头、蜇皮之分。海蜇经过盐、矾腌渍脱水而成，咸涩、腥味较重，并含有细沙，所以在烹调前一定要处理干净。一种是用冷水直接发透，即先用冷水洗去泥沙，择去血筋，然后放入冷水中浸泡 2 天左右，每天换一次清水，待海蜇涨发到非常脆嫩时即可。另一种是在加工时用 70℃ ~80℃的热水浸烫至受缩，洗净，片成薄片，再经过反复漂洗浸泡，起到杀菌消毒、回软的作用，并能去除盐、矾味、腥味和残沙，使其体积膨胀，质地脆嫩爽口。一般情况下 8~12 小时即可除去全部咸味和沙。另外，也可将去掉咸味和沙的海蜇用 1∶500 的醋精水溶液浸泡数小时，再换入清水浸泡待用。使用处理过的蜇头制作菜品，不仅外形饱满，颜色爽洁，口味清鲜不涩，而且口感爽脆不韧，食后无渣。

每千克海蜇可涨发至 4~5 千克。清水盆里，按每 1000 克海蜇放 10 克苏打的比例放入苏打，搅匀后浸泡 20 分钟，然后用清水洗净，捞出沥水后，即可进行拌制了。用这种方法，既可避免用热水氽烫造成的损耗，又能达到清脆爽口的目的。海蜇也可用炒、爆、烧等方法成菜。海蜇入锅烹制还有些讲究：如炒海蜇时，讲究旺火快炒，动作迅速，否则质感不脆爽。由于海蜇水分含量多，胶质重，故将其用于烧菜时，一定要最后放入，否则海蜇容易溶化。

（二）冷冻原料的加工

肉类、禽类和鱼类等烹饪原料在烹调前若需较长时间的保存，通常采用冷冻保藏，烹调时再进行解冻。冷冻与解冻使原料中的水分发生了变化，对原料品质具有重大的影响。冷冻原料已经被广泛运用于烹饪实践中，比如冷冻的猪肉、鸡腿、鸡脯肉、鸭、动物内脏等。所有的冷冻原料都必须经过解冻处理才能做进一步的加工烹调。选择科学合理的解冻方式，是保证菜品质量和口感的前提。

1. 原料冷冻速度与原料品质的关系

动物性烹饪原料冻结后的品质与冰晶的形状、大小和分布有密切的关系。若冷冻介质的温度不够低或原料体积太大，冻结速度慢，原料中水结冰所需要的时间长，形成的冰晶数量少、体积大，而且分布不均匀，多数集中在细胞间隙里，细胞组织容易受损伤。这样就会引起蛋白质凝固，解冻时难以复原，导致汁液大量流失，烹饪后影响菜肴的风味和营养价值。若冷冻介质的温度足够低，食品的体积也较小，则冻结速度快，原料中水结冰所需的时间短，细胞内外的水分同时冻结，形成的冰晶数量多、体积小，细胞内外分布均匀，对细胞的破坏性也大大减少，因此对原料质量的影响也显著减轻，在解冻时具有较高的可逆性，汁液的流失较少，因此烹饪原料冷冻时要采用快速冷冻法。

2. 原料冷冻速度的分类

烹饪原料的冷冻速度可分为快速冷冻（简称速冻或急冻）和慢速冷冻（简称慢冻或缓冻）两种。原料在冷冻过程中属于速冻还是慢冻，这与原料的品质有着密切的关系。原料在冻结和解冻过程中会发生很大的变化。当原料冷冻时，原料中的水冻结成冰，其体积平均可增加10%。由于体积的膨胀，冰晶极容易刺破原料的细胞，破坏原料的结构。为了减少冷冻过程中原料结构被破坏，原料冷冻时，往往采取低温快速冷冻的方法，因为快速冷冻，原料中的水会形成微细的冰晶，并且均匀地分布在原料组织细胞内，这样原料的组织细胞才不会变形破裂，当在原料解冻时，其细胞液也才不会大量流失。而原料缓慢冻结时，细胞中的水会形成较大的冰晶，从而使组织细胞受挤压而发生变形或破裂，冰晶融化的水也不能再渗入到细胞内，造成原料中的营养物质大量流失。

3. 烹饪原料的解冻

（1）解冻对原料品质的影响。

所谓解冻就是使冻结原料中的冰晶体融化，从而恢复到生鲜状态的过程，使食物具有良好的保水性，这样在食用时就有韧性和鲜嫩感。冷冻与解冻使原料中的水分发生了变化，前者由液态变为固态，后者则反之。原料解冻后，在冰晶体融化的水溶液中，含有大量的可溶性固形物，例如水溶性蛋白质和维生素，及各种盐类、酸类和萃取物质。这部分水溶液就是所谓的汁液。如果汁液流失严重，不仅会使食品的重量显著减轻，而且由于大量营养成分和风味物质的损失必将大大降低食品的营养价值和感官品质。

原料在解冻过程中，由于温度上升，原料中的酶的活性增强，氧化作用加速并有利于微生物的活动，原料内的冰晶体融化，由冻结状态逐渐转化至生鲜状态，并伴随着汁液流失。在这些变化中，汁液流失对烹饪原料质量的影响最大。

（2）影响汁液流失的因素。

烹饪原料解冻时汁液流失的原因是由于冰晶体融化后，水分未能被组织细胞充分重新吸收所造成的，具体可归纳为以下几个因素：

①冻结的速度。缓慢冻结的烹饪原料，由于冻结时造成细胞严重脱水，经长期冰藏之后，细胞间隙存在的大型冰晶对组织细胞造成严重的机械损伤，蛋白质变性严重，以致解冻时细胞对水分重新吸收的能力差，汁液流失较为严重。

② 冷藏的温度。冻结的烹饪原料如果在较高的温度下冻藏，细胞间隙中冰晶体生长的速度较大，形成的大型冰晶对细胞的破坏作用较为严重，解冻时汁液的流失较多，如果在较低的温度下冻藏，冰晶体生长的速度较慢，解冻时汁液流失就较少。

③ 解冻的速度。解冻的速度有缓慢解冻与快速解冻之分，前者解冻时温度上升缓慢，后者温度上升迅速。一般认为缓慢解冻可减少汁液的流失，其原因是缓慢解冻可使冰晶体融化的速度与水分的转移、被吸附的速度相协调，从而减少汁液的流失，而快速解冻则相反。但快速解冻在保持烹饪原料品质方面也有有利的因素，主要原因是：食品解冻时，可迅速通过蛋白质变性和淀粉老化的温度带，从而减少蛋白质变性和淀粉老化。利用微波炉等快速解冻，原料内外同时受热，细胞内冰晶体由于冻结点较低首先融化，故在食品内部解冻时外部尚有外罩，汁液流失也比较少。快速解冻由于解冻时间短，微生物的增量显著减少，同时由于酶、氧气所引起的对品质不利的影响及水分蒸发量均较小，所以烹调后菜肴的色泽、风味、营养价值等品质较佳。

④原料的 pH 值。蛋白质在等电点时，其胶体溶液的稳定性最差，对水的亲和力最弱，如果解冻时原料的 pH 值正处于蛋白质的等电点附近，则汁液的流失就较大，因此，畜、禽、鱼肉解冻时汁液流失与它们的成熟度（pH 值随着成熟度不同而变化）有直接的关系，pH 值远离等电点时，汁液流失就较少，否则就增大。

4. 烹饪原料解冻的形式

根据烹饪原料的种类和用途，解冻可以采用下列三种不同的形式。不同的形式，其质量效果是不相同的。

（1）完全解冻。所谓完全解冻就是烹饪原料的冰晶体全部融化后再加以处理。多数烹饪原料，如鱼、肉、蛋等冻制品，其冻结点在 -1℃左右，所以当温度升至 -1℃时，即可认为已完全解冻。值得一提的是，水果的冻结品未解冻时，由于温度太低，食用时缺乏风味；完全解冻时，所呈现的色、香、味质量最佳；

完全解冻后若较长时间放置再食用，则水果软化，品质下降。

（2）半解冻。烹饪原料在解冻过程中，表面与内部温度上升的速度不一样，在同一时刻，外层的温度高于内层，内层的温度高于中心。对于一些体积较大的原料，这种表里温度差更为明显，常常表面温度已达10℃以上，中心温度还不到 -1℃ 。为了避免表面在较高的温度下加速质量变化，减少解冻时间，可在半解冻状态下进行加工处理，其后的解冻，可在烹饪中进行。烹饪原料采用这种半解冻的形式，不仅操作方便，而且可减少原料中汁液的流失，一些冷冻的小食品，如加糖冻结的水果甜点心，在半解冻状态下食用，尤感清凉美味。

（3）高温解冻。高温解冻是指烹饪原料在较高的温度下，与烹饪同时进行的解冻方法。解冻介质可分为热水、蒸汽、热空气、油、调味液或金属炊具等，由于解冻介质在单位时间内提供的热量多，解冻速度快。采用高温解冻时，要防止原料不解冻与烹制时受热不均匀。这是因为大多数的烹饪原料是热的不良导体，解冻介质由于温度高，首先向原料的表面提供大量的热量，但热量从原料表面向内部传递的速度又慢，这样就导致原料内外受热不均匀，甚至会出现原料表面已成熟或过熟，而原料内部温度还过低或未热的情况。

5. 冷冻原料解冻的方法

烹饪原料最常用的解冻方法是空气解冻法和水解冻法，此外还有金属解冻法、微波解冻法和红外辐射解冻法。冷冻食品的解冻是冻结的逆转过程，它能使冻结食品恢复到冻前的新鲜状态。

（1）空气解冻法。一般有两种，一是将冷冻食品从冷冻室取出放入冷藏室，这种解冻方法时间长，但解冻食品的质量好，一般是晚上取出，第二天早上加工。二是将冻结的食品从冷冻室取出，放在室内空气中解冻，这种解冻方法受气温的影响较大。采用空气解冻法必须注意解冻时间不能太长，特别是夏天，解冻后的食品细菌繁殖快，容易造成食品腐败变质。

（2）流水解冻法。冻结的食品急需食用时，可用流水解冻法。因为水的传热性能比空气好，解冻时间可缩短。但应注意的是，冻结食品不宜与水直接接触，应带有密封包装，如密封盒、密封食品袋等，否则食品的营养素会被流水冲走，使得食品味道变差。采用流水解冻法要注意两个方面：一是冻结的生食品不要完全解冻，当解冻到用刀能切开时就可以烹制；二是不能解冻过头，如肉类、鱼类等食品全部解冻就会有大量的血水流出。对于经过蒸煮的熟制品经过冷冻后，在解冻时可采用加热解冻法。但解冻时必须注意要加少量的水并用小火慢慢加热，且不可操之过急，防止用大火解冻造成外烂内冷的现象。

（3）微波解冻法。微波解冻法，主要适用于小批量食品。它是利用电磁波使冻结食品中的极性分子以极高的速度旋转，利用分子之间的相互振动、摩擦、碰撞的原理产生大量的热能，使冻结的食品从里到表同时发热，这就极快缩短了解冻时间。

微波炉解冻虽然又好又快，但需要注意几点：一是冻结食品不能放在金属制的容器中，只能放在微波炉专用的塑料容器中或是陶瓷制品中；在解冻时，对于解冻较快的表面及边缘部位，应用小片铝箔将其盖住，这样就可以放慢局部解冻过程；在解冻时要不断翻转食物，使之解冻均匀。二是必须重量准确，方能确定解冻时间，否则易造成食品解冻过头，使食品散、烂。三是袋装食品在解冻时必须从袋内取出放在容器中，不能在袋内直接解冻，若在袋内解冻必须将袋口打开，否则容易造成袋子破裂。

6. 常见水产品冷冻

（1）淡水鱼和海水鱼冷冻。餐饮市场供应的淡水鱼一般都是活的（也有冷冻的），而海水鱼则以冷冻的居多。放入冷冻室的鱼，质量一定要好，新鲜硬结，解冻后就不宜再放入冷冻室长期贮藏。反复冷冻解冻的鱼，蛋白质分解很快，影响鱼肉的味道。

（2）鲜鱼冷冻。对于鲜鱼，则应先去掉内脏、鳞，洗净沥干后，分成小段，分别用保鲜袋或塑料食品袋包装好，以防干燥和腥味扩散，然后再放入冷藏室或冷冻室；冻鱼经包装后可直接贮入冷冻室。与肉类食品一样，必须采取速冻。

（3）腌鱼冷冻。熟鱼与咸鱼、腌鱼，必须用保鲜袋或塑料食品袋密封后放入冰箱内，咸鱼、腌鱼一般贮于冷藏室内。熟鱼可以放在冷藏室或冷冻室内。

（4）新鲜的虾冷冻。新鲜的河虾或海虾，可先将虾用水洗净后，去掉肠泥，头部，尾端也要稍微切掉，放入金属盒中，注入冷水，将虾浸没，再放入冷冻室内冻结。冻结后将金属盒取出，在外面稍放一会儿，倒出冻结的虾块，再用保鲜袋或塑料食品袋密封包装，放入冷冻室内贮藏。

（5）整条鱼冷冻。在冷冻前要经过清洗，去除内脏、鳃，并在腹内抹上少许盐，处理好后放于铝盘上覆盖保鲜膜，放到冷冻室保存；另外，也可用铝箔纸包起来，以延长保存期限。

二、其他原料的加工与实训

火腿清蒸鱼

1. 烹调类别

蒸。

2. 烹饪原料

主料：鲈鱼 1 条（500 克）。

配料：火腿片30克。

调料：15克、姜15克、盐8克、料酒10克、味精3克。

3. 工艺流程

（1）将鲈鱼洗净沥干水分，在鲈鱼身上斜切若干处，倒少许料酒、盐、味精抹匀鱼全身。姜片，火腿片嵌入切刀处。

（2）蒸锅放水烧沸，将鲈鱼放入，大火蒸8~10分钟，取出即可。

4. 风味特色

鱼肉鲜嫩、火腿香味浓郁。

5. 实训要点

（1）火腿在加工时一定去掉咸味，火腿片不要太厚。

（2）蒸鱼时要控制好火候，中途不要开蒸锅。

（3）鲈鱼剞刀时掌握好深度。

三、拓展知识与运用

（一）腌渍与烟熏的食品

腌渍是指用食盐、糖等腌渍材料处理食品原料，使食盐、糖等渗入食品组织内，降低水分活度，并有选择性地抑制微生物的活动，促进有益微生物的活动，从而防止食品腐败，改善食品食用品质的加工方法。腌渍是一种食品保藏的主要方法，同时也是一种加工方法。腌渍所使用的腌渍材料通称为腌渍剂。经过腌渍加工的食品通称腌渍品，如腌菜、腊肉等。不同的食品类型，采用的腌渍剂和腌渍方法均不相同。肉类腌渍主要是用食盐，并添加硝酸钠（钾）或亚硝酸钠（钾）及糖类等腌渍材料。经过腌渍加工出的肉类产品称为腌腊制品。如腊肉、发酵火腿等。果蔬类制品的腌渍常用酸性调味料浸泡，加工出的制品带有酸味。水果类腌渍品一般采用糖渍，糖具有一定的防腐能力，并且能改善制品的风味。糖渍水果有蜜饯、果冻、果酱等。烟熏是用燃烧产生的熏烟处理食品，使有机成分附着在食品表面，抑制微生物的生长，达到保藏食品的目的。经过烟熏的食品，具有特殊烟熏风味。

（二）腌渍肉类的基本工艺原理

肉类的腌渍又称为盐腌，即在肉的外表涂擦食盐、硝水、砂糖及调味品后存放一定的时间。腌渍的目的主要是使肉具有防腐保鲜的作用，同时增加肉的风味和改善颜色，提高肉的食用质量。腌渍时由于食盐产生的渗透压，使盐分进入肉的组织中，肉内的水分则向外渗透，使肉组织部分脱水；同时由于腌肉产生的渗透压，制止了有害微生物的生长繁殖，从而达到防腐的目的。腌渍肉类决定渗透压的主要因素是盐分的浓度和腌渍时的温度。因为瘦肉细胞内的蛋白质分子量很大，所以细胞内蛋白质溶液的摩尔浓度很小，这就使盐分子和硝水能进入肉的组织细胞中，并且水分子从细胞内渗出。盐分越高，渗透压产生得越大，则水分渗出越快。而腌渍时的温度高，分子运动加快，扩散作用加强，腌渍时间缩短。但温度过高，微生物也容易生长活动，肉容易发生腐败，所以腌渍时的温度一般以10℃～20℃为宜。食盐的作用还可使肌肉收缩。腌渍时如果单用食盐和硝水，则肌肉往往过分收缩，而添加适量的砂糖其作用和食盐相反，具有使肌肉组织柔软和调节肌肉过硬的作用，同时还可调和腌肉的口味，改善风味，从而有助于提高肉的食用质量。

（三）浙江金华火腿

浙江金华火腿是我国传统的腌腊精品，也是做菜的佳品。金华火腿以其独特的工艺、严格的选料、制作的精细和皮薄骨细、精多肥少、腿心饱满、形似竹叶等特征形成了誉满海内外的色、香、味、形“四绝”。金华火腿腌渍对气候条件的要求颇为严格，腌渍过程中的各个阶段对温度要求也不尽相同。腌渍初期需要低温中湿的气候，加工晚期需要高温低湿的气候，因此浙江中西部地区的小盆地和小丘陵气候，较适宜金华火腿的加工。火腿择料腌渍一般在农历立冬之后，气温要求低于10℃。腌渍期一般在农历立冬至次年立春，其中立冬至冬至投料腌渍成的火腿为早冬腿，冬至至立春投料腌渍成的火腿为正冬腿。火腿的加工工艺流程包括修整、腌渍、洗晒、整形、发酵、堆叠、分级等80多道工序，历时10个月。

（四）宣威火腿

宣威火腿又称云腿，由于产于滇东北的宣威而得名，采用当地的乌蒙猪制作。乌蒙猪膘厚肉细。在宣威一带，山地气候寒凉，是腌腊肉类的适宜气候，尤其每年霜降到次年立春之前，是制作火腿的最佳季节。这些因素，是宣威出火腿必备的物产、气候条件。宣威火腿制作，是将切割成琵琶形的猪后腿洗净，以盐反复用劲搓揉，使之渗入肉中，然后腌渍，让其自然发酵，历时半年方成熟。鉴定火腿质量，是待其表面呈绿色时，以篾针刺入三个不同部位，嗅之，以“三针清香”为合格。宣威火腿个大骨小、皮薄肉厚，横剖面肉色鲜艳，红白分明，瘦肉呈桃红色，其味咸香带甜，肥肉肥而不腻。因形似琵琶，故称“琵琶脚”。

（五）烹调冷冻原料的技巧

（1）注重刀工的要求。因为冷冻食物有很多短处，所以在刀工刀法上就必须区别于新鲜原料，在加工肉丝时就应该切粗些，加工肉块时就要大些，防止受热后水分失去过多而不成型或是碎烂。

（2）上浆、挂糊要把握好。冷冻食物含水量较多，吸水性较差。未经冷冻的食物在相同的条件下含水分较少，吸水性较强。所以冷冻的食物在上浆、挂糊时的浆糊应稠些，防止受热后水额外溢出使浆、糊脱落。

（3）烹调时控制好火候。冷冻原料因为韧性较差、易碎，所以在过油或是直接烹炒时要尽量用中火或是小火，尽量不用大火快炒，防止翻动过快、过多使原料不成型。

（4）把握烹调技法。在烹调冷冻食物时，无论是炒、烧、蒸、炖、焖都要不加水或是少加水，以防原料中的水溢出造成菜肴汤汁过多。同时翻炒菜肴时动作要小，保持菜品的完整性。

【模块小结】

本模块主要介绍了烹饪原料的初加工工艺，分别就鲜活原料、干原料、腌腊原料和冷冻原料的加工流程、要求和方法进行了详细的阐述。根据菜肴的特点，要对不同原料的加工采取了不同的方法，对常用原料进行加工分解，以期能达到熟练掌握和灵活运用的目的。

实训练习题

（一）选择题

1. 叶绿素因（　　）特性较差，加热时必须控制时间，防止变色。

A. 耐热性　　B. 耐光性　　C. 耐酸性　　D. 耐碱性

2. 螃蟹加工取肉后，一般用木槌将蟹足捶松，其目的是使蟹足（　　）。

A. 容易煮烂　　B. 去除异味　　C. 体积增加　　D. 便于入味

3. 加工墨鱼时其眼睛的汁液会影响肉的（　　）。

A. 颜色　　B. 嫩度　　C. 鲜味　　D. 弹性

4. 新鲜蔬菜加工的方法是（　　）。

A. 边切边洗　　B. 先洗后切　　C. 先切后洗　　D. 依蔬菜而定

5. 嫩禽泡烫煺毛的水温通常是（　　）。

A.100℃　　B.80℃ ~90℃　　C.70℃ ~80℃　　D.60℃ ~70℃

6. 采用泡烫加工的鱼类主要是（　　）。

A. 鳝鱼　　B. 黄鱼　　C. 比目鱼　　D. 墨鱼

7. 八宝鸭对鸭子开膛去内脏的加工要求是（　　）。

A. 腹部开膛　　B. 背部开膛　　C. 肋部开膛　　D. 整料出骨

8. 黑木耳涨发量最大采用的水是（　　）。

A. 热水　　B. 温水　　C. 冷水　　D. 碱水

9. 加工肠子不需要加入的辅助料是（　　）。

A. 碱　　B. 醋　　C. 面粉　　D. 盐

10. 洗涤虾仁时在水中加入（　　），可使虾仁颜色更好看。

A. 碱水　　B. 矾水　　C. 盐水　　D. 白醋

11. 在去除虾肠线时，为了保持虾形的完整，应（　　）。

A. 剪开虾背挑出虾线　　B. 剪去虾尾挑出虾线

C. 使虾体弯曲从虾壳缝隙中挑出虾线　　D. 去头后从其颈部挑出虾线

12. 海带加工时应剪去（　　）部位。

A. 尖部　　B. 边缘　　C. 根须　　D. 表皮

13. 凉拌菌类菜肴时一定要将原料进行（　　）处理。

A. 清洗　　B. 烫透　　C. 冰镇　　D. 浸泡

14. 碱水涨发是在自然涨发基础上采取的（　　）。

A. 辅助方法　　B. 补救方法　　C. 用沸水煮透　　D. 去除内脏

15. 碱发后的原料一定要（　　），然后才能加工食用。

A. 沥干水分　　B. 泡净　　C. 强化方法　　D. 应急方法

（二）判断题

（　）1. 在活养蛏子和蛤蜊时，体形较瘦的比体型较大的吐沙慢些。

（　）2. 雄性墨鱼的生殖腺是干制高档乌鱼蛋的原料，批量加工时要保留。

（　）3. 甲鱼在去除黑衣时，烫制的温度为 80℃时，烫制时间为 2 分钟。

（　）4. 蛙类原料加工时主要分为头、躯干、四肢三部分。

（　）5. 死蟹不能加工食用的原因是腥味过重。

（　）6. 所有的野生食用菌都有微毒，加工时要注意。

（　）7. 动物性原料和植物性原料都可以采用碱发的方法。

（　）8. 碱发需要将原料先泡软再发，碱水发是直接放在碱水中发。

（　）9. 碱发的碱水浓度对质量有直接的关系，和温度关系不大。

（　）10. 涨发好的鱿鱼体积一般是涨发前的 3 倍。

（三）填空题

1. 新鲜蔬菜的洗涤方法常见的有（　　　）、（　　　）、（　　　）三种。

2. 水产品内脏摘除的方法通常有（　　　）、（　　　）、（　　　）三种。

3. 甲鱼初步加工的过程是（　　　）→（　　　）→（　　　）→洗涤。

4. 家禽开膛去内脏的方法是（　　　）、（　　　）、（　　　）。

5. 适用刮剥洗涤法的原料有（　　　　）、（　　　　）。

6. 家禽内脏及四肢加工洗涤的方法大体有里外翻洗法、刮剥洗涤法、（　　　　）、（　　　　）、（　　　　）。

（四）问答题

1. 根茎类蔬菜在整理加工时要掌握哪几个关键？
2. 蔬菜的加工有哪些基本要求？
3. 水产品初步加工应符合哪些要求？
4. 水产品初步加工方法有哪几种？
5. 怎样加工鳝鱼？
6. 家禽如何泡烫煺毛？
7. 阐述海蜇加工的基本方法。
8. 原料解冻最佳的方法是什么？请说明理由。

（五）实训题

1. 结合模块所学知识，宰杀加工鳝鱼、活鸡，写出加工工艺流程。
2. 按小组训练，比较不同小组加工的对虾。
3. 每人初加工一条鲫鱼，制作红烧鲫鱼，写出标准菜谱。
4. 在操作训练中进行比较，并说出所加工品种的感受。
5. 按小组进行干货涨发训练，油发鱼肚、猪肉皮。

模块二

切割工艺

学习目标

知识目标

了解刀工刀法的类型、操作方法和基本技术要求；熟悉原料料形加工的一般工艺和花刀工艺手法；能根据不同原料、菜肴合理使用花刀工艺；掌握不同原料的出肉方法、分割工艺以及技术关键。

技能目标

掌握各种刀工刀法的加工方法和操作要领；会运用多种刀工方法加工原料；会使用不同的花刀工艺加工原料；能根据不同的肉类合理使用加工方法；熟悉家畜、家禽肌肉、骨骼组织并进行分档取料；能对禽类和鱼类进行整料出骨。

实训目标

（1）能将原料加工成一般工艺型料形。

（2）能合理加工不同的花刀工艺型料形。

（3）能熟练分割加工家畜。

（4）能熟练分割加工家禽。

（5）熟练掌握整料出骨加工技法。

实训任务

任务一　原料成型加工与实训

任务二　水产品的分割与实训

任务三　家畜分割加工与实训

任务四　家禽分割加工与实训

任务五　整料出骨加工与实训

任务一 原料成型加工与实训

一、知识储备

刀工就是根据烹调或食用的要求，运用各种不同的刀法，将烹饪原料或食物切成一定形状的过程。菜肴的品种花色繁多，烹调方法也因品种不同而各异，这就需要采用不同的刀法将原料加工成一定规格、形状，以符合烹调的要求或食用风格的需要。随着烹饪技艺的发展，刀工已不局限于改变原料的形状和满足食用的要求，而是进一步美化食物的形状，使制成的菜肴不仅滋味可口，而且形象美观，绚丽多彩，更具艺术性。刀工是烹调工艺技术不可缺少的重要组成部分。我国古时候就把刀工与烹调合称为“割烹”。常称“七分墩子、三分锅匠”或“三分墩子、七分锅匠”，都把刀工说明刀工与烹调的辩证关系。我国厨师历来对刀工极为重视，都把刀工当作必须练习的一项基本功。厨师经过长期的实践，整理了一套适应各种烹调要求和食用需要的刀法，创造了很多精巧的刀工技艺，积累了丰富的宝贵经验，使刀工不仅具有技术性，而且还有较高的艺术性。

菜品中的“形”与刀工是密不可分的，不同的刀工处理方法可使菜肴的“形”产生不同的变化。通过“形”的处理方法可使菜肴发生“质”的变化，进而达到美化和丰富菜肴品种的目的。因此，刀工是烹饪中很重要的一道工序。烹饪原料经过不同的刀法加工后，就会变成型态各异、外观美丽、易于烹调和食用的形状。按照所使用的刀法及原料成型后的外观，一般可将原料的成型分成基本料形（基本工艺型）和剞花料形（花刀工艺型）两大类。

（一）基本工艺型

基本工艺型是指加工工艺简单、易于成型的原料形状，如块、片、丝、丁、条、粒等。原料经过不同刀法处理后，就具有一定形状了，便于烹调和食用。

1.基本工艺型的实训要求

（1）一种料形在大多数情况下是通过多种刀法相互配合才最终形成的。

（2）所切制的原料形状要形态美观，粗细均匀或厚薄一致，整齐划一。

（3）在料形的运用上要配合烹调的要求。

（4）对料形的加工还应充分把握大料大用、小料小用的原则，合理使用原料，物尽其用。

2. 常用基本工艺型的类型

（1）块。

块是方体或其他几何形体。使原料成块状，可采用砍和切两种刀法。原料质地松软、脆嫩，可采用切的刀法。蔬菜类都可采用直切。已去皮去骨的肉类可以用推或推拉切的刀法切成各种形状。切块时一般先将原料的皮、瓤或筋、骨去掉，如为大块原料，要先改成条形，再切成块。对质地较韧或者有皮有骨的原料，可以采用砍的方法使其成块。常见带骨的肉类、鱼类等，可用砍、直砍、跟刀砍等刀法斩、砍成块。若烹调原料形体较大，可以先分段加工成条形再砍成块。常见的有长方块、大小方块、菱形块、滚刀块、象眼块等。

原料的形状取决于烹调的需要和原料的性质。如用于烧、焖的块可稍大些，用于熘、炒的块可稍小些，原料质地松软、嫩脆的块可稍大些，质地坚硬而带骨的块可稍小些。对某些形状较大的还应在其背面剞上十字花刀，以便于烹制时受热均匀入味。

① 长方块。状如骨牌，又叫骨牌块。成型规格为 0.8 厘米厚，1.6 厘米宽，3.3 厘米长。

② 大小方块。一般指厚薄均匀、长短相等的块形，用切或剁等刀法而成。成型规格为边长 3.3 厘米以上的称大方块，边长 3.3 厘米以下的称小方块。

③ 象眼块。也称菱形块，形状似菱形，又与象眼相似，故名。交叉斜切即成，成型规格为长轴 4 厘米、短轴 2.5 厘米、厚 2 厘米。

④ 滚料块。用滚刀的切法加工而成，成型规格为长 4 厘米的多面体。一般用于蔬菜类原料，如土豆、山药、黄瓜、莴笋等。加工时必须先在原料的一头斜着切一刀，再将原料向里滚动，再切一刀，这样连续地切下去。滚动幅度大切出来的块为大滚料块；滚动幅度小，切出来的块为小滚料块。

⑤ 劈柴块。多用于冬笋或茭白一类原料。另外，凉拌黄瓜也有用劈柴块的。加工方法是先用刀将原料顺长切为两半，再用刀身一拍，切成条形的块，其长短厚薄不一，就像做饭用的劈柴，成型规格为长 3.2 厘米、厚 0.7 厘米的多面体。

（2）片。

片是经过直刀切、平刀或斜刀片后得到的一种较薄的原料形状。其成型方法根据原料性质的不同而各异，质地坚硬的脆性原料如土豆、萝卜、火腿等可采用切的方法；薄而扁平的韧性原料可采用片的方法。常见片的种类有菱形片、柳叶片、指甲片、月牙片、梳子片、夹刀片等。

将原料制片的刀法有两种：切法是为最常用的制片法，特别适用于性韧、细嫩的原料；片法适用于一些质地较松软，直切不易切整齐或者形状较扁小、无法直切的原料，如形体薄小的各种肉类、鲜鱼、鸡肉等的制片。

在切片时，要注意持刀平稳，用力轻重一致；左手按料要稳，不轻不重；在片的过程中要随时保持砧板的干净，刀要随时擦干。常见的有厚片、薄片、柳叶片、象眼片、月牙片、夹刀片、磨刀片等。

① 厚、薄片。薄片成型规格为厚薄在 0.3 厘米以内的片，一般采用切或片的刀法制成；厚片指厚薄成型规格在 0.7 厘米以上的片。

② 柳叶片。这种片薄而窄长，形状像柳树的叶子。成型规格长 6 厘米、厚 0.35 厘米，一般用切或削的刀法加工而成。

③ 象眼片。也叫菱形片，形似象眼块，但薄些，成型规格长轴 5 厘米、短轴 3 厘米、厚 0.3 厘米。

④ 月牙片。先将圆形或近似圆形的原料切为两半，再顶刀切成半圆形的片即成，长 8 厘米、宽 3 厘米、厚 0.3 厘米。

⑤ 夹刀片。原料一端切开成两片，另一端连在一起的片，叫作夹刀片。采用切的方法，一刀切断一刀不断，成型规格长 8 厘米、宽 3 厘米、厚 0.3 厘米。

⑥ 磨刀片。是用斜刀片的刀法加工而成。因片时将原料平放在砧板上，用刀自左到右像磨刀一样，一刀一刀地片下去，故称磨刀片。成型规格长 10 厘米、宽 2 厘米、厚 0.2 厘米。

（3）丝。

丝呈细条状，是先将原料加工成片后（若属较薄的原料，如蛋皮、百叶等无须切成片），再以直刀切、推切或拉切的方法切成丝。切丝的粗细与片的厚薄和切丝的刀距直接有关，片厚刀距长则丝粗，片薄刀距短则丝细。切时，刀身一定平行于原料的切口，丝才粗细均匀。切丝时丝的粗细应根据原料自身的性质来定，质地坚硬或韧性较大的烹饪原料在加工丝时其成品可细一些，反之则应粗些。成型规格细丝为长 10 厘米、粗 0.2 厘米见方，粗丝为长 10 厘米、粗 0.4 厘米见方。

切丝实训要领：

① 切片要厚薄均匀。加工片时要注意厚薄均匀，切丝时要切得长短一致，粗细均匀。

② 堆叠要整齐。原料加工成片后，不论采取哪种排列法都要排叠得整齐，且不能叠得过高。

③ 按稳原料不滑动。左手按稳原料，切时原料不可滑动，这样才能使切出来的丝粗细一致。

④ 根据原料的性质决定顺切、横切或斜切。例如牛肉纤维较长且肌肉韧带较多，应当横切；猪肉比牛肉嫩，筋较细，应当斜切或顺切；鸡肉、猪里脊肉等

质地很嫩，必须顺切，否则烹调时易碎。

（4）条。

条比丝粗，一般为长方体。其成型方法是先用片或切的方法将原料片或切成大厚片，再切成条。条也可根据其粗细、长短分为大一字条、小一字条、筷子条、象牙条等。条有粗细之分，粗条成型规格为截面边长 1.5 厘米，长为 5 厘米；细条成型规格为截面边长 1 厘米，长 4 厘米。

（5）丁。

原料成型为 1~2 厘米见方的小块为丁。丁的成型一般是先将原料切成厚片，将厚片切成条，再将条切或斩成丁。丁的大小决定于条的粗细与片的厚薄。切丁的刀距一般与条的粗细相同。常见的丁有大、中、小之分，大小取决于条的粗细。一般大丁的成型规格边长为 2 厘米，中丁的成型规格边长为 1.2 厘米，小丁的成型规格边长为 0.8 厘米。

（6）粒。

比丁小的正方体，其成型方法与丁相同，也有大粒与小粒之分。成型规格大粒边长 0.6 厘米，小粒成型规格边长 0.3 厘米。粒的大小也取决于丝或条的粗细。粒的形状较丁小，粒的成型与丁的成型相同。

（7）末。

其形状是一种不规则的形体，成型方法是通过直刀剁而成。外形的大小一般略小于米粒。一般是将原料剁、铡成细末，如常用的肉末和姜、葱、蒜末等。

（8）段。

段一般用剁或切的刀法制成，有大段、小段两种。每一种的具体要求根据原料的性质和烹调的需要而定。

（9）蓉泥。

一般而言，蓉泥均以排剁刀法或用刀膛压碾使原料细碎成泥状。原料剁成茸之前应先去筋和皮，制作鸡蓉、鱼蓉时，宜加入适量的猪肥膘，使蓉产生黏性。

（10）球。

其成型方法有两种：一是用挖球器将原料挖成球形；二是将原料先加工成大方丁，然后再削成球形。

（二）花刀工艺

剞刀，有雕花之意，所以又称剞花刀。花刀工艺是一种刀工美化，用剞花的方法，又称混合刀法，是直刀法、平刀法和斜刀法混合使用。剞花的基本刀法是直剞、平剞和斜剞。具体地说，它是运用剞的方法在原料表面剞上横竖交错、深而不透的刀纹，受热后原料卷曲成各种形象美观、形态别致的形状。这类形状的成型较为复杂，品种也较多，如麦穗、菊花、玉兰花、荔枝、核桃、鱼鳃、蓑衣、木梳背等形状。剞刀后的原料易熟，并保持菜肴的鲜、嫩、脆，调味品汁液易于挂在原料周围。

依据刀纹的深浅度，有深剞花形和浅剞花形两个基本类型。深剞花形的刀纹深度超过原料厚度1/2以上，其作用是使原料收热卷曲变形，便于原料的成熟，方便食用，主要以脆嫩性脏器、鱿鱼、带皮鱼肉和方块肉为加工对象；浅剞花形刀纹深度不超过原料厚度的1/2，主要作用于表面的收缩成型，突出刀纹的图案美，主要以整条鱼为加工对象。

1. 花刀工艺对原料的要求

（1）原料较厚，不利于热能均衡穿透，或过于光滑不利于裹汁，或有异味不便于在短时间内散发的原料。

（2）原料具有一定面积的平面结构，以利于剞花的实施和刀纹的伸展。

（3）原料应不易松散、破碎，并有一定的弹力，具有可受热收缩或卷曲变形的性能，可突出剞花刀纹的美观。

2. 花刀工艺实训基本要求

（1）根据原料的质地和形状，灵活运用剞刀法。

（2）花刀的角度与原料的厚薄和花纹的要求相一致。

（3）花刀的深度与刀距皆应一致。

（4）所剞花刀形状应符合加热特性，区别应用。

3. 花刀工艺的运刀原则

（1）深剞花刀。

深剞花刀法的种类较多，其基本原理都较相似。在实施深剞花刀过程中应遵循以下原则，才能保证块形卷曲的绝佳效果。

① 深剞的卷曲、收缩应顺应原料的肌纤维排列方向。一般来讲，平面排列的原料是相对卷曲；立面排列的原料是四面卷曲；网状排列的则收缩变形。此三类变形性质是花刀实施的依据。

② 剞花刀的深度与刀纹距离应一致，否则由于收缩不均，翻卷不一，既不能受热均匀，又影响形体的美观。

③ 较薄原料宜采用斜剞的刀法，以增加条纹坡度；较厚原料宜采用直剞的刀法，以表现条纹的挺拔。切不可盲目剞刀，因形伤质。

④ 所剞花形应符合加热特性，一般来说，炖、焖、扒、烧所用花形应较大；爆、炒、熘、炸所用花形居中；汆、涮、蒸、烩所用花形应较小。

（2）浅剞花刀。

对于鱼类宜采用浅剞花刀加工，为了保证鱼肴的质量，需遵循以下原则：

① 鱼体的浅剞花刀应以简单的形式为主，只要在简单线条的变化中体现外

形的美观即可，不需要过分加工。

② 浅剞花刀应与具体菜肴贴切，符合传统烹调方法的特点，体现菜肴的变化美。

③ 浅剞花刀应根据鱼体的厚薄特征而变化，体现出不同鱼的特点，而避开其弱点。

④ 鱼类剞花加热后因为鱼皮收缩，易与鱼肉脱落，因此，在剞花时应充分注意刀纹之间的连接性，防止鱼肉裸露，因剞伤质。

4. 常用实训花刀工艺

（1）麦穗花刀。

先用推刀法在原料上改成一条条相互平行的斜刀纹，剞刀深度为原料厚度的 4/5，刀距 2 毫米；然后转换一个角度，用直刀改成一条条与斜刀纹垂直相交的直刀纹，接着顺原料筋纹切成长方块，加热后卷曲呈麦穗形状。适用原料为腰子、比目鱼等。

（2）蓑衣花刀。

剞刀方法有两种，一种是先在原料的一面剞上一条条相互平行且较紧密的直刀纹，刀口深度为原料厚度的 4/5，然后翻转另一面剞上与原刀纹相交呈 45° 的相同刀纹，剞刀深度为原料厚度的 2/3，刀距 2 毫米，再改成 3.5 厘米见方的块。适用原料为萝卜、黄瓜等。另一种方法是先在原料的一面剞上一条条相互平行的紧密直刀纹，再与原刀纹相交成直角，剞上同样的刀纹，刀口深度均为原料厚度的 4/5，然后将原料翻面并用同样的刀法，剞上与另一面刀纹呈 45° 的相同刀纹，最后改刀成块。适用原料有香干、鱿鱼等。

（3）荔枝花刀。

先用直刀法在原料上剞出一条条行距相等的平行直刀纹，剞刀深度为原料厚度的 2/3~4/5，刀距 2.5 毫米；再转一个角度，用直刀法剖出一条条与先剞的刀纹斜向垂直相交的刀纹，再改成 3.5 厘米长的三角块或象眼块，加热后卷曲成荔枝形。适用原料有腰、肫、肚等。

（4）梳子花刀。

又称眉毛花刀。先用直刀剞出平行刀纹，剞刀深度为原料厚度的 2/3，刀距 2.5 毫米，再把原料横过来顶纹切或斜批成片。单片为梳子，连刀片为眉毛，加热成熟呈梳子形或眉毛形。适用原料有鱿鱼、鸡胗等。

（5）鱼鳃花刀。

先用直刀在原料上打成一条条平行的直刀纹，然后换一个角度，第一刀用拉刀法改成一条与直刀纹垂直相交的斜刀纹，第二刀批断成连刀片，加热便成鱼鳃形状。最常见的菜肴是炝鱼鳃腰花、腰片汤等。

（6）菊花花刀。

将原料的一端用直刀法剞成一条条平行的刀纹，深度为原料厚度的 4/5，另一端连着不断；再转动 90°，垂直进刀切至原料 4/5 处成丝状，另一端则仍然连着不断，然后改刀成三角块，入锅加热后即呈菊花形。适用原料有鱼、肉、鹅肫等。

（7）麻花花刀。

先将原料切成规格为 5 厘米长、2 厘米宽的片，在原料中间顺长划 4 厘米长的口，再在刀口的两旁各划一道 3.5 厘米长的口，用手抓住两头从中间的刀缝穿过，拉紧即成麻花形。麻花花刀适用于肉类原料。

（8）兰花花刀。

先将原料切成 4 厘米见方的薄片，将片的 3/5 处切成细丝卷起，用青蒜叶扎紧，加热后即卷曲成兰花形。适用原料为鱿鱼、腰子等。

（9）佛手花刀。

将原料切成规格为 4 厘米长、2 厘米宽的块，在 2 厘米长处剞划 4 刀，加热后即卷曲成佛手形。适用原料有白菜，如佛手白菜。

（10）凤尾花刀。

将原料先反刀斜刀再交叉直刀后改成条状，进刀深度为原料厚度的 2/3，反刀斜刀刀距为 0.7 厘米，直刀刀距为 0.3 厘米，交叉刀纹应相互垂直，有“三刀三叶凤点头”之说，即为直刀打两刀，第三刀断开，并且每刀需将原料前端 1/3 断开，加热后即卷曲成凤尾形。适用原料有鱿鱼、腰子等。

（11）球形花刀。

先把原料切成或片成厚片，再在原料表面剞上刀距比较紧密的十字花纹，刀口深度为原料厚度的 2/3，然后改刀成正方块或圆块，入锅加热后即卷成球形。适用脆性和韧性原料。

（12）螺旋花刀。

从方块一侧进刀，平剞至 3/4 深度，旋转平剞至 3/4 深度，再旋转平剞到底，受热呈螺旋形。适用原料有畜肉、鸭、鹅，宜炖、焖，如螺旋肉、螺旋肫花等。

（13）鳞毛花刀。

在原料肉面逆纤维走向斜剞深度为原料厚度的 3/4、刀距 4 毫米的平行刀纹，再顺向直剞同等深度、刀距，与前刀纹交叉呈 90° 的平行刀纹。拍粉油炸后呈鳞毛披覆状。适用于整条带皮鱼肉的加工，用于熘、炸，如松鼠鳜鱼。

（14）灯笼形花刀。

将原料先切成规格为 4 厘米长、3 厘米宽、0.3 厘米厚的大片，再在原料顺长的一端约 1 厘米处斜刀片进两刀，角度为 45°，间隔 0.3 厘米，刀口深度为原料厚度的3/5，随后以同样的方法加工原料的另一端，最后转成直角剞上深度为原料厚度4/5的直刀纹，刀距为0.2厘米，入锅加热后便收缩变形成灯笼形。适用原料有鱿鱼、目鱼等。

二、花刀工艺与实训

爆炒腰子

1. 烹调类别

炒。

2. 烹饪原料

主料：猪腰子2个（400克）。

配料：红椒1个、洋葱40克。

调料：葱12克、姜15克、蒜20克、盐8克、味精3克、糖8克、料酒8克、老抽7克、淀粉12克、香油6克。

3. 工艺流程

（1）猪腰子片开，去掉腰筋后洗净，剞上麦穗花刀。红椒、洋葱切块，葱姜切菱形，备用。

（2）炒锅置于火上倒入色拉油，烧至140℃~150℃热时，放入腰子滑油，成熟后捞出。将锅中留底油，放入红椒、洋葱、葱姜炒香，腰子大火爆炒，再放入料酒、酱油、盐、味精、糖，用水淀粉勾芡即成。

4. 风味特色

色泽酱红，腰子鲜嫩，刀纹美丽。

5. 实训要点

（1）腰子容易成熟，滑油时间不要太长。

（2）用花椒、姜丝水加白醋浸泡可以去掉腰臊味。

（3）爆炒腰子的时间要短。

（4）新鲜猪腰有层膜，起保护作用，在加工时才可以去掉。

三、拓展知识与运用

（一）剞花刀后用淀粉挂糊有利保持原料的特性

原料经过剞刀后，花纹之间要用面粉或淀粉搓开才可挂糊，如烹制松鼠黄鱼、菊花里脊等都用此法。目的是利用面粉或淀粉的吸附作用，将原料表面的水分和油吸去，使菜肴原料表面层粗糙，便于挂糊或上浆，且糊层厚薄均匀；炸制时能防止互相粘连，花纹明显，菜形美观，色泽一致，质感酥香。鱼类或肉类原料经过剞刀后，肌肉细胞组织破损，汁液溢出较多，同时经过调味品调味后，原料表面水分增多，黏性增加。如果刀纹之间不先用面粉或淀粉搓开，直接挂糊或上浆，刀纹会被糊粘住，炸制后结成一团，花纹呈现不出来，影响菜形美观，同时也影响卤汁的粘挂和吸收，失去酥松香脆的质感。

（二）刀工在烹调中的作用

刀工不仅能决定原料的现状，而且对烹制菜肴具有多方面的作用。

（1）便于烹调。烹调原料品种繁多，性质各异，操作特点各不相同，经刀工因料制宜处理后，才能适应烹调的需要，并且受热均匀，成熟快捷，利于杀菌消毒。

（2）易于入味。整只或大块原料，在烹调时如果不经过刀工处理，加入调味品后，就不易渗入原料内部。原料经刀工处理成丁、丝、片、条、块，或在原料表面剞上花纹，在烹调时就可以使原料成熟快、易入味。

（3）方便食用。整只或整块原料是不便于食用的，必须进行改刀，切成一定的形状，如猪、牛、羊、鸡、鸭、鹅肉等，必须经过刀工处理，出骨、分档、斩块、切片等后烹调，才便于食用。

（4）富有美感。原料经过刀工处理后，能切出多种多样整齐的形状，使烹调出来的菜肴规格一致，整齐美观，并且富于变化，能增加菜肴的品种，使菜肴丰富多彩。

任务二　水产品的分割与实训

一、知识储备

水产品在菜肴的制作中，体形较大的鱼必须经过分割加工后烹调。通常 1 千克以下的鱼无须分割加工，切成小块即可。只要有分档使用价值的，即使小鱼也可分割，如黄鳝的背、腹、尾等。经分割分档使用，能充分体现各部位的特点，体现菜品的食用效果和经济价值。

（一）水产品的出肉加工

主要是一般鱼类、虾类、蟹类、贝类的出肉加工。所谓一般鱼类，是指常用烹制菜肴的鱼类。用来出肉的鱼，一般选择肉厚、刺少的鱼，如鳜鱼、扁口鱼、黄花鱼、鲤鱼等。

1. 梭形鱼类的出肉工艺流程

梭形鱼类，指鱼体外形像织梭形状的鱼类，如大黄鱼、小黄鱼、黄姑鱼、鲤鱼、鳜鱼等。此类鱼具有肉厚、刺少的特点。以鳜鱼的加工工艺流程为例。

（1）用刀顺着鱼脊骨把上下两面的鱼背切开，再用刀从头部斜着切一个切口。

（2）先从头部起，用刀沿着鱼脊骨向后剔，把背部的肉剔出来。接着，顺着腹骨向后剔。剔时，要注意使鱼肉和腹骨分离，仔细地把上面的鱼片剔下来。再把鱼翻过来，按同样的方法把下面的鱼片也剔下来。

（3）择除鱼片上的小刺。用刀在尾部鱼肉上切一个切口，一只手拉着鱼尾，另一只手用刀把鱼皮剥掉，然后择除鱼片上的刺。

2. 扁形鱼类的出肉加工工艺流程

扁形鱼类有比目鱼、银鲳鱼等，加工工艺流程如下。

（1）刮除鱼鳞，用水清洗干净，用刀切开鱼的周边，并在鱼的腹背中间纵向切开一个切口。用刀从中间向外，把鱼的一面剔出再片鱼肉。剔鱼片时，注意不要碰伤鱼的内脏。

（2）把鱼身翻转，按上述方法把另一面也剔出两片鱼肉，然后清除鱼片上的鱼刺，这样就把一条鱼剔成 4 片鱼肉和一个脊骨。

（3）用刀在鱼尾上切一个口，一只手拉着鱼尾方向的鱼皮，用刀从鱼尾方向把鱼皮剥掉。

3. 长形鱼类的出肉加工工艺

长形鱼类多指呈长圆柱体形的鱼，如海鳗、河鳗、鳝鱼等。此类鱼脊骨多为三棱形。海鳗的出肉一般采用生出的方法。鳝鱼的出肉方法有生出肉和熟出肉两种。生出肉，一般选用大鳝鱼，其操作过程是：将鳝鱼用剪刀沿其颈口处腹部插入，用力向尾部剖划至尾部，去内脏洗净，用布抹去黏液，将鳝鱼头朝外，侧身放在砧板上，用刀沿腹内三棱骨的一面从颈口批至尾部，然后左手拿起鱼头，用刀沿另一面铲至鱼尾，取出鳝鱼骨即可。熟出肉的操作方法是先“烫杀”后“划鳝”，一般选用“笔杆青”中小鳝鱼。“划鳝”是将鳝鱼头朝左，腹朝里，侧放在砧板上，左手握住鱼头，用小刀或扁形竹扦条从左到右沿腹部边线划下腹部肉，再将鳝鱼翻一面，以同样方法划下背肉即可。鳝鱼的头骨可用来制作鲜汤。

4. 虾的出肉加工工艺

虾有咸水虾和淡水虾两大类。咸水虾如明虾、竹节虾等，其形状大，出肉加工方法一般采用剥的方法，即将虾头去掉（另作他用），再将虾壳剥下，虾尾留否应根据菜肴要求来定，如制作脆皮大虾时应留尾壳，制作凤尾大虾应留尾壳及靠近尾部的 2 ~ 3 节壳。淡水虾一般体形小，不易剥，而采用挤的方法。其操作手法是用左手捏住虾头，右手拉下虾尾壳，再用力往前一挤虾肉即从脊背处挤出。

淡水河虾在四五月中旬有虾子及虾脑，在出肉加工时应物尽其用。取虾子的方法是：将虾放在清水中漂洗，去掉杂物，取出虾子，再上笼蒸或炒熟透后弄散备用。虾脑可取出用来代替天然色素，制作菜肴时可用。另外，也有根据菜肴的制作要求，将虾煮熟后再剥出虾肉，如制作龙虾色拉等。

5. 蟹的出肉加工工艺

蟹的出肉加工亦称“剔蟹肉”。其方法是将蟹蒸熟或煮熟后，按部位出蟹肉和蟹黄。

（1）出腿肉。将蟹腿取下，剪去一头，用擀面杖向剪开的方向滚压，挤出腿肉。

（2）出螯肉。将蟹螯掰下，用刀拍碎螯壳后取出整肉。

（3）出蟹黄。先剥去蟹脐，挖出小黄，再掀下蟹盖用竹扦剔出蟹黄。

（4）出身肉。将掀下蟹盖的蟹身肉，用竹扦剔出，也可将蟹身片开用竹扦剔出蟹肉。

6. 贝壳类的出肉加工工艺

贝壳类动物有海螺、鲍鱼、文蛤、青蛤、贻贝、毛蚶、竹蛏、牡蛎等。其出肉加工方法一般有生出肉和熟出肉两种。

海螺的生出肉：将海螺壳砸破，取出肉，摘去螺黄，取下厣（yān），加食盐、醋搓去螺肉黏液，洗净黑膜。熟出肉方法是：将海螺洗净后，放入冷水锅内煮至螺肉离壳，用竹扦将螺肉连黄挑出洗净。

贻贝、毛蚶、竹蛏、牡蛎、文蛤、青蛤等原料其加工方法也分生出肉和熟出肉两种。生出肉一般用刀将肉直接从壳中取下，洗净即可。熟出肉一般放入冷水锅中煮熟后将肉取下。

鲜鲍鱼一般用生出肉。即用刀刃紧贴壳里层，将肉与壳分离，然后去除鲍鱼肠沙，刷去黑衣即可。

总的来说，用生出肉法进行加工的原料，质地较鲜，一般用于爆、汆、蒸等。熟出肉的原料，色泽较差，一般用于红烧及其他用途。

（二）鱼的分档

鱼的分解加工，主要根据鱼的不同特点进行，主要目的是提高食用效果，便于不同菜品的制作。正确地分割与剔骨，可以提高鱼的使用率和出肉率。鱼的分档一般多用于棱形鱼类。

1. 头、尾部分

（1）头。一般肉少骨多，宜红烧。但鳙鱼头肉多且肥，宜用来炖、烧汤，如拆烩鱼头、鱼头豆腐汤等。也有将鱼头用来糟、醉。

（2）尾。尾肉鲜嫩肥美，宜红烧。青鱼尾巴肥美，可制作名菜红烧划水。

2. 鱼肉部分

（1）中段。肉层厚，刺骨少，质地适中，宜加工成片、丝等，可用来炒、氽、烩等。

（2）肚档。肉质肥嫩，宜用于烧。

（三）整鱼出骨

整鱼出骨必须在不破坏整鱼外观形象的情况下进行，将鱼体内的主要骨骼及内脏通过某处刀口、部位取出。适合整鱼出骨的鱼有鳜鱼、鲤鱼、鲈鱼、刀鱼等，出骨的鱼类不宜太小，前三种鱼以 500 克 / 条以上为宜，刀鱼以 250 克 / 条为宜。出骨的主要方法有开口式出骨和不开口式出骨两种。

1. 开口式整鱼出骨

以鳜鱼为例。一般为先出脊椎骨，后出胸肋骨，具体步骤是：

（1）出脊椎骨。将鱼头朝外，腹向左放在砧板上。左手按住鱼腹，右手持刀，沿鱼背鳍紧贴的脊骨处横片进去，从鳃后直到后部划开一条长刀口，用左手按紧鱼身，使刀口张开，刀继续紧贴脊椎骨向里片，直至片过脊椎骨。

（2）出胸肋骨。刀片过脊椎骨后继续沿肋骨的斜面向前推进，使肋骨与肉分离。最后，在靠近鱼头、鱼尾处用剪刀剪断脊椎骨取出鱼骨，然后再将鱼身肉合起，保持鱼的完整形状。

2. 不开口式整鱼出骨

整鱼出骨时需用一把长 20 厘米、宽 2 厘米、两侧刀刃锋利的剑形刀具。其方法是（以鳜鱼为例）：取鳜鱼一尾洗净后，从鳃部把内脏取出，擦干水分，放在砧板上，掀起鳃盖，把脊骨斩断，在鱼尾处鱼身一面斩断尾骨；然后将鱼头向里，尾朝外，左手按住鱼身，右手持刀将鳃盖掀起，沿脊骨的斜面推进；平片腹部，先出腹部一面肉，再出脊背部位肉，这样可使腹部刺不断；然后，翻转鱼身，以同样方法出另一面肉；把脊骨连肋骨一起抽出，洗净即可。

二、水产品加工工艺与实训

实训一　萝卜丝鲫鱼汤

1. 烹调类别

炖。

2. 烹饪原料

主料：鲫鱼 500 克。

配料：白萝卜 200 克。

调料：大葱 10 克、姜 10 克、色拉油 30 克、味精 2 克、盐 8 克、料酒 10 克、胡椒粉 6 克。

3. 工艺流程

（1）鲫鱼宰杀洗净，在鱼身两面各划 5 刀，白萝卜去皮洗净，切细丝，香葱洗净切段，生姜洗净切片。

（2）锅内倒油，烧热，把鲫鱼煎至两面略呈黄褐色，倒入适量水、鲜肉丝、香葱段、生姜片、白萝卜丝及料酒，用小火煮至水开后再煮 10 分钟，放入精盐、味精，取出葱段放点胡椒粉即可。

4. 风味特色：香浓味美、色泽奶白色、清淡润口

5. 实训要点

（1）把白萝卜丝放入开水中烫一下，以去掉辛辣味。

（2）在煎鱼的时候，一定把锅洗干净，防止粘锅。

（3）做香浓味美、奶白色的鱼汤，可先将鱼放入油锅中煎一下，再注入清水炖煮，鱼汤就会变得像牛奶一样白。

实训二　青椒炒鱼片

1. 烹调类别

滑炒。

2. 烹饪原料

主料：青鱼 500 克。

配料：青椒 1 个、山药 100 克。

调料：盐 8 克、料酒 6 克、味精 3 克、淀粉 10 克、鸡蛋 1 个。

3. 工艺流程

（1）把青鱼洗净，片成鱼片，加入料酒、盐、味精、鸡蛋清、淀粉拌匀，青椒、山药切片备用。

（2）在锅中加入适量油，放入青椒、山药煸炒，再倒入鱼片翻炒，加入调料汁翻炒即可。

4. 风味特色

鱼肉鲜嫩，色泽洁白，山药脆嫩。

5. 实训要点

（1）片出的鱼片不宜太厚，这样更易入味也更易翻炒。

（2）鱼片滑油可老一点，这样不易炒散，调料汁一定事先调好。

（3）鱼片和蔬菜同在锅里时不要来回使劲儿翻炒，加入调料汁炒匀即可出锅。

三、拓展知识与运用

（一）水产品的精深加工工艺

1. 大宗调理水产品

大宗调理水产品是以大宗水产鱼为原料，通过对水产品宰杀分割后，采用鱼肉贮藏保鲜、腥味脱除、熏制酱制等技术，以大宗水产鱼肉为主要原料的系列易加工食用的调理水产品，适应家庭、宾馆、餐饮服务业快速、方便、卫生和安全的需求。

2. 鱼糜制品

鱼糜制品是以鲢鱼、草鱼等低值鱼为原料，通过将鱼肉绞碎、配料、擂溃加热等加工工艺制成生鱼糜，以增强鱼凝胶强度，改善鱼糜口感，解决鱼糜凝胶冷冻劣化问题，然后再做成鱼圆、鱼丸、鱼糕等系列制品，以适应家庭、宾馆、餐饮服务业快速、方便、卫生和安全的需求。

3. 腌糟水产制品

是以大宗淡水鱼为原料，对各地具有地方特色的腌腊糟制工艺进行技术改造，针对目前腌渍鱼类食盐含量高不利于消费者健康、腌渍时间长等问题，采用快速腌渍技术、真空快速腌渍技术和复合增香后熟技术，开发适合我国消费习惯和符合中国人口味的系列风味、具有传统特点的淡水鱼腌渍品。以适应家庭、宾馆、餐饮服务业的快速、方便、卫生和安全的需求。

4. 风味休闲水产鱼制品

以大宗低值淡水鱼为原料，应用油炸和干燥技术、挤压膨化技术、成型技术，开发口感脆、口味好的鱼粒、鱼脯、脆香鱼片、鱼排等新型重组产品；以小虾小鱼为原料，通过调味、组合干燥和脆化技术，开发风味休闲系列口味脆虾产品。这些产品具有食用方便，口感好，适合旅游、休闲，产品附加值高的特点。

（二）鱼类的剞花刀技艺

我国传统的烹鱼技法精湛，为了便于鱼的成熟或区别于不同的烹调方法，在鱼的身躯上剞上不同形式的花刀，这不仅增加了菜品的美观，而且使菜品的形式多样化，丰富了烹调技艺。

1. 斜十字花刀

根据刀纹之间距离的大小，可把斜十字形花刀分成一指刀（刀纹大约一指宽）、半指刀（刀纹大约半指宽）两种。操作方法：在鱼的两侧由头至尾剞上斜一字排列的刀纹，要求刀距、刀纹深浅一致，均匀，不可割穿鱼腹。此花刀一般用于红烧和干烧。

2. 柳叶花刀

在鱼的两侧剞上宽窄一致的类似叶脉的刀纹即可。此花刀一般用于氽汤和清蒸一类的烹调方法。加工要求同斜十字形花刀。

3. 波浪花刀

用刀尖在鱼体两侧直剞象征波浪的曲线，共三层，深约 1/3，比较适合较薄的鱼，如白鱼等，多用于蒸。

4. 兰花形花刀

在鱼的两侧均匀地剞上兰花图形，每侧剞 7~9 个兰花形。这种花刀多用于叉烧。

5. 交叉十字形花刀

在鱼的两侧均匀地剞上交叉形十字刀纹，可根据鱼的大小来决定刀纹的密集与多少。这种花刀成型后多用于红烧和干烧。

6. 牡丹花刀

将鱼两侧均斜刀剞上深至鱼骨的刀纹，然后将刀平片进鱼肉 2 厘米，将肉片翻起，再在每片肉上剞上一刀。一般在鱼每侧剞 7~9 刀，加热后就呈牡丹花瓣的形态。这种花刀一般用于鲤鱼、黄鱼等的成型。成型后适应于糖醋一类炸制的烹调方法。要求鱼的重量为 1000 克左右，两边所剞刀纹相对称。

7. 瓦楞花刀

在鱼体两侧直剞，横向深至椎肋，再平剞进 2~2.5 厘米，使鱼肉翻起呈瓦楞排列状，此法适用于体轴长窄、肌壁较薄的鱼，如黄鱼、鲈鱼等，多用于熘。

8. 菱格花刀

在鱼体两侧直剞交叉十字刀纹，呈菱格图案，深约 1/2，刀距 2 厘米。适用于炸、烤，如脆皮鳜鱼、网烤鲤鱼等。需要注意的是，剞菱格花刀的原料一般需拍粉、挂糊或上浆，否则表皮易脱落。

（三）根据鱼的新鲜程度确定烹调方法

鱼按其新鲜程度可分为新鲜、次新鲜、不太新鲜。新鲜的鱼，可用于氽汤、清蒸，烹制出的菜肴可体现鱼肉质鲜嫩的特点；也可以用于软炸、炒、烩、干煎等。次新鲜的鱼，干烧、红烧、红焖为宜。不太新鲜的鱼，宜采用糖醋、焦炸等方法，通过作料来消除异味。

任务三 家畜分割加工与实训

一、知识储备

家畜烹调原料由于体型较大，各部位的肉质有所不同：有的含肌肉较多，有的含有较多的结缔组织；有的肉质细嫩，有的肉质粗老。猪、牛、羊为我国主要家畜品种，也是烹调的重要原料。

（一）家畜分割加工的基本要求

家畜分割加工是烹调前的一项重要工序，它不仅涉及原料的利用率，而且直接影响菜肴的质量，因此在操作过程中要掌握如下基本要求：

（1）熟悉原料的各个部位，准确下刀是分档取料的关键。例如从家畜的肌肉之间的隔膜处下刀，就可以把原料不同部位的界限基本分清，这样才能保证所用不同部位原料的质量。肉要出得干净，避免不必要的浪费。出骨时刀刃要紧贴骨骼进行操作，做到骨不带肉、肉不带骨。

（2）掌握分档取料的先后顺序。取料如不按照一定的先后顺序，就会破坏各个部位肌肉的完整，从而影响所取用原料的质量，同时造成原料的浪费。

（3）家畜分割加工要根据菜肴烹调的要求来进行，例如，在制作糖醋排骨菜肴时，必须把肋条骨及骨下连结的一层五花肉一起取出，有肉有骨，才能保证菜肴的质量要求。

（4）要熟悉家畜等动物性原料的肌肉、骨骼结构和它们的分布位置，做到下刀准确。

（二）家畜分割加工在烹调中作用

（1）保证菜肴的质量，突出菜肴的特点。由于家畜各部位肉的质量不同，而烹调方法对原料的要求也是多种多样的，所以选择原料时，就必须选不同的部位，以适应烹制不同菜肴的需要，只有这样才能保证菜肴的质量，突出菜肴的特点。

（2）保证原料的合理使用，做到物尽其用。根据原料不同部位的不同特点和烹制菜肴的要求分档取料，选用相应部位的原料，不仅能使菜肴具有多样化风味、特色，而且能合理地使用原料，做到物尽其用。

（三）猪肉的分割加工与实训

1. 猪肉的分割流程

猪肉的分割与出骨要根据猪的不同部位分档分解出骨、肉。猪的分割加工从半片猪胴体开始。首先将半片猪胴体分割成三段后再进行剔骨。一般将半片猪放在案板上，用砍刀分割成前肢部位、腹部位和后肢部位三大部分（俗称前腿、中档和后腿），然后依次剔去各种骨骼。

（1）前肢分解出骨。

前肢部位包括颈、前夹、上脑、前蹄等。前肢应自猪前部第 5~6 根肋骨之间直线斩下，不能斩断肋骨。肩胛骨与前腿骨关节处用刀割开，用刀沿肩胛骨面平铲取出骨上肉；然后用布包住肩胛骨，用力撕下，再用刀沿着腿骨将肉划破，把腿骨剔出。

（2）腹部分解出骨。

腹部包括脊椎排、肋排、奶脯等。肋排应在脊椎骨下 4~6 厘米肋骨处平行斩下，斩去大排后，割去奶脯。剔肋骨时用刀尖先将肋骨上的薄膜顺长划开，用手将肋骨条推出，直至脊骨，然后连同脊骨一起割下。如果要取排骨，则需把肋骨从脊骨根部砍断，连带肋骨下的一层五花肉一起片下。

（3）后肢分解出骨。

后肢部位包括臀尖、坐臀、外裆、蹄、爪、尾、后腿等。剔后腿时从髋骨处下刀，剔去关节上的筋，分开两侧的肌肉，刮净肉后取出髋骨，然后沿棒子骨及后腿骨下刀划开，刮去两边肌肉，取出棒子骨和后腿骨。

经过上述三个部位的出骨加工，整片猪的骨肉分解已经完成。牛、羊的出骨加工方法与猪的出骨加工方法大体相同。随着食品加工业的发展，现代厨房所用的肉类已不同于过去采购半片猪让厨师来分解，使用的多是已经加工分解后的不同部位的原料。但作为初学者必须熟知常用原料整料的分割工艺，掌握好基本功。

2. 猪肉的部位分解与实训

（1）头尾部分。

① 猪头。从宰杀刀口至颈椎顶端处割下。猪头肉质脆嫩，肥而不腻，适宜酱、扒、烧，制作酱猪头肉、拌猪脑、卤猪脑等菜品。

② 猪舌。猪舌表面有一层老皮，食用时应用开水烫后将老皮刮掉。猪舌肉质细嫩，适宜酱、烧、烩，制作酱猪舌、红烧舌片等菜品。

③ 猪尾。从尾根处割下。猪尾胶性较大，适宜酱制和清炖、煮等，制作红烧猪尾等菜品。

（2）前肢部分。

① 上脑。上脑位于背部靠近颈处，在扇面骨上面，其肉质较嫩，瘦中夹肥，适宜炸、熘、烧、炖等，制作咕噜肉、叉烧肉等菜品。

② 夹心肉。位于前腿上部前槽、颈和前蹄膀的中间，质老有筋，吸收水分

能力较强，适于制馅，制肉丸子。这一部位有一排肋骨，叫小排骨，适宜做糖醋排骨，或煮汤。

③ 前蹄膀（又名前肘子）。前蹄膀位于前腿膝盖上部与夹心肉的下方。此处皮厚，筋多，胶质重，肥而不腻，适宜烧、扒、酱和煮汤，制作红烧蹄膀水晶肴蹄等菜品。

④ 颈肉（又名槽头肉），位于前腿的前部与猪头相连处。此处是割猪头的刀口处，污血多。肉色发红，多用于制作肉馅。

⑤ 脚爪。脚爪只有皮、筋、骨，没有肉，胶质多，剥去蹄壳后才能烹制，适宜红烧、酱、煮汤、制冻等。从脚爪中可抽出一根筋晾干成“蹄筋”。

（3）腹部。

① 里脊。位于猪后腿的上方、通脊的下方和坐板与臀尖的中间。它是猪身上最嫩的部分，呈长扁圆形（长30厘米左右，宽3厘米），其上面常附有白色油质和碎肉，背部有细板筋。适宜炸、爆、炒、烩，制作软炸里脊、酱爆里脊丁、生烩里脊丝等菜品，并可做假鸡丝、假鸡片。

② 通脊。位于猪的背部和前后腿的中间。通脊分四种：一种是纯通脊，呈长扁圆形，长60厘米左右，宽7厘米，适用的烹调方法同里脊，制作焖猪排、炸面包猪排等菜品。二是带肥膘的通脊，肥膘可炼油，肉可制馅。三是带部分肥膘的通脊，可用于焖猪排。四是带骨的通脊，适宜烧、焖，制作烧大排等菜品。

③ 五花肋条。位于前后腿的中间、通脊的下方和奶脯之上。五花肋条分为硬肋和软肋两种。硬肋肥肉多，瘦肉少，适宜煮、红烧、粉蒸等；软肋肉质松软，适用于烧、焖等。肋条肉一般分为三层，故又名五花三层，适合做扣肉。

④ 奶脯。在软五花肉下面，即猪的腹部，此部位的肉质量较差，都是泡泡状的肥肉，一般用于熬油，皮可做冻。

（4）后肢部分。

① 臀尖。位于后腿最上方，坐臀肉的上面，均为瘦肉，肉质细嫩，可代替里脊肉，适宜爆、炒、熘、炸，制作滑炒肉片、宫保肉丁等菜品。

② 坐臀。位于后腿的中部，紧贴肉皮的一块长方形肉，一端厚、一端薄，肉质较老，肥瘦相间，适宜熟炒、煮、酱等，制作回锅肉、蒜泥拌白肉等菜品。

③ 弹子肉（又名外裆）。位于后腿的中下部和坐臀与五花肉的中间，是一块被薄膜包着的圆形瘦肉，肉质较嫩，适宜炒、爆、炸，制作炒肉丝、糖醋肉等菜品。

④ 后蹄膀（又名后肘子）。从骱骨处卸下的后肢部位，后蹄膀皮厚筋多、胶质多、瘦肉多，适用的烹调方法同于前蹄膀。从后蹄膀中抽出的蹄筋干制后涨发性强。

⑤ 后脚爪。从膝股骨处割下取得，脚爪只有皮、筋、骨，要剥去蹄壳，适宜酱、煮、制冻等。

（四）牛肉的部位分解与实训

1. 头尾部分

（1）牛头。牛头肉少皮骨多，胶质重，适宜酱、烧，制作红烧牛头。

（2）牛舌。牛舌外有一层老皮。牛舌适宜酱、烧、烩。

（3）牛尾。牛尾肉质肥美，骨多肉少，适宜炖汤、烧、酱等。

2. 前肢部分

（1）上脑。肉质细嫩，上脑脂肪交杂均匀，有明显大理石花纹，适宜涮、煎、烤，涮牛肉火锅，制作焖烤牛肉、葱爆牛肉等菜品。

（2）前腿。牛前腿位于颈肉后部，包括前脚和前腱子的上部，肉质较老，适宜烧、煮、卤、煨、炖、制馅等，如红烧牛肉、卤五香牛肉等。

（3）颈肉。即牛脖子肉，肥瘦兼有，肉质干实，肉纹较乱。适宜制馅或煨汤、做牛肉丸等。比嫩肉部分出馅率高 15%。

（4）前腱子。腱子肉位于牛小腿部，主要由腓骨长肌、腓肠肌、趾浅屈肌等肌肉和胫骨组成。特点是肉质纤维较粗，肌间含有大量筋膜，表面有筋膜覆盖。腱子肉熟后有胶质感。适宜卤、酱，制作五香酱牛肉等菜品。

3. 腹背部分

（1）脊背。包括牛排、外脊、里脊。外脊位于牛的脊背紧接上脑处，肉质细嫩，肉丝斜而短，适宜烤、炒、爆、涮，制作蚝油牛肉等菜品。里脊是牛身上最细嫩部分，为深红色，呈长扁圆形，适宜炒、爆、煎，制作滑炒牛肉丝、洋葱煎牛里脊等菜品。

（2）肋条（又名腑肋）。位于牛胸部的肋骨处，相当于猪的五花肋条肉，肋条肉中有筋，适于烧、炖、煨等。

（3）胸脯（又名白奶）。位于腹部，肉层较薄，附有白筋，适宜红烧，较嫩部分也可炒。

4. 后肢部分

（1）米龙。米龙位于牛后腿股内侧，沿股骨内侧从臀骨二头股与股四头肌边缘分割而出。主要由股薄肌、内收肌、半膜肌、耻骨肌和缝匠肌等肌肉组成。米龙肉质细嫩，适宜炒、爆、炸、烤、熘等。

（2）里仔盖。位于米龙的下部，肉质瘦嫩可代替米龙。

（3）仔盖。位于里仔盖的下面，用途与里仔盖、米龙相仿，肉质瘦嫩。

（4）和尚头。仔盖的上方，里仔盖的下方的一块肉，俗称“和尚头”，由五条筋合拢而成，肉质较嫩，适宜爆、炒。

（5）后腱子。肉质较老，其质地与用途同前腱子。

（6）牛鞭（即公牛的生殖器）。胶质重，适宜红烧、炖、煨等。

（五）羊肉的部位分解与实训

1. 头尾部分

（1）头。肉少皮多，适宜酱、扒、煮等。

（2）尾。肥嫩浓香，膻味较重，适宜爆、炒、氽等。山羊尾上都是皮，适宜红烧、煮、酱等。

2. 前肢部分

（1）前腿。位于颈肉后部，包括前胸和前腱子的上部。羊胸肉脆，适宜烧、扒；其他的肉多筋，适宜烧、炖、酱、煮等。

（2）颈肉。肉质较老，夹有细筋，适宜红烧、煮、酱、炖以及制馅等。

（3）前腱子。肉老而脆，纤维很短，肉中夹筋，适宜酱、烧、炖等。

3. 腹背部分

（1）脊背。包括里脊肉与外脊肉等。外脊肉（又称扁担肉），位于脊骨外面。呈长条形，外面有一层皮筋，纤维斜长细嫩，用途较广，适宜涮、烤、熘、炒、爆、煎、烹等。里脊肉位于脊骨内面两边，形如竹笋，纤维细长，是羊身上最嫩的两条肉，外有少许筋膜包住，去掉筋膜后用途较广，宜制作菜品烤羊肉串、涮羊肉等。

（2）胸脯、腰窝。胸脯肉位于前胸，形较长，直通颈下，肉质肥多瘦少，肉中无皮筋，性脆，适宜烧、爆、炒、焖等。腰窝肉位于腹部肋骨后近腰处，纤维长短不一，肉内夹有三层筋膜，是肥瘦互夹的五花肉，肉质老，质量差，适宜酱烧、焖、炖等，制作清炖羊肉、酱五香羊肉。腰窝中的板油叫“腰窝油”，内蒙古、青海、新疆等地均作食用。

4. 后肢部分

（1）后腿。羊的后腿比前腿肉多而嫩，用途较广，适用于多种烹调方法。其中，位于羊的臀尖的肉，亦称大三叉（又名“一头沉”），肉质肥瘦各半，上部有一层夹筋，去筋后都是嫩肉，可代替里脊肉。臀尖下面位于两腿裆处，叫磨裆肉，形如碗状，肌肉纤维纵横不一，肉质粗而松，肥多瘦少，边上稍有薄筋，适用烹调方法有烤、炸、爆、炒等。与磨裆肉相连处是黄瓜肉，其肉色淡红，形状如两条相连的黄瓜。每条黄瓜肉上肌肉纤维一斜一直排列，肉质细嫩，一头稍有肥肉，其余都是瘦肉。在腿前端与腰窝肉相近处有一块凹圆形的肉，纤维细紧，内外有三层夹筋，肉质瘦而嫩，叫“元宝肉”“后鸡心”，以上部位的肉均可代替里脊肉使用。

（2）后腱子。肉质和用途与前腱子相同。

5. 其他部分

（1）羊爪（蹄）。去皮、蹄壳后可用于制汤。

（2）脊髓。在脊骨中，有皮膜包住，青白色，嫩如豆腐，适用的烹调方法有烩、烧、氽等。

（3）羊鞭条。即肾鞭，质地坚韧，适用的烹调方法有炖、焖等。

（4）羊肾蛋。即雄羊的睾丸，形如鸭蛋，外有薄花纹皮包住，嫩如豆渣，可用于爆、酱等。

（5）奶脯。母羊的奶脯，色白、质软带脆，肉中带“沙粒”并含有白浆，一烫就脆，适用的烹调方法有酱、爆等，与肥羊肉的味相似。

二、家畜分割加工工艺与实训

青椒肉丝

1. 烹调类别

滑炒。

2. 烹饪原料

主料：猪肉 300 克。

配料：鸡蛋 1 个、青椒 50 克。

调料：盐 7 克、味精 3 克、淀粉 15 克、料酒 10 克。

3. 工艺流程

（1）将猪肉切成肉丝洗干净，加入料酒、盐、味精、淀粉、鸡蛋清把肉丝拌匀上浆，青椒切成丝待用。

（2）炒锅上火倒入油烧至 120℃ ~130℃，放入肉丝滑油成熟。炒锅留底油，放入青椒炒香后加入肉丝，加入料酒、盐、味精、淀粉拌匀即可。

4. 风味特色

肉丝鲜嫩、爽口、青椒色绿

5. 实训要点

（1）滑油时控制好温度，肉丝要分散下锅。

（2）选用猪净瘦肉（里脊肉）及新鲜质嫩的青椒。

（3）肉丝上浆不要炒太咸，淀粉不要放得太多。

三、拓展知识与运用

（一）猪肉的等级划分

猪肉成为全世界主要肉品以来，选择猪肉的标准都大约相同，以浅红、肉质结实、纹路清晰为主。而最高级的肉，是瘦肉与脂肪比例恰好，吃起来不柴、不油的肉品，其部位是里脊肉、大腿肉和排骨肉。如果白色脂肪越多，猪肉肉品等级就越低。若为全脂肪的猪肉，亦可制成猪油。

猪肉的不同部位肉质不同，一般可分为四级。

特级：里脊肉；一级：通脊肉，后腿肉；二级：前腿肉、五花肉；三级：血脖肉、奶脯肉、前肘、后肘。

（二）常用家畜内脏的加工工艺与实训

（1）肝：主要特点是由于细胞成分多，故质地柔软，嫩而多汁。在对肝进行加工时特别注意要去掉左内叶脏面上的胆囊，但不要弄破。在烹调中肝一般是作主料使用，刀工一般多为片状，适宜多种口味。在用肝制作菜肴时，要加点醋去其腥味，采用爆、炒、熘旺火速成的烹调方法。为保持其柔嫩往往要采取淀粉上浆的方法，使肝外面加上保护层。肝也可以采取酱的方法制作酱肝，但一定要注意火候，且不可加热过度，否则酱出的肝不嫩。用猪肝为主料制作的菜品有黑椒炒猪肝、卤凤眼猪肝、酱猪肝。

（2）腰子：其主要食用部位是肾皮质。用腰子制作菜肴时要去掉腰臊。腰子在刀工处理上一般是剞花刀，如麦穗花刀、荔枝花刀等。剞花刀的目的是使受热表面积增大，便于旺火速成，易入味，外形美观。用腰子制作菜肴时要加热适度，否则菜品的质地会老。腰子在菜品制作中多作主料，采用旺火速成的烹调方法，如炒、爆、熘等。在调味上可适量加醋以去其腥臊味。用腰子可以制作爆炒腰花、荔枝腰花、水煮腰花等。

（3）肚：由于胃壁是由三层平滑肌组成，所以肌层较厚实，韧性大而脂肪少。肚在烹调中多作主料，一般加工成片、条、丝等。采用的烹调方法是爆、炒、酱、汤爆、拌等。幽门部分俗称“肚头”，最适宜旺火速成的爆、汤爆等烹调方法来制作菜肴，如油爆肚头、汤爆双脆等。

任务四　家禽分割加工与实训

一、知识储备

禽类原料由于形体偏小，分割加工相对于家畜类原料要略简单些。由于家禽的身体构造与家畜有很大的差异性，利用独特的工艺可保持禽类完整的形体，使禽类菜肴丰富多样。

（一）整鸡的分割加工

分档取料：将鸡肉分部位取下，再将鸡骨剔去（亦称鸡的出肉加工）。主要手法：左手握住鸡腿，腹朝上、头朝外，右手持刀，将左右腿跟部与腹部相连接的肚皮割开，把两腿向背后折起，把连接脊背部的筋割断，再把腰窝的肉割断，左手握住两腿用力撕下，沿鸡腿骨骼用刀划开，剔去腿骨；然后左手握住鸡翅，右手持刀将关节处的筋割断，刀跟按住鸡身，右手将鸡翅连同鸡脯肉扯下，再沿翅骨里身用刀划开，剔去翅骨；最后，将鸡里脊肉（鸡牙子）取下即成。

鸡、鸭、鹅等家禽的肌体构造和肌肉部位的分布大体相同。下面以鸡为例，来阐述家禽的各部位名称、用途和分档取料的方法。

1. 头、爪部分

（1）鸡头和鸡脖。肉少骨多，但鸡脖的皮韧而脆，可用来卤、酱、烧、煮、吊汤等。

（2）鸡爪。主要是皮和筋，胶性大，皮脆嫩，煮后拆去骨头拌食，别具风味，如香卤凤爪；还可利用其胶质煮汤、做冻子菜。

（3）鸡翅。肉较少而皮多，质地鲜嫩，可烹制贵妃鸡翅、冬菇鸡翅汤及制作冷菜等。

2. 鸡肉部分

（1）鸡脯。鸡脯肉质细嫩少筋，是鸡身上最好的肉之一，可以切成片、丝、丁、蓉等。母鸡脯黏性大，味鲜美，可制清汤。

（2）鸡芽。又叫鸡柳、鸡里脊。鸡芽与鸡脯紧紧相连，去掉暗筋，便是鸡身上最细嫩部位，用法同鸡脯。

（3）鸡腿。肉多，筋少，除切丁炒食外，一般适用于烧、扒、香酥等。

3. 内脏部分

（1）鸡肫。质地韧脆、细密，可用于炸、炒、爆、烧、拌、卤等。

（2）鸡肝。质地细嫩，用途同鸡肫相近，代表菜肴有清炸鸡肝。

（3）鸡心。质地和用途同鸡肫。

（二）鸭的分割加工

鸭的分割是近几年才开始逐步发展起来的，对于分割尚无一个统一的标准，各地根据当地的具体情况，制定了当地的分割部位和方法，但仍然采取手工分割的方法，一般采用按片分割法。鸭的个体相对较小，可以分割为 6 件，鸭躯干部分分为两块（1 号鸭肉、2 号鸭肉）。鸭的分割步骤如下。

（1）从跗关节取下左爪。

（2）从跗关节取下右爪。

（3）从下颌后环椎处平直斩下鸭头（带舌）。

（4）从第十五颈椎（前后可相关一个颈椎）间斩下颈部，去掉皮下的食管、气管及淋巴。

（5）沿胸骨脊左侧由后向前平移开膛，摘下全部内脏，用干净毛巾擦去腹水、血污。

（6）沿脊椎骨的左侧（从颈部直到尾部）将鸭体分为两半。

（7）从胸骨端剑状软骨至髋关节前缘的连线处左右分开，分成两块（1 号鸭肉、2 号鸭肉）。

二、家禽分割加工工艺与实训

实训一　三色鸡丁

1. 烹调类别

滑炒。

2. 烹饪原料

主料：鸡胸肉 200 克。

配料：胡萝卜 50 克、冬笋 50 克、西洋芹 40 克。

调料：蒜 10 克、葱 12 克、姜 5 克、盐 5 克、味精 3 克、料酒 8 克、香油 5 克、糖 5 克、胡椒 4 克、淀粉 8 克、鸡蛋 1 个。

3. 工艺流程

（1）冬笋、红萝卜去皮洗净切丁，放入沸水中煮 2~3 分钟后捞出；西芹洗净去根部和叶片，切块，放入沸水中汆一下，捞出泡入冷水中冷却后备用。

（2）鸡胸肉洗净切丁，加入盐、味精、料酒拌匀，再放入鸡蛋清、淀粉上浆备用。

（3）炒锅上火倒入色拉油，烧至 120℃ ~130℃，放入鸡肉丁滑油，成熟捞起沥干油。炒锅留底油，放入蒜、姜、葱、三丁煸炒，再加入鸡肉、调味料、淀粉拌炒均匀即可。

4. 风味特色

色泽鲜亮、鸡肉鲜嫩。

5. 实训要点

（1）鸡丁上浆要符合规范要求。

（2）掌握好鸡丁滑油的温度。

实训二　红烧鸡翅

1. 烹调类别

红烧。

2. 烹饪原料

主料：鸡翅 500 克。

调料：姜 15 克、葱 10 克、花椒 3 克、八角 2 颗、盐 5 克、料酒 5 克、味精 3 克、糖 15 克、老抽 6 克。

3. 工艺流程

（1）炒锅上火倒入色拉油烧至 130℃ ~140℃热时，放入洗干净的鸡翅油炸至外有软壳。

（2）炒锅留底油放入葱、姜、料酒、八角、花椒、老抽、盐、味精、清水用中火把鸡翅烧 20 分钟，汤汁变少时改大火收浓汁即可。

4. 风味特色

鸡翅酥烂、鲜香、色泽红润。

5. 实训要点

（1）鸡翅在油炸时控制好温度，不能太高。

（2）控制老抽的用量。

（3）鸡翅在烧时掌握好时间。

三、拓展知识与运用

（一）家禽常见的分割加工法

（1）两大块分割法。沿脊骨、胸骨中线将整只家禽分割切开，剁去脊骨，撕去胸骨，分成两大块。

（2）四大块分割法。在两大块基础上，进一步分割成两胸、两腿四大块。

（3）八大块分割法。在四大块基础上，将两腿沿关节处分割成大腿和小腿；将两胸脯沿关节处把整个翅膀分割下来；最后得两件小腿、两件大腿、两件胸肉、两件翅膀，共八块。

(4)鸡排加工法。剔下胸肉(带翅膀),沿上翅和中翅关节处切下中翅和翅尖,剔净上翅的肉及皮,露出上翅骨。

(二)整只家禽成熟度的掌握

除了鸭胸和乳鸽成熟时肉色可略带粉红色外,其他禽肉一般均应加热至全熟。加热过度容易造成肉质干燥粗老,因为禽肉含脂肪极少,所以应特别注意,避免加热过度。可采用以下方法把握好成熟度:

(1)按压。当禽肉已成熟,用手指按压,感觉质硬,有弹性。

(2)测温。用速读温度计测量禽肉中心部位的温度,达到74℃~77℃即可,但因受禽肉大小和火力的影响,掌握起来较困难。

(3)关节松动的情况。当带骨的禽肉已成熟,关节处易分离。

(4)肉汁的颜色。禽肉成熟,流出的肉汁清澈,否则肉汁成粉红色。

(三)鹅肝与烹饪

法国是公认的美食天堂,鹅肝就是最让人惊叹的美食之一。根据法国著名的《美食百科全书》的定义,鹅肝是"用特殊办法喂肥的鹅或鸭的肝脏"。有人可能对这种强行喂食的办法有意见,但对于喜欢吃鹅肝的人来说,这一奢侈美味是无与伦比的。鹅肝其实并不是法国的专利,古埃及人早就发现,野鹅在迁徙之前会吃大量的食物,把能量储存在肝脏里,以适应长途飞行的需要。而在这段时间捕获的野鹅味道也最为鲜美。很自然,人们马上想到了强行喂食(中国人早就用这种办法让鸭肉变得更鲜美了)。这种办法从埃及传到了罗马,又传到了法国。现在最著名的鹅肝出自法国东北部的斯特拉斯堡,但美食家们仍在为哪个地方的鹅肝更好而争论不休。最近,中国也加入了竞争:山东和云南的农场都制作出鹅肝,口味正宗得连法国人都不得不承认,这的确很了不起。另外,我们也不必担心鹅肝对心血管健康有什么影响。据制作鹅肝的人说,鹅肝里含量较高的是不饱和脂肪(也就是好的脂肪),据说对心脏也有好处。当然,一切都要适可而止。

任务五 整料出骨加工与实训

一、知识储备

(一)整料出骨加工在烹调中的应用

整料出骨就是将整只原料去净骨或剔其主要的骨骼,而仍保持原料原有的完整外形的一种技法。它需要运用复杂的刀法和手艺,以及较高的技术来增加原料出骨后的美观度。经过整料出骨而制成的菜肴,是中餐烹饪中加工技艺的表现形式之一，是中餐烹饪中造型艺术的重要组成部分。

（1）可减去一般菜肴在食用时去骨所遇到的麻烦，为客人提供食用的方便，并且加速原料在烹调过程中成熟和入味。

（2）经过整料去骨后的鸡、鸭、鱼等原料，由于除去了骨骼，成为柔软的组织，还便于改变它的体形，使外表的形态更加美观，如八宝葫芦鸭、布袋鸡、叉烤鳜鱼等。

（二）整料出骨加工的基本要求

整料出骨具有高度的技术性和艺术性，是一项非常细致的工作，在操作时必须掌握以下要求。

1. 选料必须精细，符合菜品的要求

凡作为整料去骨的原料，必须仔细地进行选择，要求肥壮肉多、大小适宜。例如，鸡应选择生长期一年左右的肥壮母鸡；鸭应选用 8 ~ 9 个月的肥母鸭。这种鸡、鸭老嫩适宜，去骨和烹制时皮不易破裂，成菜后口感适宜。如果太老则肉质比较坚实，烹制时间短就不易酥烂；烹制时间长一些，肉虽酥烂，但皮又易破裂。选用鱼时，应选择大约重 500 克的新鲜鱼，而且肉应肥厚，肋骨较软，刺少，如黄鱼、鳜鱼等。肋骨较硬的鱼，出骨后腹部瘪下、形态不美，不宜使用，如青鱼、鲫鱼等。

2. 初步加工工艺符合出骨要求

（1）鸡、鸭在宰杀时，要正确掌握水温和烫的时间，温度过高、时间过长，则出骨时皮易裂；反之，则不易煺毛，容易破坏表皮。

（2）鸡、鸭、鱼均不可破腹取内脏。鸡、鸭的内脏可在出骨时随躯干骨一起摘除，鱼类的内脏可从鳃中用筷子取出。

（3）出骨时下刀要准确，不能破损外皮。刀刃必须紧贴着骨头向前推进，做到剔骨不带肉、出肉不带骨。

（三）鸡的整料出骨工艺流程

1. 划开颈皮，斩断颈骨

首先在鸡颈两肩相夹处直划一条 6.5 厘米长的刀口，把刀口处的皮肉用手扳开，在靠近鸡头处将颈骨剁断，将颈骨从刀口处拉出。要注意刀不可碰破颈皮。

2. 出翅骨

从颈部刀口处将皮翻开，鸡头下垂，连皮带肉用手缓慢向下翻剥，至翅骨关节处；骱骨露出后，用刀将两面连接翅骨关节的筋割断，使翅骨与鸡身脱离，然后用刀将翅骱骨四周的肉割断，用手抽出翅骨，用刀背敲断骨骼即可（小翅骨可不出）。

3. 出鸡身骨

一手拉住鸡颈，一手按住鸡胸的龙骨突起处，向下揿一揿，然后将皮继续向

下翻剥。剥时要特别注意鸡背部处，因其肉少紧贴脊椎骨容易拉破。

剥至腿部时，应将鸡胸朝上，将大腿筋割断，使腿骨脱离，再继续向下翻剥；至肛门处把尾尖骨割断，但不要刮破鸡尾，鸡尾仍留在鸡身上，将肛门处直肠割断，洗净肛门处的粪污。

4. 出鸡腿骨

将大腿皮肉翻下，使大腿骨关节外露，用刀绕割一周，使之断筋；将大腿骨向外抽至膝关节时，用刀沿关节割下，然后抽小腿骨；在与爪连接处，斩断小腿骨。至此，鸡的全身骨骼除头与脚爪处已全部清出。

5. 翻转皮肉

将鸡皮翻转朝外，形态仍然是一只完整的鸡。

鸭、鸽、鹌鹑等也可按上述方法进行整料去骨。只是鸭在出骨时，尾部两颗鸭臊要去掉，以免影响菜肴口味。鸽、鹌鹑因皮薄、体小，出骨时用力不宜过大。

（四）整鸭出骨工艺流程

1. 划开颈皮，砍断颈骨

在鸭脖子下、两个翅膀肩头的地方，绕着脖子开一个 7~10 厘米的口子，用手拉着颈骨分离皮肉，然后用刀或剪子断开颈骨。

2. 出前肢骨

从脖颈开口处下刀，小心分离肉、骨，边剥边往下推、翻皮肉，直到翅膀骨的连接处；用刀或剪子断开筋，并从关节处切断，然后继续往下剥离下皮肉，露出胸骨。胸骨处肉厚，而后背肉薄，所以操作要小心，不要刺破皮肉。

3. 出躯干骨

断腿骨，拉出大部分骨架，剥离皮肉到腿骨处。处理方法和出翅骨相同，先断筋，后断骨，再继续剥离皮肉至尾骨处。

4. 出后肢骨

将一个翅膀分别从脖颈的开口处拉出，小心剃去皮肉，露出骨头，在末端关节处断开骨头，出尾骨尖，整架脱出。

5. 翻转鸭皮

鸭的骨骼出完后，可将鸭翻转，使鸭皮朝外，在形态上仍成为一只完整的鸭。在鸭腹中加入馅料，经过加热后仍然饱满好看，如椒盐八宝鸭。

（五）鱼的整料出骨工艺流程

鱼的出骨，一般可分为两个步骤。

1. 出背脊骨

（1）首先将鱼头朝外，鱼腹靠近左手，鱼背靠近右手放置在墩子上，左手按住鱼腹，右手用刀紧贴着鱼的背脊骨上部，横刀进去，从鳃后直到鱼尾；片开一条刀锋；然后按着鱼腹的左手向下略揿一揿，这条缝口便张裂开来；再从缝口继续贴骨向里片，片过鱼的背脊骨，将鱼的胸骨与背脊骨相连处片断，鱼的背脊骨和鱼肉完全分离。

（2）将鱼翻身，鱼头朝内，鱼腹靠左手，鱼背靠右手，放置在墩子上，用刀紧贴着鱼的背脊骨上部横片进去，直到将鱼的胸骨与脊骨相连处片断为止，鱼的脊骨与肉完全分离。

（3）鱼的两面背脊骨均与鱼肉分离后，即可在背部刀口处将背脊骨拉出，在靠近鱼头和鱼尾处将背脊骨斩断，这样就可取出整个背脊骨。

2. 出胸骨

将鱼腹朝下放在砧板上，鱼背刀口处朝上，从刀口处翻开鱼肉，在被割断的胸骨与背脊骨相连处，胸骨根端已露出肉外，可将刀身略斜，紧贴着一排胸骨的根端下面横片进去；刀从近鱼头处向近鱼尾处拉出，先将鱼尾处的胸骨片离鱼身，再用左手将近鱼尾处的胸骨提起，用刀将鱼头处的胸骨片离鱼身，则鱼胸骨的一面就全部片下。然后将鱼掉一个头，用同样的方法再将鱼的另一面的鱼胸骨片去。

背脊骨与胸骨都取出后，整条鱼除头和尾的骨头外都全部出完，然后将鱼身合起，在外形上仍然成为一条整鱼

二、整料出骨加工工艺与实训

香酥八宝鸡

1. 烹调类别

酥炸。

2. 烹饪原料

主料：三黄鸡一只（约 1400 克）。

配料：糯米 50 克、熟火腿 20 克、水发冬菇 25 克、干贝 25 克、莲子 30 克、虾米 15 克、冬笋 25 克。

调料：精盐 6 克、味精 3 克、料酒 15 克、葱 15 克、姜 15 克、老抽 10 克、淀粉 15 克。

3. 工艺流程

（1）将鸡宰杀洗净，斩去鸡脚，进行整鸡出骨。将冬菇去蒂，洗净，切丁。干贝盛在碗中，加清水，100 克，上笼屉用旺火蒸 30 分钟至熟。虾米用沸水泡软待用。将熟火腿、熟鸡腕、嫩笋分别切成指甲形片，与糯米、冬笋、干贝、虾米、莲子以及味精、精盐拌匀。

（2）将八宝馅填入鸡腹内，在鸡脖子处打一个结，使鸡肉绷紧。用冷水洗

净，放入沸水中焯一下，捞出后放入盘内，加入葱姜、料酒，上笼用旺火蒸1.5小时左右，取出将鸡腹向上，放长盘内。

（3）炒锅上火，倒入色拉油烧至140℃~150℃，放入八宝鸡炸至外皮酥脆捞起即可。

4. 风味特色

色泽金黄，鸡肉鲜嫩香酥，八宝味浓。

5. 实训要点

（1）整鸡出骨时不要外皮破损，保持形状完整。

（2）控制糯米泡制时间与蒸制时间。

（3）填入鸡腹内的八宝不要太多。

三、拓展知识与运用

（一）厨师刀工技艺代表：三套鸭

三套鸭是最能代表扬州饮食精髓的一个菜。所谓“三套”，是指三种原料套在一起。哪三套？最外面是一只家鸭，家鸭的腹中塞了一只野鸭，野鸭的腹中塞了一只鸽子。需要说明，家鸭、野鸭和鸽子均外形完整。

三套鸭是个季节性很强的菜，最适合秋冬季节食用，这与中国人传统的饮食养生观点有关。秋冬是个进补的季节，鸭是人们进补的首先食物之一。民间有“炖烂老雄鸭，功效比参芪”的说法，从这个角度来说，三套鸭应选用老雄鸭，只是老雄鸭在民间太金贵，可遇而不可求。秋冬季是野鸭最肥美的时候，也是野鸭上市的季节。鸽子也很好，“一鸽胜九鸡”，进补的功效要超过鸡很多。制作时，将家鸭、野鸭进行整料去骨——在不破坏鸭的外形的情况下取出鸭的大部分骨头，内脏与骨头一同取出。将这集鲜美与滋补于一身的三套鸭用小火慢慢炖到酥烂，大约要3个小时。三套鸭集鸭的嫩、野鸭的香、鸽子的鲜为一体，从外到内，一层层吃下去，一层层味不同。

（二）整鱼出骨的实训要求

（1）运刀要做到准、稳、匀、平。所谓“准”指进刀部位要准，要在脊椎骨处进刀，刀要紧贴脊骨。“稳”指在进刀后，手持刀要平稳，不可左右、上下摇动向前推刀，要稳住鱼身，不能使其滑动。“匀”指力量要均匀，臂力和腕力要注意配合，不能有轻有重，特别在斩断脊骨时，力量要控制好，不能过重，否则容易斩破下面鱼皮；刀至尾部时，用刀要轻，以防穿破鱼身。“平”指进刀要平，刀身不能左右倾斜，不能前高后低或后高前低。这四点是整鱼出骨中的关键，掌握好就能达到出的骨上不带肉或少带肉，在运刀时不会刺穿鱼身，鱼外形美观，符合质量要求。

（2）出骨时，双手要很好配合，要做到内外配合、左右配合。左手鱼身未按稳，右手不能向鱼身进刀和向前推刀、左右批刀。进刀后，要做到手到、刀到，操作时才能得心应手。

（3）刀口不宜大，填料不宜多，在月牙骨处切开的刀口，以能将脊椎骨、胸肋骨脱出就可；尾部的切口，以切断脊椎骨为限，刀口大容易破形，填料过多，烹调时容易外溢。

（4）在装盘时要注意，不论使用什么烹制方法，均应将有切口的一面朝下，这样形态非常美观，与整鱼无异。

【模块小结】

本模块主要学习原料切割中的刀工刀法、料形加工、整料分割工艺，根据不同的原料合理使用刀工技术，围绕三大工作任务进行不同刀工工艺的实操训练。通过刀工的学习，不仅要求正确地掌握和运用各种刀法，而且要在技巧熟练的基础上不断丰富其内容和提高技术水平。

实训练习题

（一）选择题

1. 加工花椒使用的刀法是（　　）。

A. 推切　　B. 锯切　　C. 铡切　　D. 滚切

2. 适用高温短时间加热的菜肴原料多为（　　）。

A. 体积小而薄的原料　　B. 体积大而厚的原料

C. 质老韧性大的原料　　D. 质嫩的原料

3. 适应咖喱茭白的料形加工是（　　）。

A. 滚刀块　　B. 劈柴块　　C. 骨牌块　　D. 象眼块

4. 利用深剞花刀刀法成型的是（　　）。

A. 波浪花刀　　B. 牡丹花刀　　C. 蓑衣花刀　　D. 十字花刀

5. 臀尖肉分布于猪的部位是（　　）。

A. 前肢　　B. 腹部　　C. 后肢　　D. 中方

6. 适宜制作肉馅心的部位是（　　）。

A. 前夹　　B. 坐臀　　C. 五花　　D. 外裆

7. 制作西湖醋鱼时要将鱼身劈成两半，带脊骨的一半称为（　　）。

A. 单片　　B. 软片　　C. 雄片　　D. 雌片

8. 松鼠鳜鱼在刀工处理时的第一步是（　　）。

A. 切下鱼头　　B. 切下鱼尾　　C. 取下鱼肉　　D. 剖开脊背

（二）判断题（对的画“√”，错的画“×”）

（　）1. 河豚中毒一般预后良好，可恢复健康。

（　）2. 木薯中含有亚麻苦苷。

（　）3. 三氧化二砷俗称砒霜。

（　）4. 多数霉菌毒素可通过烹调加热而破坏其毒性。

（　）5. 出肉处于僵直状态和后熟过程的肉为新鲜肉。

（　）6. 鱼死后的变化与畜肉相似，其僵直持续的时间比哺乳动物长。

（　）7. 酸牛奶是以牛奶为原料加入乳酸菌发酵剂而制成的产品。

（　）8. 动物性原料接触温度不宜超过 25℃，相对湿度为 85%。

（　）9. 味精加热到 120℃时其鲜味可增强。

（　）10. 提高食品的渗透压属于食品的化学储存方法。

（三）名词解释

1. 整料出骨

2. 分档取料

（四）问答题

1. 怎样对刀具和砧板进行合理保养？

2. 分别说明块、片、条、丝、丁的不同要求和具体用途。

3. 在食物原料的表面为什么要剞花刀？它有什么现实意义？

4. 分档取料的主要目的是什么？

5. 叙述加工“蓝花黄瓜”的制作要领。

6. 阐述整鸡出骨的刀法与步骤。

（五）实训题

1. 在实训课上请剞 5 种不同花刀的半成品。

2. 按小组训练，各切制 8 种不同的料形。

3. 每人 2 块豆腐干，切制成蓝花干。

4. 画图：按小组分别对猪、羊、鸡的不同部位进行描述。

5. 每人一只整鸡，按要求整鸡出骨。

6. 每人操作麦穗花刀、荔枝花刀，并进行比较分析。

模块三

制熟工艺

学习目标

知识目标

了解原料制熟工艺的概念、作用和烹制工艺中的热传递现象，掌握各种制熟基本方式的特点；理解初步热处理的概念，掌握火候调控的原理、初步热处理的工艺流程与操作关键。

技能目标

能根据水、油、汽等不同的传热介质恰当运用火候；掌握火候调控的方法和基本要素；能正确掌握初步熟处理工艺；掌握焯水、过油、汽蒸、走红的技术要领。

实训目标

（1）能根据不同的原料运用火候。

（2）熟知烹制工艺中的传热介质。

（3）熟知热的传递与控制。

（4）熟知初步熟处理工艺。

（5）能合理运用初步熟处理工艺加工原料。

实训任务

任务一　火候的掌控与运用

任务二　热的传递原理与制熟

任务三　初步熟处理工艺

任务一　火候的掌控与运用

一、知识储备

（一）火候的控制原理

1. 火候的概念

火候是在一定的时间范围内，在不变或一系列连续变化的温度条件下，食物原料在制熟过程中从热源（能源、炉灶）或传热介质中经不同的能量传递方法所获得的有效热量（能量）的总和。对于火候的定义，我们需要从以下几方面理解。

（1）火候在烹饪中的重要地位。

火候就是指“最佳的火候”，即把烹饪原料烹制到理想的程度。所谓理想的程度，有内外两层意思：外在的程度，就是多少原料需要多少热量，达到多高的温度，才能烹熟烹饪原料，这一程度是可以精确计算出来的，如现在的微波烹饪、红外线烤箱烹饪等。至于内在的程度，则是指通过加热，把烹饪原料烹制得鲜美香嫩恰到好处，这是烹制工艺的最高要求，也是最难把握的。

（2）火候各要素之间的综合运用。

烹调中的火候含有三个层面的意义，它们分别由热源、传热介质和烹饪原料三要素通过一定的表现形式（外观现象或内在品质）呈现出来。

① 对热源而言，火候就是热源在一定时间内向原料或传热介质提供的总热量，它由热源的温度或其在单位时间内产生热量的大小和加热时间的长短决定。

② 对传热介质而言，火候就是传热介质在一定时间内产生的总热量，它由热源及传热介质的种类、数量、温度和对原料的加热时间所决定。

③ 对烹饪原料而言，火候就是原料达到烹调要求时所获得的总热量，它由热源、传热介质、原料本身的状况及其受热时间所决定。

（3）火候控制与热源温度。

① 火候对于一定种类、一定数量的烹饪原料，或一个菜品来说，它的烹制质量预先都有一个标准。因此，其应达到的“火候”就是一个定值。一般情况下，加热时间长，热源（或传热介质）的温度（火力）就应高（大）。反之，热源（或传热介质）的温度低（或火力小），加热时间就短。

② 掌握火候的关键是找出时间与热源温度（火力）的比例关系。

（4）火候的判断是菜品形成的因素。

火候是以原料感官性状的改变而表现出来的，火候的表现形态是厨师判断火候的重要依据。因为原料在受热的过程中，内部的各种理化变化都会由色泽、香气、味道、形状、质地的改变所反映。其中最核心的是口感（质感）的变化程度。原料受热口感的变化是一个动态的过程，从生到刚熟、再到成熟、到熟透，以至于发生解体、干缩、焦煳。不同的菜肴，火候要求不同，每类菜肴都有自己的标准，如炒、爆一类的菜肴，口感要求脆爽、细嫩；烧菜、蒸菜、卤菜要熟软，这些特点在制作中应通过经验判断和感官鉴别体现出来。

2. 火候的基本要素

如果把火候看作是烹制中原料在一定时间内发生适度变化所需要吸收的热量，那么热源火力、热媒温度和加热时间是构成火候的三个必需的要素。

（1）热源烈度与火力识别。

这里不是单纯地指“火焰烈度”，而是指燃料燃烧时在炉口或加热方向上的热流量，也包括电能在单位时间内转化为热能的数量。燃烧火力的大小受着燃料的固有品质、燃烧状况、火焰温度，以及传热面积、传热距离等因素的影响。在燃料种类和炉灶构造不变的情况下。可以用改变单位时间内燃料燃烧量的办法来调整燃烧状况、火焰温度、传热面积、传热距离等，以改变火力的大小。电能“火力”的大小主要由加热设备所控制，可以通过设备上的调控部件来调节，热源“火力”是能够准确测定的。以电能为热源的加热，在设备的设计之时就已测定了基本的数据。而烹调加工中以燃料为热源的加热，火力的大小仍主要靠经验判断。人们通常综合火焰的颜色、光度、形态、热辐射等现象，把燃料火力粗略地划分为旺火、中火、小火和微火四类。如果参考有关火力的实验数据（有待测定），与经验结合起来判断，结果会更精确一些。

（2）热媒温度与火候控制。

热媒温度又称为加热温度。在这里特指烹制时原料受热环境的冷热程度，它是火候的一个不可缺少的要素，以前人们在阐述火候时往往忽视了这一点。烹调的实践告诉我们，热源释放的能量必须通过热媒的载运，才能直接或转换后作用于原料。要使原料在一定的时间内获取足够的热量，发生适度的变化，一般都要求热媒必须具有适当高的温度。如上浆原料的滑油，油温要求保持在四至五成，否则不是“脱袍”，就是原料表层发硬、质地变老。再如炒青菜，要求在火候上保证菜肴的口感脆嫩、色泽绿亮，单凭热源火力和加热时间的组合是绝对不行的，还必须考虑原料在下锅之前锅内热度够不够高。冷锅就下料，火力再大（在烹调可能的范围内），短时间加热或适当延长加热时间，都难以达到预期的效果。由此可见，缺少了热媒温度这一要素，火候将难以成其为火候。微波炉加热时，该要素不再是热媒温度了，而是微波所载电子能的多少，这只是一个特例。

（3）加热时间与原料形状。

加热时间是指原料在烹制过程中接受热能或其他能量的时间。所谓形状，包括原料的体形大小、块形、厚薄等。一般而言，在烹调要求和原料性质一定时，体大块厚者发生适度变化需要吸收的热量较多，体小块薄者需要吸收的热量较少。这一点在火候运用时不可忽视。由于原料的性状对火候的运用有着较大的影响，在烹制由多种原料组配而成的菜肴时，有必要根据各种原料的不同性质和形态，合理安排投放顺序，以满足各种原料的不同火候要求。

3. 火候各要素之间的相互关系

火候三要素在烹制工艺中相互联系、相互制约，构成若干种火候形式，不同的火候形式又具有不同的功效。如果把它们粗略地划分为三个档次，热源发热量分为大、中、小，热媒温度分为高、中、低，加热时间分为长、中、短，那么从理论上讲就可得到27种不同的火候形式，也就是27种不同的火候功效。在实际烹制工艺中，火候各要素的档次划分远不止三个，按原料形状和烹调要求的不同，所组成的火候形式简直难以数计，这就是我国烹调的火功微妙之处。

二、菜品制作工艺与实训

椒香土豆条

1. 烹调类别

香炸。

2. 烹饪原料

主料：土豆350克。

调料：椒盐5克、葱10克、蒜10克。

3. 工艺流程

（1）把土豆去皮，洗净切长条，宽度最好在1厘米以内。然后用盐水浸泡10分钟。

（2）把土豆从盐水里面捞出，然后放入开水里面煮三分钟。把煮过的土豆捞出沥干水分，平铺冷却。

（3）把冷却的土豆包上保鲜膜，放到冰箱里面速冻。

（4）炒锅上火倒入色拉油烧至130℃，将速冻后的土豆条小火慢慢炸至成熟。捞起炸至金黄色的土豆条沥干油，出锅趁热撒上椒盐即可。

4. 风味特色

色泽金黄，条均匀一致，酥脆，椒香浓郁。

5. 实训要点

（1）土豆条要切得均匀，清水漂洗。

（2）炸时油温控制在 140℃ ~150℃。

三、拓展知识与运用

（一）火候的掌控与原料的关系

菜品原料多种多样，有老、有嫩、有硬、有软，烹饪中的火候运用要根据原料质地来确定。软、嫩、脆的原料多用旺火速成，老、硬、韧的原料多用小火长时间烹饪。但如果在烹饪前通过初步加工改变了原料的质地和特点，那么火候运用也要改变。如原料切细、走油、焯水等都能缩短烹调时间。原料数量的多少，也和火候大小有关。数量越少，火力相对就要减弱，时间就要缩短。原料形状与火候运用也有直接关系，一般说，整形大块的原料在烹调中，由于受热面积小，需长时间才能成熟，所以火力不宜过旺；而碎小形状的原料因其受热面积大，急火速成即可成熟。

（二）火候与烹饪饮食文化

火是饮食烹饪的根本。有了火，才有了饮食文化。在熟练使用火之前，先民们只能过原始的生活，“食草木之食，鸟兽之肉，饮其血，茹其毛”。但在人类能够熟练使用火之后，饮食便发生了天翻地覆的变化，就是所谓的“炮生为熟，令人无腹疾，有异于禽兽”。人类的发展在使用火后，就有了灶。创造灶的人，一说是炎帝：“炎帝神农，以火德王天下，死祀于灶神。”一说是黄帝，《续事始》载：“灶，黄帝所置。”于是《事物原会》称：“黄帝作灶，死为灶神。”当火变得可以控制之后，古人马上注意到了火候对于烹饪的重要。古文中首次谈及火候对于烹饪重要的著作是《吕氏春秋 · 本味篇》。其中伊尹这样告诉商汤：味道的根本，水占第一位，依酸甜苦辣咸这五味和水木火来施行烹调。鼎中九次沸腾就会有九种变化，这要靠火来调节，有时用武火，有时用文火。清除腥、臊、膻味，关键在于掌握火候。只有掌握了用火的规律，才能转臭为香。调味必用甜酸苦辛咸这五味，但放调料的先后和用料多少，它们的组合是很微妙的。鼎中的变化，也是精妙而细微的，无法形容。就像骑在马上射箭一样，要把烹技练到得心应手。如阴阳之自然化合，如四时之自然变换，烹饪之技才能做到，烹久而不败，熟而不烂，甜而不过，酸而不浓烈，成而不涩嘴，辛而不刺激，淡而不寡味，肥而不腻口。

任务二 热的传递原理与制熟

【任务目标】

一、知识储备

从物理学上讲，制熟工艺就是热量的传递过程。热量传递的推动力是温度差，它总是从高温物体传给低温物体。在制熟工艺中，热量由热源传给原料，主要有直接加热和间接加热两种形式。利用燃料燃烧或电流产生的热量，不经过介质就直接加热烹饪原料的过程，叫直接加热；而利用炉灶设备将燃料燃烧的热量或电热量，通过水、油或气等介质，间接传给被加热原料的过程，叫间接加热。比较两者，直接加热有着更加广泛的应用前景，特别是红外线、微波和高频加热等。

（一）热传递的基本方式

所谓传热，指的是由于温度差的存在而引起的热量传输。加热使原料由生变熟，整个过程中都存在着热量的传输。热源释放的热量通过各种热媒传输到原料表面，又由原料表面传输到原料中心。原料在一定的时间内吸收一定的热量，才能完成由生变熟的转化，并达到烹调的具体要求。因此，要掌握烹制技术，就必须了解烹制过程中热量传输的基本规律和特点。

根据热量在传输过程中物理本质的不同，传热可分为三种基本方式，即热传导、热对流和热辐射，在烹调中三种方式往往是同时存在的。

1. 热传导

热传导，简称导热，是在无分子团宏观相对运动时，由微观粒子（分子、离子、电子等）的直接作用（迁移、碰撞或振动等）而引起的热量传输现象。简单地讲，也就是整个物体（包括单个的或由几个物体直接接触组成的）各部分之间的热量传输现象。导热是物体中微观粒子热运动，导致能量转移的结果。众所周知，温度是物质微观粒子热运动激烈程度的衡量。温度愈高，微观粒子的热运动就愈激烈，其热运动的能量也愈大；反之，温度愈低，微观粒子热运动的能量就愈小。物体中温度较高的部分，微观粒子的热运动能量较大，它们发生迁移，碰撞或振动，就会引起热运动能量的转移，在宏观上就表现为热量从温度较高的部分向温度较低的部分传输。

导热一般发生在固体中，如置于炉火上的铁锅，热量从锅外壁与炉火接触的部位向四周及锅内壁的传输。导热在流体中也可发生，但不是纯粹的导热，并且比较弱，一般可忽略。

2. 热对流

热对流，简称对流，它只能发生于流体内部。流体中有温差存在时，各处的密度便不相同，于是轻浮重沉，产生流体质团的相对移动。这种依赖流体质团整体宏观移动并相互混合传输热量的物理现象，或者说，流体内部各部分发生相对位移而引起的热量转移现象，称为热对流。如锅内水的变热，锅内壁温度较高，把热量传导给靠近锅壁的水，使这部分水温度升高，密度减小，于是上浮，冷水沉降到锅底。一锅水各部分如此移动，最后导致整体温度升高。锅内油的变热也如此相同。

烹调加工中经常遇到的总是锅壁面与水或油之间由于温差存在而发生的热量变换，如上例。这种热量交换常称为对流换热，或称放热。放热实际上是一种复合换热形式，紧贴壁面的水或油的薄层中发生的是导热，其他部分的热传输才是对流。

3. 热辐射

热辐射是一种非接触式传热，如炉火对锅外壁的传热，烤制食物时原料表面的受热等。

辐射是物质的一种固有属性。任何物质的分子、原子都是在不停地运动着，由于分子碰撞和原子的振动，会引起电子运动状态的变化，从而向外发射能量。这种物体对外发射能量的过程叫作辐射。物体所发射的能量称为辐射能，由电磁波所载运。电磁波的传播不需借助任何介质，在真空中都能进行。一时遇到另一种物体，电磁波所载运的辐射能就会有一部分被该物体吸收，进而引起物体内电子的谐振运动，增加物体内微观粒子运动的动能，即辐射能转变为热能。

热辐射就是如上所述的，以电磁波为载体，在空间传输辐射能的现象。它不需要冷热物体间接触，在任何温度下，在各种物质之间都能发生。若物体间温度相等，则物体相互辐射的能量相等；若物体间温度不等，则高温物体辐射的能量大于低温物体辐射的能量。总的结果是高温物体的热能，通过辐射能传递给低温物体，以提高低温物体的热能。烹调加工中利用辐射热加热原料，一般是通过燃料燃烧或电能转换的形式产生强烈的热辐射，来达到加热原料的目的。

物体的温度愈高，辐射力（即在单位时间内物体的单位面积向外放射的能量）愈强。产生热辐射必须要有很高温度的热源存在。烹调工艺中，利用热辐射传热的主要有直接用火烧烤的热辐射和电磁波辐射两种方式，前者多为传统的烹调方法，如挂炉烤鸭、烧鹅等；后者为现代烹调工艺，如红外线烤箱对原料的加热和菜肴的烹制。远红外线、微波等电磁波穿透能力较强，现在已广泛用作于加热食物。

热传递虽然有上述三种基本方式，但在烹制工艺中，热量的传递通常并非都是以一种方式进行的，有时还可以是两种或三种基本方式同时进行。一般说来，固体和静止的液体所发生的热传递完全取决于导热，而流动的液体以及流动或静止的气体热传递，导热虽然发生，但起主导作用的是依靠内部质点的相对运动而进行的热对流或因放热而形成的热辐射。比如给油加热时，在油保持静止阶段主要是以导热为主，经过进一步的加热，热油分子上升而冷油分子下降，使油中产生了相对流动，形成了热对流。可见，在液体加热过程中，导热与其他热传递方式都是相伴而行的，主要看以哪种方式占主要地位。

（二）热传递过程

烹制工艺最重要的目的，就是把生的原料加热成熟。因此，烹饪原料必须从周围环境吸取热量以使自身的温度升高，才能由生变熟，形成人们所希望的色、香、味、形。热量传递的动力是温度差，在烹制传热系统中，热源的温度最高，原料的温度最低，热量从热源传至原料的过程就是烹制中的传热过程。完成这一过程，要经过这样两个阶段：一是热量从热源传至原料外表，称之为烹饪原料的外部传热；二是热量从原料外表传至原料的内部，称之为烹饪原料的内部传热。

1. 烹饪原料内部的传热

不论采用何种热媒，其目的都是为了把足够的热量传输给原料，使其发生适度变化，由生变熟并获得一定的感官性状。加热原料的过程中，除了微波加热外，传统的加热一般都只是把热量传输到原料表面，然后再从表面逐渐向内部传输，使原料熟透。

原料内部的传热方式一般以导热为主。大多数原料在受热时，内部没有流体质团的宏观移动，只有微观粒子热运动引起的热量转移。原料内部的热传导主要是自由水及其他一些分子较小的物质的热运动所致，淀粉、蛋白质、纤维素等高分子物质的导热性很差。

烹调原料的种类繁多，由于它们的化学组成和组织结构的不同，导热性能便有一定差异。几类原料的导热系数（千卡 / 米）如下：畜肉 0.4~0.45，禽肉 0.35~0.4，鱼肉 0.35~0.4。总起来看，烹饪原料都是热的不良导体，加热时原料中心的温度变化比较缓慢。如 4.5 千克牛肉置沸水中煮 1.5 小时，其中心温度只有 62℃；一条大黄鱼置放入油锅中炸制，油温达 180℃时，鱼表面温度达到 160℃，内部温度只有 60℃ ~70℃。另外，原料的状态、大小、黏度等的不同，传热速度也不一样。一般而言，固态或高黏度的原料，以导热方式传热，传热速度较缓慢，块状较大的原料热量到达其中心的时间更长。液态原料的主要传热方式为对流，随着黏度的增大，逐渐会有导热现象发生，传热速度也逐渐减慢。所以烹制原料时，应根据不同原料的传热特点来合理确定加热温度和加热时间，才能达到预定的火候要求。

2. 烹饪原料的外部传热

烹饪原料的外部传热过程与热源的种类、炊具、灶具、烹制方式及传热介质等因素有关。通常情况下，烹饪原料的外部传热过程有三种类型：

一是热量由热源直接传至原料表层，如直接烧烤，即原料直接放在火（或火灰）中加热，其传热的方式是热传导。

二是热量由热源只通过直接介质传至原料表层，如煎、贴，封闭的烤箱烤、管道直接供水蒸气的蒸等，其传热方式因直接介质的物质状态不同而有差异。

三是热量由热源先通过间接介质（锅），再通过直接介质（如水、油）传至原料表层。它的传热过程又包括下列三个环节：

（1）热源把热量传给锅的底部。

① 如果热源是火焰，在旺火情况下，火焰高而稳定，火焰接触锅底，直接将铁锅烧热，主要的传热的方式是传导，其次也有辐射和对流作用；在微火情况下，传热的方式主要是辐射，其次是对流。

② 如果灶具是封闭的烤箱或烤炉，则热传递的方式主要是辐射换热。

（2）热量从靠热源一侧的锅底传到锅面。

由于锅的原料不管是金属还是陶瓷，都是固体，所以这一环节热传递的方式是热传导。

（3）热量通过直接介质传给原料表层。

如果传热介质是水或油，则热传递的主要方式是对流换热；如果传热介质是盐或沙粒，则热传递的主要方式是热传导。

（三）热媒的传热运用

热媒，也称传热媒介或传热介质，它是烹制过程中将热量传输给原料的物质。常用的有水、油、水蒸气、空气、电磁波等，有时还用到食盐、沙粒、泥、金属等。

1. 水传热

传热形式：对流。

最高温度：100℃，若上面有油汤时，可略高些。

水是烹调加工中最常用的热媒。其传热方式主要为对流，通过对流把热量传输到原料表面，将原料加热成熟。水作为热媒具有如下特点：

（1）水的比热大，导热性能好。比热大决定了加热后的水能贮存大量的热量，既可使原料按一定要求加热成熟，又不致使水的温度因环境改变而大幅度下降。导热性能好，便于水形成均匀的温度场，使原料受热均匀。

（2）水在常压下温度最高可达到100℃。此温度下既可以杀菌消毒，使原料受热成熟，又可以使菜肴获得滑嫩、酥烂等质感。尤其是含结缔组织较多的原料，只有在80℃以上的水中较长时间加热才能达到一定的口感要求。

（3）水在微沸时，即常压下水温接近100℃，又不剧烈沸腾，这时，将热量传输给原料的能力最强。水剧烈沸腾是大量水汽化的表现。由于水的汽化需要吸收很多的热量，使得100℃的水与原料换热时，沸腾状态的换热量比微沸水时要小，并且沸腾越剧烈，换热量越少。这就是为什么用微沸水加热时，原料成熟并达到酥烂质感所需要的时间，一般比剧烈沸腾水加热要短一些的原因之一。

（4）水具有溶解能力强的特点。以水烹制菜肴，便于加热过程中的调味操作，有利于原料的入味和原料之间滋味的融合，还有助于调色料的调色。不过会引起原料中水溶性营养素的流失。

（5）水的化学组成比较单一，化学性质比较稳定，并且无色、无味、无臭。因此，它长时间受热不会产生对人体有害的物质，也不会对原料本身风味带来不利影响。

2. 油传热

传热形式：对流。

最高温度：200℃以上。

食用油脂传热在烹调加工中应用十分广泛。其传热方式和水一样也是对流。但是油的性质与水相比有很大差异，如沸点较高，具有疏水性，高温下易发生化学变化等。因此，油传热具有自身的特点。

（1）能使菜肴获得香脆、香酥等口感。这是因为油脂沸点较高，可达200℃左右，并且具有疏水性。高温油脂的作用可使原料由外到内大量失水。

（2）油温变化幅度较大，适合于对多种不同性质的原料进行多种不同温度的加热，可以满足多种烹调技法的要求。以所能形成的菜肴口感上看，油烹较之水烹更为丰富多彩。

（3）可使原料表面上色。在高温作用下，原料表面会发生明显的焦糖化反应和羰氨反应，呈现出淡黄、金黄、褐红等多种鲜亮的色彩。油脂高温分解的产物也可参加菜肴色彩的形成。

（4）可产生浓郁的焦香气味。油脂在高温下分解，以及原料在高温下发生的焦糖化反应、羰氨反应等，不仅可使菜肴增色，而且能形成油炸制品的特有焦香气味。

综上所述，用油作传热媒介，能使原料达到脆、嫩、酥、滑、鲜、香的效果。

3. 水蒸气传热

传热形式：对流。

最高温度：稍高于100℃。

以水蒸气传热的“蒸”，作为中国乃至于世界上最早的烹饪方式之一，贯穿整个中华文明的历史。据史料记载，世界上最早使用蒸汽烹饪的国家就是中国，蒸的起源甚至可以追溯到炎黄时期。我们的祖先从水煮食物的原理中发明了蒸，并逐渐懂得了用蒸汽作为导热媒介蒸制食物的科学道理。

水在常压下达100℃时就会沸腾，形成大量的水蒸气。水的汽化潜热较高，在100℃以下时为9.7171千卡/摩尔。水蒸气在受热原料表面液化时，就会将汽化潜热释放出来，供给原料较多的热量。水蒸气的传热主要以对流的方式进行，在原料表面凝结放热，将热量传输给原料，使其受热成熟。水蒸气是我国烹调广泛运用的传热介质，其传热具有如下特点：

（1）比水的传热强度大，能形成菜肴的独特口感。蒸汽以对流和传导方式对烹饪原料加热，一般温度为100℃~125℃。掌握不同的汽蒸火候能形成不同的菜肴风格，如旺火足汽速蒸，能形成鲜嫩的口感；中火足汽缓蒸能形成软烂的口感；中小火足汽速蒸，能形成菜肴极嫩的口感效果。

（2）能保持菜肴的原汁原味，减少营养素的流失。水蒸气作热媒不会像水那样在加热时与原料间发生剧烈的物质交换，所以能将原料本身的风味成分很好地保存于其中，并减少原料中水溶性营养素损失，蒸的食品基本上保留了食物中的一种物质——赖氨酸，它是合成蛋白质的重要成分。

另外，水蒸气传热还具有卫生条件好、有助于菜肴定型等特点。

4. 电磁波传热

电磁波是辐射能的载体，被原料吸收时，所载运的能量便会转变为热能，对原料进行加热。根据波长的不同电磁波可分为很多种，在烹制传热中专门运用的主要是远红外线和微波两种。

（1）远红外线传热。

用于加热的远红外线，通常是指波长为30~1000微米的电磁波，属于热辐射射线（波长为0.1~1000微米）的范围。远红外线不同于一般的热辐射，因为它不仅载有辐射热能，而且还具有较强的穿透能力。一般的热辐射仅能加热原料表面，对原料内部没有多少直接作用，远红外线除了加热原料表面之外，还能深入到原料内部去，使原料分子吸收远红外线而发生谐振，达到加热的目的。因此，远红外线加热具有热效率高、加热迅速的特点。

（2）微波传热。

① 微波，是一种频率较高的电磁波。其频率为3×10^{8}~3×10^{11}赫兹，其低频端与普通无线电波的短波波段相连，高频端与红外线的远红外线波段能相接，所对应的波长为10^{3}~10^{6}微米。它不属于热辐射射线，因此不能对原料表面直接加热。

② 微波加热的机理：在对原料进行加热时，微波利用较强的穿透能力深入到原料之中去，并利用其电磁场的快速交替变化（相当于交流电电流方向的改变），引起原料中水及其他极性分子的振动，使得振动的分子之间相互摩擦而产生热量，达到加热的目的。

③ 微波加热，原料表里一般总是同时发热，不需要热传导，因此具有加热迅速、均匀、热效率高等特点。微波加热的食品基本保留了原料原有的色、香、味，营养成分损失也有所降低。它的不足之处是原料表面难以像烘烤、油炸那样上色和变得香脆。微波加热与烘烤或油炸配合使用可以达到此类菜肴的质量要求。微波不能被金属所吸收，因此不可用金属容器或带金属边瓷盘子盛装食物加热，否则会延长加热时间，产生电弧，损坏炉子。

5. 其他热媒传热

（1）热空气传热。热空气的传热方式为对流。它在烹制传热中一般不起主导作用，只是在烘烤食品时协助电磁波传热，如烤肉串。

（2）食盐或沙粒传热。食盐和沙粒都是固体传媒，以导热的方式传热。操作时必须不断翻炒，或埋没原料，这样才能使原料受热均匀，如盐焗鸡。

（3）金属传热。烹调中使用的金属热媒主要是金属加热容器。它以导热的方式将热量传输给原料。在煎、贴、炒等烹调方法中有所运用。金属加热容器的传热只能加热原料的一面，如烙饼。

二、菜品制作工艺与实训

糖醋里脊

1. 烹调类别

脆炸。

2. 烹饪原料

主料：猪里脊 350 克。

配料：鸡蛋 1 个。

调料：盐 8 克、胡椒粉 2 克、料酒 6 克、面粉 80 克、生粉 30 克、番茄沙司 70 克、醋 18 克、白糖 26 克、葱末 10 克、姜末 10 克。

3. 工艺流程

（1）将醋、糖、料酒、盐，适量的水和淀粉调制成复合味汁备用。

（2）将里脊切成粗条状，放入碗中，加入盐、胡椒粉、料酒抓匀后腌渍 20 分钟。把面粉、生粉混合，加入鸡蛋，倒入适量水调成粉浆，放入肉中，拌匀后加入少许色拉油。

（3）炒锅上火倒入油，烧至 140℃ ~150℃时把肉条放入，炸约一分钟捞出，再把油温升至 160℃，放入肉条复炸酥脆后捞出沥油。

（4）锅中留少许底油加热，放入姜葱末，加入番茄沙司炒香，加入调好的糖醋汁煮至浓稠，倒入炸好的里脊条快速翻炒即可。

4. 风味特色

色泽红亮，酸甜味美，外酥里嫩。

5. 实训要点

（1）调制成复合味汁时掌握好各种调味品的比例和数量。

（2）控制炸制时的油温，掌握复炸的时间。

（3）调制粉浆的稠度。

三、拓展知识与运用

（一）烹饪过程中热媒的传热与营养

烹饪原料成熟过程营养会有一定损失。烹饪时要通过不同的媒介物把热量传导给食物，烹饪中热媒的传热有油传热、水传热、蒸汽传热和其他热媒传热等四种。

1. 油传热

油传热的优点主要是加热时油温可达 200℃，能够满足多种烹饪要求，烹制菜品速度快，成品口感好、色泽艳丽。在较高油温条件下，原料表面干燥收缩、凝结成膜，使内部浆汁不外溢，多种营养素也能保存下来。在油脂传热的过程中，原料里的一些脂溶性营养素，如胡萝卜素、维生素 A、维生素 E 等容易释放出来，也更有利于人体的吸收。在烹饪过程中油脂本身热量较高，常用这类方法烹调容易引起肥胖症、高血脂等。另外，烹调温度过高，不仅严重破坏 B 族维生素、维生素 C 和抗氧化物质等怕热营养素，还容易产生多种致癌物质。如果煎炸油反复使用，也会产生包括反式脂肪酸和多种氧化聚合产物在内的有害物质，极其不利于健康。

2. 水传热

水也是大量使用的传热媒介，其沸点为 100℃，传热能力稍弱。采用焯水、涮能起到断生、去腥、除异味的作用，炖、煮能分解原料中的蛋白质，产生鲜美口味，利于人体消化吸收。这类烹调方法的优点在于，温度较低，不会产生致癌物质，在一定程度上保留营养。不足之外就是维生素 C、B 族维生素等水溶性的营养素容易流失。因此在烹饪过程中要根据原料特性来决定加热时间，以免营养素损失太多。例如，在烹饪蔬菜时淋入油，能提高水的温度，缩短焯水的时间，还能在原料表面形成一层油膜，保护蔬菜营养素，使颜色保持翠绿。

3. 蒸汽传热

蒸汽本身比沸水高，再加上蒸箱、蒸锅中具有一定压力，使蒸的温度可以达到101℃ ~106℃。蒸菜几乎是保留营养最全面的烹饪方法，它既没有烧菜营养素溶入汤中的损失，也没有煎炸菜肴时过高的温度，热分解损失较小，氧化损失也少，没有油烟，且不会产生过多油脂。

4. 其他热媒传热

通常是用烤箱、炭火、热盐、热铁板等热媒传热来烹制食物，温度可达180℃ ~260℃。烤箱温度最好控制在200℃以下，在食材包上锡纸，局部温度可保持在100℃左右，能使食物受热均匀，营养素保留较好，产生有害物质也较少。若采用炭火烤食物温度很难控制，局部受热超过200℃时会产生杂环胺和多环芳烃类致癌物质。

（二）加热对菜品形状的影响

由于烹饪原料经过加热原有的形状会发生变化，要使原料经过加工形状保持一致，我们就要研究原料内部结构。新鲜植物性原料细胞内含水量高，细胞间存在丰富的果胶物质，当受热至一定程度时细胞间的果胶溶解细胞彼此分离；同时因为细胞膜受热变性，增加了细胞的通透性，细胞内的水分及无机盐大量逸出，使整个植物组织变软。如果加热过度植物组织中的水分外逸细胞膨压消失，从而改变了原有形状，影响菜肴的外观形态。有些不带骨的动物性原料经调味上浆，或扑粉后形状也不稳定，当把原料投入中油温中炸制时，其表面的蛋白质淀粉等会很快凝固使原料定型。动物性原料常含有较丰富的蛋白质。原料在加热过程中变化极为复杂，只有注重色、香、味、形、营养5个方面的变化，利用变化中的有利素为烹调服务才能提高菜肴质量，才能使烹制的菜肴色香味形俱全。

任务三　初步熟处理工艺

一、知识储备

初步熟处理就是把加工后的烹饪原料，根据菜品的需要在油或水、蒸汽中进行初步加热，使之成为半熟或刚熟的半成品，为正式烹调做好准备的工艺操作过程。一般带腥、膻、臊等异味的原料和蔬菜原料，大多要经过这一程序。

初步熟处理的过程，是原料发生质地变化的开端，是正式烹调前的准备阶段和基础工作。初步熟处理的技法有焯水、过油、汽蒸、走红等，这些技法在操作方式、适用范围、目的和作用等方面，都各不相同。初步熟处理的实训基本要求如下。

（1）根据原料大小、老嫩，掌握好加热时间，如鸡、鸭、蹄筋、笋等，有大小、老嫩之别，因此在进行加热和熟处理时，投料应有先有后，加热时间有长有短，以防止小的已熟透，而大的还不熟，通过投料的先后或不同的加热时间来达到其成熟度一致。掌握好加热的时间，掌握初步熟处理的火候，是原料初步熟处理应遵循的基本要求。

（2）根据制作的菜肴和切制成型的要求，掌握好原料的成熟度。烹制不同的菜肴对原料的初步熟处理的火候要求是不同的，有的需经焯水去除原料的血污和异味；有的则必须加热至熟烂。如制作清蒸全鸡、鸭菜品时，需将鸡、鸭进行初步熟处理，放入沸水焯去血污和异味。进行原料的初步熟处理，应根据原料切制成型和菜品制作的不同要求，掌握好原料的成熟度，确保菜肴成品的质量不受影响。

（3）根据原料的不同性质，分别进行处理。进行原料初步加热和熟处理时，不可将有异味的原料与没有异味的原料，或有色原料与无色原料同锅进行处理，否则将会影响原料质量。如大肠、肚子、羊肉与鸡、鸭、蹄膀同锅处理，因大肠、肚子、羊肉有较重的气味，则会影响鸡、鸭、蹄膀的口味。胡萝卜、藕、冬笋则不可与绿色蔬菜同锅处理。

（一）焯水

焯水就是把经过加工后的烹饪原料，放入锅中加热至半熟或刚熟的过程。需要焯水的原料比较广泛，大部分蔬菜以及一些有血污和腥、膻、臊异味的肉类原料，都应进行焯水处理。

1. 焯水在原料初步熟处理中的应用

（1）保持蔬菜色泽鲜艳、味美脆嫩的特点。蔬菜中含有叶绿素较高，但有的蔬菜有某些不正常味道，通过焯水后，可保持其原有的碧绿色泽，除去一些涩味、土腥味、过重的苦味，如笋尖、萝卜、豇豆、四季豆、苦瓜、菜头等原料的焯水。

（2）排出肉类血污、除去腥味。通过焯水，使禽类、畜肉类原料中的血污排出，并除去牛、羊肉以及动物内脏的腥、膻、臊等异味。

（3）调整原料成熟的时间。烹饪原料由于质地不同，加热成熟所需的时间也不相同，有些很易烧熟，而有些则需很长时间才能烧熟。如一般肉类原料要比蔬菜类的原料烧得时间长；禽类原料的成熟时间比肉类原料快；蔬菜原料中的莴笋、白萝卜、胡萝卜等，其成熟速度也不尽一致。

（4）可以缩短正式烹调的时间。经过焯水的原料，成为半熟或刚熟制品，因而正式烹调的时间就可大大缩短，这对于一些必须在较短时间内迅速成菜的菜肴尤为重要。

（5）可使原料便于去皮或加工切配。有些原料去皮较困难，而焯水后去皮就比较容易，如芋头、板栗等。另一些原料，如肉类、笋、茭白等，焯水后比生料更便于切配加工。

2. 焯水的方法

焯水通常分为冷水锅焯水与沸水锅焯水两大类。

（1）冷水锅焯水。

冷水锅焯水是将原料与冷水同时下锅加热至一定程度，捞出洗涤后备用。这种方法适用于腥、膻、臊等异味较重、血污较多的原料。如牛、羊肉，肠、肚、心、肺等。这些原料如果在水沸后下锅，表面会因骤受高温而立即收缩，内部的血污就不易排出，采用冷水下锅为好。在冷水锅焯水过程中，要注意经常翻动，使原料各部分受热均匀；同时应根据原料性质和不同的要求，有秩序地分别进行处理，防止加热时间过长，致原料软烂。

① 工艺流程：

洗净原料→放入冷水锅→注水入锅→加热→翻动原料→控制加热时间→捞出备用。

② 适用范围：

a. 肉类：适用于腥、膻味等异味较重、血污较多的动物性原料，如牛肉、羊肉，大肠、肚等动物内脏。

b. 蔬菜类：适用于笋、萝卜、芋头、土豆、山药等蔬菜。笋、萝卜中存在的异味，只有在冷水中逐渐加热才易消除。这些蔬菜体积都较大，需要较长的加热时间才能使其成熟，如果在水沸后下锅易发生外熟里不熟的现象。

【实训要求】

①在加热过程中随时翻动原料，使其受热均匀。

②根据原料性质和切配烹调需要掌握好成熟度。

③异味重、易脱色的原料应单独焯水。

④焯水后的原料应立即漂洗、投凉。

（2）沸水锅焯水。

将锅中的水加热至沸腾，再将原料放入，待加热至一定程度，捞出备用。此法适用于要保持其色泽鲜艳、味美脆嫩的蔬菜类原料，如菠菜、芹菜、莴笋、绿豆芽、青菜等。这些蔬菜体积小，含水量多，叶绿素丰富，如果冷水下锅，加热时间过长，不能保持鲜艳的色泽、质地的脆嫩，所以必须在水沸后放入。水宽，火旺，焯水迅速。此法也适用于腥、膻、臊异味小，血污少的肉类原料，如鸡、鸭、蹄髈、方肉等。蔬菜原料焯水捞出后，迅速用凉水冲凉，铺开晾放，直至完全冷却为止。鸡、鸭、蹄髈、方肉等原料，在焯水前必须洗净，入沸水焯一下即可捞出，不能久焯，以免损失原料的鲜味，而且焯水后的汤汁不可弃去，可制汤。

① 工艺流程：

洗净原料→注入清水→加热→放入沸水锅→翻动原料→控制加热时间→捞出备用。

② 适用范围：

a. 蔬菜类：适用于需要保持色泽鲜艳、吃口脆嫩的原料，如菠菜、莴笋、绿豆芽、芹菜等。必须在水沸后放入原料，并用旺火加热迅速焯水。

b. 肉类：适用于腥膻异味小的原料，如新鲜的鸡、鸭、蹄膀、方肉等，这些原料放入沸水中焯一下，就能除去血污，减少腥、膻等异味。

【实训要求】

①加水量要宽，火力要强，一次下料不宜过多。

②根据原料具体情况，掌握好下锅时水的温度。

③根据切配、烹调需要，控制好加热的时间。

④严格控制成熟度，确保菜肴风味不受影响。

⑤焯水后的原料（特别是植物性原料）应立即凉透。

⑥味重、易脱色的原料应分别焯水。

3. 焯水处理的实训要求

（1）恰当掌握各种原料的焯水时间。

各种原料均有大小、粗细、厚薄之分，有老嫩、软硬之别，在焯水中应区别对待，正确控制好焯水的时间，符合烹调的要求。

（2）防止互相串味、串色。

① 对有特殊异味的原料，如芹菜、韭菜、牛肉、羊肉、肠、肚等，应与一般原料分开焯水。这些原料如果与无特殊异味的原料同时、同锅焯水，由于扩散和渗透的作用，其他原料也会沾染上特殊的异味。

② 深色的原料与浅色的原料分别焯水，以免浅色原料沾染上深色原料的颜色而影响美观。

（3）采用正确的焯水方法。

要熟悉各种原料的不同性能，正确采用沸水锅或冷水锅焯水。一般新鲜蔬菜及异味小的原料用沸水锅焯水；有异味和血污多的原料用冷水锅焯水。

（二）过油

过油又称为油锅，它是以油为介质，将已加工成型的原料，在油锅内加热至熟或炸制成半成品的熟处理方法。过油在烹饪中是一项很重要而且很普遍的操作技术，对菜肴的质量影响很大。过油时火力的大小、油温的高低、投料数量与油量的比例及加热时间的长短，都要掌握恰当，否则就会造成原料的老、焦、生，或达不到酥脆的要求而影响菜肴的质量。

1.过油在原料初步熟处理中的应用

（1）使原料成菜后有嫩滑或酥脆的质感。原料在加热前拌上不同性质的浆、糊，过油时采用不同油温加热，便可获得不同的质感。

（2）保持或增加原料的鲜艳色泽。例如，制作滑炒虾仁时，虾仁与蛋清、豆粉拌匀后，入锅滑油成熟，其色泽便洁白如玉。在制作松鼠鱼时，鱼包裹湿生粉后入锅炸制成初坯，其色泽呈浅金黄色。采用不同的辅料、不同油温过油会得到不同的效果。

（3）有利于丰富菜肴的风味。原料在过油时，由于油脂富有香味，在不同油温的作用下，能除去原料异味，显示出原料鲜香味。

（4）保持原料的形态完整。原料经油炸制，其表面会因高温而凝结成一层硬膜，不但能保持原料内部的水分和鲜香味，而且还能保持原料完整的形态，使原料在烹制中不会碎烂。

2.油温的识别与掌握

（1）油温的识别。

油温就是油在锅中加热后达到的温度。不论滑油或走油，都应当正确掌握油温。要正确掌握油温，首先要能正确地鉴别各种不同的油温。在烹饪过程中是不可能随时用温度计来测量油温的。正确识别油温在烹饪菜品非常重要，识别油温常见方法如下。

① 温油锅识别。三至四成热是指油温为60℃~100℃，无青烟，油面上有泡沫，无响声，油面平静。适用于熘或干料涨发，如蹄筋、响皮的涨发。有保鲜嫩或除水分的作用。

② 热油锅识别。四至六成热是指油温为110℃~160℃，有少量的青烟从四周向锅中间翻动，油面泡沫基本消失，搅动时有微响声。适用于炒、炝、炸和炸酥肉、丸子、炸鱼等，有酥皮增香、不易碎烂的作用。

③ 旺油锅识别。七至八成热是指油温为170℃~220℃，冒青烟，油面平静，搅动时有炸响声，适用于爆、重油炸或煎鱼等，有凝结原料表面、不易碎烂的作用。

（2）油温的掌握。

在烹饪过程中根据火力大小、原料性质及投料数量，正确地掌握油温，是非常重要的环节。

① 根据火力大小。用旺火加热，原料下锅时，油温应低一些，因为旺火可使油温迅速升高。火力旺、油温高，极易造成原料凝结、外焦内不熟的现象。用中火加热，原料下锅时油温应高一些。因为用中火加热，油温上升较慢，如果原料在火力不太旺、油温低的情况下入锅，则油温会迅速下降，造成脱芡、脱糊等

现象。在过油的过程中，如果发现火力过旺，油温上升太快，应将锅端离火口或部分离火口，或者加入适量冷油，使油温降至适宜的温度。

② 根据投料数量多少。投料数量多，下锅时，油温应高一些。因为原料本身是冷的，下锅时，油温必然会迅速下降，而且投量越多，油温下降的幅度越大，回升越慢，故应在油温较高时下锅。反之，投量少，下锅时油温可低一些。

③ 根据原料质地和老嫩。质地细嫩的和小型规格的原料，下锅时油温应低一些；质地粗老、韧硬和整形、大块的原料，下锅时油温应高一些。

3. 过油的方法

按照油温高低，油量多少和过油后原料质感的不同，过油的方法可分为滑油和走油两种。

（1）滑油。

滑油又称为划油、拉油，是指用中油量、温油锅，将原料滑散成半成品的一种熟处理方法。滑油时，多数原料都要上浆，使原料不直接同油接触，水分不易溢出，保持其鲜香、细嫩、柔软的质感。滑油的应用范围较广。滑油过程中应掌握以下几点：

① 油锅要洗净，油要炼熟，否则影响原料的色泽和香味。

② 对上浆的原料应分散下锅，未上浆的原料应抖散下锅。原料上浆后由于表面有一层带有黏性的浆状物，如果一起倒入油锅内，容易发生粘连，影响菜肴的形状。

③ 油量要适中，一般油量为原料的 3~4 倍为佳。采用温油锅，其油温应掌握在 80℃ ~100℃范围内，油温过高或过低都会影响原料的嫩滑程度。若油温过低，可使原料的浆汁脱落，导致原料变老，失去原料上浆的意义；若油温超过 120℃ ~130℃，原料粘连在一起，原料表面会发硬变老。

（2）走油。

走油又称过油、跑油、油炸等，是指用大油量、热油锅，将原料炸成半成品的一种熟处理方法。走油在操作时，因油炸的温度较高，能迅速地驱散原料的水分，使原料定型、色美、酥脆或外酥内嫩。走油的适应范围较广，鸡、鸭、鱼、猪肉、牛肉、羊肉、兔肉、蛋品、豆制品等原料都适用。走油的原料一般都是大块或整形，主要用于烧、烩、焖、煨、蒸等烹调方法制作的菜品。例如红烧肉圆、黄焖鸡以及扣肉、丸子等菜品。

【实训要求】

①操作时采用多油量的热油锅，使油能淹没原料，原料能自由翻动，使其受热均匀。要在油温高时分散放入原料，控制好火候，防止原料外焦而内不熟。

②走油时要使原料外酥内嫩，有时采用重油的技法，重油就是将原料重复油

炸。在制作挂糊的原料时，成品要求外表酥脆，里面刚熟，应先将原料放入旺火热油锅内炸一下，再改用温油锅继续炸制，使原料在温油锅中炸熟透，这样就达到外酥内嫩效果。

③成品要求酥脆时，应先将原料用温油锅浸炸，再改用中小火继续炸至酥脆。如葱酥鲜鱼、鱼香酥鱼等菜品。

④制作有皮的原料在下锅时应将皮朝下放入。由于肉皮组织紧密、韧性较强，如果肉皮朝上就不易炸透。肉皮朝下，才能多受热，炸透，达到松酥发泡的要求。

⑤掌握好翻锅时机。将烹饪原料放入油锅时，由于原料表面水分在高温下急剧蒸发，油锅内会发生油爆声，等到油爆声转弱时，原料表面的水分已基本炸干，这时就可以把原料翻身，使其受热均匀，防止粘锅或炸焦。

⑥注意走油安全，防止热油飞溅。把原料放入油锅时，因原料表面的水分骤受高温，而迅速汽化逸出，引起热油四溅，容易造成烫伤事故。防止办法：一是尽量缩短原料下锅时与油面的距离，迅速放入；二是将原料的表面水分擦干，防止水分过多引起热油飞溅。

（三）走红

一些用烧、蒸、焖、煨等方法烹饪的菜品，需要将原料上色后再进行烹制，就需要用走红的方法。走红就是将原料投入各种有色调味汁中加热，或将原料表面涂抹上某些调味品，再经油炸，使原料上色的一种熟处理方法。适用范围：卤汁走红一般运用于烧全鸡、扒全鸭等半成品原料的上色。过油走红一般适用于扣肘子、荷香扒鸡、扒鸭等半成品原料的上色。

1. 走红在原料初步熟处理中的应用

（1）增加原料的色彩。各种家禽、猪肉、蛋品，通过走红能使原料带上浅黄、金黄、橙红、金红等颜色。

（2）增香味，除异味。原料在走红过程中，不是在调味卤汁中加热，就是涂抹上调味品后在油锅内炸制。原料在抹调料或油温这一过程中，可除去异味，增香味。

（3）使原料定型。原料在走红的过程中，就基本确定了成菜后的形状（如整形或大块原料）。对一些走红后还需切配的原料，走红时已形成了成菜的基本形态。所以，走红也是决定成菜形态的关键。

2. 走红的方法

（1）卤汁走红。将经过焯水或走油后的原料，放入锅中，加上鲜汤、香料、料酒、糖色等，用小火加热至原料达到菜肴所需要的颜色。例如红酒肘子、红烧狮子头、扒鸭等菜品，就是先经焯水或走油后，在有色的卤汁中烧上色后，再装碗加原汁，上笼蒸至软熟。

（2）过油走红。将经过焯水的原料，在其表面上涂抹料酒或饴糖、老抽、面酱等，再放入油锅油炸上色。例如虎皮扣肉、冰糖扒蹄等菜品，就是先将带皮的原料刮洗干净，入水锅煮至断生，捞出揩干水，涂抹上饴糖或酱油、料酒等，放入油锅炸至皮呈橙红色。又如扒鸭、扒鸡等，经涂抹饴糖，入油锅炸至金红色。

3. 实训要求

（1）根据菜品的要求决定原料走红的颜色。各种菜品有各自的风味特色，因此，原料走红时，要根据菜肴的特点确定卤汁内的糖色或调味品颜色的深浅和用量。对原料表面涂抹饴糖等调味品的厚薄，都要估计到油炸后颜色的深浅程度。

（2）卤汁走红应掌握卤汁颜色的深浅，使其色泽符合菜肴的需要。卤汁走红应先用旺火烧沸，再改用小火继续加热，使味和色缓缓渗透，避免损失香鲜味。用鸡骨垫底，既可增加香鲜味，又使原料不会粘锅。

（3）过油走红时涂抹在原料表面的饴糖，由于含有糖分，遇高温焦化，所以过油走红前，必须调剂好糖分的含量并涂抹均匀，油炸后着色才会一致。过油走红的油温，应掌握在 150℃ ~170℃的范围内，使原料上色均匀，肉皮酥松而不致出现焦点、花斑色。

（4）走红过程中要保持原料的形态完整。原料在走红过程中就基本决定了成菜后的形态，所以在走红前，要将鸡、鸭、鹅的形态整理好，并在走红中保持原料形态的完整。

（5）控制好原料在走红加热时的熟化程度。原料走红上色时有一个受热熟化的过程。由于走红还不是正式的烹调阶段，更不是烹调的终结，所以，要尽可能在原料已上色的前提下，结束走红，迅速转入烹调，避免因原料走红过久，导致过分熟化，影响后续烹调工作。

（四）汽蒸

汽蒸又称为汽锅或蒸锅，是将已经加工整理的烹调原料，放入水蒸气中加热，采用不同火力蒸制成半成品的初步热处理方法。汽蒸是别有特色的加热方式，受热原料一直保持封闭状态，因而有较高的技术要求。要求掌握好烹调原料的性质、蒸制后的质感、火力的大小、蒸制时间的长短等技术，否则难以保证成品或半成品的质量要求。汽蒸是较为传统的烹饪方法，有助于营养素的保持。

1. 汽蒸在原料初步熟处理中的应用

（1）能保持原料形整不烂。原料经整理加工后入笼，在封闭状态下加热，成熟后能保持原样。

（2）能有效地保持原料的营养成分。

（3）能缩短烹调时间。原料通过汽蒸，已加热至符合烹调的成熟程度，所以能缩短正式烹调的时间。

2. 汽蒸的方法

汽蒸的方法通常分为两种。

（1）旺火沸水长时间蒸制。

① 是用旺火加热至水沸腾，经较长时间的蒸制，将原料蒸制为软熟的半成品的一种熟处理方法。此法主要适用于体积较大、韧性较强、不宜软糯的原料，如鱼翅、干贝、海参、蹄筋、银耳、鱼骨等干制原料的涨发，以及红薯、土豆等根茎类的植物性原料。还有香酥鸡、八宝鸡、炸斑鸠、旱蒸回锅肉、软炸酥方、姜汁肘子等菜肴半成品的熟处理。

② 蒸制时，要火力大、水量多、蒸汽足。蒸制时间的长短，应视原料质地的老嫩、韧硬程度、形体大小及菜肴的要求而定。

（2）中火沸水缓蒸。

① 是采用中火加热至水沸，徐缓地将原料蒸制成鲜嫩细软的半成品的一种熟处理方法。此法主要适用于极新鲜、细嫩、易碎、不耐高温的原料或半成品，例如绣球鱼翅、竹荪肝膏汤、芙蓉嫩蛋、五彩凤衣、蒸花鸡等菜肴的熟处理，以及蛋糕、鸡糕、肉糕、虾糕、金钩等半成品原料的熟处理。

② 蒸制时，火力要适当，水量要充足，蒸汽冲力不大。如果火力过大，蒸汽的冲力过猛，就会导致原料起蜂窝眼，质老、色变、味败；有图案的工艺菜还会因此而冲乱其形态。如发现火力过猛，可减小火力或把笼盖虚一条缝隙，以减低笼内的温度和减少蒸汽。同时要把握好蒸制的时间，使半成品原料具有质地细嫩、柔软的特点。

3. 实训要求

（1）要与其他初步熟处理方法配合。一些原料在进行汽蒸以前，还需要进行其他方式的熟处理，如过油、走红、焯水、热水涨发等。应针对不同质地的原料，将其他熟处理方法与汽蒸配合进行。

（2）要掌握好火候。汽蒸除了要考虑原料的类别、质地、新鲜度、形状和蒸制后的质感等因素外，火候的调节也很重要，否则就达不到汽蒸的效果。

（3）要防止多种原料同时汽蒸时相互串味或串色。原料不同，半成品的类型不同，其颜色、香味也不相同，汽蒸时要以最佳方案放置，防止串味或染上其他颜色。

二、菜品制作工艺与实训

实训一　肉汁萝卜

1. 烹调类别

红烧。

2. 烹饪原料

主料：肋条肉 100 克。

配料：白萝卜 800 克、骨头汤 800 克。

调料：葱姜各 10 克、香葱末 5 克、盐 6 克、味精 4 克、糖 10 克、生抽 5 克、老抽 10 克。

3. 工艺流程

（1）白萝卜洗净，切成滚刀块，放入沸水中焯一下捞出待用。

（2）将肋条肉煸香，放葱姜，加生抽、老抽，加入骨头汤，加入萝卜，再加入调味料。

（3）小火焖制 15 分钟，待汤汁浓稠时起锅装盘，加香葱末。

4. 风味特色

色泽红润，口感软糯，卤汁味鲜，咸鲜适口。

5. 实训要点

（1）白萝卜洗净改刀放入沸水中焯水要透。

（2）烧制过程要控制好火候，采用小火慢烧，卤汁要烧入萝卜中。

（3）调制卤汁是制作此菜的关键。

实训二　银芽鸡丝

1. 烹调类别

滑炒。

2. 烹饪原料

主料：鸡脯肉 320 克。

配料：绿豆芽 100 克、青椒 1 个、鸡蛋 1 个。

调料：料酒 8 克、精盐 5 克、淀粉 18 克、味精 3 克、色拉油 500 克（实耗 30 克）。

3. 工艺流程

（1）将鸡脯肉切成细丝，加盐、鸡蛋清、湿淀粉拌匀上浆，将豆芽择去芽头和根须洗净，放入沸水中略烫，捞出，沥去水。用盐、酒、味精、湿淀粉调成调味汁。

（2）炒锅上火，倒入色拉油烧至 120℃，放入鸡丝滑油成熟。锅留底油，放入青椒丝、绿豆芽，再放入鸡丝翻炒匀，入调味汁颠翻，淋油，再颠匀，盛入盘中即可。

4. 风味特色

色白洁白，质脆鲜嫩，清香爽口。

5. 实训要点

（1）掌握好鸡丝滑油的温度。

（2）掌握好豆芽焯水的时间与水温。

实训三 蒸鸡蛋

1. 烹调类别

蒸。

2. 烹饪原料

主料：鸡蛋 4 个。

调料：盐 8 克、味精 3 克、葱 6 克、香油 8 克、生抽 8 克。

3. 工艺流程

（1）将鸡蛋打入碗内打散，加入温水搅匀，加入盐、味精调味，再把混合好的蛋液过筛 2~3 遍。

（2）把碗盖上保鲜膜，放入蒸锅，大火加热。当蒸锅中的水沸腾后转为中火蒸 10 分钟，关火，焖几分钟。

（3）取出，撒上香葱，淋上香油、生抽即可。

4. 风味特色

口味咸鲜，鸡蛋嫩滑。

5. 实训要点

（1）鸡蛋与水的比例是 1∶1.5，嫩些可 1∶2。

（2）加温水（35℃ ~40℃）搅匀至少过筛两遍。

（3）蒸前盖上保鲜膜，采用大火烧沸后转中火。

实训四 童子油鸡

1. 烹调类别

蒸。

2. 烹饪原料

主料：鸡 1300 克。

调料：盐 16 克、花椒 10 克、八角 3 克、桂皮 2 克、大葱 18 克、姜 15 克、大蒜 15 克、鸡油 20 克、料酒 10 克。

3. 工艺流程

（1）选用仔鸡，宰杀煺毛后，从臀部开口，取出内脏，洗净后腌渍。

（2）取锅置火上，放入精盐、花椒、大料、肉桂、葱段、姜块、蒜瓣，加水熬成汤汁，晾凉后，放入洗净的鸡腌渍 2~3 小时。

（3）取出鸡控干，去除鸡爪及翅膀尖，把两腿交叉于胸骨上，上蒸锅蒸 1 小时。出笼后，用精炼的鸡油涂抹鸡身即可。

4. 风味特色

风味清香，鸡肉鲜嫩。

5. 实训要点

（1）鸡在腌渍时掌握好盐的用量。

（2）调制卤汁时香料投入比例要适当。

三、拓展知识与运用

（一）焯水对烹饪原料加工的影响

烹饪原料焯水的过程中，原料会发生种种化学变化和物理变化，其中很多是有益的，是我们要利用的。菠菜、茭白等类所含的草酸，通过焯水，可以溶析出来；萝卜所含的黑芥子酸钾成分能分解生成一种无色、透明、有辛辣味的芥子油，萝卜焯水时芥子油大部分被挥发掉了，其辛辣味也就减轻了，同时，萝卜中所含的淀粉受热水解为葡萄糖又产生了甜味。在烹饪过程中，焯水也会造成部分营养的流失。鸡、鸭、畜肉等焯水时，会使其所含的蛋白质及脂肪分解而流失在汤中。蔬菜中所含的维生素、无机盐类，既怕高温，又易氧化，且溶解于水，焯水时造成的损失更大。但全面考虑，焯水对制成的菜肴还是利大于弊，因此，焯水仍然是烹调中一项重要的技术措施。今后有待于进一步探讨与研究怎样把营养成分的损失减小到最低限度。有些不经过焯水即可直接烹调的原料，如不妨碍菜肴的加热时间和色泽就不必焯水，如菜心、韭菜等。

（二）焯水处理原料的工艺原理

在烹调工艺中，水是一种广泛的溶剂，许多物质可以溶解在水中。据此，可以通过水的溶解和渗透作用，来达到“有味者使之出，无味者使之入”的目的。如植物原料中的苦、涩、辣、豆腥、土腥味，动物原料中的臊、膻、腥味及各种令人不愉快的滋味等，通过焯水和水煮，可以析出或得到分解，防止成菜以后影响菜肴的味感。姜、葱、料酒等一些调味品中的呈味成分也会通过水的渗透，进入原料中，促使原料中一些异味发生分解，或被削弱，或被除去。

【模块小结】

本模块系统地介绍烹调工艺中的热传递的基本原理，原料制熟工艺的实训要求与应用，以及火候的掌握与控制，初步熟处理等内容；利用相关菜例进一步阐述了火候的识别与运用，油温的控制与处理，以及初步熟处理中的焯水、过油、走红、汽蒸等方法的运用。

实训练习题

（一）选择题

1. 可采用沸水进行初步熟处理加工的烹饪原料是（　　）。

A. 胡萝卜块　B. 元鱼块　C. 牛肉块　D. 豌豆苗

2. 可除去烹饪原料异味的初步熟处理方法是（　　）。

A. 焯水　B. 过油　C. 汽蒸　D. 走红

3. 下列菜肴中，利用滑油进行初步熟处理的是（　　）。

A. 葱烧海参　B. 水煮牛肉　C. 回锅肉　D. 清炒虾仁

4. 下列菜肴中，利用汽蒸进行初步熟处理的是（　　）。

A. 菠萝咕咾肉　B. 中式煎牛柳　C. 蚝油牛柳　D. 金华玉树鸡

5. 制汤时，原料应采用的初步熟处理方法是（　　）。

A. 过油　B. 焯水　C. 汽蒸　D. 走红

6. 属于异质组配的菜肴是（　　）。

A. 银芽鸡丝　B. 清炒米鱼　C. 腰果鸡丁　D. 汤爆双脆

7. 菜肴的（　　）属于嗅觉风味。

A. 香味　B. 气味　C. 口味　D. 滋味

8. 牛前腱子肉又称（　　），位于前腿的小腿部位。

A. 前腿肉　B. 窝肉　C. 腿肉　D. 牛腱

9. 剞刀是在原料的（　　）切割成某种图案条纹。

A. 肉面　B. 皮面　C. 表面　D. 里面

10. 猪里脊肉位于（　　），呈长条形。

A. 脊柱下　B. 胸骨上　C. 腰椎处　D. 尾椎处

11. 牛肋条肉的特点是（　　），结缔组织丰富，属三级牛肉。

A. 肉质坚实　B. 肥肉为主　C. 肥瘦相间　D. 瘦肉为主

12. 猪硬肋又称（　　）。

A. 上五花肉　B. 下五花肉　C. 扁担肉　D. 梅条肉

13. 低温油焐制干料原料时的油温，应控制在（　　）为宜。

A.100℃ ~ 115℃　B.80℃ ~ 90℃　C.70℃ ~ 80℃　D.60℃ ~ 70℃

14. 干制原料通过油的炸发，汽化的水分主要是（　　），又称结构水。

A. 液态水　B. 渗透水　C. 结合水　D. 蒸馏水

15. 油发的目的是使干制原料（　　）成为半熟或全熟的半成品。

A. 恢复原形　B. 膨胀松脆　C. 吸油胀润　D. 质地变脆

16. 汆烫鳝鱼时加入食醋，有增加（　　）的作用。

A. 肉质的嫩度　B. 酸味作底味　C. 鱼肉色泽　D. 鳝背光泽

18. 清水漂洗法主要适用于（　　）的原料。

A. 家畜类内脏　B. 家禽类内脏　C. 松散易碎　D. 柔滑软韧

19. 里外翻洗法主要用于家畜（　　）等内脏的洗涤加工。

A. 肺　B. 肠、肚　C. 脑　D. 脊髓

20. 热空气加热能利用热辐射直接将热量（　　）到原料表体。

A. 辐射　B. 传导　C. 对流　D. 回传

（二）判断题

（　）1. 盐醋浸渍法是家畜类原料常用的清洗加工方法之一。

（　）2. 里外翻洗法的主要用于肠、肚等内脏的洗涤加工。

（　）3. 清水漂洗法主要适用于柔软细嫩的原料。

（　）4. 猪脑适用于清水漂洗法。

（　）5. 刮剥洗涤法是一种除去家畜类原料外皮污物和皮膜的清洗加工方法。

（　）6. 带皮猪肉、猪脚爪、火腿等原料外表在洗涤过程中需用刀反复刮洗。

（　）7. 原料干制时失去的水分主要是自由水。

（　）8. 干料在用油炸发时汽化的水分主要是结合水。

（　）9. 油发一般适用于胶质丰富、结缔组织较多的干制原料。

（　）10. 初步熟处理是将初步整理的烹饪原料放入不同的媒介物中加热。

（　）11. 滑油是采用高温过油的初步熟处理方法。

（　）12. 所谓焯水，就是将烹饪原料在正式烹调前用水洗净。

（　）13. 走红是用过油的方法将烹饪原料炸制上色。

（　）14. 汽蒸装笼的顺序是把不易熟、有卤汁、有异味的原料放下层。

（三）填空题

1. 烹饪原料在初步熟处理中要达到的目的有（　　　　）、（　　　　）、（　　　　）、（　　　　）。

2. 在过油时，油温的划分原则是：三至四成热指（　　　　），五至六成热指（　　　　），七至八成热指（　　　　）。

3. 初步熟处理的方法有（　　　　）、（　　　　）、（　　　　）、（　　　　）等。

4. 过油的方法主要有（　　　　）和（　　　　）两种形式。

5. 焯水可分为（　　　　）和（　　　　）两大类。

（四）问答题

1. 焯水处理的基本作用是什么？

2. 什么是走红？其操作要领是什么？

3. 汽蒸处理原料的工艺原理是什么？汽蒸处理的作用是什么？

4. 焯水的实训基本要求有哪些？

5. 烹饪原料在加热过程中有哪些变化？

6. 焯水工艺有哪些优点？

7. 汽蒸时应注意哪些事项？

6. 过油应注意哪些事项？

（五）实训题

1. 在银芽鸡丝制作过程中如何掌控油温？请写出操作关键。

2. 学生分组制作青椒炒肉丝，研究观察影响火候的主要因素。

3. 结合课程所学知识，请用菜肴操作实例说明不同原料、菜肴所需的油温。

4. 按小组训练，分别对菠菜、方肉、羊肉等进行初步熟处理。

模块四

组配工艺

学习目标

知识目标

了解菜品组配工艺的基本特点和种类；了解菜品组配工艺的主要准备工作与基本要求；掌握单一菜品组配的基本规律与方法；熟悉零点套菜和不同宴席菜肴的组配技巧；掌握菜品风味与审美的组配原则。

技能目标

能够从菜肴的数量、色彩、香气、滋味、形状、质地、营养等方面合理配菜；能根据菜肴的质量标准合理搭配原料；会组配零点套餐和不同的宴席菜品。

实训目标

（1）能够掌握菜品组配的基本原则和方法。

（2）能组配单一菜肴，并掌握其制作工艺流程。

（3）熟知菜品组配和宴席组配之间的关系。

（4）能组配整套菜品，制定整套菜品的规格、标准。

实训任务

任务一　单一菜品的组配

任务二　整套菜品的组配

任务一 单一菜品的组配

一、知识储备

菜品的组配，即菜品的组合、搭配，就是根据菜品的品种和各自的质量要求，把经过刀工处理后的两种或两种以上的主料和辅料适当搭配，使之成为一个完整的菜品。菜品组配是烹调前的一道重要工序，配菜的恰当与否，直接关系到单个菜肴的色、香、味、形、质、量、营养价值，也决定整个宴席菜品能否协调。从菜品的整个工艺流程看，它直接担负着实现菜肴既定目标要求的组织重任，行使着对整个工艺流程的协调职能。

菜品组配是相对独立的加工工序，是菜品烹制成熟前必不可少的一个重要过程，对定性、定量的规范生产，提高产品的稳定性，对菜肴的风味特点、感官性状、营养质量等都有一定的作用，对平衡膳食有重要意义。现代厨房菜品组配工艺往往都是由知识、经验、阅历丰富的人来担任。组配工作不仅仅是简单的配菜、配料行为，而是融菜品设计、组配实施、质量监督、创造新品种菜品为一体，扩大了组配工艺和范围的一项重要工作。

（一）单一菜品组配在烹饪实训中的运用

（1）确定菜品所用的原料，规定菜品的成本和售价。菜品的用料一经确定，就具有一定的稳定性，不可随意增减、调换，以保证质量、餐饮企业信誉和菜品的标准。

（2）确定菜品的质量基础。厨房供应的各种菜品都是由一定的质和量构成，直接影响餐饮企业的盈利空间。质就是组成菜品各种原料的营养成分和风味指标，量就是菜肴中原料的重量及菜品的质量。一定的质量构成菜品的规格，而不同的规格决定了它的销售价格和食用价值。组配工艺规定和制约着菜品原料结构组合的优劣、精细，以及营养成分、技术指数、用料比例、数量多少，以保证菜品的质量。

（3）体现菜品的风味特色。菜品的风味基础，是人们通常说的色、香、味、质等各种表现的综合。菜品的风味不是随机的，是有一定规律的，配菜确定菜品的口味和烹调方法，同时也规定菜品的色泽与造型。

（4）组配工艺是菜品多样化的基本技法。菜品创新的手法很多，在很大程度上是原料组配工艺的运用。原料组配形式和方法的变化，导致菜品的风味、造型、技法等方面的改变，要使烹调方法与这种变化相适应。菜品组配工艺是菜式创新的主要途径。

（5）营养成分合理组配。菜品的规格质量确定下来后，各种原料的营养成分也就固定下来。组配原料中的不同营养成分，可以满足人体对营养素的不同需求，并可提高消化吸收率和营养价值。

（二）单一菜品原料的构成及组配形式

单一菜品原料组配工艺，简称“配菜”，是指把加工成型的各种原料加以适当的配合，使其可烹制出一份完整的菜肴的工艺过程。一份完整的菜肴由三个部分组成：即主料、辅料、调料。

主料：在菜品中作为主要成分，占主导地位，是突出作用的原料。通常占60% 的比重，反映菜品的主要营养与主体风味。

配料（辅料）：为从属原料，指配合、辅佐、衬托和点缀主料的原料，占30%~40%，作用是补充或增强主料的风味特性。

调料：调和食物风味的一类原料。

菜品组配往往依据主料、配料的多少，分为以下三类：

（1）单一原料菜品的组配：菜品中没有配料，只有一种主料，对原料要求较高，如爆炒腰花、清蒸鸽子。

（2）多种主料菜品的组配：主料品种在两种或两种以上，数量大致相等，无主、辅之分，如三色虾仁、五彩鸡丝。配菜时原料应分别放置，便于操作。

（3）主、辅料菜品的组配：菜品有主料和辅料，并按一定的比例构成。其中主料为动物性原料，辅料为植物性原料的组配形式较多，也有辅料是动物性原料的，如肉末豆腐，有的是多种辅料，如三色鸡丁。

（三）单一菜品的组配工艺

1. 菜品原料色彩的组配

色彩是反映菜品质量的一个重要方面。菜品的风味是通过菜品的色彩被客观地反映出来，色彩对人们的饮食心理产生极大的诱惑作用。菜品的色彩通常分为冷色调和暖色调，菜品通过色调来体现色彩的温度感。在烹饪的原料过程中，体现所谓冷、暖是互为条件、互为依存的。如紫色在红色环境里为冷色，而在绿色环境里又成为暖色；黄色对于青、蓝为暖色，而对于红、橙又偏冷。菜品色彩的组配有以下四种表现形式：

（1）单一色彩的菜品。组成菜品的原料由单一的一种原料色彩构成的，例如清炒虾仁、北京烤鸭。

（2）同类色的组配。也叫“顺色配”，即主料、辅料必须是同类色，其色相相同，只是光度不同，可产生协调而有节奏的效果。例如春笋炒鸡丁、土豆炒肉丝。

（3）对比色的组配。也叫“花色配”“异色配”，即把两种不同色彩的原料组配在一起。对比色在色相环上相距于60° 以外范围的各色称为对比色，也称为调和色，例如芙蓉鸡片、青椒肉片。

（4）多色彩的组配：组成菜品的色彩是由多种不同颜色的原料组配在一起，其中以一色为主，其他色附之，色彩艳丽，总体调和，例如五彩鱼丝、荷花豆腐。

2. 菜品性味的组配

（1）依据食物“五味”特性配菜。

“五味”是指食物的辛、甘、酸、苦、咸。中医的“五味”一是指食物的具体滋味，二是指食物的作用。不同的味有不同的作用和功效。食物“五味”之中以甘味最多，咸味与酸味次之，辛味更少，苦味最少。辛味食物如韭菜、紫苏、草果、山柰、胡椒、蛤蟆油、葱、姜、蒜等，具有发散行气、通血脉等作用，适用于气血不畅或风寒湿邪等。酸味食物如马齿苋、乌梅、食醋、石榴等，具有收剑、固涩止泻作用，多用于虚汗、久泻、尿频、遗精等病症。酸味还能增进食欲、健脾开胃，增强肝脏功能，提高营养成分的吸收率。但过食酸物又会导致消化功能紊乱。苦味食物如苦瓜、豆豉、荷叶等，具有清热、健脾等作用，多用于热征、湿征。咸味食物如猪腰、猪血、鳖甲、山药、天麻等，具有润下、补肾等作用。有些食物的性味有多种，猪肉、龟肉、田螺、鸽蛋、带鱼、海参、对虾、紫菜等具有甘、咸特点，猪肝、羊肝、芹菜、白果、人参、百合、三七、菊花等具有甘、苦特点。辣椒、陈皮等具有苦、辛特点，我们在配菜时应综合考虑上述食物“五味”特点。

（2）依据食物“四性”配菜。

“四性”，指食物具有寒、热、温、凉四种不同的性质。“寒与凉”“热与温”仅是程度有所不同，食物的寒凉性和温热性是相对而言的。介于寒凉与温热之间，即寒热之性不明显，则称之为平性。常用食物中，以平性食物居多，温热者次之，寒凉者最少。“虚则补之，实则泻之，寒者热之，热者寒之”，是中医辨证施治的原则，以避免盲目进食，有利于合理配餐。

（3）依据食物的“归经”理论配菜。

①“归经”通常是指不同的食物，对于人体脏腑经络各个部分有选择性的特殊作用，与“五味”理论有关。“辛入肺，甘入脾，酸入肝、苦入心、咸入肾”，食物“归经”理论加强了食物选择的针对性。

② 食物的“归经”与“四性”相结合，则作用更加明显，如同为寒性食物，虽都具有清热作用，但其作用范围不同，有的偏于清肺热，有的偏于清肝热，有的偏于清心火等。同理，补益类食物，也有补肺、补肾、补脾的不同作用，根

据食物的“四气”“五味”和“归经”确定其功效和作用，大致可分为滋养机体、预防疾病、治疗疾病等三大类。

③ 中医认为人体最重要的物质基础是精、气、神，统称“三宝”。“精”“气”是人体生命活动的原动力，“神”是精气充盈的外在综合体现，精、气、神都离不开饮食的滋养。

（4）依据食物的特殊功能配菜。

食物对人体的营养作用，本身就是一项重要的保健预防措施。除药膳的配制具有极强的针对性外，对于普通菜肴，也应该充分利用某些食物的特殊功能有目的配菜，以充分彰显食物的食疗保健作用。大蒜、红薯、卷心菜、西蓝花、大豆、豆腐、洋葱、西红柿、茄子、辣椒、花菜、黄瓜、土豆、紫苏、韭菜、胡萝卜、芹菜、甘蓝、坚果、莴笋等是抗癌食物；一些低脂肪、富含蛋白质的海产品、大豆、鸡蛋、鱼头、牛肉等是增强智力、改善心境的食物；山药、核桃、百合、枸杞、枣等是强身健体的食物；牛奶、核桃、莲藕、黄花菜、菠菜、沙丁鱼、香菇、羊栖菜等是安神、促进睡眠的食物；红白萝卜、芦荟、番茄、茄子、牛肉、玉米等是健胃食物；动物肾脏、牡蛎、狗肉、羊肉、牛鞭、鳖龟、韭菜、鳝鱼等是补肾壮阳的食物；芹菜、茄子、南瓜、芦笋、土豆、莲子、山药、魔芋、兔肉、鹑蛋、海蜇、海带、墨鱼等是降压食物；木瓜、黄瓜、番茄、洋葱、冬瓜、竹笋、红薯、辣椒等是减肥食物；黑木耳、西蓝花、紫菜、黄瓜、玉米、木瓜、番茄、鸡翅、兔肉、带鱼、海参等是美容食物；各种黑色食物均有美发功效。

在组配菜品时掌握营养配餐的平衡理论，即主食与副食平衡、酸与碱平衡、荤与素平衡、杂与精平衡、饥与饱平衡、冷与热平衡、干与稀平衡、动与静平衡、情绪与食欲平衡、寒热温凉“四性”平衡。只有将这些理论转化为技能，实施科学配菜，才能给人带来营养与健康。

3. 菜品口味的组配

菜品的口味是通过口腔感觉器官——舌头上的味蕾鉴别的，口味是评价菜品的主要标准，是菜品的灵魂所在，一菜一格，百菜百味。菜品的口味组配实训要做到以下几方面。

（1）突出主料的本味。以清淡咸鲜为主，所用调味品较少，用盐量也少，汤菜一般含盐量为 0.8%，爆、炒等菜肴含盐量为 2%。

（2）突出调味品的味道。所用调味品较多，以复合味较多。

（3）适口与适时规律。根据各地风俗、风味特点、口味、时令季节等符合大多数人的味觉习性，才算是好口味。

4. 菜品原料形状的组配

菜品原料形状的组配就是将各种加工好的原料按照一定的形状要求进行组

配，组成一盘特定形状的菜肴。菜品形状组配的要求如下。

（1）根据加热时间来组配：菜肴的形状大小必须适应烹调方法。

（2）根据料形相似来组配：主、辅料的形状必须和谐统一，相近或相似，根据烹调的需要确定主料的形状，从而确定辅料的形状，如丁配丁。

（3）辅料服从主料来组配：如荔枝腰花，辅料长方片或菱形片。

5. 菜肴原料质地的组配

菜品在组配时应根据原料的质地进行合理的搭配，符合烹调和食用的要求。原料质地组配时要做到以下两方面：

（1）同一质地原料相配。即原料质地脆配脆、嫩配嫩、软配软，例如汤爆双脆、西芹炒百合。

（2）不同质地的原料相配。即将不同质地的原料组配在一起，使菜肴的质地有脆有嫩，口感丰富，给人一种质地反差的口感享受，例如宫保虾仁、春笋肉丝。

6. 菜品与器皿的组配

中国菜品的餐具种类繁多，从质地材料分，有金、银、铜、不锈钢、瓷、陶、玻璃、木质等。从形状上分，有圆、椭圆、方形、多边形等。从性质来分，有盘、碟、碗、品锅、明炉、火锅等。美食需配美器，不同的菜品要选择合适的餐具，在菜品与器皿的组配中做到以下几方面。

（1）根据菜品的档次选择餐具。名贵的烹饪原料制作的菜品，例如燕窝、鱼翅等，一般要选用银质或镀银的餐具。

（2）根据菜品的类别选择餐具。大菜或拼盘用大型器皿，无汤的用平盘，汤少的用汤盘，汤多的用汤碗。

为使菜品在盘中显得饱满，又不显臃肿，通常以器皿定量，这是最基本的、也是最常用的确定单个菜肴原料总量的定量方法，即用不同的容量、规格的盛器，可以预先核定出菜料总量标准。

7. 菜品原料的营养组配

合理营养是健康的物质基础。配菜时必须根据原料的营养成分、性能、特点进行合理、科学的搭配，使菜肴中的营养成分能够做到定性、定量，以确保菜肴的营养价值。人类的食物是多种多样的。一方面，各种食物所含的营养成分不完全相同，每种食物都至少可提供一种营养物质。另一方面，人类需要的营养素有40多种，除了母乳可以满足6个月以内的婴儿的营养需要外，没有一种食物可以满足人体对营养的全部需要，因而提倡广泛食用多种食物。

（1）粗细搭配。

① 制作菜肴选料时一味追求精细，这是不利于健康的。正确的方法应当是

粗细搭配，应有意识地选择小米、高粱、玉米、荞麦、燕麦、薏米、红小豆、绿豆、芸豆、糙米、全麦粉等粗粮粗料。如谷类蛋白质中赖氨酸含量低，而豆类蛋白质中蛋氨酸含量较低，若将谷类和豆类食物合起来用，它们各自缺乏的氨基酸可以得到互补，从而提高了各自蛋白质的生理功效。

② 粗粮粗料中膳食纤维、B 族维生素和矿物质的含量比细粮细料要高得多，但粗粮粗料口感较差，若粗细搭配，正好相互弥补不足，提高了营养价值。

（2）荤素搭配。

动物性原料中含有较多的蛋白质、脂肪，植物性原料中含有较多的维生素、无机盐，荤素搭配能确保各类营养素的均衡和充分，并能使食物性质达到酸碱平衡，满足人体对营养素的需要。

（3）食物多样。

各种不同的营养素存在于不同的烹饪原料中，为了做到各营养素的均衡，选配原料要全面和多样，避免原料组配偏向某一类食物。

（4）油脂适量。

大量的事实证明，控制脂肪的摄入对保证健康是十分重要的。脂类中的一种胆固醇如果在血液中太多了，容易导致心血管疾病。选配原料应避免使用部分氢化植物油、起酥油、奶精、植脂末、人造奶油等，减少售卖香脆、酥滑的多油食物的频度和数量，少配制油煎、油炸食物。

（5）少配甜菜。

糖类是人体生命活动的主要能量来源，但如果摄取过多，这种能量物质用不完，则以脂肪的形式贮存起来，其后果是导致肥胖。另外，甜食对牙齿也有一定的危害。

（四）单一菜品标准化的组配

在菜品标准化手册中，有一部分涉及组配标准。在组配菜肴时，一方面必须按组配标准执行，另一方面，应当把标准化的组配纳入整个菜肴的标准化之中，统筹考虑。只有这样，菜肴的组配才完全符合标准。菜品组配标准化的控制与其组配方法密切相关，一般来讲，菜品标准化的组配方法有如下几种：

1. 原料种类、规格衡定法

地方特色菜品，都规定了使用原料的种类及其规格，因此，按规定的原料种类及规格配菜应当成为一种恒定的法则，不能随意加以替换和改变。特别是在营业过程中，当原料出现短缺时，应当做到宁可停售，也不能滥用替代品。

2. 原料品质固定法

原料品质的好坏，直接影响到菜品质量的优劣。明确规定菜品所使用的原料品质，是菜品质量标准中的重要内容。配菜选择的原料品质，应当与规定的菜品品质相一致。

3. 标准秤称量法

秤是配菜经常使用的称量衡器，通常有盘秤、杆秤和电子秤。配菜中一般是根据称量物品数量的多少使用不同的秤。把称量作为配菜和一种方法习惯化，不仅是诚信对待顾客的需要，更是有效控制原料成本的重要举措。

4. 标准量杯法

量杯是厨房使用的一种容量，一般为玻璃或塑料制成，用来取量厨房生产中常规用量的原料。通常一量杯的容积为250毫升，量杯分为五个刻度，分别是50毫升、100毫升、150毫升、200毫升、250毫升。换算量杯是厨房使用的能够将多种制式的容积和质量与公制比较的一种容器。为了换算简便，常将一个量杯的表面刻上不同制式的刻度与公制对应，以保证配方的准确。

5. 盛器定量法

盛器定量法是指根据规定的原料量选择适合的盛器予以额定。盛器定量法简单快速，尤其适合客流量大时的流水作业。

6. 分工协作法

菜品的组配，需要根据生产规模等多种因素合理确定岗位人员。由于烹饪技艺具有机械化生产的不可替代性，因此，为了真正确保配菜达到标准化，还需要对配菜岗人员按菜品权重、技艺程度等恰当分工，明确规定各人员的配菜范围，并以此为基础，分工协作，做到标准落实、规范操作，人尽其用、人尽其才。

（五）根据市场需求组配菜品

菜品的制作必须达到顾客满意。所谓顾客满意，是指顾客通过对产品可以感知的效果与他的期望值相比较以后，而形成的一种感觉状态。一般而言，顾客对菜品的满意度主要取决于三个方面，即服务质量、菜品价值和价格。其中，菜品价值是指菜品的特性、品种、品质等所产生的价值。配菜是实现菜品价值与价格的重要环节，合理的菜品原料组配，是实现菜品价值转化为销售价格的物质基础。

按菜品质量标准配菜，是配菜人员必须遵循的操作规范，但这种规范操作不是孤立的，它还必须结合多种因素，尤其是要根据顾客的需求状况灵活变通。换言之，由于就餐者的年龄、性格、嗜好、信仰、体征等都存在差异，因而，对菜品形成了差异化的需求，配菜人员应当对客人的诉求予以充分了解，使配菜有的放矢。特别是当客人对原料组配提出了个性化要求的时候，配菜时更要引起足够的重视，尽可能满足客人的需要。

二、菜品制作工艺与实训

宫保虾仁

1. 烹调类别

炒。

2. 烹饪原料

主料：鲜虾仁 250 克。

配料：花生米 60 克。

调料：料酒 15 克、老抽 10 克、米醋 20 克、白糖 20 克、盐 2 克、胡椒粉 6 克、葱 15 克、姜 10 克、蒜 18 克、淀粉 20 克、干辣椒 5 克、花椒 2 克。

3. 工艺流程

（1）鲜虾仁去虾线，洗净，沥干水分，将虾仁中加盐 1 克，老抽 2 克，料酒 5 克、胡椒粉 1 克抓匀，再放少许干淀粉拌匀。

（2）葱切丁，姜蒜切片，干辣椒去籽切小段，花生米泡水去皮炸脆。把料酒 10 克、酱油 8 克、米醋 20 克、白糖 20 克、盐 1 克、淀粉 12 克调匀。炒锅内倒适量油，烧至 120℃，虾仁滑油成熟；锅留底油烧热，加入花椒、辣椒炒至棕红色，下虾仁炒散，放姜蒜片爆出香气。把调好的碗汁倒入锅中，大火快速炒动即可。

4. 风味特色

虾仁鲜嫩，色泽艳丽，香辣味浓。

5. 实训要点

（1）鲜虾去壳后从虾背上剥开剔除虾线，加入盐和蛋清等浆制一下。

（2）热锅凉油，先爆香小料再放入调味汁。

（3）调制调味汁：糖、醋、盐比例为 4∶3∶1，再加入适量的酱油、料酒、水淀粉。

三、拓展知识与运用

（一）配菜组织准备的基本要求

1. 充分重视，不留责任空隙

配菜前的组织准备工作是一项基础工作，是保证配菜顺利、有序、快捷、高效进行的基本前提。这项工作必须落实到位，做到有始有终，不留责任空隙。

2. 熟悉环境，及时进入工作状态

厨房提供的配菜工作环境包括场地、配菜设施设备及其用具等，其环境条件因企业不同而有差异。一方面，配菜成员要在最短时间内熟悉和适应环境；另一方面，需要具备哪些配菜的设施设备和用具，应当清楚明了，要能够提出配菜工作的合理化意见和建议，防止因环境因素影响配菜的速度和质量。

3. 规范操作，培养好习惯

现代厨房十分重视标准和规范，配菜也不例外。从某种意义上讲，配菜前的准备，是配菜师必备的基本功之一。换言之，一个优秀的配菜师，应当从做好配菜准备工作入手，要能够将配菜准备工作作为一种好习惯固定下来。配菜人员不仅要熟知配菜场地设施设备的合理布局，各种配菜用具及其原材料的规范存放，而且要始终与厨房及服务部相关岗位保持有效沟通，使配菜工作处于良性循环状态。

（二）菜肴香气的组配方法

1.“有香使之出”

“有香使之出”，是指在组配菜肴时要充分体现出原料愉悦的香气。尤其是选用鲜活的动植物做主料时，必须突出主料的香气，调辅料只能起辅佐主料香气的作用。如滑炒里脊丝，里脊肉本身香气较好，所配的调辅料则不能掩盖其香气。

2.“香差使之入”

“香差使之入”，是指对于香气较欠缺或严重缺乏香气的原料，要配入增加香气的调辅料。经过涨发的干制原料其香气较淡，如蹄筋、鱼肚、鱼翅等，用它们做主料时，需要用鸡脯肉、火腿、鲜笋等本身香气好的原料与之搭配，以补充干制原料香气的不足。

3.“香近勿相配”

有些原料的香气比较相近，如鸭肉与鹅肉、牛肉与羊肉、大白菜与包菜等。若将香气相近的原料组配在一起，会相互制约，使各料的香气变得更差，故不宜相配。

4.“借香掩异味”

当主料异味较重时，可借助辅配料的香气予以掩盖，如牛肉可以用洋葱、香芹、大蒜、香菜、辣椒等其中任一辅配料搭配。为了达到掩盖异味的目的，要求所使用的配料具有浓郁的香气。另外，这种组配设计也为烹调传递了一种信息，厨师能够依据组配料的特点，对主料异味进行恰当的控制处理。

5.“缀香显特色”

此方法常与配菜缀色组合使用，所选择的辅料不仅色彩要鲜明，而且香气要充分。缀，即点缀之意，即控制好辅料用量，不喧宾夺主，以不压抑主料香气为度。这种组配方法具有广谱性，如老鸭汤缀入金华火腿，椒盐排骨点缀青、红椒及洋葱粒，清炒鱼丝点缀较细的红椒丝等。

任务二　整套菜品的组配

一、知识储备

整套菜品组配就是根据就餐的目的、对象选择多种类型的单个菜品进行适当搭配组合，使其具有一定质量规格的整套菜品的设计、加工的过程。整套菜品组配工艺是决定套菜形式、规格、内容、质量的重要手段。配制整套菜除了对每份菜中原料的各方面搭配有所要求以外还对整套菜中各份菜之间的原料搭配有所要求。单个菜组配更多地强调单个组配客观对象构成的完整性，整套菜组配更多地强调组配客观对象群体和个体对象群体的双向联系和统一。

整套菜品通常由冷菜和热菜共同组成。根据其档次、规格的不同，可分为便餐套菜和宴席、宴会套菜两类。

（一）便餐套菜组配

便餐套菜的档次较低，一般由冷菜和热菜组成，也可只用数道热菜，一般不用工艺菜。

1. 便餐套菜组配的要求

便餐套菜组配，尤其要强调膳食平衡，组配的关键是制订合理的套餐菜品计划。

（1）依据季节和就餐人年龄、劳动强度，结合人的机体健康状况，确定总热量及热源质的配比率。

（2）按照热源质的合理分配要求，计算出三大生热营养素的需要量。

（3）依据食物成分表，结合营养素需要量以及套餐的经济含量选择品种，并确定其质量和数量。

（4）制定菜单。套餐菜单既要有明细，又要简捷明了，要标明每个品种的原料数量及其营养特点。一日三餐的菜单在原料、品种、制法上应有区别，尽可能避免重复。

2. 便餐套菜的组配与设计

便餐套菜组配通常分为正餐套餐菜品组配、节日套餐菜品组配、会议套餐菜品组配、团队套餐菜品组配。可由冷菜和热菜组成，也可只用数道热菜。

（1）中餐正餐套餐菜品的组配与设计。

中餐正餐套餐菜单的内容包括冷盘、热炒、大菜、主食、汤、点心和水果等。各个菜点的数量要根据用餐的人数合理安排。以5~6人为例，一般来说，冷菜3~4个，热菜5~7个，再配上一道汤、两道点心、一道蔬菜和简易水果拼盘。在设计中餐正餐套餐菜单时需注意以下内容：

① 菜单中菜品的顺序要严格按照正常就餐的顺序编排。

② 平衡菜肴的品种，满足人们对菜肴的营养、口味、质感的不同追求，根据用餐者的就餐目的和要求选择合适的菜品。

③ 套餐菜单中的菜品应选择一些盈利比较大的菜肴；同时菜品的选择要考虑本餐厅的厨师力量、厨房设备以及原料供应等因素。

（2）节日套餐菜品组配与设计。

节日套餐菜品的内容和正餐套餐菜品一样，仍由冷菜、热菜、大菜、主食、汤、点心和水果组成，只是在菜品安排上要紧扣节日的文化主题选择菜品。在节日套餐菜品组配时应注意以下几点：

① 节日套餐菜肴的设计要紧扣节日的文化主题，要选择时令的原料制作菜肴。

② 套餐菜单上菜肴的顺序要严格按照正常的就餐顺序编排。

③ 菜肴的命名要有艺术性，要有庆祝、吉祥之意。

（3）会议套餐菜品的组配与设计。

会议套餐菜品通常包括开胃小菜、热菜、汤、点心、水果等。开胃小菜一般可以安排诸如榨菜、四川泡菜、八宝辣酱以及一些常见的冷菜等；热菜类一般可以安排一些可以下饭的菜肴，如豆瓣青鱼、麻婆豆腐等，也可以安排一些地方特色菜肴，如在北京开会，饭店则可安排酱爆鸡丁、北京烤鸭等北京名菜；而对于汤、点心和水果的安排，应根据具体情况灵活掌握，如水果应视季节而定。在会议套餐菜品组配时要注意以下几点：

① 认真分析参加会议人员的来源、职业、结构等，了解他们的饮食喜好和禁忌，菜单中应安排一些口味较重便于下饭的菜肴。

② 菜单中应安排一些大家比较喜爱的且经济实惠的菜肴，如就餐者中外地客人较多，还应尽量安排一些本地地方名菜。

③ 菜单的内容要齐全，应含有冷菜、热菜、汤、点心和水果等。所安排的菜肴要便于大批量生产，即多安排一些烧、蒸、炸的菜肴，尽量少安排炒、煎的菜肴。

④ 菜品的选择仍要考虑同业竞争的因素，多选择一些具有竞争力的菜品。

（4）团队套餐菜品的组配与设计。

团队套餐菜品的安排一般以热菜为主，同时还应配备汤、主食等。在团队套餐菜单中，以一桌10人为例，热菜通常安排7~10道，汤一道，主食多为米饭、面条或馒头之类。若客人有需求，还可以安排1~2道开胃小菜或水果。在团队套餐菜品组配时要注意以下几点：

① 了解每批团队客人的来源及组成，有针对性地设计菜品。菜品中应安排一些口味较重、便于下饭的菜。

② 应安排一些富含蛋白质、脂肪、糖类等营养素的热菜，以补充团队客人因旅游而耗费的能量。菜品中应尽量安排一些当地的地方特色菜肴或本饭店的特色菜，以满足游客的心理需求，同时宣传了饭店。

③ 由于团队客人的就餐非常讲究时效，因此菜品应选用事先可以做好准备的菜肴，如蒸菜、炖菜或烧菜等。

（二）宴席套菜组配

宴席套菜的档次较高，十分强调规格化，一般由多个冷菜和热菜组成，并把菜肴分为冷碟、热炒、大菜等，可以穿插使用工艺菜。由于套菜中以宴席菜的组配最具有代表性，本节着重探讨宴席菜肴的组配。

宴席套菜组配如下。

1. 冷菜

冷菜，又称冷盘、凉菜、冷碟等，形式有单盘、双拼、三拼、艺术拼盘、造型带围碟等。冷菜作为佐酒开胃菜，其特点是制作精细、调味讲究、注重造型、荤素兼备。

2. 热菜

热菜是宴席菜式的主体，一般由热炒和大菜组成。

（1）热炒。

① 通常排在冷菜后、大菜前，起承上启下的作用，主要采用爆、炒、熘等快速烹法，特点是色艳、质美、鲜热爽口。

② 热炒菜可以连续上席，也可以穿插在大菜中上席，讲求质优者先上，质次者后上；清淡者先上，浓厚者后上；名贵菜肴穿插上，以体现跌宕起伏的上菜变化。

（2）大菜。

大菜的含义有两种，一是烹调工艺上的含义，主要是指原料形态较大，采用炸、烧、煮、焖等一类烹调方法制成的菜肴；二是销售上的含义，是指名贵物料制成的价值高档的菜肴。大菜是宴席中的柱子菜，包括头菜和热荤大菜。

头菜是宴席菜肴中原料最好、质量最佳、名气最大、价格最贵的菜肴，它通常排在所有大菜最前面，统帅全席。头菜是衡量宴席等级的标准，故头菜选用的原料和制作方法通常依宴席的整体价位而定，一般多选山珍海味或常用原料中的优良品种制作头菜。头菜出场醒目耀眼，能够掀起宴席菜式的高潮。

（3）素菜。

素菜是宴席中不可或缺的品种，主要由粮、豆、蔬、果等制作而成。素菜入席，有六大特点：一是应时顺季，选时令原料。二是宴席越高档，原料越精致，烹法越讲究。三是素菜能改善宴席食物的营养结构，促进食物的消化。四是能去腻解酒，变化口味。五是上席顺序大多偏后，也可穿插于油腻菜之后。六是宴席中的素菜不宜过多，通常以2~3道为宜。

3. 汤品

宴席中的汤品主要有首汤、二汤、中汤、座汤、饭汤之分。

4. 甜菜

甜菜泛指包括甜汤、甜羹在内的甜味菜品。甜菜有干稀、冷热、荤素之别，具体上何种甜菜需视季节和宴席档次以及顾客喜好而定，一般1~2道甜菜，主要起调剂滋味、改善营养、解酒醒醒、满足不同人群的需求等作用。

5. 饭菜

又称小菜，是指酒后用于下饭的菜。饭菜主要为酱菜、泡菜、腌腊菜以及小炒菜等，多见于普通宴席，特点是清口、醒酒、解腻、佐饭。

6. 果拼

又称水果拼盘，在传统宴席中最后上席，表示宴席结束。果拼具有一定的艺术色彩，宴席越高档，其刀工处理的艺术效果越好，所选原料为新鲜的水果，如香蕉、苹果、甜橙、哈密瓜、猕猴桃、火龙果、樱桃、番茄、西瓜、白瓜、小金瓜等。

（三）宴席菜品组配的实训要求

1. 主题突出

各种宴席都具有其鲜明的主题。主题即举办宴席的目的，它是宴席的灵魂。紧紧围绕宴席主题组合菜品，是宴席菜品设计的主要任务。

2. 档次分明

中式宴席一般分为高档、中档、普通三个等级，等级不同，菜式组配也不同。高档宴席，原料质佳，风味突出，制作精细，菜式精致，品位较高。中低档宴席原料普通，工艺较简单，制作简便，菜式多大众化。低档宴席主要讲求经济实惠。

3. 格局趋同

近年来，中式宴席经过不断革新，其基本格局趋于一致，菜式结构主要包括冷菜、热菜、素菜、汤菜、甜菜、饭菜、果拼。

4. 合理配餐

合理配餐是宴席菜点组配的重要内容。席面除了菜肴外，还要配置主食或点心，席前或收席后配备茶水，宴席上这种成套组配的目的主要是为了达到合理的进餐效果。传统的宴席配餐菜量较大，荤类原料偏多，这也是当今宴席改革的主要方面。现代宴席提倡按照“两高三低”，即高蛋白、高维生素、低热量、低脂肪、低盐进行食品的组配，使宴席的营养成分能够基本满足人体生理的需要。

（四）宴席菜品组配实训与设计

宴席菜肴的组配，以参考各种制约因素为前提。围绕宴席菜肴组配的要素设计菜肴，是宴席菜肴组配的基础；综合各种条件确定上菜顺序，是宴席菜肴组配的关键。一般来讲，宴席菜肴的设计程序，是宴席菜肴组配方法的核心内容。

1. 确定宴席菜肴的结构与比例

宴席的档次高低，通常用宴席售价或菜品总成本予以直观表示，这是确定宴席菜品结构的依据。宴席主要由冷菜、热菜、汤菜、面点构成，在设计宴席结构时必须引起高度关注。要在菜品的用料、味型、烹法、装盘等方面选好用好，在结构设计上要突出其衬托主体和彰显主题的作用。整桌宴席的菜品结构要设计合理、多样统一；同时确定宴席菜品的比例（见表 2-1），除了依从宴席档次外，还要参考办席季节、人数、人员结构等因素灵活处理。

表 2-1　宴席菜品的比例分配

宴席档次	冷菜（%）	热菜（%）	饭点、蜜果（%）
普通宴席	10	80	10
中档宴席	15	70	15
高档宴席	20	60	20

2. 确定宴席菜肴的选取范围

在宴席菜品的结构与比例确定之后，紧接着就是选择宴席菜品。宴席菜品的选择分两个阶段较为合理：第一阶段为初选阶段；第二阶段为菜品的调整与确定阶段（这一阶段问题将在后面阐述）。宴席菜品的初选，并不意味着可以随心所欲，它既不是单个菜品的简单组合，也不是“海底捞月”，它必须根据宴席的主题与售价、办宴季节、客人需求、备料情况、厨房生产能力、宴席的结构比例、菜品色香味形质器养的变化等诸多制约条件综合设计，在适当的菜品挑选范围内，初步确定出每一类菜品的数量、等级及其品种，为后续工作打下基础。

3. 核对售价，确保宴席成本的合理性

主要是在宴席菜品老菜和新菜中进行挑选。老菜是指长期销售的菜肴，新菜是指销售时间不长或从未销售过的菜肴。老菜和已销售过的新菜，其售价与成本是既定的，而未销售过的新菜，则要做好成本与售价的核算工作，这是其一。其二，初步确定的宴席菜品，要通过单品售价累加出总售价，与宴席售价进行核对，确保宴席成本能够控制在合理范围内。一般来讲，宴席在总售价上有一个让利幅度，这需要根据实际情况灵活确定，通常让利幅度为总售价的5%。

4. 调整与优化宴席菜品的组配

调整菜品是指对初步设计的宴席菜品进行全面的审核，对不符合要求的菜点进行更改，使其组合设计达到最优化。调整宴席菜品要遵循以下基本规律：

（1）重点突出，主次分明。突出核心菜品，即冷菜中突出主盘，热菜中突出大菜，大菜中突出头菜，面食中突出首点，汤品中突出座汤，明确体现宴席菜品的主从关系。

（2）发挥所长，彰显特色。全面审视菜品的组配是否做到发挥厨师的专长和优选物料，技法是否新颖，名菜名点是否贯于其中；整桌宴席菜品的排序是否做到跌宕起伏、水乳交融；是否充分体现饮食习尚和地方风土人情。

（3）注重情韵，讲求吉数。宴席菜品的命名十分注重情韵，追求格调一致，可以是写实性命名，其名称简洁醒目，朴实无华；也可以是寓意性命名，常与宴席特点相结合。如婚宴，菜品可以命名为“百年好合”“早生贵子”等；团年宴，菜肴可以命名为“年年有余”“全家乐福”“金玉满堂”等。总之，寓意性命名要赋予文采，做到菜名艳美，富有联想。各道菜品命名的字数要相等，喜庆宴席的菜品总数成双数。

（4）菜品价格合理，足够食用。菜品价格合理包括两层含义：一是指菜品的售价要符合其质量；二是指菜品质价的总体权重要适当，切忌因某菜价格过高，导致其他菜式不能安排，菜品总量不够食用。一桌宴席应当安排多少个菜品合适，没有一个定数，需要具体情况具体分析对待，做到既足够食用，又不造成浪费。一般而言，8~10人座席面，菜品总数可以控制在14~18道之间，其中，价格适中的精品菜式占菜品总数的60%~70%，品牌菜式则占30%~40%。

5. 合理编排宴席上菜顺序

宴席菜目的编排顺序决定上菜程序，其编排顺序一般是冷菜、热炒、头菜、大菜、汤菜、饭菜、面点、果拼。讲究先冷后热，先炒后烧，先咸后甜，先清淡后浓厚。头道热菜是最名贵的菜，座汤上席表示菜已上齐。上咸汤跟咸点，上甜汤跟甜点。宴席的上菜顺序可以根据各地习俗进行调整，以充分体现当地宴席的饮食风格。

（四）厨房生产因素对宴席菜点组配的影响

（1）厨师技术力量的影响。在组配菜点时应了解厨房生产人员的技术状况，以便根据他们的技术能力组配出切合实际的菜点。

（2）厨房设施设备的影响。在组配菜点时一定要考虑设备与设施，能否保质保量地生产出所组配的菜点。

（五）宴席厅接待能力对菜点组配的影响

宴席厅接待能力的影响主要包括两方面，即宴席服务人员和服务设施。厨房生产出菜点后，必须通过服务员的正规服务，才能满足宾客的需求。组配宴席菜点时必须考虑服务的种类和形式，是采用中式服务还是西式服务，是高档服务还是一般服务。

二、宴席菜单设计与实训

（一）宴席菜单设计与编排

菜品成本350元，毛利率45%，调味料占菜品成本5%。

（二）宴席菜单实训基本要求

（1）菜品构成。冷菜6道、热菜8道（6荤1素1汤）、点心2道、水果1道。

（2）宴席菜品上菜程序。根据宴席菜品上菜要求编排，符合地方特色的宴席上菜。

（3）宴席菜品设计。据宴席菜品设计的基本要求，宴席主题体现文化内涵，菜品制定和主题联系。烹调类型不同，口味符合地方特色，原料选择具有时令性，准确计算菜品成本，选择盛器，制定菜单。

（4）菜品制作工艺与实训。在规定时间内完成菜品制作，菜品分工合理，符合食品安全。

三、拓展知识与运用

（一）宴席菜品不同区域的上菜顺序

编排上菜顺序是宴席菜品组配的重要环节，是宴席经营思想与经营水平的体现，直接关系到客人对宴席菜品的感受过程及其总体评价，而不同区域的上菜格局是有一定差异的。

1. 北方型宴席上菜顺序

包括华北、东北、西北的大部分地区，主要形式是冷菜（有时也带果碟）→热菜（以大件带熘炒形式组合）→汤点（面食为主体，有时也跟大件之后）。

2. 西南型宴席上菜顺序

包括四川、贵州、云南、重庆和藏北等地，主要形式是冷菜→热菜（一般不分热炒与大菜）→小吃（1~4道）→饭点→小菜（以小炒和泡菜为主）→水果（当地名品）。

3. 华东、华中型宴席上菜顺序

包括上海、江苏、浙江、安徽、江西以及湖北、湖南等部分地区，主要形式是冷盘（多系双数）→热炒（双数）→大菜（含头菜、二汤、荤素大菜、甜品、座汤）→饭点（米、面兼备）→茶果。

4. 华南型宴席上菜顺序

包括广东、广西、海南、香港、澳门、福建等地，主要形式为开席汤→冷盘→热炒→大菜→饭点→时果。

（二）中国饮食文化的基本特征

民以食为天，世界上任何一个国家都有一个传统的饮食文明，每个地区都有与众不同的饮食习惯和味觉倾向，而各自将这些精妙的技艺发展成了一种习俗、一种文化，这使得无数食客流连在世界的每一个角落。我国幅员辽阔，地大物博，各地气候、物产、风俗习惯都存在着差异，长期以来，在饮食上也就形成了许多风味。中国不仅是历史悠久的文明古国，也是饮食文化丰富的境地。中国饮食文化基本特征体现在以下几方面。

（1）风味繁多。由于我国各地气候、物产、风俗习惯都存在着差异，长期以来，在饮食上也就形成了许多风味。我国一直就有“南米北面”之说，口味上有“南甜、北咸、东酸、西辣”之分，主要是巴蜀、齐鲁、淮扬、粤闽四大风味。

（2）四季有别。中国烹饪的一大特征就是按季节配菜和调味。在传统观念的影响下，一直以来都是按季节来配菜和调味，冬之味醇浓厚，多以炖、焖、煨为主；夏之味多清淡凉爽，以凉拌、冷冻为主。

（3）讲究美感。烹饪不仅表现在精湛的烹饪技术上，而且还讲究菜肴的美感，注意食物的色、香、味、形、器的协调一致。对菜肴美感的展现也是多方面的，一个红萝卜和一棵白菜心，烹调大师们都可以雕出各种美观的造型，达到色、香、味、形、美的和谐统一，人们可以享受到精神和物质高度统一的美感。

（4）注重情趣。中国烹饪不仅要求饭菜要色香味俱全，而且还十分注重菜的品位、情趣。中国菜肴的名称可谓神奇瑰丽、雅俗共赏，也是由于烹饪大师对各种菜的命名、品味的方式、进餐节奏、娱乐穿插等都有一定的要求。菜肴名称多根据主、辅、调料及烹调方法写实命名，而且还引入一些历史掌故、神话传说、名人食趣。有些饭店就是以菜肴名来打造自己的门店形象，如“全家福”“将军过桥”“狮子头”“叫化鸡”“龙凤呈祥”“鸿门宴”等。也可以说这些都是他们的招牌菜，而且大多数食客也都是冲着这些名菜而去。

（5）医食结合。我国自古就有“医食同源”及“药膳同功”之说，这也是我国的烹饪技术的又一大特色。中国烹饪利用食物原料的药用价值，做成各种美味佳肴，让人们享受的同时也起到了一定的医疗保健作用，并且可以达到医、食双重目的。

【模块小结】

本模块介绍了单一菜品的组配、整套菜品的组配、菜品风味与审美的组配等组配工艺，系统地阐述了三大菜品组配工艺的特点、要求、方法、技巧及其规律等，并针对在菜品组配中的相关问题进行了剖析，以期能够达到合理配菜的目的。

实训练习题

（一）选择题

1. 配菜过程中要掌握原料的品种数量和种类，避免（　　）浪费。

A. 原料　B. 不必要　C. 出现　D. 可能

2. 配菜过程中，要根据原料的具体品种、菜肴成品的特征，选择与其形态、大小、色彩（　　）的盛装器皿。

A. 较准确　B. 相映衬　C. 相弥补　D. 相适宜

3. 混合式的配菜，原料之间的重量比例要（　　）。

A. 保持一致　B. 完全一致　C. 基本一致　D. 绝对一致

4. 麦穗刀法主要用于形体较大、肉质较薄、组织紧密的（　　）原料。

A. 水产品　B. 豆制品　C. 植物性　D. 动物性

5. 原料损耗率的高低可以考核操作人员的（　　）。

A. 卫生水平　B. 工作水平　C. 技术水平　D. 工作质量

6. 将浸泡后的蟹用刷子将体外的泥沙污物清除掉，并（　　），斩去爪尖。

A. 去胸骨　B. 去蟹壳　C. 去脐盖　D. 去蟹鳃

7. 荔枝花刀的剞刀深度应为原料的（　　）。

A.1/3　B.1/4　C.1/5　D.1/6

8. 局部点缀摆放是将花摆放在盘边上（　　）部位的方法。

A. 集中　B. 指定　C. 固定　D. 适当

9. 猪肉组织主要是根据肌肉的分布位置和（　　）来划分。

A. 色彩特征　B. 质地特征　C. 脂肪特征　D. 形态特征

（二）判断题

（　　）1. 把握数量标准是配菜环节减少浪费的前提。

（　　）2. 对切不出刀面的边角料，只能弃掉，否则影响装盘质量。

（　　）3. 清洁案台，烧铁板，同样也是热菜处理工作的范围。

（　）4. 单一主料的配菜，在口味上应追求单一纯正。

（　）5. 点缀花可以起到丰富菜品文化品位的作用。

（三）问答题

1. 配菜前要做好哪些准备工作？

2. 菜肴香气的组配方法有哪些？

3. 菜肴营养的组配方法有哪些？

4. 在营业高峰期怎样合理配菜？

5. 如何组配宴席菜肴？影响宴席菜肴组配的因素有哪些？

6. 烹饪原料的质感特点有哪些？

7. 菜肴色泽、形态、质地的审美组配应遵循哪些基本原则？

8. 金属容器为什么不能长时间存放酸性食品？

9. 热力消毒的温度和时间是多少？

10. 扁豆为什么必须炒熟煮透？在烹饪实训过程中应注意哪几方面？

（四）实训题

1. 按小组教学，每组从红、黄、绿、黑、紫、白六种植物原料中挑选三种，加工成丝，分别按主配料的不同进行组配，比较分析各小组的组配效果。

2. 组配三色鸡丁，并烹调成菜，体会菜肴色、香、味、形的组配与炉灶操作之间的联系，另从风味、审美的角度分析判断其菜肴的质量。

3. 分小组，每组编排一桌的宴席菜单，成本价 500 元，并自行确定宴席主题。各组选一名代表讲解组配的依据和特点，互相点评。

4. 现场参观星级酒店和社会餐饮厨房单一菜肴和宴席的组配，并撰写心得在全班交流。

项目三

烹调生产工艺与实训

模块一

调质工艺

学习目标

知识目标

了解调质工艺的基本原理；掌握上浆工艺、挂糊工艺、拍粉工艺、勾芡工艺、蓉胶制作工艺的种类、方法和要求。

技能目标

掌握菜肴调质的方法和要领；能根据原料性质、菜肴特点及不同的烹调方法掌握各种挂糊、上浆的调制比例、方法；能根据烹调的不同要求掌握芡汁的种类以及勾芡的方法和操作要领；能根据蓉胶制作工艺原理调制鱼蓉胶和虾蓉胶。

实训目标

1. 能合理掌握调质工艺的基本方法
2. 能菜肴制作中熟练调制多种粉浆和糊
3. 能熟练掌握芡汁的种类及调制方法
4. 会茸胶制作工艺的种类、原料及基本操作方法
5. 能在菜肴制作中调制多种茸胶及制作多款菜品

实训任务

任务一　糊浆工艺
任务二　勾芡工艺
任务三　蓉胶制作工艺

任务一 糊浆工艺

一、知识储备

（一）上浆工艺

上浆又称抓浆、吃浆，广东称“上粉”，是指在经过刀工处理的原料表面黏附上（或融入）一层薄薄浆液的工艺过程。上浆的原料经加热后，能使制品达到滑嫩的效果。

1. 上浆的辅料及调料

主要有精盐、淀粉（干淀粉、湿淀粉）、鸡蛋（全蛋液、鸡蛋清、鸡蛋黄）、油脂、食碱、嫩肉粉、水等。

2. 上浆所用主料的选择

上浆所用的主料宜选用鲜嫩的动物性原料，如猪精肉、鸡脯肉、牛肉、鱼肉、虾仁、鲜贝和动物内脏，刀工处理以片、丝、丁、粒（米）、花刀型为主。

3. 浆的种类

根据浆料组配形式的不同，浆大体可分为水粉浆、蛋粉浆两种基本类型，还有在基本浆的基础上加入酱料等调味品或苏打的特殊粉浆。具体种类及适用范围等如表 3–1 所示。

表 3–1 浆的种类及原料配比、适用范围

种类		原料	原料配比	适用范围	成品标准
水粉浆		淀粉、水、精盐、料酒、味精等	主料 500 克、干淀粉 25 克、清水 50 克	多用于炒、爆、熘、氽等菜肴	乳白，质感滑嫩
蛋粉浆	蛋清浆	蛋清、淀粉、精盐、料酒、味精等	主料 500 克、蛋清 25 克、淀粉 10 克	多用于炒、爆、熘等菜肴	色泽洁白，柔滑软嫩
	全蛋浆	全蛋液、淀粉、精盐、料酒、味精等	主料 500 克、全蛋液 25 克、淀粉 10 克	多用于炒、爆、熘等菜肴及烹调后带色的菜肴	滑嫩，微带黄色

续表

种类		原料	原料配比	适用范围	成品标准
特殊粉浆	苏打浆	蛋清、淀粉、水、小苏打、精盐、料酒等	以浆牛柳为例：牛肉500克、小苏打6克、生抽10克、蛋清20克、淀粉20克、清水60克（视牛肉老嫩而定）、生油25克	多用于炒、爆、熘等质地较老、肌纤维含量较多、韧性较强的原料，如牛、羊肉等	鲜嫩滑润
	酱料浆	酱料（黄酱、面酱、辣酱等）或酱油、淀粉、料酒等	主料500克、料酒10克、酱料30克、淀粉10克	多用于炒、爆、熘等菜肴及烹调后带酱色的菜肴	滑嫩，呈酱色

4. 上浆工艺流程

（1）加盐搅拌。将切割好的原料加盐、料酒、味精等调味料搅拌至原料黏稠有劲。对组织较老的原料，如牛肉，可适当添加小苏打或嫩肉粉使组织疏松。

（2）挂粉浆。加盐搅拌后的原料用水粉或蛋粉调成的浆拌匀上劲（含水率较多的原料如动物内脏在上浆前可不加盐搅拌，在烹饪前用水粉浆直接拌匀即可）。

（3）封油静置。上浆后的原料（加小苏打和嫩肉粉）用适量的冷油封面，放入冷藏冰箱内（5℃以下）静置半小时左右。

5. 上浆的技术关键

（1）灵活掌握各种浆的浓度。

在上浆时，要根据原料的性质及菜肴质地要求来决定浆的浓度。质地要求滑嫩的菜肴，若原料质地老，吸水力强，上浆时水分就应适当加多，浓度可稀一些；原料质地较嫩，吸水力较弱，浆中的水分就应适当减少，浓度可以稠一些（如上浆猪肉丝、牛肉丝等）。质地要求滑爽的菜肴，上浆时尽量减少原料水分（如上浆虾仁），因此，浆的稀稠度应根据烹饪原料性质来定，上浆以原料含水饱和为度并起劲，不可过稀或过稠。

（2）严格按照浆制步骤上浆。

上浆一般包括三个步骤。

第一步是腌渍入味，原料先用精盐、料酒等将原料腌渍片刻，浸透入味。

第二步是用蛋液拌匀。一般都是用手指捏匀，不能抽打成泡，但对待嫩的菜肴原料如鸡丝、鱼片等，则不能捏，只能用手指揿按，使蛋清缓慢地浸入鸡丝、鱼片中，这样才能保持原料的完整。

第三步是水淀粉抓匀。除了调制的水淀粉必须均匀、无粉粒外，最重要的是要抓匀抓透，将菜肴原料全部包裹起来。

（3）必须达到上浆起劲。

上浆的目的是使原料均匀地裹上一层薄薄的浆液，以便受热时形成完整的保护层，从而使菜肴达到柔软滑嫩的效果。在上浆操作中，常采用搅、抓、拌等方式，一方面使浆液充分渗透到原料中去，达到吃浆的目的；另一方面充分提高浆液黏度，使之牢牢粘附于原料表层，最终使浆液与原料内外融合，达到上浆的目的。但在上浆时，对细嫩主、配料，如鸡丝、鱼片等，抓拌要轻、用力要小，既要充分吃浆上劲，又要防止断丝、破碎情况的发生。

（4）根据原料的质地和菜肴的质量要求选用适当的浆液。

① 原料的质地老嫩不一，如牛肉、羊肉中，含结缔组织较多，上浆时，宜用苏打浆或加入嫩肉粉，这样可取得良好的嫩化效果。

② 菜肴的质量要求不同，也要选用与之相适应的浆液。如菜肴的色泽，成品颜色要求白色时，必须选用鸡蛋清为浆液的用料，如蛋清粉浆等；成品颜色为金黄、浅黄、棕红色时，可选用全蛋液或鸡蛋黄为浆液的用料，如全蛋粉浆等。

（二）挂糊工艺

挂糊是在经过刀工处理的原料表面上，适当地挂上一层黏性糊的工艺过程。挂糊的原料都是以油脂作为传热介质进行热处理，加热后在原料表面形成或脆或软或酥的质地。

1. 调制粉糊的原料

调制粉糊的原料主要有淀粉（干淀粉，湿淀粉）、面粉、鸡蛋、膨松剂、油脂等，也可加入一些辅助原料，如滚粘的原料（如面包渣、芝麻、核桃粉、瓜子仁等）、吉士粉、花椒粉、葱椒盐等。不同的原料具有不同的作用，制成糊加热后的成菜效果有明显的不同。

2. 适宜挂糊的原料选择

挂糊的原料以动物原料为主，也可选择蔬菜、水果等；原料形状可以是整形的、大块的，也可是丁、条、球形等形状。

3. 糊的种类

糊的种类很多，常用的按配方原料分，有水粉糊（也称硬糊，淀粉糊）、蛋清糊、蛋黄糊、全蛋糊、蛋泡糊、发粉糊、脆皮糊、拍粉拖蛋糊、拖蛋糊拍面包屑等；按菜品质感和烹调方法分，有软炸糊、酥炸糊、干炸糊、脆浆糊、香酥糊等。具体种类及烹饪特性如表 3-2 所示。

表 3–2　糊的种类和烹饪特性

<table>
<tr><th colspan="2">种类</th><th>原料</th><th>原料配比</th><th>适用范围</th><th>成品标准</th></tr>
<tr><td colspan="2">水粉糊</td><td>淀粉、冷水</td><td>淀粉：冷水 =2 ：1</td><td>适用炸、熘等厚片、块或整形原料的菜肴，如糖醋里脊、醋熘黄鱼等</td><td>干酥香脆，色泽金黄</td></tr>
<tr><td rowspan="2">干粉糊</td><td>单一粉料</td><td>单一淀粉或面粉</td><td></td><td rowspan="2">多用于干炸、脆熘等菜肴，如松鼠鳜鱼、菊花青鱼、葡萄鱼等</td><td rowspan="2">干硬挺实，香脆松酥，色泽金黄</td></tr>
<tr><td>复合粉料</td><td>生粉 + 面粉</td><td>生粉：面粉 =7 ：3</td></tr>
<tr><td rowspan="2">蛋粉糊</td><td>蛋清糊</td><td>蛋清、淀粉（或面粉）、冷水</td><td>蛋清：淀粉（或面粉）=1 ：1</td><td>软炸类菜肴，如软炸鱼条、软炸虾等</td><td>色泽淡黄，外松软、里鲜嫩</td></tr>
<tr><td>蛋黄糊</td><td>蛋黄、淀粉（或面粉）、冷水</td><td>蛋黄：淀粉（或面粉）=1 ：1</td><td>多用于炸、熘、煎等菜肴，如柠汁煎软鸡等</td><td>外酥脆，里软嫩</td></tr>
<tr><td rowspan="2">蛋粉糊</td><td>全蛋糊</td><td>全蛋、淀粉（或面粉）</td><td>全蛋：淀粉（或面粉）=1 ：1</td><td>多用于炸、熘、煎等菜肴，如瓦块鱼、炸里脊等</td><td>外酥脆，内松嫩，色金黄</td></tr>
<tr><td>蛋泡糊（高丽糊）</td><td>蛋清、干淀粉</td><td>蛋清 ：干淀粉 =3 ：1</td><td>多用于原料鲜嫩、软嫩，形状丁、丝、片、条、球，烹调方法为松炸的菜肴，如雪衣大虾、清炖鸡孚等</td><td>洁白，饱满，松软滑嫩</td></tr>
<tr><td rowspan="3">脆皮糊</td><td>发粉糊</td><td>面粉、生粉、发酵粉、生油</td><td>面粉 500 克、生粉 100 克、发酵粉 15~20 克、生油 150 克、精盐 6 克、水约 600 克</td><td>多用于炸类菜肴，如脆皮鱼条等</td><td>涨发饱满，色泽淡黄，松酥香脆</td></tr>
<tr><td>老肥糊</td><td>面种、面粉、生粉、碱水、生油</td><td>面种 75 克，面粉 375 克、生粉 150 克、碱水 10 克、精盐 8 克、生油 160 克、清水约 600 克</td><td rowspan="2">多用于炸类菜肴，如脆皮银鱼、脆皮鲜奶等</td><td rowspan="2">外松脆，内软嫩，色金黄</td></tr>
<tr><td>酵母糊</td><td>面粉、生粉、干酵母、生油</td><td>面粉 500 克、生粉 150 克、干酵母 3 克、精盐 10 克、生油 160 克、清水约 600 克</td></tr>
</table>

续表

种类		原料	原料配比	适用范围	成品标准
其他糊	拍粉拖蛋糊	生粉、面粉、蛋液	淀粉：全蛋液=1：3	多用于煎，塌类菜肴，如锅贴鱼、锅塌豆腐、生煎鳜鱼片等	口味鲜嫩，色泽金黄
	拖蛋糊拍面包屑糊（吉利糊）	全蛋液、生粉、面包糠（或芝麻、桃仁、松仁、瓜子仁等）	全蛋：淀粉（或面粉）=1：1	多用于炸类菜肴，如面包猪排、香炸鱼排等	香脆可口，色泽深黄

4. 挂糊的方法

挂糊的方法根据糊的种类的不同，其操作方法有所不同。

（1）半流质糊（如水粉糊、蛋清糊等）的挂糊方法。

① 调糊。先将粉状原料（如淀粉、面粉）和其他着衣糊料（如鸡蛋）、调味品调和均匀制成糊。

② 蘸（或拖、拌、裹）糊。把加工腌渍好的原料（多为主料）放在糊中裹匀或拖过。

（2）干粉糊的挂糊方法。

干粉糊，又称拍粉，是在原料表面粘拍上一层干淀粉，以起到与挂糊作用相同的一种方法。

① 滚料粘法。将原料在拍粉料中滚动而粘上粉料，如莲子就用滚料粘法拍粉。

② 粘料抖动法。将原料粘上粉后，用手抖动原料，使粉料里外粘裹均匀，如松鼠鳜鱼的拍粉加工。

③ 粘料拍制法。将原料粘上粉料后，用刀背拍一拍，如中式牛排的拍粉工序等。

（3）吉利糊的挂糊方法。

吉利糊是在拍粉拖蛋糊的基础上粘挂原料的一种最为常见的方法，通常又称面包屑糊或拖蛋糊拍面包屑糊。其工艺流程如下：

① 原料腌渍。将挂糊的主料加调味料腌渍入味。

② 拖蛋糊。先将粉状原料（如淀粉、面粉）和其他着衣糊料（如鸡蛋）、调味品调和均匀制成糊，再将主料拖上蛋糊。

③ 粘挂原料。将拖上蛋糊的主料逐一粘挂面包屑。除粘挂面包屑以外，还可以粘挂其他原料，比如芝麻、松子、栗子、花生、腰果、夏果、椰蓉、馒头渣、窝头渣等，其形状多为粒、米、蓉状。挂粘时要轻轻按实，以防止粘料在煎

或炸中脱落。

5. 挂糊实训的关键

（1）要灵活掌握各种糊的浓度。

在制糊时，要根据烹饪原料的质地、烹调的要求及原料是否经过冷冻处理等因素决定糊的浓度。较嫩的原料所含水分较多、吸水力强，则糊的浓度以稀一些为宜。如果原料在挂糊后立即进行烹调，糊的浓度应稠一些，因为糊液过稀，原料不易吸收糊液中的水分，容易造成脱糊。如果原料挂糊后不立即烹调，糊的浓度应当稀一些，待用期间，原料吸去糊中一部分水分，蒸发掉一部分水分，浓度就恰到好处。冷冻的原料含水分较多，糊的浓度可稠一些。未经过冷冻的原料含水量少，糊的浓度可稀一些。

（2）恰当掌握各种糊的调制方法。

① 在制糊时，必须掌握先慢后快、先轻后重的原则。因为开始搅拌时，淀粉及调料还没有完全溶解，水和淀粉（或面粉）尚未调和，浓度不够、黏性不足，所以应该搅拌得慢一些、轻一些，以防止糊液溢出容器，另外也避免糊液中夹有粉粒。如果糊液中有小粉粒，原料过油时粉粒就爆裂脱落，造成脱糊现象。

② 经过一段时间的搅拌后，糊液的浓度渐渐增大，黏性逐渐增强。搅拌时可适当增大搅拌力量和搅拌速度，使其越搅越浓、越搅越黏，尤其是蛋泡糊更要多搅、重搅，直到可以把筷子戳在糊内直立不倒为止。

（3）必须使糊把原料表面全部包裹起来。

原料在挂糊时，要用糊把原料的表面全部包裹起来，不能留有空白点，否则在烹调时，油就会从没有糊的地方浸入原料，使这一部分质地变老、形状萎缩、色泽焦黄，影响菜肴的色、香、味、形。

（4）根据原料的质地和菜肴的要求选用糊液。

① 由于原料的性质不同、形态不同，烹调方法和菜肴要求也不一样，糊液的选用十分重要。有些原料含水量大，油脂成分多，就必须先拍粉后再拖蛋糊，这样烹调时就不易脱糊。对于讲究造型和刀工的菜肴，必须拍粉上糊，否则，就会使造型和刀纹达不到工艺要求。

② 要根据菜肴的要求选用糊液：成品颜色为白色时，必须选用鸡蛋清作为糊液的辅助原料，如蛋泡糊等；需要外脆里嫩或成品颜色为金黄、棕红、浅黄时，可使用全蛋液、蛋黄液作为糊液的辅助原料，如全蛋糊、拖蛋糊、拍粉拖蛋滚面包粉糊等。

二、菜品制作工艺与实训

（一）上浆实训

实训一　全蛋浆：鱼香肉丝

1. 烹调类别

滑炒。

2. 烹饪原料

主料：猪腿肉 200 克。

配料：竹笋 50 克、水发木耳 20 克。

调料：白糖 10 克、香醋 10 克、味精 8 克、红椒 20 克、豆瓣酱 30 克、葱 10 克、蒜 15 克、姜 15 克、淀粉 30 克、色拉油 2000 克、红油 40 克、盐 2 克、酱油 15 克。

3. 工艺流程

烹饪原料成型→上浆滑油→炒制→装盘。

4. 风味特色

色泽红亮，色香味突出，肉质细嫩。

实训二　蛋清浆：瓜姜鱼丝

1. 烹调类别

滑炒。

2. 烹饪原料

主料：鳜鱼净肉 250 克。

配料：甜酱瓜 50 克、仔姜 10 克、葱 10 克、鸡蛋 1 个。

调料：绍酒 10 克、精盐 5 克、味精 2 克、麻油 5 克、白糖 5 克、汤 10 克、干淀粉 5 克、水淀粉 7 克、色拉油 500 克。

3. 工艺流程

（1）将鳜鱼肉批成 6 厘米长的薄片，再切成 6 厘米长、0.5 厘米宽的细丝，用水漂去血水后，吸去表面水分，用绍酒，精盐，蛋清，干淀粉拌匀上浆；将酱瓜切成丝，用水泡去部分咸味，仔姜、葱均切成丝待用。

（2）用小碗放入绍酒、盐、白糖、水淀粉、汤、味精调匀兑成芡汁。

（3）锅上火放入油，待油温升至四成热时放入鱼丝用筷子搅散，滑油至熟，倒入漏勺沥油、原锅上火，加油少许，加入姜丝，酱瓜丝下锅略炒放入鱼丝，随即把芡汁和葱丝放入，翻锅炒匀，淋上麻油即可装盘。

4. 风味特色

鱼肉油润嫩滑，且有酱瓜香味。

5. 实训要点

（1）鱼丝滑油时动作要轻，否则易碎。

（2）酱瓜浸泡时间不可太久，只要泡去咸味即可。

实训三　特殊粉浆：蚝油牛柳

1. 烹调类别

炒。

2. 烹饪原料

主料：牛柳200克。

配料：青椒15克、洋葱50克。

调料：盐3克、味精2克、酱油15克、蚝油20克、淀粉20克、湿淀粉30克。

3. 工艺流程

牛柳上浆→滑油→煸炒配料→翻炒→装盘。

4. 风味特色

牛肉嫩滑、蚝汁鲜美、芡汁紧包。

5. 实训要点

（1）牛柳上浆应按标准操作。

（2）滑炒时控制好油温度。

（二）挂糊实训

实训一　干粉糊：菊花青鱼

1. 烹调类别

炸。

2. 烹饪原料

主料：带皮青鱼肉一段，350克。

配料：姜米5克、葱末5克、姜片、葱段少许。

调料：绍酒25克、精盐8克、番茄沙司100克、白糖150克、香醋75克、麻油10克、干淀粉100克、湿淀粉40克、色拉油1500克。

3. 工艺流程

（1）将青鱼段皮朝下横放在砧板上，用刀斜批鱼皮（刀距0.4厘米，不能破皮），每批4片切断，共切10块；再将鱼块放在砧板上，直剞至鱼皮（刀距0.4厘米，不能破皮）。

（2）将切好的菊花鱼件用绍酒 10 克、精盐 4 克、姜片、葱段腌渍 10 分钟；然后逐一蘸上干淀粉，抖去余粉成菊花鱼生坯。

（3）炒锅放油，旺火烧至七八成热油温时，将菊花鱼生坯卷成花朵形抖散放入油锅中，炸至定型色泽金黄时捞出备用。

（4）另用一炒锅置火上放色拉油 25 克烧热，放入姜米、葱末煸香，加绍酒、番茄沙司、白糖、精盐、二汤烧沸，再加入香醋，用湿淀粉勾芡，淋入麻油搅和；随即将油锅移至旺火上，待油温升至八成热时将菊花鱼放入锅中复炸至质地松脆，用漏勺捞出装入盘中，再将调好的糖醋汁浇在菊花鱼上（或逐一浇到每朵菊花鱼的花心部分）即成。

4. 风味特色

形似菊花，色泽红润，香脆松嫩，甜酸适口。

5. 实训要点

（1）剞花刀时要使菊花瓣粗细均匀一致。

（2）掌握好炸制时的油温。

（3）炸制鱼要与制卤汁同时进行，要现炸现吃。

实训二　全蛋糊：咕咾肉

1. 烹调类别

炸。

2. 烹饪原料

主料：猪里脊肉 200 克。

配料：菠萝 150 克、青椒 1 个、红椒 1 个、洋葱 14 克。

调料：生抽 5 克、黑胡椒粉 2 克、盐 3 克、味精 3 克、淀粉 3 克、鸡蛋 1 个、小麦面 50 克、番茄酱 15 克、米醋 10 克、白糖 18 克、淀粉 80 克。

3. 工艺流程

（1）里脊肉切 1.5 厘米见方的块，加生抽、黑胡椒粉（少许）、盐、淀粉（3 克），腌渍 30 分钟。菠萝切成与肉差不多大小的块。青红椒、洋葱分别切块。

（2）腌好的肉加入打匀的鸡蛋，拌匀。把肉块在面粉和生粉里拌和，使其均匀地粘一层面粉。放在筛网里抖掉多余的粉。在 120℃ ~140℃油锅中火炸 3~5 分钟至八成熟，捞出沥干油备用。

（3）番茄酱、米醋（2 汤匙）、生抽、糖、清水调匀成料汁备用。水淀粉备用。热锅，不用倒油，倒入料汁，中火烧开至冒泡时，倒入水淀粉，拌匀，熬至稍微黏稠；倒入肉、菠萝、青红椒迅速翻炒，使其均匀地挂上卤汁即可。

4. 风味特色

外面酥脆，糖醋卤汁色泽红润，味酸甜适口。

5. 实训要求

（1）在炸肉时，先采用120℃油温慢炸至熟。食用时再用140℃油温迅速再炸一下，使肉更酥。

（2）迅速翻炒均匀即刻出锅，使肉能挂上料汁，且还是酥的，菠萝也能保持新鲜。

实训三　脆皮糊：脆皮鱼条

1. 烹调类别

脆炸。

2. 烹饪原料

主料：净鱼肉1000克。

配料：面粉200克、生粉75克、洋葱1只、芹菜1根、蛋3只、牛奶200克。

调料：盐15克、胡椒粉少许、柠檬1只、白葡萄酒50克、番茄沙司30克。

3. 工艺流程

（1）将鱼开成1.5厘米 ×1.5厘米 ×7厘米的条，用盐、胡椒粉、白葡萄酒、柠檬汁、洋葱丝、芹菜丝稍腌。

（2）调制脆皮面糊。面粉、生粉混合加入鸡蛋黄搅匀，再加入牛奶调和均匀，将鸡蛋清打起，轻轻均匀拌入。

（3）将鱼条裹上面糊，入五成热油中炸黄，然后放烤箱烤透。

（4）每客三条，出菜时可配炸土豆丝或土豆片，单跟番茄沙司。

4. 风味特色

外脆里嫩，色泽金黄，咸鲜味美。

5. 实训要点

（1）脆皮糊比例要准，浓稠度尤为重要。

（2）鸡蛋清搅拌时动作要轻柔，要拌均匀。

（3）炸制时油温不能太高，控制在120℃~140℃。

三、拓展知识与运用

（一）菜品质地与质感认知

1. 菜品质地的组成与含义

食品质地一词被广泛用来表示食品的组织状态、口感等。菜品质感是菜品质地感觉的简称。这种感觉，它是以口中的触感判断为主，但是在广义上也应包括手或手指以及菜品在消化道中的触感判断。菜品的质地是由菜肴的机械特性、几何学特性、触感特性组成的。换言之，食品质地是与食品的组织结构和状态有关的物理量，是与以下三方面感觉有关的物理性质：即用手或手指对食品的触摸感；目视的外观感觉；口腔摄入时的综合感觉，包括咀嚼时感到的软硬、黏稠、酥脆、滑爽感等。由此可见，食品的质地是其物理特性并可以通过人体感觉而得到感知。

（1）菜品质地的机械特性。

① 硬度（hardness）。表示使物体变形所需要的力。

② 凝聚性（cohesiveness）。表示形成食品形态所需内部结合力的大小。

③ 酥脆性（brittleness）。表示破碎食品所需要的力。

④ 咀嚼性（chewiness）。表示把固态食品咀嚼成能够吞咽状态所需要的能量，和硬度、凝聚性、弹性有关。

⑤ 胶黏性（gumminess）。表示把半固态食品咀嚼成能够吞咽状态所需要的能量，和硬度、凝聚性有关。

⑥ 黏性（viscosity）。表示液态食品受外力作用流动时分子之间的阻力。

⑦弹性（springiness）。表示物体受外力作用发生形变，当撤出外力后恢复原来状态的能力。

⑧黏附性（adhesiveness）。表示食品表面和其他物体（舌、牙、口腔）附着时，剥离它们所需要的力。

（2）菜品质地的几何学特性。

此特性指与构成食品颗粒大小、形态和微粒排列方向有关的性质。颗粒大小与形态是食品的重要标志。主要表现为：

① 粒状性。表示食品中粒子大小和形状。

② 组织性。表示食品中粒子的形状及方向。

（3）菜品质地的触感特性。

此特性是与食品水分、含油率、含脂量以及蛋白质和多糖类的含量及相互之间的比例有关的性质。主要表现为：

① 湿润性。表示食品中水分的量及质。

② 油脂性。表示食品中脂肪的量及质。

2. 菜品质感的种类

菜品质感的种类很多，可以划分为单一质感和复合质感两大类。

（1）单一质感。

单一质感是烹饪专家和学者为了研究上的方便而借用的一个词，以作为抽象研究的一种手段，它实质上不是菜肴质地的存在形式。通常所说的单一质感主要包括以下几类：

① 老嫩感：嫩、筋、挺、韧、老、柴、皮等。

② 软硬感：柔、绵、软、烂、脆、坚、硬等。

③ 粗细感：细、沙、粉、粗、糙、毛、渣等。

④ 滞滑感：润、滑、光、涩、滞、黏等。

⑤ 爽腻感：爽、利、油、糯、肥、腻等。

⑥ 松实感：疏、酥、散、松、泡、暄、弹、实等。

（2）复合质感。

是指菜肴质地的双重性和多重性，它是菜肴质地的表现特征。

① 双重质感：是指由两种单一质感构成的质地感觉。常见的双重质感有60多种，如细嫩、嫩滑、柔滑、焦脆、粉糯、黏稠等。

② 多重质感：是由三种以上的单一质感构成的质地感觉。常见的多重质感多由四种单一质感构成，有50多种。

3. 菜品质感的形成特征

菜品质地的形成不是某一方面的因素，它表现为一种综合效应，某一方面做得不到位，都有可能影响菜品质感的审美需求。要制作出合乎质量标准的菜品，使菜品质地真正为大众所“适口”，必须了解菜品质感的形成特征。概括起来，主要包括以下几点：

（1）菜品质感的规定性。

菜品质感的规定性，是对菜品质感形成的方式、方法、工艺流程、质量标准等方面的具体要求。作为菜品属性之一的质感同样也应当具有规定性。中国菜品依时代划分，有传统菜和现代菜。

① 传统菜是前辈烹饪大师实践与智慧的结晶，具有很高的权威效应，特别是已被现代厨师继承下来的传统菜，其名称、烹调方法、味型、质感及其表现菜品特征的一系列工艺流程等都必须是固定的，不能随意创造或改变，否则便不能称为传统菜，至少不是正宗的传统菜。

② 现代菜品是顺应社会潮流发展和变化的，行业常称之为新潮菜。新潮菜具有很大的灵活性和随意性，但总的要求是必须得到社会的认可。社会认可了，其工艺流程和菜品形成特征也就应当在一定范围和条件下予以固定，具有菜品的规定性。

（2）菜品的变异性。

菜品质感的变异性，是指菜品受生理条件、温度、浓度、重复刺激等因素的影响引起的质地感觉上的差异与变化。

4. 菜品质地的多样性和复杂性

中国菜品千姿百态，五彩缤纷，这是构成菜肴质地多样性和复杂性的主要因素。由于原料的结构不同，烹调加工的方法不同，以及人对菜肴质感的要求不同，各种菜肴都有非常明显的质感个性，如有的菜肴以“脆”为主、“嫩”为辅，有的则相反；另外，同种质感由于刺激强度上的不同，虽然在名称上相同，但在感觉上都存在差别。即使同一类菜肴，其质感的层次也是丰富的，存在着里外差别、上下差别和原料组合的差别等。

5. 菜品质感的灵敏性

质感具有灵敏性，这是客观存在的。它来自于菜肴刺激的直接反馈，主要由质感阈值和质感分辨力两个方面来反映。通过科学研究证实，菜肴质感中“触觉先于味觉，触觉要比味觉敏锐得多”。

6. 菜品质感的关联性

菜肴的质感与味觉、嗅觉、视觉等都有不可分割的联系。其中质感与味觉的联系最为密切，所谓“质味相一”，强调的正是质感与味觉之间的有机联系。质感既可直接与味觉发生联系，也可通过嗅觉与味觉发生关系。如本味突出菜肴的清淡，质感或滑嫩，或软嫩，或脆嫩；浓厚味的菜肴多酥烂、软烂。其次质感与嗅觉关联性也很大，不同物态的菜肴具有不同的质感，同时也导致不同的嗅感。一般来说，刀工细腻、成型薄小的菜肴多滑嫩柔软，与之对应的嗅感清香淡雅；刀工粗犷、成型较厚较大的耐嚼菜肴会越嚼越香。另外质感与视觉的联系突出反映在菜肴色泽及刀口状态和菜肴形状等方面。如金黄色的炸制菜，质感多外酥脆里软嫩、外焦酥里软嫩，或里外酥脆、里外焦脆；翠绿色的蔬菜，质地水嫩爽脆；洁白的动物性菜肴，质感多滑嫩柔软。如粗细不一的炒肉丝，厚薄不均的爆肉片，就能够直接通过视觉反映出老嫩不一的质感。

（二）糊浆工艺的特色

糊浆工艺即挂糊、上浆工艺，是指在经过刀工处理的原料的表面上，挂上一层黏性的糊浆，然后采取不同的加热方法，使制成的菜肴达到酥脆、松软、滑嫩的一项技术措施。挂糊、上浆就像替原料穿一件衣服一样，所以又统称“着衣”。挂糊、上浆的适用范围较为广泛。在炸、熘、爆、炒等烹调方法中，大部分韧性的原料差不多都要采用这一过程，此外煎、贴等烹调方法中的部分原料，有时也要进行挂糊、上浆，它是调质工艺的具体应用。

挂糊和上浆所用的原料基本相同，不外乎是淀粉、鸡蛋、面粉、苏打粉及水等；而且同一种菜肴的原料，既可挂糊，又可上浆，因而往往糊浆混称。实际上糊、浆无论从投料的比例上看还是调制方法、效果、用途等方面看，都有明显的区别。从投料的比例上看，挂糊较厚，即淀粉的比例较多；上浆较薄，即淀粉所占的比例少。从调制方法上看，挂糊是先用淀粉、水和蛋液等原料调制成黏糊，再把原料放在糊中拖过；上浆则是把一些调味品（如盐、料酒等）、蛋液、淀粉依次直接加到原料中一起拌匀。从用途效果上看，挂糊多用于炸、熘、煎、贴等方法，使菜肴达到香、酥、脆的效果；上浆多用于炒、爆等方法，使菜肴达到柔、滑、嫩的效果。挂糊、上浆是烹调前一项比较重要的操作程序，如果制糊、浆所用的原料比例掌握不当或操作方法不对等，对菜肴的色、香、味、形等各方面均有很大的影响。糊浆工艺是烹调前一项非常重要的程序，对菜肴的色、香、味、形各方面都有很大的影响。

1. 保持原料的原汁原味

经加工成为片、丝、丁、条、块等状的原料，如果直接放入热油锅内，原料会因骤然受高温而迅速失去很多水分使质地变老，鲜味减少。经挂糊、上浆处理后的原料，即使在旺火热油中，原料不再直接接触高温，热油也不易浸入它的内部，原料内部的水分和鲜味不易外溢，这样不仅能保持原料鲜嫩，同时，不同的配料及不同的油温，使过油后的菜肴外部香脆或酥松，内部鲜嫩、滑润。

2. 美化原料的形态

各种加工成型的原料，在加热中，很容易出现散碎、断裂、卷缩、干瘪等现象。通过挂糊、上浆处理后，可避免这些现象的产生，保持了原料原来的形态，而且更加美观，如挂过糊的原料形态完整饱满，色泽绚丽多彩；上过浆的原料变得光润、亮洁、清爽等。

3. 保持和增加菜肴的营养成分

原料在加热过程中，无论是动物性原料还是植物性原料，如直接与高温接触，原料所含的蛋白质、脂肪、维生素等营养成分，都有不同程度的损失。但挂糊、上浆处理后，就由直接受热变为间接受热，原料中营养成分不至于受到过多的损失；不仅如此，糊浆本身就是由营养丰富的淀粉、蛋白质等组成，从而增加菜肴的营养价值。

（三）调质工艺的分类

调质工艺根据具体原理和作用不同，一般可分为致嫩工艺、膨松工艺、增稠工艺。

1. 致嫩工艺

致嫩工艺就是在烹饪原料中添加某些化学品或施以适当的机械力，使原料原先的生物结构组织疏松，提高原料的持水性，从而导致其质地发生变化，表现出柔嫩特征。致嫩工艺主要针对动物肌肉原料。

（1）物理致嫩。

即对烹饪原料施以适当机械力作用而致嫩的方法，如敲击、切割、超声振动分离和断裂肉类纤维等。

（2）无机化学物质致嫩。

即在食物原料中添加某些无机化学物质而致嫩的方法，如食碱致嫩、食盐致嫩、水致嫩等。

① 食碱致嫩。常用于对牛、羊、猪瘦肉的致嫩。每 100 克肉可用 1~1.5 克食碱（碳酸氢钠），上浆后需静置 2 小时以上再使用。也可先将原料置于食碱水中浸泡 20 分钟左右再上浆。食碱溶解于水呈碱性，可改变上浆原料的 pH 值，使其偏离原料中蛋白质的等电点，提高蛋白质的吸水性和持水性。

②食盐致嫩。主要表现在上浆和制缔（蓉胶）上，通过加入一定比例的食盐进行拌和，促使肌肉中的肌红球蛋白析出，成为黏稠胶状，从而利于肌肉充分吸水并保持大量水分，增加其嫩度。

③水致嫩。嫩与含水量关系密切。原料上浆和制缔（蓉胶）时加入一定量的水，通过盐的渗透压作用和搅拌作用，以及水起到的溶解剂、分散剂、浸润剂作用，使水与蛋白质分子结合，原料吸水“上劲”，达到嫩化的效果。

④酶致嫩。

酶致嫩即在食物原料中添加某些酶类制剂而致嫩的方法。餐饮业常把一些蛋白酶类制剂称为嫩肉粉，常见的有菠萝蛋白酶、无花果蛋白酶、胰蛋白酶、木瓜蛋白酶、猕猴桃蛋白酶、生姜蛋白酶等植物蛋白酶类。

（3）其他原料致嫩。

① 淀粉致嫩。原料上浆和制缔时需要加入适量的淀粉，淀粉受热发生糊化，起到连接水分和原料的作用，达到致嫩的目的。淀粉致嫩要注意两点：一是要选择优质淀粉；二是要控制好淀粉用量，使其恰到好处。

② 蛋清致嫩。原料上浆常用鸡蛋清。鸡蛋清富含可溶性蛋白质，是一种蛋白质溶胶，受热时蛋白质成为凝胶，阻止了原料中水分等物质的流失，使原料能保持良好的嫩度。

③ 油脂致嫩。油脂具有很好的润滑、保水、保原作用，上浆时放入适量的油脂，能保持或增加原料的嫩度。上浆时原料与油脂的比为 20∶1，一般 500 克原料，放油 25 克。放油应在上浆完毕后进行，切忌中途加油，否则不能达到上浆目的。另外，油浸也是很好的致嫩方法。

2. 膨松工艺

膨松工艺就是采用各种手段和方法，在烹饪原料中引入气体，使其组织膨胀松化成孔洞结构的过程。其主要方法有以下几种。

（1）生物膨松。

① 酵团膨松。是利用酵团的作用致糊，使原料膨松。导致膨松的主要成分

是酵母。发酵过程中，产生大量的二氧化碳和一系列其他的产物，经加热，二氧化碳在糊里发生膨松。酵团制糊，发酵时间不要超过 24 小时，一般 500 克干面粉（含淀粉）用面肥 75 克。若糊带酸味，须用食碱中和。

② 生啤酒膨松。生啤酒是一种生物膨松剂，由于未经高温杀菌，仍含有大量活酵母，这是能使糊膨松的原因。使用生啤酒膨松，要适当延长发酵时间，温度以 30℃为宜，一般 500 克面粉（含淀粉），使用生啤酒 75 克，发酵方法为保温发酵。

（2）化学膨松。

常用膨松剂主要是发酵粉（即发粉、泡打粉）。发酵粉是用碳酸氢钠、明矾及淀粉等混合配制而成的一种复合膨松剂。发酵粉不能放在水中溶化，应与面粉拌和均匀后调糊，否则，膨松效果会降低。一般 500 克面粉，用发酵粉 10 克。

（3）机械膨松。

是由搅打等机械方法引入空气的工艺过程。机械膨松主要用于蛋清起泡，调制蛋泡糊。打泡后，需加干淀粉，其比例为：蛋清∶干淀粉 =2∶1。

任务二　勾芡工艺

一、知识储备

（一）勾芡工艺及其分类

中餐菜肴大部分在烹调时都需要勾芡。勾芡又称着衣、打芡、拢芡、走芡，广州一带俗称“打献”，潮州一带则俗称“勾糊”。勾芡所用的原料叫作“芡”，芡是一种水生植物的果实，又叫芡实，俗称“鸡头米”，属睡莲科。最早勾芡就用芡实磨制成粉，加适量水和调味品，调成芡汁，但这种原料产量有限，不能满足需要，以后人们逐渐地用绿豆粉、土豆粉等代替，目前虽然很少用芡粉了，却仍然保留了这个名称。勾芡从概念上讲就是在菜肴接近成熟时，将调好的粉汁淋入锅内，使汤汁稠浓，增加汤汁对原料的附着力。勾芡实质上是一种增稠工艺。勾芡是烹制菜肴的基本功之一，勾芡是否得当，不仅能直接影响菜肴的滋味，而且还关系到菜肴的色泽、质地、形状等。

勾芡工艺按其调制、浓度、色泽的不同，有多种分类方法。

1. 按勾芡粉汁的调制方法分类

勾芡的粉汁，是指在烹调过程中或烹调前临时调剂用于勾芡的汁液。根据其组成和勾芡方式的不同，大体可分两种：一种是用淀粉加水调成的单纯粉汁芡，一种是用粉汁加调味品制成的混合粉汁芡。

（1）单纯粉汁芡。

单纯粉汁芡也叫湿淀粉芡、水粉芡、锅上芡，俗称“跑马芡”，由淀粉和水调和而成。这种粉汁调制时要搅拌均匀，不能使粉汁带有小的颗粒和杂质，多用于烧、扒、焖、烩等烹调方法。因为这些烹调方法以水为传热导体，加热时间较长，在加热过程中可以有足够的时间将调味品逐一投入，使原料入味，待菜肴口味确定并即将成熟时，再将水粉芡淋入锅内使汤汁浓稠。

（2）混合粉汁芡。

① 混合粉汁芡又称调味粉汁芡、兑汁芡、碗芡。它是事先在小口碗内将有关调味料、鲜汤（或清水）、湿淀粉勾兑在一起的淀粉汁。兑汁芡能使菜肴在烹制过程中使调味、勾芡同时进行，多用于爆、炒、熘等快速烹制成熟的烹调方法。它不仅快速，而且定味准。采用这种方法，一定要在原料少、火力旺的情况下进行，否则，淀粉汁得不到完全糊化，不能均匀地包裹在原料上，芡汁发黯发澥，有生淀粉味。

② 采用这种方法要求投入在碗中的调味料、湿淀粉、汤水的比例要准确，操作动作要快，即翻拌快、出锅快。

2. 按芡汁的浓度分类

按照芡汁的稀稠、多寡可分为厚芡和薄芡两大类。芡汁的厚薄虽然没有明确的界限，一般根据不同的烹调方法、不同菜肴的特点来适当掌握。

（1）厚芡。

厚芡是芡汁中较稠的芡，按浓度的不同，又可分为包芡和糊芡两种。

① 包芡。它是芡汁中浓度最稠的一种，使用这种芡汁，要求做到盘中不见汁，即所谓有芡而不见汁，所有的芡汁应粘裹在原料上，菜肴吃完后盛具内基本无汤汁。此芡汁多适用于爆、炒等烹调方法。例如油爆双脆、蚝油牛柳等菜肴。

② 糊芡。糊芡的浓度比包芡略稀，芡汁一部分裹挂在原料上，另一部分则泻流在盘中，汤汁成糊状。这种芡汁要求汤菜融合，口味浓厚，如不勾芡，则汤菜分离，口味淡薄。此芡汁多用于烩的烹调方法。例如响油鳝糊、三鲜鱼肚等菜肴。

（2）薄芡。

薄芡是芡汁中较稀的一种，按其浓度不同又可分为玻璃芡和米汤芡两种。

① 玻璃芡。芡汁数量较多，较稀薄，能够流动，适用于扒、烧、熘类菜肴。如白扒鱼肚等。成品菜肴盛入盘中，要求一部分芡汁粘在菜肴上，一部分流到菜肴的边缘。

② 米汤芡。它是芡汁中最稀的一种，浓度最低，似米汤的稀稠度，主要作

用是使多汤的菜肴及汤水变得稍稠一些，以便突出主、配料，口味较浓厚，如酸辣汤等菜肴。

3. 按芡汁的色泽分类

菜肴中芡色的调配和运用，跟菜肴的调味是紧密联系在一起的，不能截然分开。芡汁有“六大芡色”之分，即所谓红芡、黄芡、白芡、青（绿）芡、清芡、黑芡。调配方法如下：

（1）红芡。

有大红芡、红芡、浅红芡、嫣红芡、紫红芡之分。

① 大红芡：多用茄汁、果汁等调味料，适用于茄汁鱼块、果汁猪排等。

② 红芡：多用红汤或原汁成芡，适用于扒鸭、圆蹄等品种。

③ 浅红芡：火腿汁 70%，高汤 30%，加入蚝油、胡椒粉、白糖、麻油、味精、芡粉调制而成，适用于腿汁扒芥菜胆等品种。

④ 嫣红芡：用三成糖醋、七成清汤和匀，加入芡粉调制而成，适用于姜芽肾片等。

⑤ 紫红芡：用五成糖醋、五成清汤和匀，加入芡粉调制而成，适用于姜芽鸭片等。

（2）黄芡。

有金黄芡、浅黄芡之分。金黄芡一般用 50 克清汤加 15 克老抽和匀，加入芡粉调制而成，适用于鲍翅等菜品。浅黄芡一般用三成淡汤、七成清汤，加入咖喱和匀便成，适用于咖喱牛肉等菜品。

（3）黑芡。

用五成淡汤、五成清汤，加入豆豉汁、白糖、老抽和匀，加入芡粉调制而成，适用于豉汁鸡球等品种。

（4）清芡。

把上汤、味精、精盐、芡粉和匀便成，适用于绣球干贝等品种。

（5）青芡。

将菠菜捣烂挤汁，加入味料、芡粉调制而成，适用于菠汁鱼块等品种。

（6）白芡。

有白汁芡、蟹汁芡、奶汁芡之分。

① 白汁芡：把蟹肉捏碎，加上汤、味精、精盐、芡粉调制后，加蛋清拌匀便成，适用于白汁虾脯等品种。

② 蟹汁芡：制法同上，但蟹肉不捏碎，适用于蟹汁鲈鱼等品种。

③ 奶汁芡：将上汤、味精、精盐、鲜奶、芡粉调制而成，适用于奶油鸡、奶油菜心等品种。

芡色是千变万化的，必须视具体品种合理使用，才能使菜肴色彩和谐悦目、引人食欲。

（二）勾芡工艺的操作流程及方法

勾芡是菜肴烹制成熟出锅之前的重要操作步骤。勾芡在操作时一般按照落芡→成芡→包尾油三个步骤流程操作。具体如下：

1. 落芡

落芡就是将调好的粉汁（单纯粉汁或混合粉汁）倒入锅内。具体方法主要有以下两种：

（1）倒入法。常适用于混合粉汁，即根据烹调的要求，将调和的混合粉汁一次性倒入（或泼入）锅中或正在加热的菜肴原料上。

（2）淋入法。常适用于单纯粉汁，即将调好的单纯粉汁缓缓淋入锅内正在加热的菜肴原料或汤汁中。淋入的方法要注意下芡的位置要准确，一般情况下，原料应在锅的中央位置，下芡汁的位置应在菜肴的边缘，距离锅心 1/3 的地方。如靠近锅边勾芡，会因锅边温度过高，造成糊化后的淀粉发生焦煳；如在锅心勾芡，会因锅中央原料厚，温度太低，造成淀粉糊化缓慢，导致菜肴加热时间延长，菜肴出现老化现象。

2. 成芡

（1）翻拌法。翻拌法多用于爆、炒、熘等菜肴。这类菜肴要求旺火速成，着厚芡，要求芡汁全部裹在原料上。具体的做法又分为两种：一种是在菜肴接近成熟时，放入粉汁，然后连续翻锅或拌炒，使粉汁均匀地裹在菜肴上。另一种方法是将调味品、汤汁、粉汁加热至粉汁成熟变黏时，将已过油的原料投入，再连续翻锅或拌炒，使芡汁均匀地裹在菜肴上。

（2）晃匀法。晃匀法多用于扒、烧等烹调方法。具体的做法是：当菜肴已接近成熟时，一手持锅缓慢晃动，一手将芡汁均匀淋入，边淋边晃，直至芡汁均匀地裹在原料表面上为止。

（3）推搅法。推搅法多用于煮、烧、烩等烹调方法，要求汤汁稠浓，促进汤菜融合。具体的做法是：当菜肴已接近成熟时，一边将芡汁均匀地淋入锅中，一边用手勺轻轻推动，使之均匀。

（4）浇（泼）芡法。浇芡法多用于熘或扒的菜肴，特别是整形大块的原料。这类菜肴一般要求菜形整齐美观，不宜在锅中翻拌，或体积较大不易在锅中颠翻，因而采用浇法较为合适。具体做法是：将成熟的原料装入盛器中，再把芡汁倾入锅中加热，待芡汁受热变黏稠时，把芡汁迅速浇在菜肴上。

3. 包尾油

在烹调工艺中，通常在勾芡之后还要紧接着往芡汁里加些油，使成菜达到色泽艳丽、润滑光亮的效果，这种技法一般叫作包尾油。包尾油与勾芡的程序紧密相连，也可以说它是勾芡的辅助方法，对菜肴的质量也有重要影响。

包尾油所用的油脂叫明油，明油既有动物油也有植物油。动物油如猪油、鸡油等；植物油如花生油、芝麻油等；此外，还有一些风味油，如辣椒油、花椒油、葱油、蒜油等。根据烹调方法和菜肴的不同要求，尾油按温度还有热油、温油和凉油之分。但这些油都必须是经过熟炼且没有特殊异味的油。

包尾油的方法一般有两种，一是底油包尾，二是浇（或淋）油包尾。底油包尾也叫底油发芡，就是在净锅内加适量底油烧热，再将在另外一个锅中爆好的芡汁倒入，使芡汁发起且更加明亮。浇（淋）油包尾是指在菜肴汤汁勾芡后，再根据需要浇（淋）入适量一定油温的油脂，使芡汁达到标准要求。在实际中，底油包尾和浇（或淋）油包尾往往结合在一起使用。

（三）勾芡工艺的实训要求

1. 必须在菜肴接近成熟时勾芡

勾芡的时机掌握得恰当与否，直接关系到菜肴的质量。一般勾芡必须在菜肴即将成熟和汤汁沸腾时进行，如果菜肴未熟就勾芡，芡汁在锅中停留时间过长，容易出现焦煳现象；如果菜肴过于成熟时勾芡，因芡汁要有个受热变黏的过程，延长了菜肴的加热时间，使菜肴失去脆嫩口味，而达不到烹调的要求。

2. 必须在汤汁适当时勾芡

不同的菜肴有不同的芡汁，汤汁的多少决定勾芡成败。例如爆、炒类菜汤汁很少，勾芡后菜肴盛在盘中，应无芡汁流出；烧、扒、烩等菜肴，汤汁必须适当，过多或过少都会影响勾芡的效果。所以发现锅中汤汁太多时，应用旺火收干或舀出一些；汤汁过少，则需添加一些，与勾芡相适应。

3. 必须在菜肴口味、颜色确定以后勾芡

勾芡的粉汁分为单纯的粉汁与加调味品的粉汁两种。单纯的粉汁，必须待锅中菜肴口味、颜色确定后，再进行勾芡；加调味品的粉汁，应在盛具中调准口味，才能倒入锅中。如果勾芡后，发现口味不准，那么就很难改变了。

4. 必须在菜肴油量不多的情况下勾芡

菜肴中如果油量过多，淀粉不易吸水膨胀，产生黏性，汤菜不易融合，芡汁无法包裹在菜肴的外面，所以在勾芡前发现需要油汁时，可以勾芡，然后再浇上少许明油，这样可增加芡汁的明亮，以弥补菜肴中油汁的不足。

5. 必须在粉汁浓度适当时勾芡

粉汁中淀粉与水的比例要适当，如果粉汁太稠，容易出现粉疙瘩；粉汁太稀，则会使菜肴的汁液变多，影响菜肴的成熟速度和质量。

勾芡虽然是改善菜肴的口味、色泽、形态的重要手段，但绝不是说，每一个

菜肴非勾芡不可，应根据菜肴的特点、要求来决定勾芡的时机和是否需要勾芡。有些特殊菜肴待勾芡后再下主料，例如酸辣汤、翡翠虾仁羹，蛋液、虾仁待勾芡后下锅，以缩短加热时间，突出主料，增加菜肴的滑嫩。有些菜肴根本不需要勾芡，如果勾了芡，反而降低菜肴的质量。

一般来说，以下几种类型的菜不需勾芡。

（1）要求口味清爽的菜肴不需勾芡，特别是炒蔬菜。

（2）原料质地脆嫩、调味品容易渗透入内的菜肴不需勾芡。例如川菜的干烧、干煸一类的菜肴。

（3）汤汁已自然稠浓或已加入具有黏性的调味品的菜肴不需勾芡。如红烧蹄膀、红烧鱼，这类菜肴胶质多，汤汁自然会稠浓。又如川菜中的回锅肉、京菜中的酱爆鸡丁等菜肴，它们在调味时已加入了豆瓣酱、甜面酱等有黏性的调味品，所以就不必勾芡了。

（4）各种冷菜不需勾芡。因为冷菜的特点就是清爽脆嫩，干香不腻，如果勾芡反而影响菜肴的质量。

二、勾芡工艺与实训

实训一　包芡：杭椒炒鸭柳

1. 烹调类别

熟炒。

2. 烹饪原料

主料：鸭脯肉 300 克。

配料：鸡蛋 1 个、杭椒 150 克。

调料：老抽酱油 15 克、料酒 10 克、盐 8 克、白糖 12 克、蚝油 25 克、葱姜各 10 克、味精 15 克、白胡椒粉 5 分。

3. 工艺流程

（1）将鲜鸭脯肉片成斜薄片，用清水漂洗沥干水分，加入料酒、盐、味精、生粉、蛋清搅拌上劲。杭椒洗净，葱切成马蹄形，姜切成菱形片。

（2）锅置于火上，倒入油烧至 60℃，鸭片滑油至成熟，再把杭椒滑油；锅留底油，放入姜、葱、蒜略煸炒，加入鸭片、料酒、味精、白糖、蚝油翻炒，勾芡，淋油，撒上胡椒粉上桌。

4. 风味特色

鸭肉鲜嫩，杭椒脆辣。

5. 实训要求

（1）控制火候，保持杭椒颜色碧绿和脆。

（2）鲜鸭脯肉在滑油时温度控制在 90℃~100℃。

实训二　糊芡：响油鳝糊

1. 烹调类别

熟炒。

2. 烹饪原料

主料：熟鳝鱼丝 400 克。

配料：冬笋 15 克、火腿 15 克。

调料：精盐 6 克、绍酒 6 克、味精 2 克、白糖 10 克、老抽 5 克、香醋 6 克、高汤 10 克、胡椒粉 5 克、湿淀粉 15 克、麻油 20 克、蒜蓉 15 克、姜米 5 克、葱花 5 克、色拉油 500 克、葱 10 克。

3. 工艺流程

（1）将熟鳝丝改段，冬笋、火腿、葱切成细丝。

（2）锅置旺火上，加入浓汤烧沸，放入鳝鱼丝，加绍酒、葱、姜焯水，然后捞出沥干水分待用。

（3）锅置火上烧热，放入油，待油温升至四五成热时，放入蒜蓉、姜米，葱花煸出香味，加绍酒，加汤水，用老抽、精盐、味精、白糖、胡椒粉调味后放入鳝鱼丝，待汤汁烧沸后用湿淀粉加香醋勾芡，翻锅，淋油，出锅装盘。

（4）将鳝丝中间扒一小凹槽，小凹槽中间放蒜蓉，周围分别放上冬笋丝、火腿丝、葱丝。

（5）锅中放入麻油烧至八成热后倒入小碗中，与炒好的鳝糊一同上桌，当着客人面将热油浇入蒜蓉上，盘中嗞嗞作响，香味扑鼻而来。

4. 风味特色

鳝鱼鲜嫩肥美，色泽酱红，咸中带甜酸，香味扑鼻。

5. 实训要求

（1）鳝丝选料要讲究，应现烫现划现做。

（2）鳝糊汤汁与主料的比例要准确，汤汁不宜过多或过少。

（3）鳝糊口味咸中带甜酸，芡汁浓度适宜，呈糊芡。

实训三　玻璃芡：白汁扒鱼肚

1. 烹调类别

烩。

2. 烹饪原料

主料：水发鱼肚 200 克。

配料：火腿 30 克、冬笋 30 克、香菇 15 克、菜心 15 克。

调料：精盐 5 克、味精 2 克、料酒 15 克、猪油（板油）15 克、植物油 50 克、姜汁 5 克、胡椒粉 3 克。

3. 工艺流程

（1）鱼肚在温水内泡透，捞出片成 6 厘米长的坡刀大片，洗净后用葱姜水焯水备用。

（2）将火腿、冬笋、香菇分别洗净批片。

（3）锅内下入猪油，加入白汤 500 毫升，放入火腿、冬笋、香菇，见汁乳白发浓时，放入菜心，加入味精、料酒、盐、姜汁、胡椒粉调味；用生粉勾玻璃芡，尾油装盘即可。

4. 风味特色

鱼肚软糯，汤汁香浓，咸鲜味美。

5. 实训要求

（1）鱼肚要发透，不可有硬芯。

（2）鱼肚要清洗干净，不可有老油味。

（3）勾芡要把握好浓度，呈玻璃芡。

实训四　米汤芡：西湖牛肉羹

1. 烹调类别

烩。

2. 烹饪原料

主料：牛里脊肉 100 克。

配料：牛肉汤 1000 克、冬笋 15 克、香菇 10 克、蛋清 1 只。

调料：盐 12 克、味精 6 克、料酒 5 克、麻油 7 克、香菜 15 克。

3. 工艺流程

（1）牛里脊肉洗净剁成蓉，加入调味品上浆，冬笋、香菇切小粒，香菜切末。

（2）肉汤烧开，加入配料调味，放入主料拌匀，采用小火烧开后撇去浮沫，再勾芡淋蛋液，装盘撒胡椒粉即可。

4. 风味特色

牛肉鲜嫩，汤菜融合，咸鲜味美，营养丰富。

5. 实训要求

（1）牛肉在焯水时要保持鲜嫩，速度要快。

（2）掌握好勾芡的浓度。

三、拓展知识与运用

（一）增稠工艺

增稠工艺是在烹调过程中添加某些物质，以形成菜肴需要的稠度、黏度、黏附力、凝胶形成能力、硬度、脆性、密度、稳定乳化等质构性能，使菜肴形成各种形状和硬、软、脆、黏、稠等质构特征的工艺过程。增稠工艺主要以下几种：

1. 勾芡增稠

勾芡能明显起到增稠的作用。

2. 琼脂增稠

主要用于各种冷冻凉菜。琼脂无臭、无味、透明度好。吸水性和持水性强，被广为使用，普通加热便可成为溶胶，最好的方法是加水蒸，冷却到45℃以下可变为凝胶。

3. 动物胶质增稠

动物胶质增稠是指利用明胶或烹调加热中产生的自来胶质增稠的一种方法。明胶是从动物的皮、骨、软骨、韧带、肌腱中提取的高分子多肽化合物，主要用于工艺菜制作，忌与酸或碱共热，否则凝胶性丧失。自来胶质增稠，主要是指一些富含胶质的动物性菜肴，如红烧猪手、干烧鲫鱼等，在小火较长时间加热条件下，原料中胶原蛋白质的螺旋状结构被破坏，发生不完全水解，形成明胶，从而增加汤汁的浓稠度。

4. 酱汁增稠

酱，尤其是甜酱，含有比较丰富的淀粉质，用甜面酱制作酱菜，做酱鸭、酱乳鸽等，通过小火加热，能明显起到增稠效果。

5. 糖汁增稠

即使用白糖、冰糖、蜂蜜、麦芽糖等，起到增稠的作用，最典型的是蜜汁菜和一些甜品，如冰糖湘莲等。

（二）勾芡工艺特色

勾芡的粉汁，主要是用淀粉和水调成。淀粉在高温的汤汁中能吸水分而膨胀，产生黏性，并且色泽光洁、透明滑润。对菜肴进行勾芡，可以起到以下作用。

1. 能使菜肴鲜美入味

爆、炒等烹调方法的特点是旺火速成，菜肴应该是汤少、汁紧，味美适口。但是原料在烹调过程中必然要渗出部分水分，为了调味又必须加入液体调味品及水，这些汤汁在较短的烹调时间内，不可能被全部吸收或蒸发，无法达到汤少、汁紧的目的。只有经过勾芡，可以解决这一矛盾。因为淀粉在加热中能吸水膨胀，产生黏性，把原料溢出的水分和另加进的液体调味品及水变得又稠又浓，稍加颠翻就均匀裹在菜肴上，既达到汤少汁紧的目的，又能使菜肴滋味鲜美。

2. 能使菜肴外脆里嫩

一些要求表面香脆、内部鲜嫩的菜肴，如松鼠鳜鱼、咕咾肉等，在调味时，如果加入汤汁和液体调味品，这些汤汁便会渗透到原料的内部，使原料的外层失去香脆的特点，所以通常先将汤汁在锅中勾芡，增加卤汁的浓度，再放入过油的原料中，或浇在已炸脆的原料上，由于卤汁浓度增加，黏性加强，在较短的时间内，裹在原料上的卤汁不易渗透到原料内部，这样就保证了外香脆、内软嫩的风味特点。

3. 使汤菜融合，滑润柔嫩

一些采用烧、烩、扒等烹调方法制作的菜肴，汤汁较多，原料本身的鲜味和各种调料的滋味都要溶解在汤汁中。但原料与汤汁不能融合一起，只有勾芡后，通过淀粉糊化的作用，增加汤汁的浓度，汤汁裹在原料上，而增加菜肴的滋味，产生柔润、滑嫩等特殊效果，如烩三鲜、烧海参等菜肴。

4. 能使菜肴突出主料

有些汤菜汤汁很多，主料往往沉于汤底，见汤不见菜，则影响菜肴风味质量，影响客人的饮食心理。只有用勾芡的手段，适当提高汤汁的浓度，主料就会浮在汤面，而且汤汁也滑润可口，如酸辣汤、烧鸭羹等。

5. 能增加菜肴的色泽美观

由于淀粉受热变黏后，产生一种特有的透明光泽，能把菜肴的颜色和调味品的颜色更加鲜明地反映出来。因而勾过芡的菜肴要比未勾芡的菜肴色泽更鲜艳，光泽更明亮，显得丰满而不干瘪，有利于菜肴的形态美观。

6. 能对菜肴起到保温的作用

由于芡汁加热后有黏性，裹住了原料的外表，减少了菜肴内部热量的散发，能较长时间保持菜肴的热量，特别是对一些需要热吃的菜肴（冷了就会改变口味），用勾芡的方法保温效果较好。

任务三　蓉胶制作工艺

一、知识储备

（一）蓉胶及其调制

蓉胶又称蓉泥，属胶体的一种，又称鱼胶、虾糊、肉馅等。运用于烹饪中，蓉胶制品是将动物肌肉经粉碎性排剁、刀背砸、木槌敲、机械搅动等方式加工成蓉泥后，加入水、鸡蛋或蛋清、淀粉、肥膘泥、调味品等，经搅打而成的有黏性的胶体糊状物料。各地对蓉胶的叫法不尽相同，北京称“腻子”，四川称“糁”，江苏称“缔子”，山东称“泥”，广东称“胶”，陕西称“瓤子”，湖南称“糊子”，有的地方还叫“肉糜”等。蓉胶这类原料烹制出的菜肴大部分是采用氽、蒸、烧、酿等加热时间较短的技法，能保持菜肴鲜嫩、滑爽、入口即化、质感细腻的特点。

（二）蓉胶调制的工艺流程

蓉胶制品的品种很多，其工艺流程如下。

1. 原料选择

制作蓉胶制品的原料要求很高，选择的原料应是无皮、无骨、无筋络、无瘀血伤斑的净料，原料质地细嫩，持水能力强。如鱼蓉制品，一般多选草鱼、白鱼等肉质细嫩的鱼类；虾蓉制品一般选用河虾仁；鸡蓉制品的最佳选料是鸡里脊肉，其次是鸡脯肉，鸡腿肉不能作为蓉胶制品的原料。

2. 漂洗处理

目的是洗除其色素、臭气、脂肪、血液、残余的皮屑及污物等。鱼蓉泥要求色白和质嫩，需要充分漂洗。漂洗时，水温不应高于鱼肉的温度，应力求控制在10℃以下。鸡脯肉一般也需放入清水中泡去血污。猪肉、牛肉、虾肉则不需此操作。

3. 破碎处理

（1）机械破碎。绞肉机、搅拌机的使用范围最为广泛，特点是速度快，效率高，适于加工较多数量的原料。但肉中会残留筋络和碎刺，而且机械运转速度较快，破碎时使肉的温度上升，使部分肌肉中肌球蛋白变性而影响可溶性蛋白的溶出，对肉的黏性形成和保水力产生影响，因此应特别注意在绞肉之前将肉适当地切碎，剔除筋和过多的脂油，同时控制好肉的温度。

（2）手工排剁。速度慢，效率低，但肉温基本不变，且肉中不会残留筋络和碎刺，因为排斩时将肉中筋络和碎刺全部排到了蓉胶制品的底层，采用分层取肉法就可将杂物去尽。用手工排剁时，也应根据具体菜品的要求采用不同的方法。

4. 调味搅拌

调味一般可加入盐、细葱、姜末、料酒（或葱姜酒汁）和胡椒粉等调料，辅料有淀粉、蛋清、肥膘、马蹄等。盐是蓉胶制品最主要的调味品，也是蓉胶制品上劲的主要物质，对猪蓉泥制品来说，盐可以与其他调味品一起加入，对鱼蓉泥制品来说，应在掺入水分后加入。加盐量除跟主料有关外，还与加水量成正比。加盐后的蓉胶通过搅拌使蓉胶黏性增加，使成品外形完整，有弹性。搅拌上劲后的蓉胶应放置于2℃～8℃的冷藏柜中静置1～2小时，使可溶性蛋白充分溶出，进一步增加蓉胶的持水性能。但不能使蓉胶冻结，否则会破坏蓉泥的胶体体系，影响菜品质量。

（三）蓉胶的种类

蓉胶可以分为肉蓉胶、鱼蓉胶和虾蓉胶，较有特色的是鱼蓉胶和虾蓉胶。

1. 鱼蓉胶

（1）硬鱼蓉胶。在鱼蓉中添加适量熟肥膘，鱼肉与肥膘的比例一般为5∶1，肥膘需切成小粒为宜，因蓉胶体质地较“硬”，即较为浓稠，故名。硬鱼蓉胶适合于制作鱼饼、鱼球、鱼糕等，常用于煎、炸、贴、蒸等，成菜后弹性大，韧性足，口感较好。

（2）软鱼蓉胶。在鱼蓉中添加适量生肥膘蓉，它适合于制作蒸、酿而成的各种花色工艺菜。成菜后口感柔嫩而有弹性。

（3）嫩鱼蓉胶。在鱼蓉中添加猪油，鱼肉与猪油的比例随烹调要求而定。它适合于制作鱼圆、鱼线等，也可做酿菜，常用于氽、烩等，成菜后质地软滑、细嫩，而且有一定弹性。

2. 虾蓉胶

（1）硬虾蓉胶。吃水量很小，除了葱姜汁外，一般不需另外加水，其质感浓稠，搅拌上劲后需加入适量熟肥膘小粒，以免制品受热后收缩变形，并增加鲜嫩、油润的口感，适合于炸、煎、贴等，以单独使用居多，如炸虾球、煎虾饼等，也可酿制花色工艺菜。

（2）软虾蓉胶。吃水量较硬虾蓉胶大，质地比较柔软，黏性大，可塑性较强，制作中需加入适量生肥膘蓉。它适合于蒸、氽等，也可用于煎，常配以其他原料酿制成各种花色工艺菜，如桂花虾饼、苹果虾等。

（3）嫩虾蓉胶。吃水量较软虾蓉胶大，其质地是虾蓉胶中最软嫩的。它的制作需要加入较大量的蛋清泡（也称发蛋），通常虾肉与蛋清的比例为1∶3。由于嫩虾蓉胶非常柔嫩，一般只适合于蒸，而且蒸的时间不宜过长，火力不宜过大，中火沸水蒸 1 ~ 2 分钟即成。它常用于酿制玲珑精细的花色工艺菜，如南京菜中的瓢儿鸽蛋等。

二、蓉胶菜品制作工艺与实训

实训一　硬鱼蓉胶：油泡鱼青丸

1. 烹调类别

油泡。

2. 烹饪原料

主料：鲮鱼 1500 克 。

配料：鸡蛋清 30 克 。

调料：小葱 5 克、姜 3 克、大蒜 1 克、味精 3 克、盐 3 克、香油 1 克、料酒 10 克、淀粉（蚕豆淀粉）4 克、胡椒粉 2 克、植物油 50 克。

3. 工艺流程

（1）鲮鱼宰杀洗净，片取带皮鱼肉。把带皮鱼肉从尾端下刀向上刮出鱼肉，见红色即止，用洁布包着压干水分。

（2）用碗盛清水 65 毫升，加入干淀粉调成粉浆。把鱼肉放入盆内，下鸡蛋清搅拌至略有胶质，再加入精盐、味精各 3 克及 1/2 的粉浆，搅拌 3 分钟。

（3）再加入余下的粉浆，继续搅拌至鱼肉起胶质便成鱼青。把鱼青挤成橄榄形小丸，每丸重 5 克，放在盛有清水的大碟中。

（4）炒锅上火烧热，下沸水 1000 毫升，放入鱼丸，微沸后即端离火，浸 1 分钟至鱼丸浮起，用笊篱捞出沥去水。将味精、香油、胡椒粉、湿淀粉调成芡汁。

（5）用中火烧热炒锅，下油，微沸时放入鱼丸，略为搅动即用笊篱捞起。余油倒出，炒锅放回炉上，下蒜、姜、葱爆至有香味，放入鱼丸，烹入料酒，用芡汁勾芡，最后淋油炒匀便成。

4. 风味特色

鱼丸白洁，鲜嫩爽滑，鲜咸适中。

5. 实训要点

（1）鱼肉用水漂洗干净，再用洁布包着压干水分。

（2）调制鱼蓉时要掌握好吃水量，搅拌上劲。

（3）氽鱼丸时要控制好温度。

实训二 嫩鱼蓉胶：莼菜鱼圆汤

1. 烹调类别

汆。

2. 烹饪原料

主料：净青鱼肉250克。

配料：莼菜（罐装）200克。

调料：精盐10克、葱姜汁300克、料酒5克、味精3克、鸡清汤1000克。

3. 工艺流程

（1）将鱼肉漂去血水，剁成蓉，将鱼蓉放入陶钵内，加水、盐、葱姜汁、料酒搅上劲，挤成鱼圆，放入冷水锅中；炒锅上火，用小火将鱼圆养熟。

（2）炒锅上火，放清水烧沸，将莼菜（滗去原汁）放入热水中烫透，捞入碗中。原锅倒去水，放入鸡清汤烧沸，鱼圆下锅烧开，用绍酒、盐、味精调好味，倒入汤盆内即可。

4. 风味特色

汤清味鲜，莼菜滑嫩爽口，鱼圆洁白细嫩。

5. 实训要求

（1）制作鱼圆时鱼肉要漂净血水，制鱼蓉要掌握好吃水量。

（2）制蓉时不宜过早放盐；搅拌上劲应朝同一方向。

（3）挤鱼圆注意手法，下鱼圆应冷水下锅，应用小火。

实训三 虾蓉胶：百花酿香菇

1. 烹调类别

酿。

2. 烹饪原料

主料：河虾仁100克、香菇12只。

调料：精盐10克、味精3克、蛋清30克、姜米2克、葱末2克、猪油20克、干淀粉25克。

3. 工艺流程

（1）将虾仁洗净后吸干水分，用平刀或刀背将虾仁制成虾蓉；将虾蓉放入盆内加姜米、葱末、精盐、味精、猪油、蛋清、生粉沿一个方向搅拌上劲成虾胶。

（2）将香菇去柄用清水泡发洗净，放入盆中，加姜葱、料酒、淡汤、精盐、味精、鸡油，上笼蒸30分钟，取出香菇，用干毛巾将香菇吸干水分。

（3）将香菇内侧拍上干淀粉，虾胶分成12份，将虾胶酿到香菇上，用手指蘸上油抹平虾胶表面，表面用香菜叶点缀。将酿好的百花香菇生坯放入笼锅中猛蒸5分钟至熟，取出装盘即可。

4. 风味特色

香菇软糯，虾蓉爽滑，口味咸鲜，营养丰富。

5. 实训要求

（1）制作虾蓉时虾仁必须吸干水分，虾蓉必须搅拌上劲。

（2）酿虾蓉时必须在香菇内侧拍上淀粉，否则虾会与香菇分离。

三、拓展知识与运用

（一）蓉胶调制的原理

蓉胶制作属于胶体体系的一种，它是动物肌肉纤维在外力的作用下产生剧烈的震荡，在制作中添加能增加黏性、增强吸水能力的辅助料（如鸡蛋、淀粉、盐等），在快速搅打作用力的情况下大量吸水形成蓉泥状的物料，又称糊料。

蓉胶形成的主要过程是加水、搅拌、加盐上劲。在蓉状的肌肉中，其吸附水分的表面积比原来大大增加，边搅拌边加水，增加了肉馅对水分的吸附面积。肉馅对水分的吸附既可以是蛋白质极性基团的化学吸附，也可以是非极性基团的物理吸附以及水分子与水分子之间发生的多分子层吸附。由于剁碎及搅拌的结果，在肉馅内部形成大量的毛细管微孔道结构，在毛细管内水所形成的气压低于同温度下水的气压，所以毛细管能固定住大量的水分，这些都是肉馅能再吸附大量水分的重要原因。如果在搅拌肉馅时加入适量的盐，吸水量还能进一步的增加，其原因是：首先，食盐是一种易溶于水的强电解质，很快就溶解在水里，钠离子和氯离子进入肉馅的内部，使肉馅的水溶液的渗透压增大，因此外部添加的水就更容易进入肉馅；其次，由于球蛋白易溶于盐液，加盐后增大了肌肉球蛋白分子在水中的溶解度，这样也就加大了球蛋白的极性基团对水分子的吸附量；再次，肌肉中蛋白质是以溶胶和凝胶的混合状态存在的，胶体的核心结构胶核具有很大的表面积，在界面上有选择地吸附一定数量的离子，加入食盐后，食盐离解为带正电荷的钠离子和带负电荷的氯离子，其中某一部分离子有可能被未饱和的胶粒所吸附，被吸附的离子又能吸附带相反电荷的离子。不管是钠离子还是氯离子它们都是水化离子，即表面都吸附许多的极性水分子，所以肉馅经过加水、加盐搅拌成为蓉胶以后，吸收了水分，其口感更加嫩滑爽口。

（二）水产蓉料的制作

为适应菜式的变化，丰富花式品种，便于烹煮，不少菜式都要求把部分原料先制成半成品，以便备用。半成品的配备中，尤以蓉料的制作更为复杂、多变，一般都需先行预制。蓉料的制作必须注意选用材料，注意掌握刀工、调味、配制比例等环节，使蓉料分别达到爽、滑、软等不同要求。

（三）水产蓉料的实训

实训一　虾胶制作

1. 烹饪原料

吸干水分的鲜虾肉 500 克、肥肉 75 克、味精 6 克、盐 5 克。

2. 制作工艺

把肥肉切成小粒，入雪柜冻硬。用平刀将虾肉按烂，再用刀背剁，放在盆里，加入上述味料，顺一方向搅拌，最后加入冻肥肉粒，再拌匀，放入冰箱冷藏备用。

3. 实训要求

（1）拌虾胶时只能向同一方向搅拌，若顺逆兼施，虾胶会出现“翻”或不爽的现象。

（2）搅拌时，自始至终用力要均匀。

实训二　鱼胶制作

1. 烹饪原料

去皮鱼肉500克、精盐10克、味精5克、生粉50克、清水75克、生油15克。

2. 制作工艺

（1）先将鱼肉剁烂，放入盆里，加入精盐、味精，顺一个方向搅拌至鱼肉有胶时，则以挞为主（多挞则爽），拌为副。

（2）挞至鱼胶胶性较大时，再将清水和生粉调成糊状加入鱼胶内拌匀，入生油多挞几次便成。

实训三　鱼青制作

1. 烹饪原料

有皮鲮鱼肉1500克（刮净、水洗、压干水分得鱼蓉500克）、鸡蛋白100克、精盐 10 克、味精 5 克、生粉 15 克。

2. 制作工艺

（1）将鱼肉放在砧板上用刀从尾端逆刀轻刮出鱼蓉（刮至鱼肉见赤红色即止），将鱼蓉用清水洗净。

（2）放入布袋内，压干水分，倒入盆里，加入精盐、味精拌至起胶，最后加入蛋白、生粉，边拌边挞即成（拌、挞的手法与鱼胶相同）。

实训四　鱼浮制作

1. 烹饪原料

压干水分鱼蓉500克、精盐15克、味精5克、清水250克、干面粉100克、蛋清200克。

2. 制作工艺

（1）将鱼蓉放入盆里，加入精盐、味精搅拌至起胶。

（2）放入蛋清搅拌，再加入清水、面粉，边加入边拌，最后挤成丸子，放入油锅中炸熟即成。

实训五　鱼丸制作

1. 烹饪原料

净无皮鱼肉500克、湿虾米75克、生粉100克，精盐、味精各6克，清水15克、胡椒粉2克。

2. 制作工艺

（1）将鱼肉剁烂成蓉（或用绞肉机绞烂），放在盆里，加入精盐、味精搅拌起劲。

（2）将湿虾米稍剁细，连同生粉、清水一齐放入鱼胶里搅拌至起胶，挤成丸子，或蒸熟，或浸熟即成。（如在配方中加入浸发的发菜，则称之为发菜鱼丸。）

（四）鱼蓉实训的要求

鱼蓉就是将鱼肉去骨去皮后经粉碎制成蓉状后，加入蛋清、淀粉、油脂等调辅料，搅拌上劲而制成的黏稠状的胶体物料。一般采用氽、煮、蒸等加热方法成菜。在菜肴制作中，鱼蓉的运用非常广泛，既可以作为花色菜肴造型的辅料和黏合剂，也可独立成菜。要使鱼蓉菜肴具有滑爽、鲜嫩、质感细腻、入口化渣等特点。必须注意以下几点。

1. 选择鱼蓉原料品种和掌握制蓉时间

制作鱼蓉一般选用白鱼、青鱼、草鱼等，而且在把鱼宰杀之后，不要急着制蓉，鱼肉宰杀后需经排酸后放置20分钟方可制鱼蓉。鱼刚死时其肉处于尸僵期，pH值下降，持水能力较低，易影响鱼蓉制品的弹性和嫩度。实践证明，鲜活的鱼肉延伸性较差，吃水量小，制成的鱼蓉缺乏黏性和弹性，成品质感较老，切面较粗糙；而成熟的鱼肉（即宰杀后放置一定时间的鱼肉，并不是指加工成熟的鱼肉），质地会因氧化而柔软，持水性增强，呈鲜物质也逐渐分解，风味显著增加。

2. 鱼蓉加工方法

制作鱼蓉对原料要求很高，应无骨、无皮，鱼肉色泽洁白。具体加工方法是：人工排斩。从尾部沿着脊背批取两半（去脊骨），放砧板上，鱼皮朝下肉朝上，用刀刃（不是刀背）由头向尾刮，鱼骨就会分离出来了。刮下的鱼肉放在一块较大的净鲜猪皮（能保持鱼圆的洁白）上，用刀背剁成蓉。另一种方法是直接将片下的鱼肉放入粉碎机内打成蓉。

人工排斩的特点是速度慢、效率低，但能将肌肉中的盘膜及碎刺斩到底层，最终去除掉。在排斩时要注意以下几点：

（1）砧板一定要干净。最好在砧板上放一层鲜猪肉皮，再将鱼肉放于肉皮上面排斩，这样既可避免木渣混入原料中，又不影响色泽、口味。

（2）正确堆积鱼蓉。在排斩过程中，鱼蓉会逐渐从中间向四周散开，这时应将刀身站立，稍微倾斜，并与砧板保持略高一点的距离，将鱼蓉向中间堆积，切不可直接把刀放平，将鱼蓉铲起，然后反扣在砧板中间，否则容易将排斩至底下的筋膜及碎刺翻转到上面，影响蓉料的质量。

（3）排斩时不要加水和料酒。许多厨师在斩鱼蓉粘刀时，习惯洒点水或加点料酒，认为这样可使蓉料不再粘刀，同时起到调味的作用。殊不知，这样对制蓉的影响很大：一方面会不同程度地增加蓉料的含水量，使颗粒之间的黏着力相应减少，间隙变大，当刀向下用力时，鱼蓉颗粒就会向两边自然分开，刀刃与原料颗料接触的机会就会减少，影响制蓉的效率；另一方面，所洒入的水分一时很难被鱼蓉全部吸收，其中一部分便会渗入砧板，使墩味溶于或混于水中，当再斩时，砧纤维又将水分挤出，重新被蓉料所吸收，影响蓉料的色泽和口感。

机械粉碎的特点是鱼蓉较细腻，黏性强，吸水量大，方便快捷，但易残留筋膜及碎刺；而且机械运动速度较快，与原料间产生剧烈的摩擦，温度易升高，会使原料中部分肌球蛋白变性，降低鱼蓉的吸水性和持水性。

3. 调料的应用

（1）食盐：适量的食盐能起到盐溶作用，使鱼蓉中的渗透压增大，促使蛋白吸水，成菜口感嫩滑适口。但加盐量应根据鱼蓉的吃水量来定，若过多，则会出现吐水现象，不但不能使鱼蓉上劲，反过来还会使已上劲的鱼蓉退劲。

（2）淀粉：淀粉在高温下会大量吸水并膨胀，最终破裂，在鱼蓉内形成具有一定黏性的胶状体，该过程被称之为"糊化"。经过淀粉糊化的鱼蓉，持水性进一步增强，保证了鱼蓉的嫩度，在加热中不易破裂、松散。

（3）水：掺入适量的水分是保证鱼蓉成菜后鲜嫩的一个关键环节，但掺水量不能超过原料的吸水能力，否则将很难搅拌上劲，因此应根据季节、气温的变化灵活掌握。水应分次掺入，使水分子均匀地与蛋白质分子表面极性端相连接，并充分融合，保证鱼蓉达到足够嫩度。

（4）蛋清：新鲜鸡蛋的蛋清稠度较大，在烹调时不仅有助于鱼蓉的凝固成型，而且对成菜的色泽和风味均有所帮助。调制鱼蓉时加入蛋清，可增强鱼蓉的黏性，提高其弹性、嫩度和吸水能力，还会使菜品更加洁白、光亮。但用量也不宜过多，否则会使鱼蓉的黏度下降，加热时不易成型。

（5）油脂：为了保证鱼蓉成菜后鲜嫩滑爽，大多数鱼蓉在调制后需加入适量的油脂，以增加制品的光度和香味。通过搅拌，在力的作用下油脂可发生乳化作用，形成蛋白质与油脂相结合而成的胶凝，使菜品形态饱满、油润光亮、口感细嫩、气味芳香；但油应在鱼蓉上劲之后掺入，且用量不宜过多。

4. 搅拌上劲

（1）原料粉碎后各种调料的加入均需要通过搅拌来实现，在粉碎过程中，蛋白质受到剧烈振荡，空间结构被破坏，肌肉纤维一片“紊乱”，当顺着同一方向搅拌时，这些“紊乱”的肌肉纤维被越拉越长，形成新的纤维结构，并且相互缠绕，使鱼蓉黏度增稠。

（2）为提高鱼蓉质量，在搅拌时不宜一次性投料，而应按照搅拌程度分次投料。一般应先加水，在鱼蓉吸足水分之后再加食盐及去腥调料，搅至黏稠后适量加入蛋清和湿淀粉，以增加鱼蓉的黏度；投入调味料以确定最终味型，最后加入油脂搅拌均匀。

（3）在搅打上劲时应朝着一个方向，先慢后快逐渐加速。在夏天气温较高时不宜直接用手搅打，以防鱼蓉受到手掌温度的影响而降低吸水量，难以上劲。

（4）鱼蓉制成后需在2℃~8℃的温度中冷藏1~2小时，使可溶性蛋白进一步溶出（俗称“咬劲”），但不宜冷冻，否则会破坏鱼蓉的胶体体系，影响菜品质量。

【模块小结】

通过学习掌握菜肴调质的方法和要领，针对原料性质、菜肴特点及烹调方法，掌握各种挂糊与浆的调制比例，熟知芡汁的种类以及勾芡的方法、操作要领；能根据蓉胶制作工艺原理调制鱼蓉胶和虾蓉胶。

实训练习题

（一）选择题

1. 上浆致嫩时可以利用糖缓解原料中的碱味，是因为上浆时使用了（　　）。

A. 碳酸钠　　B. 碳酸氢钠　　C. 氢氧化钙　　D. 氢氧化钠

2. 脆皮糊制品呈均匀多孔的海绵状，是因为糊中加入了泡打粉或（　　）。

A. 酵粉　　B. 面粉　　C. 米粉　　D. 淀粉

3. 原料在加热前就具有基本味的过程通常称（　　）。

A. 烹调前调味　B. 烹调中调味　C. 烹调后调味　D. 正式调味。

4. 调味品投放顺序不同，会影响各种调味品在原料中的吸附量和（　　）

A. 渗透压　B. 扩散量　C. 挥发性　D. 标准化

5. 下列香料中，加热时间越长溶出的香味越多，香气味越浓郁的一组是（　　）。

A. 茴香、丁香、草果　B. 茴香、丁香、花椒粉

C. 茴香、丁香、胡椒粉　D. 茴香、丁香、五香粉

6. 菜肴的类别不同，调味时盐的用量也不同，炒蔬菜的用盐量一般为（　）。

A. 0.6%　B. 1%　C. 1.2%　D. 1.6%

7. 下列说法正确的是（　　）。

A. 用糖量最高的是荔枝味型菜，其次是糖醋味型菜，再次是蜜汁菜

B. 用糖量最高的是糖醋味型菜，其次是蜜汁味型菜，再次是荔枝味型菜

C. 用糖量最高的是蜜汁味型菜，其次是荔枝味型菜，再次是糖醋味型菜

D. 用糖量最高的是蜜汁味型菜，其次是糖醋味型菜，再次是荔枝味型菜

8. 在调制咖喱味时，确定基本味应加入（　　）。

A. 香醋　B. 精盐　C. 葱姜蒜　D. 咖喱粉

9. 肉类原料的致嫩方法有盐致嫩、嫩肉粉致嫩和（　　）致嫩。

A. 碳酸钠　B. 碱　C. 明矾　D. 氢氧化钠

10. 芡汁中最稀的芡汁是（　　）。

A. 利芡　B. 熘芡　C. 玻璃芡　D. 米汤芡

11. 烩是一种烹调方法，即将小型的主料经上浆及滑油后，放入调好味的汤汁中用旺火烧沸并迅速勾（　　）。

A. 熘芡　B. 利芡　C. 玻璃芡　D. 米汤芡

12. 蛋泡糊适用的菜肴范围是（　　）。

A. 焦熘类　B. 拔丝类　C. 松炸类　D. 脆熘类

13. 荔枝味型的特点是（　　）。

A. 咸、甜、酸、微辣　B. 咸鲜、酸甜

C. 咸鲜，微甜　D. 咸鲜，酱香味浓

14. 旺火火焰高而稳定，光度明亮，热气逼人火焰呈（　　）。

A. 红色　B. 白色　C. 红黄色　D. 白黄色

15. 大多数油爆菜的勾芡采用的是（　　）。

A. 米汤芡　B. 水粉芡　C. 玻璃芡　D. 兑汁芡

（二）填空题

1. 根据原理和作用不同，调质工艺一般可分为（　　　　）、（　　　　）、（　　　　）、增稠工艺等几种，其中增稠的方法主要有（　　　　）增稠、（　　　　）增稠、（　　　　）增稠、（　　　　）增稠、（　　　　）增稠。

2. 糊的种类很多，按菜品质感和烹调方法分，有（　　　　）、（　　　　）、（　　　　）、（　　　　）香酥糊等。

3. 按照芡汁的稀稠、多寡可分为厚芡和薄芡两大类。其中按浓度的不同，厚芡又可分为（　　　　）和（　　　　）两种；薄芡又可分为（　　　　）和（　　　　）两种。

4. 勾芡是菜肴烹制成熟出锅之前的重要操作步骤。勾芡在操作时一般按照（　　　　）→（　　　　）→（　　　　）三个步骤流程操作。

（三）简答题

1. 调香工艺的基本原理和方法是什么？
2. 菜肴调色工艺的方法及要求有哪些？
3. 菜肴质感的形成特征是什么？
4. 调质工艺的方法有哪些？
5. 以实例说明蓉胶调制的工艺流程。
6. 试说明勾芡的分类和适用范围。
7. 简述勾芡工艺的操作流程。
8. 勾芡的关键是什么？哪些类型菜肴不需要勾芡？
9. 试比较上浆工艺与挂糊工艺的异同点。
10. 试述虾仁和牛柳上浆的配方比例及操作关键。
11. 脆皮糊调制工艺的原料配比、调制过程及成品特点各是什么？

（四）实训题

1. 选用不同烹调方法制作四款菜肴，试比较菜肴勾芡的种类和勾芡方法。
2. 以牛肉为例，练习牛肉致嫩的操作工艺。
3. 每组调制不同的糊、浆，并在操作训练中进行比较，分述所加工品种的特点。

模块二

调味工艺

学习目标

知识目标

了解味与味觉的含义及味觉的特性，了解调味的概念、内容及作用；掌握调味工艺的基本原理；掌握调味工艺种类、方法和要求。

技能目标

掌握菜肴调味的方法和要领；能准确调制多种常用复合调味品；掌握制汤的原料选择、操作方法及工艺技巧；能独立制作清汤和奶汤以及常用卤水。

实训目标

（1）能熟练掌握有咸味元素的芡汤、花椒盐、豉油汁复合调味品的加工制作方法及性能。

（2）能熟练掌握有酸甜元素的糖醋汁、柠汁复合调味品的加工制作方法及性能。

（3）能熟练掌握有辣味元素的鱼香味、家常味复合调味品的加工制作方法及性能。

实训任务

任务一　复合味调制工艺

任务二　制汤制卤工艺

任务一　复合味调制工艺

一、知识储备

调味是烹调工艺的一项重要环节，中国古籍中谈及有关调味与本味的问题，距今已有3600余年的历史。人称《烹饪之圣》的伊尹是我国古代烹制食物和“五味调和”方面最为出色的厨师，他创立的“五味调和说”至今仍是中国烹饪的不变之规。要使一个菜肴的色、香、味、形都达到美的境地，除了依靠原料的精良、火候的调节之外，还必须要有正确、确切的调味，才能使菜肴达到尽善尽美。味是菜肴之灵魂，味正则菜成，味失则菜败，充分说明了调味在烹饪中所起的作用。何谓调味工艺？简单地说调味就是调和滋味。调味工艺就是运用各种调味原料和有效的调制手段，使调味料之间及调味料与主配料之间相互作用，协调配合，产生物理和化学变化，以除去恶味、增加美味，丰富色彩，赋予菜肴一种新的滋味的一项技术操作工艺。俗话说开门七件事：柴、米、油、盐、酱、醋、茶，其中有四件是调味品，可见调味在日常生活中的地位，调味也是调和工艺的中心内容。

（一）味与味觉

味的基本词义是舌头尝东西所得到的感觉、鼻子闻东西所得到的感觉。从心理学来分析，味是一种感觉，是人们大脑对于客观事物的个别特性的反应，是由食物的味刺激神经所引起的。刚出生的婴儿就有辨味的本能，知道加了糖的牛奶好喝，药是苦的不吃，以哭来拒食，长大以后就更知道辨味了。然而在日常生活中，多数人对味的概念未必清楚，最易混淆的是“滋味”和“气味”；其次是“滋味”和“触感”。人在品尝食物的味时，实际上是“滋味、香味、触感”三者的综合感受。

1. 认识味觉

味觉是指某种物质刺激舌头上的味蕾所引起的感觉。味觉是一种生理感受，包括广义味觉和狭义味觉。

（1）广义味觉。

也称为综合味觉，是指食物在口腔中，经咀嚼进入消化道后所引起的感觉过程。广义味觉包括心理味觉、物理味觉、化学味觉三种。

① 心理味觉。是指人们对菜肴形状、色泽、原料等因素的一种感觉，由人的年龄、健康、情绪、职业，以及进餐环境、色彩、音响、光线和饮食习俗而形成的对菜肴的感觉均属于心理味觉。

② 物理味觉。是指人们对菜肴质度、温度、浓度等性质的一种感觉，菜肴的软硬度、黏性、弹性、凝结性及粉状、粒状、块状、片状、泡沫状等外观形态，以及菜肴的含水量、油性、脂性等触觉特性，均属于物理味觉。

③ 化学味觉。是指人们对菜肴咸味、甜味、酸味等成分的一种感觉，人们感受的菜肴的滋味、气味，包括单纯的咸、甜、酸、苦、辛和千变万化的复合味等均属于化学味觉。

（2）狭义味觉。

① 狭义味觉是烹调菜肴中可溶性成分，溶于唾液或菜肴中的汤汁，刺激口

腔中的味蕾，经味神经达到大脑味觉中枢，再经大脑分析后所产生的味觉一种感觉。口腔内的味觉感受体主要是味蕾，其次是自由神经末梢。

② 味蕾是分布在口腔黏膜中极其活跃的组织之一，主要分布在舌头表面的乳突中，特别是舌黏膜皱褶处的乳突侧面更为稠密，少部分分布在软腭、咽喉和会咽等处。味蕾以短管（味孔口）与口腔相通，一般成年人有2000多个味蕾，每个味蕾由40~60个椭圆形的味细胞组成，并连接着味神经纤维，味神经纤维又联成小束直通大脑。

③ 味蕾有着明确的分工：舌尖部的味蕾主要品尝甜味，舌两边的味蕾主要品尝酸味，舌面的味蕾主要品尝咸味，舌根部的味蕾主要品尝苦味。而甜味和咸味在舌尖部的感受区域，有一定的重叠。

2. 味觉的特性

味觉一般都具有灵敏性、适应性、可融性、变异性、关联性等基本特性。这些特性是控制调味标准的依据，是形成调味规律的基础。

（1）味觉的灵敏性。

味觉的灵敏性是指味觉的敏感程度，由感味速度、呈味阈值和味分辨力三个方面综合反映。味觉的灵敏性高，这是我国烹调形成“百菜百味”特色的重要基础。

① 感味速度：呈味物质一进入口腔，很快就会产生味觉。一般从刺激到感觉仅需 1.5×10^{-3} ~ 4.0×10^{-3} s（秒），比视觉反应还要快，接近神经传导的极限速度。

② 阈值：是可以引起味觉的最小刺激值。通常用浓度表示，可以反映味觉的敏感度。阈值越小，其敏感度越高。呈味物质的阈值一般较小，并随种类不同有一定差异。如：苦味的阈值是千万分之五，醋酸的阈值是百万分之十二，蔗糖的阈值是千分之五，食盐的阈值是千分之二，味精的阈值是十万分之三十三。

③ 味分辨力：人对味具有很强的分辨力，可以察觉各种味感之间非常细微的差异。据试验证明，通常人的味觉能分辨出5000余种不同的味觉信息。

（2）味觉的适应性。

味觉的适应性是指由于持续某一种味的作用而产生的对该味的适应，如常吃辣而不觉辣，常吃酸而不觉酸等。味觉的适应有短暂和永久两种形式。

① 味觉的短暂适应：在较短时间内多次受某一种味刺激，所产生的味觉间的瞬时对比现象，是味觉的短暂适应。它只会在一定时间内存在，稍过便会消失。因此，在配制宴席菜肴时要特别注意，尽可能安排不同味型的菜品或根据味型错开上菜顺序。

② 味觉的永久适应：是由于长期经受某一种过浓滋味的刺激所引起的。它

在相当长的一段时间内都难以消失。在特定水土环境中长期生活的人，由于经常接受某一种过重滋味的刺激，便会养成特定的口味习惯，产生味觉的永久适应。如四川人喜吃超常的麻辣，山西人爱用较重的酸醋等就是如此。受宗教信仰的影响或个人的饮食习惯（包括嗜好、偏爱等）也会引起味觉的永久适应。

（3）味觉的可融性。

味觉的可融性是指数种不同的味可以相互融合而形成一种新的味觉。它是菜肴各种复合滋味形成的基础。在菜肴制作的调味过程中，应该注意味觉可融性的恰当运用。

（4）味觉的变异性。

味觉的变异性是指在某种因素的影响下，味觉感度发生变化的性质。所谓味觉感度，就是人们对味的敏感程度。味觉感度的变异有多种形式，分别由生理条件、温度、浓度、季节等因素所引起。此外，味觉感度还随心情、环境等因素的变化而改变。

（5）味觉的关联性。

味觉的关联性是指味觉与其他感觉相互作用的特性。人们的各种感觉都必须在大脑中反映，当多种感觉一起产生时，就必然产生关联。与味觉关联的其他感觉主要有嗅觉、触觉等。嗅觉与味觉的关系最密切。通常我们感到的各种滋味，都是味觉和嗅觉协同作用的结果。触觉是一种皮肤（口腔皮肤）的感觉，如软硬、粗细、黏爽、老嫩、脆韧等。此外，视觉也与味觉有一定的关联。

（二）影响味觉的因素

1. 温度对味觉的影响

味觉感受的最适宜温度为10℃~40℃，其中，30℃时味觉感受最敏感。在0℃~50℃范围内，随着温度的升高，甜味、辣味的增强，咸味、苦味减弱，酸味不变。一般热菜的温度最好是60℃~65℃，炸制菜肴可稍高一些，凉菜的温度最好在10℃左右。

2. 浓度对味觉的影响

对味的刺激产生快感或不快感，受浓度影响很大。浓度适宜能引起快感，过浓或过淡都能引起不舒服的感受或令人厌恶。一般情况下，食盐在汤菜中的浓度以0.8%~1.2%为宜，烧、焖、爆、炒等菜肴中以1.5~2.0%为宜。低于这个浓度口轻，高于则口重。

3. 水溶性对味觉的影响

味觉的感受强度与呈味物质的水溶性和溶解度有关。呈味物质只有溶于水成为水溶液后，才能刺激到味蕾产生味觉。溶解速度越快，产生的味觉也就越快。水溶性大的呈味物质，味感较强，反之，味感较弱。

4. 生理条件对味觉的影响

引起人们味觉感度变化的生理条件主要有年龄、性别及某些特殊生理状态等。一般而言，年龄越小，味感越灵敏。随着年龄的增长，味蕾对味的感觉会越来越迟钝，但是，这种迟钝不包括咸味。性别不同，对味的分辨力也有一定差异，一般女子分辨味的能力，除咸味之外都胜过男子。女性与同龄男性相比，多数喜欢吃甜食。人生病时味感略有减退。重体力劳动者，味感较重；轻体力劳动者，味感较轻。

5. 个人嗜好对味觉的影响

不同的地理环境和饮食习惯会形成不同的嗜好，从而造成人们味觉的差别。但是，人的嗜好随着生活习惯的变化是可以改变的。"安徽甜、河北咸，福建浙江咸又甜；宁夏河南陕甘青，又辣又甜外加咸；山西醋、山东盐，东北三省咸带酸；黔赣两湖辣子蒜，又麻又辣数四川；广东鲜、江苏淡，少数民族不一般。"这首中国人的口味歌，十分准确生动地反映了不同地区个人嗜好对味觉的影响。

6. 饮食心理对味觉的影响

饮食心理是人们生活中形成的对某些食物的喜好和厌恶。如某些人对某种原料或菜肴颜色及味道的厌烦感。此外，还包括不同民族由于宗教信仰和饮食习惯不同造成的味觉差别。

7. 季节变化对味觉的影响

随着季节的变化，也会造成味觉上的差别。一般情况是在气温较高的盛夏季节，人们多喜欢食用口味清淡的菜肴；而在气温较低的严冬季节，多喜欢口味浓厚的菜肴。

8. 饥饿程度对味觉的影响

俗语"饥不择食"，就是说人们过分饥饿时，对百味俱敏感；饱食后，则对百味皆迟钝。

二、味的种类

味的种类很多，据统计多达5000多种，但概括起来可分为两大类，即单一味和复合味。

（一）单一味

单一味又称基本味或母味，是最基本的滋味，是未经复合的单纯味。从味觉生理的角度，基本味有咸、甜、苦、酸四种。从食物角度，《内经》指出，食物有"四性五味"，即寒、热、温、凉四性，酸、苦、甘、辛、咸五味。其中辣味实际上是辣味物质刺激口腔黏膜引起的热觉、痛觉以及刺激鼻腔黏膜的痛觉的一种混合感觉。从烹调的角度，一般将基本味列为咸、甜、苦、酸、辣、鲜、香七种。

1. 咸味

咸味是绝大多数复合味的基础味，是菜肴调味的主味。菜肴中除了纯甜味品种外，几乎都带有咸味，而且咸味调料中的呈味成分氯化钠是人体的必需营养素之一，故被称为“百味之本”“百肴之将”。咸味能去腥解腻，突出原料的鲜香味，能调和多种多样的复合味。常用的呈现咸味的调味料主要有食盐及酱油、黄酱等。

2. 甜味

甜味也称甘味，在调料中的作用仅次于咸味。在烹调中，甜味除了调制单一甜味菜肴外，更重要的是能调制更多复合味的菜肴。甜味可以增加菜肴的鲜味，去腥解腻，缓和辣味等。常用的呈现甜味的调味品主要有蔗糖（白糖、红糖、冰糖等）、蜂蜜、饴糖、果酱、糖精等。

3. 酸味

烹调中用于调味的酸味成分主要是可以电离出氢离子的一些有机酸，如醋酸、柠檬酸、乳酸、苹果酸、酒石酸等。酸味具有使食物中所含有的维生素在烹调中少受损失的作用，还可以促使食物中钙质的分解，除腥解腻。酸味一般不独立作为菜肴的滋味，都是与其他单一味一起构成复合味。烹调中较常用的酸味调味料主要有食醋、番茄酱、柠檬汁等。食醋著名的品种有山西老陈醋、镇江香醋等。酸味能使鲜味减弱。少量的苦味或涩味，可以使酸味增强。与甜味和咸味相比，酸味阈值较低，并且随温度升高而增强。

4. 辣味

辣味是某些化学物质刺激舌面、口腔及鼻腔黏膜所产生的一种痛感。辣味是烹调中常用的刺激性最强的一种单一味。辣味物质有在常温下就具有挥发性和在常温下难挥发需加热才挥发两种情况。前者习惯称之为辛辣味，后者称之为热辣味或火辣味。辛辣味除作用于口腔外，还有一定的挥发性，能刺激鼻腔黏膜，引起冲鼻感。辛辣味的主要原料有葱、姜、蒜、芥末等，主要成分是蒜素、姜酮等物质。热辣味的辣椒素和胡椒盐主要存在于小辣椒和胡椒之中。辣味刺激性较强，具有去腥解腻、增进食欲、帮助消化等作用，常用的调味料有辣椒、胡椒、辣酱、蒜、芥末等。

5. 苦味

苦味主要存在于含氮酰基成分物质的原料中。苦味是一种特殊味，单纯的苦味并不可口，在菜肴中一般不单独呈味，起辅助其他调味品的作用，形成清香、爽口的特殊风味，如杏仁豆腐。苦味主要来自于一些生物碱，如咖啡碱、可可碱、茶叶碱等，其原料主要来自各种药材和一些植物，如杏仁、陈皮、柚皮、苦瓜等。苦味具有开口胃、助消化、清凉败火等作用。

6. 鲜味

鲜味主要为氨基酸盐、氨基酸酰胺、肽，核苷酸和其他一些有机酸盐的滋味。通常一般不能独立作为菜肴的滋味，必须与咸味等其他单一味一起构成复合味。鲜味主要来源是烹调原料本身所含的氨基酸等物质和呈现鲜味的调味料。鲜味可使菜肴鲜美可口，增强食欲，而且有缓和咸、酸、苦等味的作用。鲜味原料主要有畜类、水产类以及蕈类，烹调常用的呈鲜调味料主要有虾子、蚝油、味精、鸡精、鱼露及鲜汤等。

7. 香味

香味种类很多，主要来源于原料本身含有的醇、酯、酚等有机物质和调味品，这些物质在受热后，散发着各种芳香气味。香味的主要作用是使菜肴具有芳香气味，刺激食欲、去腥解腻等。较常用的调味品主要有脂类、酒类、香精、香料等，还有酒、葱、蒜、香菜、芝麻、酒糟、桂花、椰汁、桂皮、八角、茴香、花椒、五香粉、麻油等。

（二）复合味

复合味是指用两种或两种以上呈味物质调制出的具有综合味道的滋味。常见的复合味型的调味品如下：

（1）酸甜味：如糖醋汁、番茄酱、番茄沙司、山楂酱等。

（2）甜咸味：如甜面酱等。

（3）鲜咸味：如虾油、虾子酱油、虾酱、豆豉、鲜酱油等。

（4）香辣味：如咖喱粉、咖喱油、芥末糊等。

（5）辣咸味：如辣油、豆瓣辣酱、辣酱油等。

（6）香咸味：如椒盐等。

很多调味品除了可以增加菜肴的滋味外，还有使菜肴改变颜色、增加美感的作用。复合调味料可根据菜肴口味的要求和客人的嗜好来调制。

三、复合调味品的加工工艺与实训

调味的方法是千变万化的，非常复杂，调味品的种类也繁多，使用单一调味品和复合调味品还不能满足需要。因此，要求厨师们能够熟悉和掌握各种调味品的性能，并不断地引进国外各种调味品，调制出味美可口的滋味，来满足国内外食客的需要。复合调味品就是含有两种或两种以上味道的调味品。这种复合味的调味品大都经过复制加工而成。由于调味方法多样，再加上实践经验的总结，也有很多复合调味品往往需要厨师自己进行复制加工，才能使质量符合使用的要求，适合各种地方菜的口味特点。

现将几种常见的主要复合调味品的加工制作方法及性能介绍如下。

（一）芡汤

芡汤根据季节的不同可分为夏秋季芡汤和冬春季芡汤。

1. 原料

（1）夏秋季芡汤：上汤 500 克、味精 35 克、精盐 25 克、白糖 5 克。

（2）冬春季芡汤：上汤 500 克、味精 35 克、精盐 30 克、白糖 15 克。

2. 制法

将上述其中一种配方原料和匀，待味精、精盐、白糖溶解，即可使用。

3. 运用

口味咸鲜，芡汤多适用于炒菜或油泡类的菜肴使用。

（二）花椒盐

（1）原料：精盐 300 克、花椒 100 克。

（2）制法：选用上等的花椒，用微火炒香，晾凉后碾碎成细末，再将精盐用小火炒干，使精盐色泽微黄，然后将花椒末投入盐中拌匀即可。

（3）运用：椒盐味具有鲜咸香麻味，常用于炸、烹类菜肴的调味，如椒盐大虾、椒盐排骨等。花椒盐盛放时注意防潮。

（三）豉油汁

（1）原料：干葱头 150 克，芫荽梗、冬菇蒂各 250 克，姜片 50 克、生抽 600 克、老抽 600 克、味精 250 克、美极鲜酱油 200 克、白糖 100 克、胡椒粉少许、香油 2.5 克、水 2500 克。

（2）制法：先放清水大火烧开，放入上述原料用小火熬制出香味，去渣，最后放入味精、白糖溶解后即可。

（3）运用：口味鲜咸，色泽酱红，通常用于清蒸、白灼类菜肴的调味。如豉油蒸石斑鱼、白灼基围虾等。

（四）糖醋汁

糖醋汁口味酸甜，其制法往往随各地方菜系的特点而异，甚至在同一地方菜系中，各个厨师所用的配料及制法也有差异。

下面介绍广东菜系和江苏菜系配制糖醋汁的方法。

1. 粤菜糖醋汁

（1）原料：广东白醋 500 克、白糖 300 克、精盐 19 克、喼汁 35 克、茄子 35 克。

（2）制法：将白醋下锅，加入白糖加热溶解后，随即加入其余味料和匀便成。

（3）运用：口味酸甜，色泽红亮，多适应于炸、熘菜肴，如糖醋咕咾肉等。

2. 苏菜糖醋汁

其配制方法与其他地方菜系的方法大致相似，只是在醋的选择及糖和醋的用量比例上有些差异。如京、徽、扬、浙等地方用醋略重，上海、苏州、无锡等地方则用糖较重。糖与醋的比例一般为2∶1或3∶1。通常都现做现用。

（1）原料：米醋100克、白糖300克、精盐19克、酱油35克、水100克。

（2）制法：将水下锅，加入白糖加热溶解后，随即加入其余味料和匀便成。

（3）运用：口味酸甜，色泽银红，多适应于烧、熘菜肴，如糖醋排骨等。

（五）柠檬汁

（1）原料：瓶装柠檬汁500克、白醋250克、白糖200克、味精10克、精盐15克。

（2）制法：将上述原料和匀，下锅中加热至糖溶解后便可使用（如无瓶装柠檬汁，可用鲜柠檬榨汁代替）。

（3）运用：口味酸中带甜，色泽黄亮，多适应于煎、扒的菜肴，如柠汁煎软鸭、柠汁煎鸡脯等。

（六）鱼香汁

（1）原料：植物油100克、香醋10克、泡红辣椒25克、精盐1克、葱花25克、酱油15克、蒜末15克、姜末10克、白糖15克、清汤50克、味精0.5克。

（2）制法：先将泡红椒剁碎，炒锅烧热下植物油，放入姜、蒜、泡红辣椒炒出香味，再放精盐、酱油、白糖、料酒、味精、香醋、葱花，将汤烧沸，即成鱼香汁（如烹制畜禽类原料的鱼香味，须加入郫县豆瓣酱10克、白胡椒粉0.5克；如制作水鲜海味类原料的鱼香味无须使用郫县豆瓣酱）。

（3）运用：咸、甜、酸、辣、鲜、香兼备，姜、葱、蒜香味浓郁，是川菜中的一种特别风味，多用于炒、熘等菜肴，如鱼香肉丝等。

（七）其他复合味型

（1）咸鲜味型。主要是用精盐或酱油等呈现咸味的调味品和用味精或鲜汤等呈现鲜味的调味料调制而成。在调制时要注意咸味适度、突出鲜味。

（2）酱香味型。用甜面酱、酱油、味精、糖、香油调制，特点是酱香浓郁、咸鲜微带甜。

（3）香糟味型。主要用香糟汁、精盐、味精、香油、糖等调味料调制。特点是糟香醇厚、咸鲜而回甜。

（4）酸辣味型。一般都是以精盐、醋、胡椒面、味精、辣椒面、香油等调制。特点是酸醇辣香、咸鲜味浓。

（5）麻辣味型。主要用辣椒、花椒、精盐、料酒、红酒、味精等调制。特点是麻辣味厚、鲜咸而香。

（6）家常味型。用豆瓣酱、精盐、酱油、料酒、味精、辣椒等调制。特点是咸鲜微辣。

（7）怪味味型。主要用精盐、酱油、红油、白糖、花椒面、醋、芝麻酱、熟芝麻、香油、味精、料酒及葱、姜、蒜米等调制，调制时要求比例恰当、互不压抑。特点是咸、甜、麻、辣、酸、鲜、香并重。

（8）荔枝味型。主要用精盐、糖、醋、料酒、酱油、味精等调制，并佐以葱、姜、蒜的辛香气味。调制时，需要有足够的咸味，并在此基础上显出甜味和酸味。注意糖应略少于醋，葱、姜、蒜仅取其辛香味，用量不宜过多。特点是酸甜似荔枝，咸鲜在其中。

另外，还有香咸味型、五香味型、麻酱味型、烟香味型、陈皮味型、咸甜味型、甜香味型、咸辣味型、蒜泥味型、姜汁味型、芥末味型、红油味型等。

四、拓展知识与运用

（一）调味工艺的基本方法

调味工艺的基本方法是指在烹调工艺中，通过调味品作用于烹饪原料，使其转化成菜肴的途径和手段。

1. 调味阶段

（1）烹前调味。是在原料加热以前进行调味，此阶段专业上习惯称为基本调味。其主要目的是使原料在加热前就具有一个基本的滋味（底味），同时改善原料的气味、色泽、硬度及持水性。一般多适用于在加热过程中不宜调味或不能很好入味的菜肴，如炸、烤、蒸等菜肴。烹前调味，一是要准确使用调味手法及入味时间，二是要留有余地。

（2）烹中调味。就是在原料加热的过程中进行调味，这一阶段专业上习惯称为正式调味、定性调味或定型调味。其特征是在原料加热的工具中进行，目的是使菜肴的主料、辅料及调味料的味道融合在一起，从而确定菜肴的滋味。烹中调味应注意各种调味品的投放时机，起到每种调味品应起的作用，确定菜肴的滋味，保持风味特色。

（3）烹后调味。就是在原料加热成熟后进行调味，此阶段，专业上习惯称为辅助调味。其目的是补充前面调味的不足，进一步增加风味，使菜肴的滋味更加完美。

2. 调味次数

（1）一次性调味。在烹调过程中，有些菜肴的调味，在某一个阶段一次性加入所需要的调味品就能彻底完成菜肴的调味。

（2）多次性调味。就是在制作同一个菜肴的全过程中，调味分几个阶段进行，多次调味才能确定菜肴口味，以突出菜肴的风味特色，如油炸、滑炒类菜肴在加热前调定基本味，在加热中或调味后补充特色味。

3. 调味的具体方法

根据菜肴制作过程中对原料入味的方式不同，调味的具体方法分为以下几种：

（1）腌渍调味法。将调味品与菜肴的主料或辅料融合或将菜肴的主、辅料浸泡在溶有调味品的溶液中，经过一定时间使其入味的调味方法，称为腌渍调味法。腌渍有干腌法和湿腌法两种，干腌法多用于不容易破碎的原料，湿腌法一般用于容易破碎的原料。

（2）分散调味法。将调味品溶解后分散于汤汁状等原料，使之入味的调味方法。多用于汤菜和操作速度特别快的菜肴。

（3）热渗调味法。在热力的作用下，使调味料中的呈味物质渗透到原料内部的调味方法，称为热渗调味法。烹中调味阶段基本都属于此法，一般规律是加热时间越长，原料入味就越充分。慢火长时间加热的烹调方法制作的菜肴，都具有原料味透的特点。

（4）裹浇调味法。将调味品调制成液体状态，黏附于原料表面，使其带味的方法称为裹浇调味法。如勾芡、拔丝、挂霜、软熘等方法制作的菜肴。

（5）黏撒调味法。将固体状态的调味料黏附于原料表面，使其带味的方法称为黏撒调味法。一般是先将菜肴原料装盘后，再撒上颗粒或粉末状调味料。如加沙蜇头、软烧豆腐、鸡蓉干贝。

（6）跟碟调味法。将调味料盛装入小蝶或小碗等盛器内，随菜肴一同上席，由食用者蘸而食之的方法称为跟碟调味法。如烤、煮、涮、炸、蒸等方法制作的菜肴，一般都采用此法。跟碟调味法具有较大的灵活性，能同时满足数人的多种口味要求。

以上方法在实践中可单独使用，也可多种综合交替使用。

（二）调味工艺的作用

调味是烹饪中一项重要的内容，我国古代对菜肴的调味已十分讲究。2000多年前的《吕氏春秋》中的《本味》篇就对饮食调味做了叙述："调和之事，必以甘酸苦辛咸，先后多少，其齐甚微，皆有自起。"调味就是根据主、辅料的特点和菜肴的质量要求，在烹调工艺中加入调味料，使菜肴产生令人喜爱的特殊美味。调味的作用主要表现在以下几方面。

1. 去腥解腻

烹饪原料中有些原料带有腥味、膻味或其他异味，有些原料较为肥腻，通过调味，可减少肥腻或除去腥味等。如鱼有腥味，一般选用姜、葱、芹菜及红辣椒除去腥味。羊肉有较重的膻味，用葱、姜、甘草、桂皮、绍酒等味料调味可去其膻味。以猪肉类为主料的菜肴，容易因肥腻而使人厌食，常用胡椒粉、麻油、香菜、椒末与酒等调味，或配酸甜酱碟，或用酸黄瓜、菠萝片、橘片之类围边，供客人佐食去腻。

2. 提鲜佐味

有的菜肴原料营养价值高，但本身并没有什么滋味，除用一些配料之外，主要靠调味料调味，使之成为美味佳肴。如鱼翅、海参、豆腐、竹笋、蛤士蟆等原料，本身都没有或缺乏滋味，都需要用调味料协助提鲜和使之产生美味。

3. 确定口味

菜肴口味的形成，主要依靠调味来决定。调味能帮助某种原料，形成特有的滋味。同一种原料可以烹制成几种以至十几种滋味不同的菜肴。如燕窝若加入咸味味料之后，可制成三丝官燕、菜胆燕等；若改放冰糖、清水，则制成的是冰花甜燕。咸甜两样，滋味大不相同。可见调味除确定口味之外，还是扩大菜肴的品种和形成各种不同风味菜肴的重要方法。

4. 丰富色彩

烹饪原料通过调味，还可以丰富菜肴色泽。如番茄酱能使菜肴呈鲜红色，西柠汁能使菜肴呈淡黄色，红腐乳汁能使菜肴呈玫瑰红色等，从而使菜肴色彩多样，鲜艳美观。

5. 杀菌消毒

有的调味料具有杀灭或抑制微生物繁殖的作用。如盐、姜、葱等调味料，就能杀死微生物中的某些病菌，提高食品的卫生质量。食醋既能杀灭某些病菌，又能保护维生素不受损失。蒜头具有杀灭多种病菌和增强维生素 B_1 的作用。

任务二　制汤制卤工艺

一、知识储备

在传统的烹调技术中，汤和卤都是制作菜肴的重要辅助原料，是形成菜肴风味特色的重要组成部分。汤和卤的制作在烹调实践中历来很受重视，许多菜肴只有用汤或卤来加以调配，味道才能更加鲜美。

（一）制汤工艺

制汤又称作吊汤或汤锅，就是将富含脂肪、蛋白质等可溶性新鲜原料置于多量水中，经长时间加热，使原料内浸出物充分溶解水中而成为鲜汤的制作工艺。在制汤过程中，除了利用营养物质及鲜味物质的水解作用，更重要的是利用蛋白质胶体的凝固作用和蛋白质胶体微粒的吸附作用，经过滤清汤中渣滓，使汤汁更加澄清，汤味更加鲜醇浓厚。

鲜汤的用途很广泛，大多数高级菜肴和点心都需要高汤来增强风味。俗话说“唱戏的腔，厨师的汤”。虽然已有味精、鸡精等许多增鲜剂与高汤的鲜美相比还是有差异，不能完全取代高汤的作用，味精、鸡精只能与高汤配合使用才能收到更好的效果。为此，了解制汤的原理，掌握制汤的基本技法，对学习菜肴制作，特别是高档菜肴制作，有非常重要的意义。

1. 制汤工艺原料的选择

制汤原料的选择是影响汤汁质量的重要因素。不同的汤汁对原料的品种、部位、新鲜度都有严格的要求。

① 必须选择新鲜的制汤原料。制汤对原料的新鲜度要求比较高，新鲜的原料味道纯正、鲜味足、异味轻，制出的汤味道也就纯正、鲜美。熘菜、炸菜、红烧菜的原料稍有异味可用调味品加以调节，而汤一般很注重原汁原味，添加调味品也就比较少，所以要求更高。

② 必须选择风味鲜美的原料。制汤的原料本身应含有丰富的浸出物，原料中可呈味物质含量高，浸出速度就快，浸出率就高，在一定的时间内，所制作的汤汁就比较浓。除素菜中使用的纯素汤汁外，一般多选料鲜味足的动物性的原料，一些腥、膻味较重的原料则不应采用，因其不良气味会溶入汤汁中，影响甚至败坏汤汁的风味。

③ 必须选择符合汤汁要求的原料。不同的汤汁都有一定的选料范围，对于白汤来说，一般应选择蛋白质含量丰富的原料，并且选择含胶原蛋白质的原料。胶原蛋白质经加热后发生水解变成明胶，是汤液乳化增稠的物质。原料中还需要一定的脂肪含量，特别是卵磷脂等，对汤汁发生乳化有促进作用，使汤汁浓白味厚。而制作清汤时，一般应选择陈年的老母鸡，但脂肪量不能大，胶质要少，否则汤汁容易发生乳化，无法达到清澈的效果。

2. 制汤工艺的种类

（1）按原料性质来分，有荤汤和素汤。荤汤按原料品种不同分，有鸡汤、鸭汤、鱼汤、海鲜汤等；素汤有豆芽汤、香菇汤等。

（2）按汤的味型来分，有单一味和复合味两种。单一味汤是一种原料制作而成的汤，如鲫鱼汤、排骨汤等；复合味汤是指两种或两种以上原料制作而成的汤，如双蹄汤、蘑菇鸡汤等。

（3）按汤的色泽来分，有清汤和白汤。清汤的口味清纯，汤清见底；白汤口味浓厚，汤色乳白。白汤又分为一般白汤和浓白汤。一般白汤是用鸡骨架、猪骨架等原料制成，主要用于一般的烩菜和烧菜。浓白汤是用蹄髈、鱼等原料制成的，既可单独成菜，也可作为高档菜肴的辅助原料。

（4）按制汤的工艺方法分，有单吊汤、双吊汤、三吊汤等。单吊汤就是一次性制作完成的汤；双吊汤就是在单吊汤的基础上进一步提纯，使汤汁变清，汤汁变浓的汤；三吊汤则是在双吊汤的基础上再次提纯，形成清汤见底、汤味纯美的高汤。

汤的品种虽然很多，但它们之间并不是绝对独立的，而是有一定的联系或互相重叠。如图 3-1 所示。

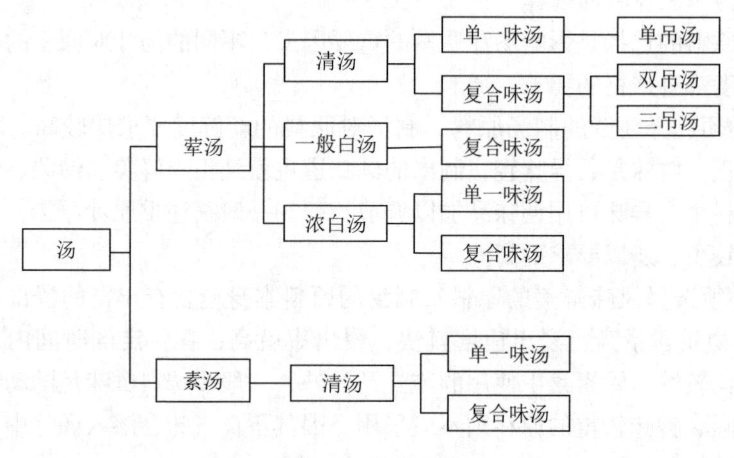

图 3-1　汤的各类

（二）制卤工艺

所谓制卤工艺就是利用生抽与香料药材调好的卤水使食物致熟或令其入味的烹调技法。卤水是中国粤菜常用的调味料，20 世纪 80 年代初，厨师们大都是以"一般卤水"以及"精卤水（油鸡水）"的传统固定配方去制作所有的粤式卤水品种，而制作卤水使用的材料大多以香料、药材、清水或生抽为主，缺乏肉味和鲜味，口感则以大咸大甜为重点；到了 20 世纪 90 年代，随着粤菜对外交流频繁，消费能力的提高，以及人们口味的变化，制作卤水的材料有了质的改变，在新兴的潮州卤水中下功夫，引入"熬顶汤"的概念，在潮州卤水中加入金华火腿、大骨、大地鱼、瑶柱等鲜味原料，使得"新派"的卤水品种不仅带有浓香的药材香味，还增加了鲜味和肉味，在口感方面改变传统大咸、大甜的口味，以浓而不咸为指导方针，令食客吃后齿颊留香。

1. 卤水的种类

粤菜菜系制作的卤水主要有：白卤水、一般卤水、精卤水（即油鸡水）、潮州卤水、脆皮乳鸽卤水和火朣汁等多种卤水。按制作工艺分类，卤汁一般分为红卤和白卤。

（1）红卤

红卤中由于加入了酱油、糖色、红曲米等有色调料，故卤制出的成品色泽棕红发亮，适宜于畜肉、畜禽内脏、鸭以及豆制品的卤制。

（2）白卤

白卤中则只加入无色调料，故成品色泽淡雅光亮，适宜于水产品、鸡、蔬菜的卤制。

2. 卤水的保存

卤过菜肴的卤汁，应注意保存，留作下次用。卤汁用的次数越多，保存时间越长，质量越佳，味道越美。这是因为卤汁内所含的可溶性蛋白质等成分越来越多的缘故。卤水在保存时，应注意以下几点：

（1）撇除浮油、浮沫。卤汁的浮油、浮沫要经常撇除，并经常过滤去渣。

（2）要定时加热消毒。夏秋季每天烧沸消毒一次，春冬季每3~4日烧沸消毒一次，烧沸后的卤汁应放在消过毒的盛器内。

（3）盛器必须用陶器或白搪瓷器皿，绝不能用铁、锡、铝、铜等金属器皿，否则卤汁中的盐等物质会与金属发生化学反应，使卤汁变色变味，乃至变质不能使用。

（4）注意存放位置。卤汁应放在阴凉、通风、防尘处，加上纱罩，防止蝇虫等落入卤汁中。

（5）原料的添加。香料袋一般只用两次就应更换。其他调味料则应每卤一次原料，即添加一次。

3. 制卤工艺的实训关键

（1）卤锅的选用，最好选用生铁锅，若卤制的原料不太多时，选用砂锅为好。不宜用铜锅或铝锅，因此类锅导热性很强，汤汁汽化快。铜锅还易与卤汁中的盐等发生化学反应，从而影响成品的色泽、口味、卫生质量。

（2）要掌握好火力。一般是采用中小火或微火，使汤汁保持小开或微开状态。不能使用旺火，否则汤汁沸腾，不断溅在锅壁上，形成薄膜，最后焦化落入卤汁中，成炭末状黑色物；有的黏附于原料上，影响到成品和卤汁的色泽、口味。大火卤煮，原料既不易软烂，卤汁又会因快速汽化而严重减少。

（3）要掌握好原料的成熟度。卤制的原料，不管质地老嫩、成熟时间长短，其成熟度都应掌握在软化时或软化前出锅或离火。

（4）卤汤内切勿卤制异味较重的原料，不要生卤，否则易串味坏卤。如牛肉、羊肉、动物内脏等易发酸和带膻味的东西，如需卤制时，可取出一些汤，单独来卤，或者原料入锅前应先进行过油、焯水等初步熟处理，以尽量除去原料本身的血污及异味。

（5）卤水所用香料、食盐、酱油及水的比例要恰当。香料过多，成菜药味重，色泽偏黑；香料太少，成菜香味不足。

二、制汤工艺与实训

（一）制汤工艺的流程

1. 白汤

又称为奶汤。根据用料、制作工艺和成品质量，白汤有普通白汤和浓白汤之分。

（1）普通白汤。

① 一般也称为白汤，俗称“毛汤”或“次汤”。普通白汤属于复合味汤，一般是用鸡、鸭骨架、猪骨、火腿骨等几种原料，经焯水洗涤干净后，放入锅中，加适量的清水、葱、姜、料酒等，采用急火或中火煮炖至汤体呈乳白色，除净浮沫过滤即成。

② 普通白汤的主要特点是：用料普通，操作简单、易于掌握，鲜味一般，多用于烹制一般菜品。

（2）浓白汤。

① 也称为奶汤。采用鸡、鸭、猪蹄髈、猪爪、猪骨（最好是棒骨砸断）、腊肉、白肉的原料，经焯水洗涤干净后，放入锅中，加足清水急火烧沸，除净浮沫，再加上葱、姜、料酒等，继续急火或中火加热至汤汁浓稠且呈乳白色取出原料，清除渣滓即成。5 千克原料制 7.5 千克汤左右为宜。

② 浓白汤的主要特点是：用料讲究，汤体浓稠洁白（乳白），鲜味醇厚，多用于奶汤一类菜品的制作。

2. 清汤

根据用料、制作工艺及成品质量不同，清汤有普通清汤和高级清汤之分。

（1）普通清汤。

① 一般也称为清汤、次汤、毛汤。采用鸡、鸭骨架、翅膀、猪蹄髈的原料，经焯水洗涤干净后，随冷水一同下锅，急火加热至沸腾，除净浮沫，放入葱、姜、料酒，改用慢火长时间（3 小时左右）加热。不能使汤面沸腾，要使原料中的蛋白质等营养成分及鲜汁充分溶于汤中，再除净表面浮沫及油分即成。

② 普通清汤的特点是：汤汁稀薄，清澈度差，鲜味一般，多用于普通菜肴的制作和制作高级清汤的基础汁液。

（2）高级清汤。

也称为高汤、上汤、顶汤。高级清汤是在一般清汤的基础上，进一步提炼而成的，行业中称为“吊汤”。具体制作方法如下：鸡肉掺入适量的葱、姜，加工成蓉泥状，放入盛器内，加入适量的料酒和一般凉清汤，搅匀成馅备用。将一般清汤沉淀过滤除净渣状物放入汤锅内，随即加入调好的鸡馅，边加热边采用手勺顺同一方向不停地慢慢搅动。待汤将沸时，鸡蓉泥浮在汤面，改用小火或使汤锅半离火源，总之，不能使汤面翻滚。此时停止搅动，撇净浮沫及油分，用漏勺慢慢捞起鸡蓉泥，使用手勺挤压出汤汁成饼状，再慢慢托放入汤中，以使其中的蛋白质等成分及鲜汁充分溶于汤中，然后去掉鸡蓉泥，除渣，保持一定温度即成。

如果要制质量更高的清汤，可采用上述同样方法吊制第二次、第三次。总之，吊制的次数多，汤味更加鲜醇，汤质更加浓稠，汤体更加清澈。吊汤的主要目的是：在吊汤的过程中，采用鸡等原料的蓉泥物进行吊制，最大限度地提高了汤汁的鲜味和浓度，使口味更加鲜醇；同时利用蓉泥料的助凝作用，吸附汤液中的悬浮物，有利于悬浮颗粒的沉淀或上浮，便于去除，使汤汁更加清澈。

3. 素汤

素汤是制作菜肴常用的汤。一般是选用黄豆芽、鲜笋、冬菇、口蘑等植物性原料制成，操作方法简单。具体方法是将原料洗涤干净加清水、葱、姜，加热至鲜味溶于水中去掉原料即可。根据用料不同，素汤有豆芽汤、鲜笋汤、菌汤等之分。制汤的原料与加水量的比例一般以 1∶1.5 为宜。

（二）制汤工艺的实训要求

1. 严格选料，确保汤料质量

汤的质量优劣，首先受着汤料质量好坏的影响。制汤原料要求富含鲜味成分、胶原蛋白，脂肪含量适中，无腥、膻异味等。因此选料时应做到：选用鲜味浓厚的原料，如猪肉、牛肉、鸡、口蘑、黄豆芽等。不用有异味的，不用不新鲜的，尤其是鱼类，应选鲜活的。不用易使汤汁变色的原料，如八角、桂皮、香菇等。

2. 冷水下料，水量一次加足

冷水下料，逐步升温，可使汤料中的浸出物在表面受热凝固缩紧之前较大量地进入到原料周围的水中，并逐步形成较多的毛细通道，从而提高汤汁的鲜味程度。沸水下料，原料表面骤然受热，表层蛋白质变性凝固，组织紧缩，不利于内部浸出物的溶出，汤料的鲜美滋味就难以得到充分体现。水量一次加足，可使原料在煮制过程中受热均衡，以保证原料与汤汁进行物质交换的毛细通道畅通，便于浸出物从原料中持续不断地溶出。中途添水，尤其是凉水，会打破原来的物质交换的均衡状态，减缓物质交换速度，使变性蛋白质等将一些毛细通道堵塞，从而降低汤汁的鲜味程度。

3. 旺火烧开，小火保持微沸

旺火烧开，一是为了节省时间，二是通过水温的快速上升，加速原料中浸出物的溶出，并使溶出通道稳固下来，以利在小火煮制时毛细通道畅通，溶出大量的浸出物。小火保持微沸，是提高汤汁质量的火候保证。因为在此状态下，汤水流动规律，原料受热均匀，既利于传热，又便于物质交换。如果水是剧烈沸腾，原料必然会受热不均匀（气泡接触处热流量较小，液态水接触处热流量较大），这既不利于原料煮烂，又不便于物质交换；剧烈沸腾还会使汤水快速大量汽化、香气大量挥发等，严重影响汤汁的质量，是制清汤的一大忌讳。

4. 除腥增鲜，注意调料投放

汤料中的鸡、肉、鱼等，虽富含鲜香成分，但仍有不同程度的异味。制汤时必须除其异味，增其鲜香。为了做到这一点，汤料在正式制汤之前，应焯水洗净，在制汤中应放葱、姜、绍酒等去异味，增鲜香。食盐的投放需要特别注意。制汤过程中最好不要投放食盐，食盐是强电解质，一进入汤中便会全部电离成离子，氯离子和钠离子都能促进蛋白质的凝固。在制汤时过早投放食盐，必然会引起原料表层蛋白质的凝固，从而妨碍热的传输、浸出物的溶出等，对制汤不利。

5. 不撇浮油，注意汤锅加盖

煮制过程中，汤的表面会逐渐出现一层浮油。在微沸状态下，油层比较完整，起着防止汤肉香气外溢的作用。很多香气成分为浮油所载有。当它被乳化时，这些香气成分便随之分散于汤中。油脂乳化还是奶汤乳白色泽形成的关键。所以，在制汤过程中不要撇去浮油。要做到这一点，需要注意掌握撇浮沫的时机。浮沫是二次水溶性蛋白质热凝固的产物，浮于汤面，色泽褐灰，影响汤汁美观，必须除去。在旺火烧沸后立即撇去，可减少浮油损失。汤面油脂也不能过多，否则会影响汤的质量，尤其是制取清汤，不过这在选料时已作控制。正常汤料产生的浮油对制汤是必要的。汤锅加盖也是防止汤汁香气外溢的有效措施，同时可减少水分的蒸发。

（三）卤水的制作工艺

卤水用途广泛，各地调制卤水所用原料也不尽相同。常用的原料主要包括花椒、八角、陈皮、桂皮、甘草、草果、沙姜、姜、葱、生抽、老抽及冰糖等。其调制方法为：将所有香料用纱布或者一次性药包包好放入锅中，加水大火烧开，再转小火煮1小时左右（多煮更好，味道更浓郁），捞出香料渣即可使用。卤水可反复使用，越陈越香，根据情况不断添加味料。长时间不使用时，过滤以后放入冰箱冷冻室保存即可。卤水种类很多，白卤水、精卤水和潮州卤水成三足鼎立。

1. 白卤水

（1）原料：八角60克、山柰50克、花椒25克、白豆蔻25克、陈皮50克、香叶50克、白芷25克、香葱150克、生姜150克、黄酒1千克、白酱油1000克、精盐120克、味精100克、骨汤12千克。

（2）制作流程：

① 将八角、山柰、花椒、白豆蔻、陈皮、香叶、白芷装入香料袋内，香葱挽结，生姜用刀拍松。

② 将香料袋、葱结、姜块、黄酒、白酱油、精盐、味精、骨汤一起放入卤锅内，调匀即可。

（3）特点：色泽浅黄，口感咸鲜微甜。

（4）适用范围：可以卤制乳鸽、肠头、凤爪、鸡肘骨。

2. 红卤水（精卤水）

（1）原料：八角20克、桂皮20克、陈皮50克、丁香8克、山柰20克、花椒20克、茴香15克、香叶20克、良姜20克、草果5个、甘草15克、红辣椒干100克、香葱150克、生姜150克、片糖250克、黄酒1千克、优质酱油500克、糖色50克、精盐200克、熟花生油250克、味精100克、骨汤12千克。

（2）制作流程：

① 草果用刀拍裂，桂皮用刀背敲成小块，甘草切成厚片，香葱绾结，生姜用刀拍松，红辣椒干切成段。

② 将八角、桂皮、陈皮、丁香、山柰、花椒、茴香、香叶、草果，良姜、甘草、红辣椒干一起装入香料袋内，袋口扎牢。

③ 将香料袋、葱结、姜块、片糖、黄酒、酱油、糖色、精盐、熟花生油、味精、骨汤一起放入卤锅内，调匀即可。

（3）特点：口味咸鲜微甜，色泽红亮。

（4）适用范围：可以用来卤制牛下货、猪下货、牛肉、野兔等。

3. 新派潮州卤水

（1）烹饪原料：

A. 八角50克、白豆蔻50克、甘草50克、沙姜50克、花椒15克、小茴香10克、香茅25克、白胡椒10克、草果8个、肉豆蔻6个、草豆蔻6个、香叶20片、丁香10克、罗汉果3个、蛤蚧2只、香菜籽50克、白芷10克、杜仲10克、南姜10克、良姜10克、砂仁10克、桂皮10克。

B. 老母鸡3000克、金华火腿3000克、干贝250克、里脊肉10斤、猪棒骨10斤。

C. 清水30千克。

D. 小洋葱750克、南姜400克、大蒜150克。

E. 色拉油1500克。

F. 广州米酒 800 克、花雕酒 1000 克、冰糖 1000 克、海天金标生抽王 1500 克、美极鲜酱油 170 克、鱼露 300 克、老抽 500 克、蚝油 250 克、味精 150 克、盐 250 克、鸡粉 150 克。

（2）制作工艺流程：

① A 料用纱布包裹，放入沸水中大火煮 10 分钟捞出备用；B 料中除干贝外，其余的均放入沸水中大火煮 20 分钟，捞出洗净备用。

② 将 C 料放入不锈钢桶中，放入氽水后的 B 料、干贝小火煲 12 小时后，将 B 料取出，把原汤过滤后重新放入不锈钢桶中，加入 A 料，小火煲 2 小时，放入 F 料后小火煮 30 分钟。

③ D 料洗净后切成厚片，放入烧至六成热的色拉油中，小火浸炸 5 分钟至出香，捞出 D 料后把色拉油倒入汤料中调匀即可。

（3）特点：口味咸鲜微甜，色泽红亮。

（4）适用范围：可以用来卤制牛下货、猪下货、牛肉、野兔等。

三、拓展知识与运用

（一）调味工艺的基本原理

1. 滋味的生成

食物的滋味是从哪里来的？弄清这个原理，有助于提高烹饪工艺水平。归纳起来，主要有以下四个因素：

（1）食物滋味生成来源于食物自身的味，即“本味”。无论常规自然食物还是调味原料，它们都有自身的味道。如常温下的水果是甜的、酸的，或是酸甜的；生萝卜有辣味；苦瓜有苦味；醋、番茄酱是酸的；糖、糖精、蜂蜜是甜的；陈皮、咖啡是苦的；辣椒、胡椒、生姜、大蒜是辣的等。

（2）食物滋味生成来源于调味。烹饪过程中，将调料加入到一般原料中，以改变烹饪原料的本味，这个过程称为调味。这种改变、加强、弥补自然食物本味的方法和技术是烹调工艺的重要组成部分。

（3）食物滋味生成来源于对食物的加热。自然食物在受热后，本味有所改变，例如生萝卜很辣，大蒜的辣味也很重，但加热后它们的辣味消失；生甘薯味略甜，而烤熟后味道更甜；生肉有腥味，而熟后有鲜味。

（4）食物滋味生成来源于利用微生物使自然食物发酵，产生新的味道。例如熟糯米饭略甜，加入酒曲经发酵制成的米酒，味道特别甜；圆白菜本味清淡微甜，经盐水泡腌几天后成为泡菜，有强烈的酸味等。

2. 调味的原理

味的组合千变万化，但万变不离其宗，掌握调味基本原理，并充分运用味的组合原则和规律，才能识得真滋味，调出人人喜爱的好味道。菜点的调味原理，是从化学和物理的角度分析味的生存和转变的规律。主要原理有：

（1）溶解扩散原理。

① 溶解是调味过程中最常见的物理现象，呈味物质或溶于汤、水或油中，是一切味觉产生的基础。即使完全干燥的膨化食品，它们的滋味也必须通过人们的咀嚼以后溶于唾液后才能被感知。有了溶解过程就必然有扩散过程。所谓扩散就是溶解了的物质在溶液体系中均匀分布的过程。

② 溶解和扩散的快慢，都和温度相关，所以加热对呈味物质的溶解和均匀分布是有利的。溶解扩散作用有时也被用来去除原料中的不良味感。常用的方法是焯水，去除原料异味和苦涩味。例如苦瓜中有苦味成分，如果嫌苦瓜苦味太浓，则可在烹调前通过焯水使部分苦味成分溶解在汤中，从而减轻苦瓜的苦味程度。

（2）渗透原理。

① 在调味过程中，呈味物质通过渗透作用进入原料内部，同时食物原料细胞内部的水分透过细胞膜流出组织表面，这两种作用同时发生，直到平衡为止。但调味品的混合是不均匀的，如果仅靠调味料分子的静态扩散作用，很难达到浓度平衡，必须通过加热、搅拌或增大调味料的接触面积。

② 渗透作用的动力是渗透压。渗透液的渗透压越高，调料中的呈味物质分子向原料内部的渗透作用越强，调味效果越好。物质溶液渗透压的大小与该物质的浓度和温度成正比，所以在调味时，要掌握好调味料的浓度、调味时的温度和时间，才能达到满意的效果。

（3）吸附原理。

吸附是指某些物质的分子、原子或离子在适当的距离以内附着在另一种固体或液体表面的现象。在调味料与原料之间的结合，有很多情况就是基于吸附作用，如勾芡、浇汁、亮明油、调拌、粘裹、撒粉、蘸汤、粘屑等，都与吸附作用有一定的关系。当然，在调味工艺中，吸附与扩散、渗透及火候的掌握是密不可分的，影响吸附量的因素主要有调料的浓度、原料表面形态、环境温度（如麻婆豆腐）等。

（4）分解原理。

原料和调味料中的某些成分，在热或生物酶的作用下，分解生成具有味感的化合物，而这些新生化合物有些属于呈味物质，通过调和结合一起。如蛋白质水解生成肽和 a- 氨基酸，鲜味增强；淀粉水解产生麦芽糖，菜肴甜味增强；腌渍能产生有机酸，产生酸味等。另外在加热和酶的作用下，原料中的腥、膻等异味分解，客观上起到了调味作用，也改善了菜肴的风味。

（5）合成原理。

合成是指食物原料中的小分子量的醇、醛、酮、酸和胺类化合物，在加热条件下，互相之间起合成反应生成新的呈味物质，这种作用在原料和调味品之间也会进行。合成常见的反应有酯化、酰胺化、羰基加成及缩合等。合成产物有的会产生味觉效应，更多的是嗅觉效应。

（二）基本调味的方式

调味方式又称调味手段，是将调味品中的呈味物质有机地结合起来，去影响烹饪原料中的呈味物质。具体是根据菜肴口味的特点要求，针对菜肴所用原料中呈味物质的特点，选择合适的调味品，并按一定比例将这些调味品组合起来对菜肴进行调味，使菜肴的味道得以形成和确定。常用的基本的调味方式有：味的对比、味的相乘、味的消杀、味的转化等。

1. 味的对比

味的对比又称味的突出，是将两种或两种以上不同味道的呈味物质，以适当的浓度调和，使其中的一种呈味物质滋味更为突出。例如，用少量的盐提高鲜味，提高糖液甜度。如在 15% 的蔗糖溶液中加入 0.017% 的食盐，结果这种糖盐混合液比 15% 的纯蔗糖溶液更甜。

2. 味的消杀

味的消杀又称味的掩盖或味的相抵，是将两种或两种以上不同的呈味物质，按一定比例混合使用，使各种呈味物质的味均减弱。例如，口味过咸或过酸，适当加些糖，可使咸味或酸味有所减轻，并食不出甜味。烹鱼时加醋和料酒等，不仅能产生脂化反应形成香气，而且还会消杀鱼中的腥味。

3. 味的相乘

味的相乘又称味的相加，是将两种或两种以上同一味道的呈味物质混合使用，导致这种味道进一步加强。例如，鸡精与味精混合使用可使鲜度增大，而且更加鲜醇。

4. 味的转化

味的转化又称味的改变，是将两种或两种以上味道不同的呈味物质以适当的比例调和在一起，导致各种呈味物质的本味均发生转变而生成另一种复合味道。例如，把糖 300 克、醋 500 克、精盐 20 克调成汁，就形成一种酸甜味。还有鱼香味、怪味等都是运用味的转化现象制成的复合味。正所谓“五味调和百味香”就是这个道理。

5. 味的变调

味的变调又称味的转换，由于味觉器官先后受到两种味道的刺激后，而产生另一种味觉的现象。例如，喝了浓盐水后，再喝淡水反而有甜的感觉；食用甜食后，再吃酸的，觉得酸味特强；吃了甜的食物后再喝酒就觉得酒很苦；刚吃过螃蟹再吃蒸鱼，就觉得鱼不鲜。

（三）调味的基本原则

1. 突出本味

烹饪调味的目的在于“有味使之出，无味使之入，异味使之除”。“本味”一词，首见于《吕氏春秋》中的《本味》篇，其意为食物原味的自然滋味，具体包括两种含义：一是指烹调原料的自然之味，二是指烹调出现的美味。主要表现为两个方面：一是在处理调料与主、配料的关系时，应以原料鲜美本味为中心。二是在处理菜肴中各种主、配料之间的关系时，注意突出、衬托或补充各自鲜美的滋味。袁枚在《随园食单》中指出“一物有一物之味，不可混而同之”，要“一物各献一性，一碗各成一味”，“凡一物烹成，必需辅佐。要使清者配清，浓者配浓，柔者配柔，刚者配刚……方有和合之妙”。揭示了烹饪菜肴时要注意本味，注意对于本味的彰显。

2.“天人相应”

是指人的饮食应与自己所处的自然环境相适应。例如，生活在潮湿环境中的人群适量地多吃一些辛辣食物，对驱除寒湿有益；而辛辣食物并不适于生活在干燥环境中的人群。所以说各地区的饮食习惯常与其所处的地理环境有关。一年四季不同时期的饮食也要同当时的气候条件相适应。例如，人们在冬季常喜欢吃红烧羊肉、肥牛火锅、涮羊肉等，有增强机体御寒能力的作用；而在夏季常饮用乌梅汤、绿豆汤等，有消暑解热的作用。这些都是“天人相应”在饮食养生中的体现。这个思想应用于烹饪，便是注意饮食和地域、气候、节令的关系，注意时序。

3. 强调适口

人的口味喜好，个体特异性极强，即便是一个人，也会因时因地而变化，所以宋代时就有“适口者珍”的说法。这种“适口”主张不宜绝对化，对于某一类人来说，在很多方面是相同的。所以，在调味时采取求大同、存小异的办法，尽可能满足众口所需。

4. 安全卫生

食品的调味应严格遵照执行《食品安全法》的相关规定，杜绝滥用或超标使用食品添加剂，严格按照菜肴质量要求，控制好制作工艺每个环节，杜绝使用地沟油、回收油等不符要求的原料调味。

（四）调味工艺的实训要求

调味的掌握是做好菜肴的关键。但各个菜肴的风格不同，无法制定出统一的规定，怎样才能把菜肴的口味掌握好呢？除了在实际操作中不断地揣摩练习之外，还要总结出一套规律。一般来讲，在调味时应掌握以下几条基本原则：

1. 调味品的分量要恰当，投料适时

在调味时，必须要了解菜肴的口味特点，所用的调味品和每一种调味品的分量要恰当。如复合味的菜肴，有的以酸甜为主，其他为辅；有些菜肴以麻辣为主，其他为辅。哪些调味品先下锅，哪些后下锅，都要心中有数。调味要求做到"四个准"：时间定得准，次序放得准，口味拿得准，用量比例准。力求下料标准化、规格化，制作同一菜肴，不论重复多少次，口味都要求一样。

2. 根据人们的生活习惯来调味

孟子曰："口之于味，有同嗜也。"（《孟子·告子章句上》）意思是说，人们的口对于味道有着相同的嗜好。由于一个地区、一个国家随着气候、物产、生活习惯的不同，口味各有其特点。一般来说，江苏人口味偏甜，山西人喜食酸，川、湘人嗜辣，西北人口味偏咸等。再如日本人喜欢清爽、少油，略带酸甜；西欧人、美洲人喜欢微辣略带酸甜，喜用辣酱油、番茄酱、葡萄酒作为调料；阿拉伯人和非洲的某些国家人以咸味、辣味为主，不爱糖醋味，调料以盐、胡椒、辣椒、辣酱油、咖喱油、辣油为主；俄罗斯人喜食味浓的食物，不喜欢清淡。所以人们口味上的差别很大，在调味时必须根据人们口味的要求，科学地调味。

3. 根据季节的变化来调味

人们的口味往往随着季节、气候的变化而有所改变。例如，夏天天气炎热，人们喜欢比较清淡、颜色较浅的菜肴；冬天寒冷，则喜欢口味浓厚、颜色较深的菜肴。我国古代制作菜肴就注意到这一点，《周礼》中记道："凡和春多酸、夏多苦、秋多辛、冬多咸，调以滑甘。"这种调味规律虽然不十分确切，但也有一定的参考价值。为此，我们必须在保持菜肴风味特色的前提下，根据季节的变化灵活调味。

4. 根据菜肴的风味特色来调味

我国的烹调艺术经过长期的发展，形成了具有各种风味特色的地方菜系，在调味时必须按照地方菜系的不同规格要求进行调味，尤其对一些传统的名菜，不能随心所欲地改变口味，以保持菜肴的风味特色。当然，这并不反对在保持风味特色的前提下发展创新。

5. 根据原料的不同性质来调味

"调剂之法，相物而施"（《随园食单》）。为了保持和突出原料的鲜味，去其异味，对不同性质的原料调味时应区别对待。

（1）新鲜的原料应突出本身的滋味，不能被浓厚调味所覆盖，过分的咸、甜、酸、辣等都会影响本身的鲜美滋味，如鸡、鸭、鱼、虾及新鲜蔬菜等。

（2）凡带有腥、膻气味的原料，要适量加入一些调味品，例如水产品、羊肉、动物性食物的内脏可加入一些料酒、葱、姜、蒜、糖等调味品，以解膻去腥。

（3）对原料本身无鲜美滋味的菜肴，要适当增加滋味。如烹制鱼翅、海参、燕窝等菜时，加入高级清汤及其他调味品，以补其鲜味的不足。

【模块小结】

主要阐述味与味觉的含义及味觉的特性，调味的概念、内容及作用；调味工艺的基本原理与运用，调味工艺种类、方法和要求；通过学习能准确调制多种常用复合调味味型，运用制汤的原料独立制作清汤和奶汤以及常用卤水。

实训练习题

（一）选择题

1. 下列基本味中，被称为“百味之主”的是（　　）。

A. 辣味　　B. 鲜味　　C. 咸味　　D. 甜味

2. 在人体味觉器官能够感受酸味的部位是（　　）。

A. 舌尖部　　B. 舌中部　　C. 舌两边　　D. 咽喉部

3. 在调制咖喱味时，确定基本味应加入（　　）。

A. 香醋　　B. 精盐　　C. 葱姜蒜　　D. 咖喱粉

4. 关于食品添加剂的说法，正确的是（　　）。

A. 在现代社会，为了饮食安全，不要食用或少食用含食品添加剂的食物

B. 食品中使用食品添加剂对食品有一定的好处

C. 食品添加剂在食品中使用都是安全的

D. 用于防腐的食品添加剂是安全的，用于调节质感和色泽的食品添加剂多数不安全

5. 下列叙述内容符合味的对比现象的选项是（　　）。

A. 甜味突出的食物加入少量的酸味

B. 甜味突出的食物加入少量的咸味

C. 甜味突出的食物加入少量的香味

D. 甜味突出的食物加入少量的辣味

6. 食品调味有季节性规律，根据春夏秋冬的不同特点，人们比较多选择的对应味道是（　　）。

A. 酸、甜、苦、辛　　B. 酸、苦、辛、咸

C. 酸、咸、苦、辛　　D. 咸、苦、酸、辛

7. 下列调味料中主要呈麻味的是（　　）。

A. 八角　　B. 花椒　　C. 胡椒　　D. 陈皮

8. 食物经加热和调味以后表现出来的嗅觉风味一般是指菜肴的（　　）。

A. 气味　　B. 香味　　C. 滋味　　D. 口味

9. 果品自身含果胶较多，加入少量水制成各种果酱、果冻和蜜汁类菜肴是利用了（　　）。

A. 凝固作用　　B. 水解作用　　C. 酯化作用　　D. 分散作用

10. 肉类蛋白质与糖在高温下会发生（　　）。

A. 焦糖化反应　　B. 美拉德反应　　C. 糊精反应　　D. 氧化反应

11. 制汤应选用新鲜的含可溶性营养物质和呈味风味物质较多的原料，营养物质通常指脂肪和（　　）。

A. 矿物质　　B. 维生素　　C. 蛋白质　　D. 碳水化合物

12. 汤汁按色泽可以划分为白汤和（　　）。

A. 毛汤　　B. 荤汤　　C. 素汤　　D. 清汤

13. 下列汤中按工艺方法划分的是（　　）。

A. 荤汤、白汤、素汤　　B. 鸭汤、海鲜汤、鸡汤

C. 鲜笋汤、香菇汤、豆芽汤　　D. 单吊汤、双吊汤、三吊汤

14. 制汤原料经一定的时间煮制后，所得到的汤汁醇浓而鲜美，是因为原料中含有可溶性呈味（　　）。

A. 风味物质　　B. 矿物质　　C. 蛋白质　　D. 调味品

15. 制汤时汤汁会乳化增稠是因为原料中含丰富的（　　）。

A. 完全蛋白质　　B. 胶原蛋白质　　C. 同源蛋白质　　D. 活性蛋白

16. 以下说法正确的是（　　）。

A. 制汤时一般宜选用蛋白质较多的烹饪原料，是利用蛋白质的变性作用

B. 烹调时蔬菜可以放入碱性物质及选用铜制炊具

C. 在制汤或用烧、炖烹调方法制作菜肴时，不宜过早放盐

D. 油脂与空气中的氧在高温下发生的高温氧化与常温下的自动氧化是一样的

17. 人们在食用味道较浓的菜品后，再食用味道清淡的菜品，则感觉菜品本身无味，是因为存在（　　）。

A. 味的消杀现象　　B. 味的变调现象

C. 味的对比现象　　D. 味的相乘现象

18. 制作荤白汤一般需要始终保持汤的沸腾状态，因此加热时旺火煮沸后的火力一般选用（　　）。

A. 小火　　B. 微火　　C. 大火　　D. 中火

（二）填空题

1. 味是一种感觉，是由食物的味刺激人的神经所引起。人在品尝食物的味时，实际上是（　　　）、（　　　）、（　　　）三者的综合感受。

2. 味觉一般都具有灵敏性（　　　）、（　　　）、（　　　）、（　　　）、（　　　）关联性等基本性质。这些特性是控制调味标准的依据，是形成调味规律的基础。

3. 味觉感受的最适宜温度为（　　　），其中，（　　　）是味觉感受最敏感的温度。一般热菜的温度最好在（　　　）；炸制菜肴可稍高一些；凉菜的温度最好在（　　　）左右。

4. 味的浓度对味觉的影响很大。一般情况下，食盐在汤菜中的浓度以（　　　）为宜，烧、焖、爆、炒等菜肴中以（　　　）为宜。

5. 单一味又称基本味或母味，（　　　）是最基本的滋味，（　　　）是未经复合的单纯味。从烹调的角度，一般将基本味列为（　　　）、（　　　）、（　　　）、（　　　）、（　　　）、（　　　）、（　　　）七种。

6. 辣味是烹调中常用的刺激性最强的一种单一味。辣味物质有在常温下就具有挥发性和在常温下难挥发需加热才挥发两种情况。前者习惯称之为（　　　），后者称之为（　　　）或（　　　）。

7. 调味的掌握是做好菜肴的关键，正确调好味一般要求做到“四个准”：即：时间定得准，（　　　）、（　　　）、（　　　）。

8. 制汤原料的选择直接影响汤的质量优劣，选料时要求所选原料（　　　）、（　　　）、（　　　）、（　　　）等。

9. 调和工艺，是指在烹调过程中运用和手法，使菜肴的滋味（　　　）、（　　　）、（　　　）、（　　　）等风味要素达到最佳的工艺过程。

（三）问答题

1. 什么是味觉？味觉的基本特性是什么？

2. 调味工艺的方法及要求有哪些？

3. 基本味有哪些？各自的作用是什么？

4. 复合味有哪些？试举例说明。

5. 什么是制汤？制汤的种类有哪些？

6. 以制作清汤为例，叙述其用料、制法。

7. 制汤工艺的关键有哪些？为什么？

8. 试举例说明卤水的种类及制作工艺。

（四）实训题

1. 结合调味工艺的相关知识，调制常用的复合调味料三种。
2. 按小组训练，每组分别调制清汤，并阐述工艺流程和制作关键。
3. 以制作卤水鹅掌、卤水牛肚为例，比较传统卤水与新派卤水的区别。
4. 试举菜例诠释芡汤、粤菜糖醋汁、苏菜糖醋汁在菜肴制作过程中的运用。

模块三

水传热烹调方法与实训

学习目标

知识目标

了解水传热工艺对不同烹饪原料的影响；掌握水热传递的基本方式；熟悉烹制工艺中的水传热介质以及烹制工艺中的水热传递现象；了解水导热烹调法的特点、类型和成品特征；掌握不同烹调方法的选料特点和类型等。

技能目标

掌握水传热烹调法中各种烹调技法的工艺流程和操作要领；会运用多种水传热烹调方法对原料进行烹制加工；将初加工、切配、初步熟处理、调制等基本技能和知识合理应用到热菜的制作过程中，使所加工的成品原料符合菜品质量规格要求；熟悉不同风味菜品的加工流程和制作要求。

实训目标

（1）能针对原料的特性合理选择烹调方法。

（2）能应用煮、汆、涮等技法烹制菜肴。

（3）能根据菜品的要求掌握好原料的成熟度。

（4）能根据水传热烹调法，合理选择原料并进行加工。

实训任务

任务一　短时间加热烹调法与实训

任务二　中时间加热烹调法与实训

任务三　长时间加热烹调法与实训

任务一　短时间加热烹调法与实训

一、知识储备

水传热烹调法是以水或汤汁作为传热介质，利用液体在加热原料过程中的不断对流，将原料加热成熟的烹调技法。

根据水导热烹调法中加热时间的长短，还可以把此类烹调法分为短时间加热烹调法、中时间加热烹调法和长时间加热烹调法三类。

（一）氽的技法

氽是将改刀后原料放入沸汤中烫熟，调味后再将汤和熟制的原料一起食用的一种烹调技法。氽是制作汤菜常用的烹调方法之一。氽制菜肴的选料多为质地脆嫩、无骨、形小的原料。氽比任何水加热的时间都快，往往原料一变色即捞出，所以原料加工的形状一般以小型原料为主。

氽制菜品具有汤清、味鲜、原料脆嫩的特点。如生氽肉丸、萝卜丝氽鲫鱼汤等。

1. 工艺流程

氽法一：先将汤水用旺火煮沸，再投料下锅，加以调味，不勾汁，水一开即起锅。这种开水下锅的做法适于羊肉、猪肝、腰片、鸡片、里脊片、鱼虾片等。而鸡、羊、猪的肉丸，则宜在水开后保持水处于沸而不腾的情况下下锅；鱼丸子宜冷水（或温水）下锅。

氽法二：先将料用沸水烫熟后捞出，放在盛器中，另将已调好味的、滚开的鲜汤，倒入盛器内一烫即成。这种氽法一般也称为汤泡或水泡。

氽制工艺流程如图 3–2 所示。

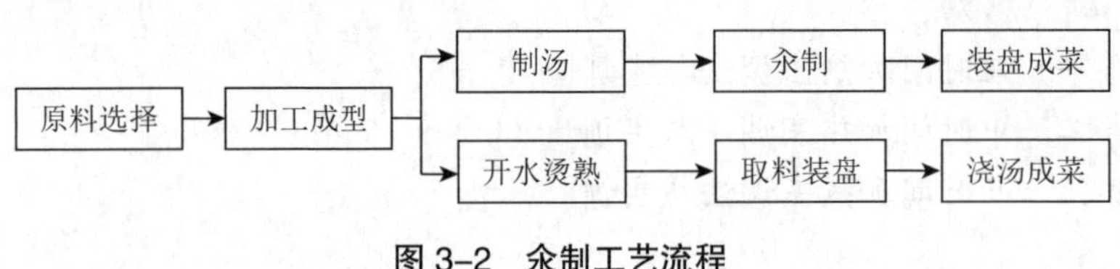

图 3–2　氽制工艺流程

2. 实训要求

（1）氽的菜肴属于急火速成的菜肴，因为只有急火速成，才能保证主料的质地脆嫩。

（2）一般的动物性原料，在氽制时多数都要上浆，如鸡丝、鸡片、里脊片等。

（3）氽的菜肴事先要准备好鲜汤，忌用清水，提倡用原汤，不能只追求汤清而忽略了汤的味道。

（4）氽的菜肴不需勾芡，保持汤的清醇。

（二）涮的技法

涮是用火锅将水烧沸，把形小质嫩的原料，放入汤内烫熟，随即蘸上调料食用的一种烹调方法。涮是一种独特的烹调方法，是就餐者的自我烹调，所以带有很大的灵活性，如涮羊肉、涮海鲜、涮什锦等。涮的特点是主料鲜嫩、调味灵活、汤味鲜美。

1. 工艺流程

涮制工艺流程如图 3–3 所示。

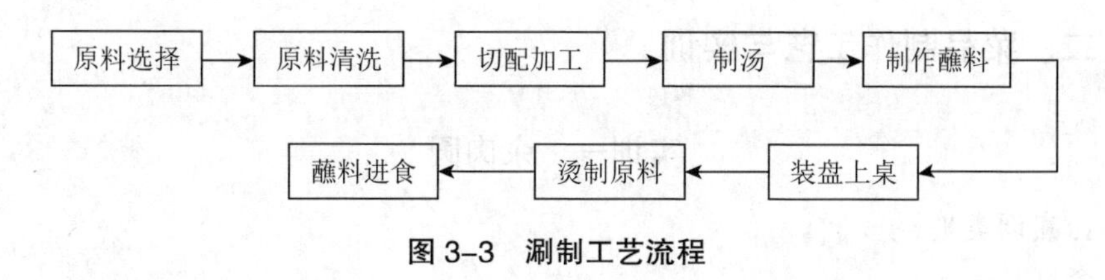

图 3–3 涮制工艺流程

2. 工艺特点

（1）涮必须具备特色的火锅锅具，按热源可分为炭火锅、电火锅、燃气火锅、液体或固体酒精火锅等。

（2）涮制菜肴的用料，主要是指火锅主料、汤料和蘸料味碟。主料即成锅中涮煮的原料，其适用范围极其广泛，凡是能用来制作菜肴的原料几乎都能作火锅主料，按原料的性质可分为海鲜原料、河鲜原料、家禽原料、家畜原料、蔬果原料和原料制品等。

（3）汤料即锅中的底汤，用得最多的是红汤汁，其次是白汤汁（包括酸菜汤）。红汤汁即辣味汤汁，用浓汤与辣椒、豆瓣、豆豉、醪糟汁、冰糖、精盐、黄酒和多种香料等熬制而成。白汤汁是用老母鸡、肥鸭、猪骨头、火腿肘子、猪瘦肉和葱、姜、酒等熬制的汤汁，一般与红汤汁配合使用，很少单独使用，即使用也常要蘸些调味料食用。

（4）蘸料味碟是涮制火锅不可缺少的部分，常见的有麻油味碟、蒜泥味碟、椒油味碟、红油味碟、辣酱味碟、酱汁味碟、韭菜花味碟等。

3. 实训要求

（1）注意卫生。要保证原料新鲜和器具的清洁。火锅以涮烫为主，所选菜料必须新鲜、干净，注意卫生，严防食物中毒；同时还要做好烹饪器具的清洗工作，不然会造成铜锈中毒，出现恶心、呕吐等症状。

（2）火力要猛。涮制菜肴时火力要猛，火锅底火一定要旺，以保持锅内汤汁滚沸为佳。菜料食物在锅里煮时，若不等烧开、烫熟即吃，病菌和寄生虫卵未被彻底杀死，易引起消化道疾病。

（3）正确掌握火候，控制好投料先后次序和熬制时间。汤卤制作时要把握好火候，制作清汤的火要小，制作浓汤的火要大；涮制菜肴的顺序一般来说是先荤后素，最后吃主食。先涮荤料，可以使荤料的鲜味物质渗入到汤中，增加汤汁的醇厚。

（4）掌握好各种调味品的使用量。涮制菜肴中的蘸料非常关键，它直接影响菜品的质量，因此在调制时要严格控制好各种调味品的用量，精心调制。

（5）控制好菜肴的成熟度。

二、菜品制作工艺与实训

实训一　氽肉圆

1. 烹调类别

氽。

2. 烹饪原料

主料：猪肉（夹心肉）200 克。

配料：油菜心 60 克、木耳（水发）25 克、鸡蛋清 80 克。

调料：葱 25 克、姜 15 克、生粉 13 克、盐 2 克、味精 1 克、胡椒粉 2 克、香油 5 克。

3. 工艺流程

（1）夹心肉剁成细泥，放盘中徐徐加葱姜汁，沿一个方向搅拌上劲，加入鸡蛋清、水淀粉搅匀，再加盐、味精、胡椒粉打匀成馅。

（2）油菜心一片两半，用开水烫熟；木耳一切两半用开水烫出。

（3）勺中加清汤，将肉馅下成直径 2.5 厘米的鱼圆，再将锅用小火烧开，加入菜心、木耳，调好味，鱼圆熟后淋上香油，撒胡椒粉即可。

4. 风味特色

汤汁味鲜，肉质细嫩。

5. 实训要点

（1）夹心肉一定要剁、砸成细泥，否则吃起来会口感粗糙。

（2）搅拌时掌握好加水的比例，一定要上劲。

实训二 生涮鲈鱼

1. 烹调类别

涮。

2. 烹饪原料

主料：鲈鱼600克。

配料：青菜心40克、青红尖椒各20克。

调料：葱姜各15克、蒸鱼豉油18克、蛋清20克、料酒15克、淀粉15克。

3. 制作工艺

（1）鲈鱼宰杀制净，去头、尾、脊骨、肋骨，将鱼肉片成大片，加盐、料酒、蛋清、淀粉上浆。青菜心择洗干净。葱、姜、青红尖椒分别择洗干净，切成丝。

（2）锅内加清水，水沸后将青菜心放入焯水，捞出摆在盘子周围。

（3）锅内加清水（高汤），放入鲈鱼头、尾、脊骨、肋骨、盐、料酒，煮熟后排在盘中成鲈鱼的轮廓形状。

（4）鲈鱼片下入锅中涮熟，捞出放入盘中，撒上葱、姜、青红尖椒丝，倒入蒸鱼豉油，再烧热油浇在葱、姜、青红尖椒丝上即可。

4. 风味特色

味美软嫩嫩，鱼香浓郁。

5. 实训要求

（1）保证原料新鲜和器具的清洁，严防食物中毒。

（2）火力要猛，保证锅中汤汁滚沸，若不烧开烫熟即吃，病菌和寄生虫卵未被彻底杀死，容易引起消化道疾病。

三、拓展知识与运用

烹调过程中水的运用

（1）水的沸点为100℃，加热原料的温度较低，用水的对流加热原料可以保持原料原有的质地和风味。

（2）利用水的渗透性。水经加热后，渗透力更强，水分子进入细胞后，由于渗透膨胀，增加了原料的嫩度。

（3）水在渗透入原料的同时，也使调味品容易渗透入原料。水导热烹调的菜品具有汤醇味美、原料鲜嫩爽脆或酥烂的特色。

（4）比较有名的涮制菜肴有重庆麻辣火锅、广东海鲜打边炉、山东肥牛小火锅、北京羊肉涮锅、江浙菊花暖锅等。

（5）在火锅中涮烫的主料刚出锅时温度较高，若将刚从锅中捞出的主料在味碟中蘸一下，能使滚烫的原料降低温度，便不会烫伤口腔。

（6）吃火锅时，若食物在火锅中煮久了会失去鲜味，破坏营养成分；若煮的时间不够，又容易引起消化不良。

任务二　中时间加热烹调法与实训

一、知识储备

（一）烧法

烧是指经过初步熟处理的原料，加入调味品和汤汁后，用旺火烧开，转中火烧透入味，再用旺火加热至卤汁稠浓或用淀粉勾芡的一种烹调技法。

烧菜火候的控制，总体上是旺火→中小火→旺火。烧适用于制作各种不同原料的菜肴，是厨房里最常用的烹饪法之一。烧菜的芡汁可以是自来芡，也可以通过淀粉勾芡使汤汁稠浓，因此在成品的特点上也不一致，但烧菜的共同特点是质地软嫩、口味醇厚、汁少。

1. 工艺流程

烧制工艺的一般流程如图 3–4 所示。

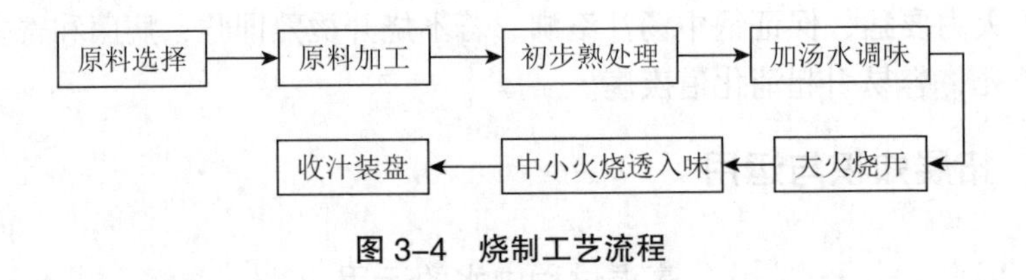

图 3–4　烧制工艺流程

2. 烧法分类

根据操作过程的不同，烧主要分为红烧、干烧两类。根据所加调味品的不同还可以将烧分为红烧、白烧、酱烧和葱烧等。

（1）红烧。

①原料经过初步热加工后，调味须放酱油，成熟后勾芡为酱红色。红烧的方法适用于烹制红烧肉、红烧鱼、四喜肉丸等。

②红烧要掌握的技法要点是：对主料作初步热处理时，切不可上色过重，过重会影响成菜的颜色；下酱油、糖调味上色，宜浅不宜深，调色过深会使成菜

颜色发黑，味道发苦；红烧放汤时用量要适中，汤多则味淡，汤少则主料不容易烧透。

③成品特点是：色泽红润、汁浓味厚、质地酥烂、明油亮芡。

（2）干烧。

①又称自来芡烧。主料经煎或走油后，葱、姜炝锅，添加汤水及有色调料，旺火烧沸，中、小火烧至入味，再用旺或中火收稠卤汁。干烧原料大多为鱼虾类，一般需用酒酿卤去腥增香。

②干烧的成品特点是：色泽红亮、咸鲜入味、口感浓郁、汁紧油多。干烧与红烧的不同点在于干烧稠汁取其原料的自来芡，卤汁紧；红烧可以勾芡。代表菜品有干烧鳜鱼、干烧鲫鱼等。

（3）白烧。

①亦称白汁。是将原料经焯水或油氽等初步熟处理后，添加汤水及无色或白色调味料，旺火烧沸，中小火成熟收稠卤汁的成菜方法。

②成品特点是：色泽洁白、质地柔嫩、咸鲜味醇、明油亮芡。白烧与红烧的区别主要在于成菜的色泽不同，芡汁要求均为玻璃芡。

（4）酱烧、葱烧。

酱烧、葱烧等也是常见烧法。白烧不放酱油，一般用奶汤烧制。酱烧、葱烤与红烧的方法基本相同，酱烧用酱调味上色，酱烧菜色泽金红，带有酱香味；葱烧用葱量大，约是主料的1/3，味以咸鲜为主，并带有浓重葱香味。代表菜品有酱烧茄子、葱烧海参等。

3. 实训要求

（1）注意火候。烧菜的火候是几种火力的并用，如红烧要求是旺火→中火→小火→旺火；干烧则是旺火→小火→旺火→小火。

（2）红烧、白烧均应勾玻璃芡，注意芡汁浓度并适时勾芡，起锅前淋明油以保证菜肴光泽。

（3）烧制菜肴的原料大多要经过油炸处理后再加调味品烧制，原料在炸制时颜色不可太深，否则制品易变黑发暗。

（4）无论是红烧、白烧或干烧，加汤水均要适量，一次加足。切忌烧制过程中添加汤水或舀出原汤，一般汤汁以加平原料为度，用火力来控制汤汁的损耗量。

（二）煮法

煮是将处理好的原料放入足量汤或水中，用不同的加热时间进行加热，待原料成熟时，即可出锅的一种烹调技法。

煮制菜肴的特点是：菜肴质感大多以鲜嫩或软嫩、酥嫩为主，都带有一定汤液，大多不勾芡，少数品种要勾薄芡以增加汤汁黏性，与烧菜比较，汤汁稍宽，属于半汤菜，口味以鲜咸、清香为主，有的滋味浓厚。代表菜肴有大煮干丝、水煮牛肉等。

1. 工艺流程

煮制菜品在原料洗净、切配后，放入水中，用大火加热至水沸，改中火加热使原料成熟的加热方法。煮法一般的水温控制在100℃，加热时间在30分钟之内，成菜汤宽，不要勾芡，基本方法与烧较类似，只是最终的汤汁量。

煮制工艺的一般流程如图3–5所示。

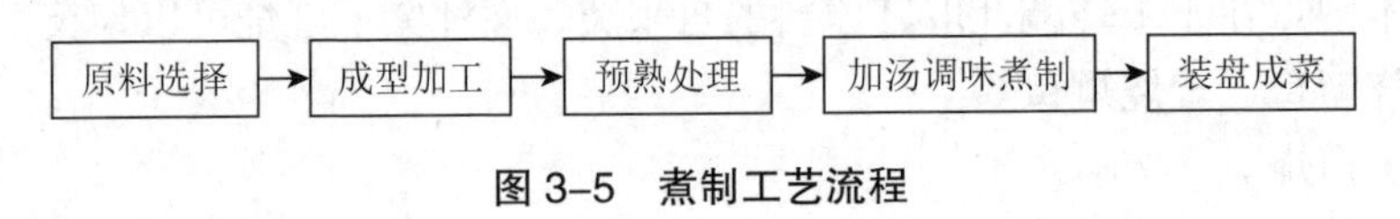

图3–5 煮制工艺流程

具体操作方法：将食物加工后，放置在锅中，加入调料，注入适量的清水或汤汁，用旺火煮沸后，再用小火煮至熟。适用于体小、质软类的原料。所制食品口味清鲜、美味。如大煮干丝、丹参鳗鱼汤等。适合的原料有畜类、鱼类、豆制品、蔬菜等。

油水煮的工艺特点：油水煮是原料经多种方式的初步熟处理，包括炒、煎、炸、滑油、焯烫等预制成为半成品后，放入锅内加适量汤汁和调味料，用旺火烧开后，改用中火加热成菜的技法。

2. 实训要求

（1）煮法所用的原料，一般选用纤维短、质地细嫩、异味小的鲜活原料。

（2）煮所用原料，都必须加工切配为符合煮制要求的规格形态，以丝、片、条、小块、丁等小型形状为宜。

（3）控制好菜肴汤汁的量，勿过多或过少。煮制菜肴均带有较多的汤汁，是一种半汤半菜类菜肴。

（4）煮法所制作的菜品要以最大限度地抑制原料鲜味流失为目的。所以加热时间不能太长，防止原料过度软散失味。

（三）烩法

烩是将质嫩、细小的原料放入汤汁中加热成熟后，用淀粉勾成米汤芡的一种烹调技法。烩菜是汤、菜各半，且汤汁呈米汤芡，如烩三鲜、翡翠豆腐羹等。

烩菜一般选用熟料、半熟料或容易成熟的原料，如涨发后的干货，半成品的肉圆、虾圆、鱼圆等，大多由两种以上原料构成。

烩菜的成菜特点：汤宽汁厚，口味鲜浓；汤汁乳白，口味香醇；保温性强，适用于冬天食用。

1. 工艺流程

烩制工艺的一般流程如图 3–6 所示。

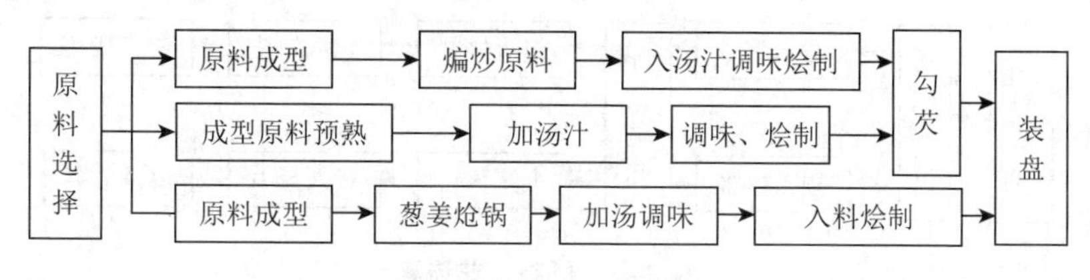

图 3–6 烩制工艺流程

其具体操作可分为三种：

（1）先将油烧热（有的可用葱、姜炝锅），再将调料、汤或清水与切成丁、丝、片、块等小型原料依次下锅，置于温火上烹熟，在起锅前勾芡即成。

（2）在勾芡程序上和以上做法略有不同，即先将调料、汤煮沸并勾芡后，再将已炸熟或煮熟的主、辅原料下锅烩制即成。这种烩制的菜肴，原料大多先经油炸或烫熟，制成后较为鲜嫩。

（3）将锅烧热加底油，用葱姜炝锅，加汤和调料，用旺火使底油随汤滚开，随即将原料下锅，出锅前撇去浮沫不勾芡，为清烩。

2. 实训要求

（1）烩菜的原料大多需要经过初步熟处理，其方法有焯水、炸、煸炒等。

（2）烩菜多数需要勾薄芡（米汤芡），菜肴的色泽可以根据原料的性质和质量要求而定。

（3）烩菜要用旺火，开锅后再勾芡，否则易影响菜肴的质量。

（四）扒法

扒是将经过初步熟处理的原料整齐放入锅内，加汤汁及调味品，旺火烧沸，小火烹制入味，再用旺火或中火勾芡稠汁，大翻锅整齐出菜的烹调方法。

扒的菜肴原料多为熟料，是鲁菜最为擅长的一种烹调方法。其成品特点是：原料软烂，汤汁醇浓，丰满滑润，整齐美观。

1. 工艺流程

先将初步加工处理好的原料改刀成型，好面朝下，整齐地摆入锅内或摆成图案，加适量的汤汁和调味品慢火加热成熟；转锅勾芡，大翻锅，将好面朝上，淋入明油，拖倒入盘内即可。此法收汁勾芡后锅要及时旋转，防止粘连锅底，对翻锅的精确度要求高，以防止菜肴翻过后形体发生变化，影响整齐美观。较大批量制作的扒菜，可采用在器皿内定型，调味定色，汽蒸成熟入味后，复扣在盛装器皿中，再将卤汁勾芡后浇淋在菜肴上。

扒制工艺的一般流程如图 3–6 所示。

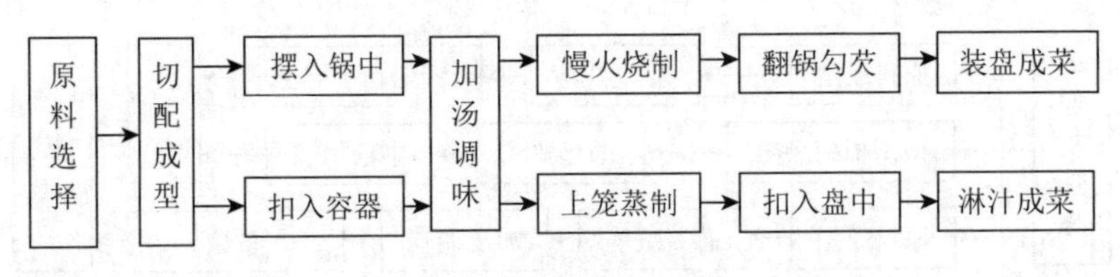

图 3–6　扒制工艺流程

扒菜的芡汁属于薄芡，但是比溜芡要略浓、略少，一部分芡汁融合在原料里，一部分芡汁淋于盘中，光洁明亮。对于扒菜的芡汁有很严格的要求，如芡汁过浓，对扒菜的大翻锅造成一定的困难；如芡汁过稀，对菜肴的调味、色泽有一定的影响，味不足，色泽不光亮。

2. 扒的分类

根据调味品不同，扒可分为红扒、白扒。红扒在烹调时用酱油或糖色着色，其特点是色泽红亮、酱香浓郁，如红扒鱼翅、红扒鸡、鸡腿扒海参等；白扒在烹制时不加有色调味品，成品的色泽是白色，其特点是色白、明亮、口味咸鲜，如扒三白、白扒鸡蓉鱼翅等。

除此之外，有利用调料的扒制法，如葱扒，菜肴特点是能吃到葱的味道而看不到葱，葱香四溢；奶油扒的特点是汤汁加入牛奶、白糖等调味品，有一股奶油味，如奶油扒芦笋。

扒菜从菜肴的造型来划分，分为勺内扒和勺外扒两种。北方的锅多称为“勺”。勺内扒就是将原料改刀成型摆成一定形状放在勺内进行加热成熟，最后大翻勺出勺即成。勺外扒就是所谓的蒸扒，原料摆成一定的图案后，加入汤汁、调味品上笼进行蒸制，最后出笼，汤汁烧开，勾芡浇在菜肴上即成。

3. 实训要求

（1）扒制菜肴选料严谨。第一要选高档精致、质烂的原料，如鱼翅、鲍鱼、干贝等海类产品。第二，用于扒制的原料一般多为熟料，如扒三白。

（2）扒菜的原料配置要求等级相宜，辅料可采用俏色相配，也可采用顺色相配。

（3）不同成熟度的原料，要利用初步熟处理协调，以使原料成熟一致。

（4）加热时锅要旋转，使菜肴受热均匀，切忌手勺翻动。

（5）勾芡时顺锅边淋芡，俗称“跑马芡”，使芡汁均匀包裹在原料上。

（6）整只的大型原料，可先将原料起锅装盘，再将芡汁浇淋在原料上。

二、菜品制作工艺与实训

实训一　红烧肉

1. 烹调类别

烧。

2. 烹饪原料

主料：带皮五花肉400克。

调料：食用油30克、盐8克、味精5克、料酒15克、姜葱各20克、生抽15克、老抽20克、冰糖15克、肉蔻2个、桂皮1根、川椒2个、香叶3片、八角3个。

3. 工艺流程

（1）带皮五花肉洗干净放入沸水锅中氽水，片刻捞出，切成大小适中的块状，再次放入沸水锅中氽去血水，捞出沥干水分。

（2）锅中放少量油，放入冰糖、生抽、老抽，中小火熬到糖起泡；放入葱段，倒入姜葱和料酒煸炒出香味；倒入五花肉翻炒均匀，至每块肉都上色，继续煸炒，要让五花肉的油脂煸出，将煸出的油倒出。

（3）锅中加入适量清水，将调料装入调料包放入锅中，加入少许盐大火烧沸，转小火烧1个半小时，待肉烧透汤汁浓稠，加入味精出锅即可。

4. 风味特色

肥瘦相间，香甜松软，入口即化。

5. 实训要点

（1）熬糖色时用中小火熬制，不要熬过了。

（2）煸出的油倒出，这样做出的红烧肉肥而不腻。

实训二　水煮肉片

1. 烹调类别

煮。

2. 烹饪原料

主料：猪里脊肉200克。

配料：白菜50克。

调料：鸡蛋30克、胡椒3克、豆瓣酱10克、姜10克、葱10克、辣椒5克、花椒5克、酱油10克、料酒8克、味精5克、盐10克、淀粉10克、植物油50克。

3. 工艺流程

（1）将猪里脊肉切片，鸡蛋清和淀粉、盐、味精、料酒调匀成糊，涂抹在肉片上。白菜叶、姜洗净切片，葱白切段。

（2）将35克植物油入锅，烧热，倒入花椒、干辣椒慢火炸，待辣椒呈金黄色捞出，将辣椒、花椒切成细末。

（3）用锅中底油爆炒豆瓣酱，然后将白菜、葱白、姜、肉汤、酱油、胡椒粉、料酒、味精等放入，略搅几下，调和均匀。

（4）随即放入肉片，再炖，肉片熟后，将肉片盛起，将剁碎的干辣椒、花椒末撒上。用剩余的植物油烧开，淋在肉片、干辣椒、花椒粉上再炸一下，即可麻、辣、浓香四溢。

4. 风味特色

麻、辣、鲜、烫。

5. 实训要点

（1）干辣椒和花椒要炸至棕红色，炸之后油还可以炒蔬菜。

（2）豆瓣酱要翻炒出红油，而且最后的油要烧得特别热，这样才能够将蒜末的香味逼出。

实训三　京葱扒鸭

1. 烹调类别

扒。

2. 烹饪原料

主料：光鸭1只（1750克）。

配料：京葱100克。

调料：葱结、姜片各15克，料酒12克、白糖20克。

3. 工艺流程

（1）把光鸭挖掉内脏，洗净后用刀沿脊背顺长剖开（肚腹不可断开），挖除脊背上血筋和膻尾，再洗净。将京葱切成5厘米长的斜片。

（2）烧热锅，放生油，烧至油八九成热时，将鸭子皮朝下放入锅中炸，呈淡黄色时倒出沥油。原锅内留少量油，投葱姜爆出香味，再放炸过的鸭子（皮朝下），加料酒、酱油、细盐、白糖和一勺汤水，用大火烧沸，转用小火焖，至熟，将鸭子捞出，待用。

（3）炒锅烧热，加适量油，烧至油140℃后，放京葱片、冬菇片、笋片，煸至葱疲软，将鸭子整齐地从平盘中推入锅内，一起收浓卤汁，用生粉勾流利芡淋上，再整齐地大翻身出锅，淋上麻油，装入盘中即成。

4. 风味特色

色泽金红，香味诱人，软嫩鲜滑，咸中带甜。

5. 实训要点

（1）应将鸭炸透或是煎透去腥。

（2）拆骨要防止将鸭形破坏。

三、拓展知识与运用

烹调技法的运用

（1）烧主要用于一些质地紧密、水分较少的植物性原料和新鲜质嫩的动物性原料，如土豆、冬笋、豆腐、鸡、鸭、鹅、鱼、肉、海鲜等。

（2）烧的原料大都要经过炸、煎、煸、炒、蒸、煮等初步加热后，再加汤和调料进一步加热成熟。

（3）煮是以水为介质导热技法中用途最广泛、功能最齐全的技法。煮的种类有水煮、汤煮、奶油煮、红油煮、白煮、糖煮等。

（4）鲜汤是烩菜的主要调料，烩菜通常用薄芡，而且要在旺火中进行，让水淀粉充分吸收膨胀。水淀粉汁不宜过浓，下锅立即推拌均匀，防止结块。一般经过葱、姜炝锅，添加鲜汤烧沸，捡取葱姜，加入原料和调味品，烧沸入味，用湿淀粉勾芡，如宋嫂鱼羹。

（5）扒菜的勾芡手法有两种：一种是勺中淋芡，边旋转锅边淋入锅中，使芡汁均匀受热；一种是勾浇淋芡，就是将做菜的原汤勾上芡或单独调汤后再勾芡，浇淋在菜肴上面，其关键是要掌握好芡的数量、颜色和厚薄等。

任务三　长时间加热烹调法与实训

一、知识储备

（一）炖法

炖是将原料改刀后，放入水汤锅中加入调料，大火加热至水沸后，用小火长时间进行加热，使原料成熟、质感软烂的一种烹调技法。

炖的另一种方法是将原料焯水后置陶器内，加多量汤水及调料，旺火烧沸，用微火长时间加热，或者直接长时间蒸制，使原料酥烂。

炖菜的特点是汤汁较多、质地酥烂、保持原汁原味。

1. 工艺流程

炖制工艺的一般流程如图 3–8 所示。

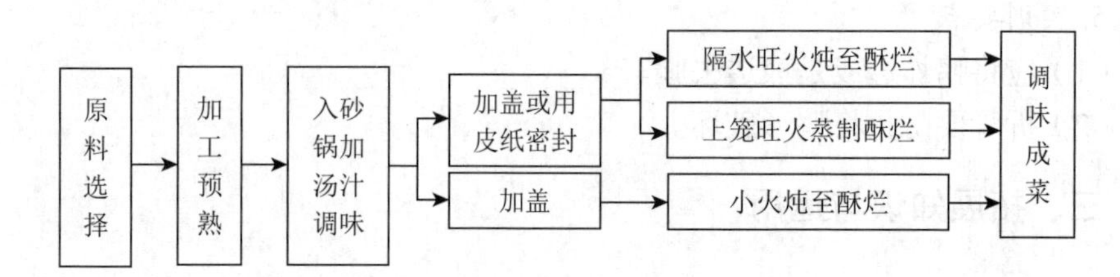

图 3–8 炖制工艺流程

2. 炖的分类

根据加热方式的不同，炖又分为隔水炖和不隔水炖两种。

（1）隔水炖。将原料焯水后，放入陶钵中，加汤水及调料，盖上陶钵盖或用桑皮纸封住缝隙，置于水锅内，放水后锅盖盖严，用旺火炖数小时至原料酥烂，再经调味即成。有专用于隔水炖的原盅。

（2）不隔水炖。将原料焯水后，放入砂锅中，加汤水及调料，旺火烧沸，撇去浮沫，盖上盖，移微火加热数小时至原料酥烂，再调味即成。此法使用广泛，炖菜的汤汁较多，一般占容器的 4/5，常采用陶制砂锅器皿。

3. 实训要求

（1）炖制法适用于肌纤维比较粗老的肉类、禽类原料。此类原料在炖制前必须先焯水，以排除血污和腥臊味。

（2）菜肴在炖时，在原料下面可放锅垫，以防粘锅。

（3）在炖制前炖制菜肴的用料，一般要经过焯水处理，以去除原料中的血水及腥膻气味，以保证汤清、味醇。

（4）菜肴炖制时应将汤水一次性加足，不宜中途加水。

（5）炖制的菜肴一般不加有色调味品；炖制时应先用急火，后用小火。

（二）焖法

焖是将经过初步熟处理的原料，加上调味汁，用旺火烧开，再用小火长时间加热，最终使原料酥烂的一种烹调技法。

焖多用胶原蛋白丰富、受热易熟的主料和辅料，常用的原料有牛肉、猪肉、蹄髈、牛筋、鸡、鸭、甲鱼、鳗鱼等，植物性原料多选用根茎类的原料如冬笋、茭白、莴笋等。

1. 工艺流程

将选好的原料改刀后进行初步熟处理，然后加入酱油、糖、葱、姜等调味品和汤汁，旺火烧沸，撇去浮沫，放入调味品，加盖用小火或中火慢焖，使之成熟再转旺火收汁。

焖制工艺的一般流程如图 3–9 所示。

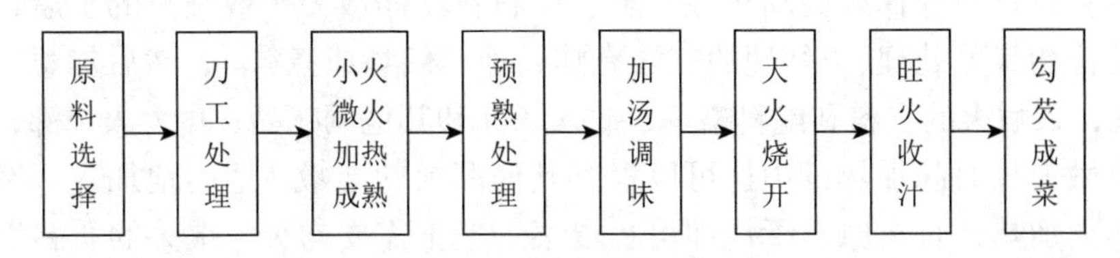

图 3–9　焖制工艺流程

焖菜在制作工艺上分三个阶段：一是使用旺火，去异味，上色；二是用小火、微火加热成熟；三是用旺火收汁，增加菜肴的色泽和光泽。

焖菜在调味上分两步：一是菜肴刚入锅时，加入一部分去腥、增香、增味的调料；二是确定口味，当菜肴加热成熟即将收稠卤汁时，再加入另一部分调味料，以达到增色、定味的效果。

2. 焖的分类

焖根据成菜的颜色不同，主要分红焖、黄焖两种。

（1）红焖。红焖是将加工成型的原料，先用热油炸或用温开水稍煮，使外皮紧缩变色，体内一部分水排出，蛋白质凝固，然后装入陶器罐中，加适量汤、水和调料，加盖密封，用旺火烧开后随即移到微火，焖至酥烂入味为止。主要调料除葱、姜、绍酒、白糖外，多放酱油。

（2）黄焖。又叫油焖。是把加工成型的原料，经油炸或煸成黄色，排出水分，放入器皿中，加调料和适量汤汁（一般不放配料，若放则应选择易熟或经过热处理的），大火烧开，小火焖至入味，原料酥烂即可。代表菜品有黄焖鸡块、黄焖鳗鱼等。

3. 实训要求

（1）焖的菜肴多为深色，所以一般要使用酱油或糖色调色。

（2）焖的菜肴事先要将原料进行初步熟处理定型，所用方法可以根据原料的性质而定，如红焖鱼用炸或煎的熟处理方法，红焖肉用煸炒的熟处理方法。

（3）焖菜的汤汁要少，口味要浓。

（4）菜肴在焖制时要不时晃动锅，防止原料粘锅焦煳。为了防止粘锅焦煳，可以事先在锅底垫上一层葱或者垫上竹垫等物品。

（三）煨法

煨是将原料（多用于动物性原料）经过炸、煎、煸炒或煮后，用小料爆锅，投入原料煸炒后，加入水或汤，大火加热至水沸后，用小火长时间加热至原料成熟的一种烹调技法。煨法汤汁较宽，一般加热时间为1~2小时，比炖法的时间略短。

煨制原料的选择多为动物性原料。原料在洗净改刀（或整只的）后，先对原料进行初步熟处理，（处理的方法有炸、煎、煸炒或煮等），然后加葱、姜爆香锅底，入耐火的主料和配料略煸，放入汤汁和其他调味品，用大火烧沸，再用小火或微火长时间加热；中途可以根据其他配料的老嫩，适时地加入，然后继续用小火加热，直至原料酥烂即可。煨菜一般不需要勾芡，煨菜的质感以酥软为主。

煨菜成菜特点是：主料酥烂软糯，汤汁汁宽而浓，口味鲜醇肥厚。代表菜品有砂锅鸡块、砂锅豆腐、红煨牛肉、砂锅白肉等。

1. 工艺流程

煨制工艺的一般流程如图3–10所示。

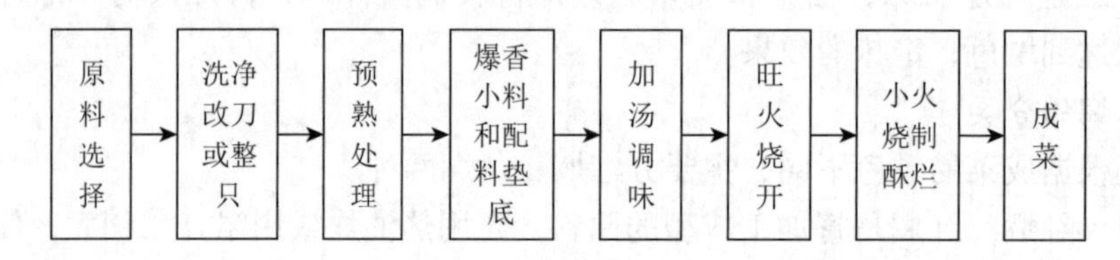

图3–10 煨制工艺流程

2. 实训要求

（1）煨制的菜肴要求汤汁稠浓，所以在烹制时中途不可加入冷水。

（2）煨制的主料要求酥烂，因此，应先用急火烧开后，再用小火保持微开，一般还要加盖。

（3）煨制的主料多为大块的原料或整料。原料在熟处理时，根据原料的性质控制原料的成熟度，一般分为断生、刚熟和全熟三个层次。

二、菜品制作工艺与实训

实训一 清炖狮子头

1. 烹调类别

炖。

2. 烹饪原料

主料：猪肋条肉500克。

辅料：淀粉 20 克、蛋清 15 克、荸荠 20 克、细香葱 2 根、菜心 2 棵。

调料：盐 8 克、葱 10 克、姜 10 克、料酒 8 克。

3. 工艺流程

（1）猪肉先切成丝，再切成大颗粒，然后用两把刀交替剁成石榴籽大小的颗粒。姜、葱切成末，荸荠剁成碎丁。剁好的肉末与荸荠碎丁装入一个大碗里，加入葱姜末、料酒与盐，混合均匀。加入水淀粉，用手抓匀，摔打上劲制成肉馅。

（2）然后取一份适量的肉馅，用手团成大丸子，两手交替倒腾个几十回，使丸子表皮完整，肉丸里边比较松软，外面比较紧密完整。

（3）锅里加水烧至 80℃~90℃，把肉轻轻放入水中，采用中火煮开后转小火，撇去浮沫，下少许料酒，然后盖上盖子焖 2~3 个小时。

（4）食用时取一个汤盅，放进一个狮子头，再浇入适量汤水，丢两棵菜心进去即可。

4. 风味特色

口感松软，肥而不腻，营养丰富。

5. 实训要点

（1）炖制法适用于肌纤维比较粗老的肉类、禽类原料。此类原料在炖制前必须先焯水，以排除血污和腥臊味。

（2）菜肴在炖时，在原料下面可放锅垫，以防粘锅。

（3）炖制时应将汤水一次性加足，不宜中途加水。

实训二　黄焖鸡

1. 烹调类别

焖。

2. 烹饪原料

主料：三黄土鸡 1 只（1200 克）。

辅料：香菇 50 克、胡萝卜 20 克、金针菇 30 克、木耳 10 克、鸡蛋两个。

调料：葱 15 克、姜 10 克、蒜 12 克、料酒 20 克、酱油 30 克、糖 10 克。甜面酱 10 克、盐 1 克、花生油 50 克。

3. 工艺流程

（1）冬菇洗净，挤去水分，去蒂切片，鸡蛋打散。鸡洗净，沥干，剁成块，再用 10 克酱油腌 10 分钟。

（2）锅置火上，加花生油烧至七成热，放入粘有鸡蛋液的鸡块，炸成金黄色，倒入漏勺沥油。锅置火上，留少许油，放入糖、炸鸡块略炒；再放入酱油、料酒、甜面酱、葱、姜、蒜末，略烧，倒入砂锅里；再加鸡清汤，旺火烧沸，撇去浮沫，再用微火焖至酥烂。锅置微火上，放入香菇，焖约15分钟即可。

4. 风味特色

汤色红亮，鲜美嫩滑，汤汁鲜美，油而不腻。

5. 实训要点

（1）焖的菜肴多为深色，所以一般要使用酱油或糖色调色。

（2）焖菜的汤汁要少，口味要浓。

（3）菜肴在焖制时要不时地晃动锅，防止原料粘锅焦煳。为了防止粘锅焦煳，可以事先在锅底垫上一层葱或者垫上竹垫等物品。

实训三　红煨牛肉

1. 烹调类别

煨。

2. 烹饪原料

主料：牛肉1000克。

配料：青蒜15克。

调料：冰糖10克、桂皮1克、料酒10克、高汤200克、酱油15克、葱15克、姜20克、胡椒粉8克、生粉18克、香油10克。

3. 工艺流程

（1）将牛肉用冷水洗净，切成四大块放入锅中煮至五成熟捞出，再切成3厘米长、2厘米宽、2厘米厚的条。青蒜洗净，切成3厘米长的段。

（2）烧热锅，下油，烧至八成热，倒入牛肉煸炒2分钟，下料酒、酱油，续炒片刻盛起。

（3）取大瓦钵1只，用竹箅子垫底，将煸炒过的牛肉放在箅子上，再加葱结、姜片、桂皮、冰糖、盐和上汤，上面压盖瓷盘，用大火煮滚后，改用小火煨至软烂。

（4）软烂的牛肉去掉葱、姜、桂皮，和原汁一同倒入炒锅，放入青蒜、味精、胡椒粉煮滚，用生粉勾芡，淋入香油即可。

4. 风味特色

牛肉软糯，鲜香汁浓，细嫩可口。

5. 实训要点

（1）煨制的菜肴要求汤汁稠浓，所以在烹制时中途不可加入冷水。

（2）煨制的主料多为大块的原料或整料。原料在熟处理时，根据原料的性质控制原料的成熟度，一般分为断生、刚熟和全熟三个层次。

三、拓展知识与运用

（1）炖法汤汁宽，一般加热时间为 1~3 小时，加热盛器多为陶制砂锅等。

（2）隔水炖是将原料置陶钵后，加上汤水及调料，盖上盖或用桑皮纸封口，上笼，旺火沸水长时间蒸制而成，效果同隔水蒸，也叫蒸炖，这是江苏风味苏锡菜及广东风味原盅菜常采用的方法。

（3）焖的菜肴多为深色，形状完整，汁浓味厚，质地酥烂，多数要用湿淀粉勾芡。

（4）红焖菜要尽量使原料所含的味发挥出来，保持原汁主味。代表菜品有红焖羊肉、红焖牛尾等。

（5）煨菜要根据原料的具体情况，确定下料的顺序和加热时间。在入锅煨制时，凡是质地坚实、耐长时间加热的原料，可以先下锅；而耐热性较差（大多为辅料），则在主料煨制半熟时下锅，特别是含水分较多又不耐热的蔬菜类原料，只能在主料接近软烂时或完全酥烂时下锅。

【模块小结】

阐述水传热工艺对不同烹饪原料的影响，水热传递的基本方式；通过对烹制工艺中的水传热介质以及烹制工艺中的水热传递现象的学习，熟知水导热烹调法的特点、类型和成品特征。教学重点是水传热烹调法中各种烹调技法的工艺流程和操作要领，并合理应用到制作过程中，使所加工的成品原料符合菜品质量规格要求。

实训练习题

（一）选择题

1. 将原料焯水后，放入陶钵中，加汤水及调料，盖上陶钵盖或用桑皮纸封住缝隙，置于水锅内，放水后锅盖盖严，用旺火炖数小时至原料酥烂，再经调味即成，此烹调法叫作（ ）。

A. 隔水炖　　B. 不隔水炖　　C. 侉炖　　D. 清炖

2. 炖菜的汤汁较多，一般占容器的（ ），常采用陶制砂锅器皿，还有专用于隔水炖的原盅。

A.3/5　　B. 4/5　　C.2/3　　D.2/5

3. 菜肴在焖制时要不时地晃动锅，防止原料粘锅焦煳。为了防止粘锅焦煳，可以事先在锅底垫上一层（　　）等物品。

A. 葱或肉皮　　B. 青菜或竹垫　　C. 葱或盘子　　D. 葱或竹垫

4. 炖法汤汁宽，一般加热时间为（　　）小时，加热盛器多为陶制砂锅器等。

A.1~1.5　　B.2~3　　C.1~3　　D.4

5. 汆制菜肴的选料多为质地脆嫩、（　　）的原料。

A. 无骨、形长　B. 肉厚、形大　C. 无骨、肉厚　D. 无骨、形小

6. 广东比较有名的涮制菜肴是（　　）。

A. 麻辣火锅　　B. 海鲜打边炉　　C. 肥牛小火锅　D. 羊肉涮锅

7. 一般的动物性原料，在汆制时多数都要（　　），如鸡丝、鸡片、里脊片等。

A. 挂糊　　B. 上浆　　C. 拍粉　　D. 勾芡

8.（　　）是将改刀后原料放入沸汤中烫熟，调味后再将汤和熟制的原料一起食用的一种烹调技法。

A. 汆　　B. 煮　　C. 涮　　D. 烧

9. 烧菜火候的控制，总体上是（　　）。

A. 小火→中小火→旺火　　B. 旺火→小火→旺火

C. 旺火→中小火→旺火　　D. 旺火→中火→小火

10. 扒的菜肴原料多为熟料，是（　　）最为擅长的一种烹调方法。

A. 苏菜　　B. 浙菜　　C. 粤菜　　D. 鲁菜

11. 扒菜的芡汁属于（　　），一部分芡汁融合在原料里，一部分芡汁淋于盘中，光洁明亮。

A. 薄芡　　B. 厚芡　　C. 包芡　　D. 都可以

12. 葱烧用葱量大，约是主料的（　　），味以咸鲜为主，并带有浓重葱香味。

A.1/2　　B.1/3　　C.1/4　　D.1/5

（二）填空题

1. 炖是将原料焯水后置（　　　）内，加多量汤水及调料，旺火烧沸，用微火长时间加热，或者直接长时间蒸制，使原料（　　　）的烹调方法。

2. 焖多用（　　　）、受热易熟的主料和辅料，常用的原料有（　　　）、（　　　）、（　　　）、（　　　）等。

3. 煨菜一般不需要勾芡，煨菜的质感以（　　　）为主；煨制的菜肴要求汤汁稠浓，所以在烹制时中途不可加入（　　　）。

4. 煨制的主料要求（　　　　），因此，应先用急火烧开后，再用小火保持微开，一般还要加（　　　　）。

5. 火锅以涮烫为主，所选菜料必须新鲜、干净，注意（　　　　），严防（　　　　）。

6. 涮制菜肴的顺序一般来说是先（　　　　），后（　　　　），最后（　　　　）。

7. 氽的菜肴事先要准备好（　　　　），忌用（　　　　），提倡用原汤，不能只追求汤清而忽略了汤的味道。

8. 勺外扒就是所谓的蒸扒，原料摆成后，加入（　　　　）上笼进行蒸制，最后出笼，汤汁烧开，勾芡浇在菜肴上即成。

9. 白烧与红烧的区别主要在于（　　　　）的不同，芡汁要求均为（　　　　）。

10. 干烧与红烧的不同点在于（　　　　）。

11. 烩菜是汤、菜各半，且汤汁呈（　　　　），如烩三鲜、翡翠豆腐羹等。

（三）问答题

1. 焖菜在制作工艺上分为哪三个阶段？
2. 炖、焖、煨在烹调技法上有何区别？
3. 如何正确掌握涮的火候？如何控制好投料先后次序和熬制时间？
4. 氽的烹调技法的操作关键有哪些？
5. 煮制菜肴的特点有哪些？
6. 红烧要掌握的技法要点是什么？

（四）实训题

1. 猪肉圆下锅时，为什么不要用大火烧沸？
2. 制作肉圆时上劲的标准是什么？
3. 做扒鸭时锅下为什么要用竹箅垫底？
4. 扒鸭原汤若不撇去浮油对菜肴有何影响？
5. 水煮肉片在口味上有什么特色？操作的关键有哪些？

模块四

油传热烹调法与实训

学习目标

知识目标

了解油传热工艺对不同烹饪原料的影响；掌握油热传递的基本方式；熟悉烹制工艺中的油传热介质以及烹制工艺中的油热传递现象；了解油传热烹调法的性能、类型和成品特征；掌握不同烹调方法的选料特点和类型等。

技能目标

掌握油传热烹调法中各种烹调技法的工艺流程和操作要领；会运用多种油传热烹调方法对原料进行烹制加工；将初加工、切配、初步熟处理、调制等基本技能和理论知识合理应用到热菜的制作过程中，使所加工的成品原料符合菜品质量规格要求；熟悉不同风味菜品的加工流程和制作要求。

实训目标

（1）能正确地识别和控制油温。

（2）能针对原料的特性，合理地选择炸的方法。

（3）能应用炸、油浸、油淋等技法烹制菜肴。

（4）能根据菜品的要求掌握好原料的成熟度。

实训任务

任务一　大油量传热烹调法与实训

任务二　中油量传热烹调法与实训

任务三　少油量传热烹调法与实训

任务一　大油量传热烹调法与实训

一、知识储备

油传热烹调法根据所用油量的多少，可以分为大油量、中油量和少油量三类烹调法。

（一）炸法

炸是以油为传热介质，将经过加工成型的烹饪原料，在经过基本码味后，投入到大油量油锅中，经高油温加热使其成熟的一种烹调技法。成品干爽无汁，具有香、酥、脆、嫩的特点。

1. 工艺特点

（1）炸的火力一般较旺，油量也大。

在炸制中，油与原料之比在4∶1以上，炸制时原料全部浸在油中。油温要根据原料而定，并非始终用旺火热油加热，但都必须经过高温加热的阶段。这与炸菜外部香脆的要求相关。为了达到这一要求，操作往往要分三步：第一步主要是使原料定型，所用油温较高；第二步主要是使原料成熟，所用油温不高；第三步复炸，使外表快速脱水变脆，则要用高油温。

（2）炸制菜肴的成品具有外脆里软的特殊质感。

炸所必经的高油温阶段指的是七八成油温，即160℃～180℃。这个温度大大高于水的沸点100℃，悬殊的温差可使原料表面迅速脱水，而原料内部仍保存多量水分，因而能达到制品外脆里嫩的效果。如炸制前在原料表层裹附上一层粉糊或糖稀，或者将原料蒸煮酥、烂，表层酥脆、里边酥嫩的质感则更为突出。

（3）炸制能使原料上色。

① 高温加热使原料表层趋向炭化，颜色逐步由浅变深，由米黄色到金黄色到老黄色到深红色到褐色，如果不加控制地继续加热，则原料会完全炭化而呈黑色。

② 颜色变化的规律是油温越高、加热时间越长，颜色转深就越快；同时，颜色还与油脂本身有关，油脂颜色白，使用次数少，原料上色就慢，反之则快。

（4）炸制菜品一般要辅佐调味。

由于菜品在炸制之前都要进行基本调味，但是加热前的调味往往达不到菜品的要求，因此要用加热后的辅佐调味来弥补不足。辅佐调味的调味品一般为椒盐、番茄酱或自制的一些风味酱汁（如酸辣汁、香辣酱等）。

2. 工艺流程

炸制工艺的一般流程如图 3-11 所示。

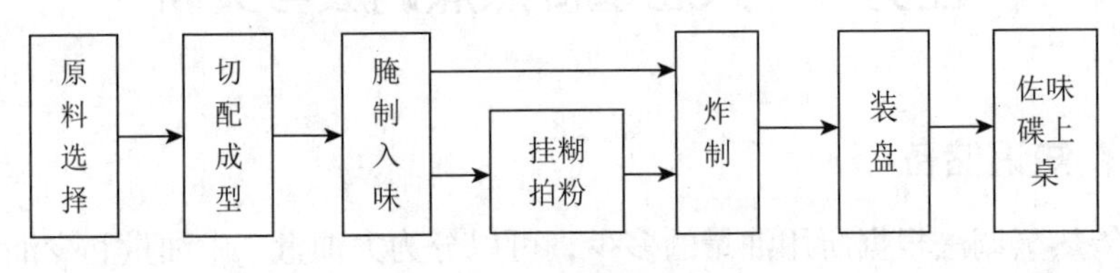

图 3-11　炸制工艺流程

3. 炸的分类

（1）清炸。

清炸是指经过加工处理的原料调味后，不经糊、浆处理，直接入油锅加热成菜的一种炸法。清炸菜的特点是味浓、脆嫩、干香、耐咀嚼。清炸菜在炸制过程中，原料脱水，浓缩了原料的本味，又使纤维组织较为紧密，加上它的干香味，使菜肴具有一种特殊的风味。

清炸菜的操作比任何炸菜的难度都大，对原料的选择、油温的控制和火候的掌握要求都很高。具体体现在如下几个方面：

① 用来清炸的原料一般是指本身具有脆嫩质地的生料，大多为动物性原料；生料在刀工处理时一定要大小、厚薄一致，因清炸加热的时间不长，稍有大小、厚薄不一便可导致焦生不一；原料一般都在炸前调味，生料加调料要调拌均匀，并最好能静置一定时间，使其入味。

② 清炸的调料一般较简单，以咸鲜味为主。常用的调料为精盐、酱油、料酒、胡椒粉，葱、姜汁，味精等。

③ 油炸时的油温和火候掌握是清炸菜的成败关键。首先，清炸的油锅要大一些，便于油锅能较恒定地传导高温，使原料表层迅速结皮结壳，防止原料内部水分大量流失，这样，制品才能达到外脆里嫩的要求。其次，清炸几乎都用急炸。原料形体较小，质感又较嫩，应在八成左右热的油温下锅，下锅后立即用手勺搅散，防止粘连在一起；形体较大的原料，要在七成左右热的油温下料，让原料在锅里多停留一些时间，待基本成熟，捞出，烧沸油再下锅复炸一下；如果原料较多，油锅相对较小时，可沸油下锅，待油温下降捞出，升高再投下，如此反复几次，直到原料外脆里熟即可。代表菜有炸菊花肫、炸美人肝、清炸里脊、清炸子鸡等。

（2）干炸。

① 干炸是原料经加工切配、调味后，直接挂水粉糊下锅高油温炸制成菜的一种烹调技法。油炸后成品外壳脆硬，干香味浓。

② 干炸的水粉糊一般要薄一点。由于淀粉在加热前没有黏性，极易出现挂糊厚薄不匀现象，而使成品表层颜色深浅不一，因此在挂糊时原料表面不可过分湿润，可用干毛巾吸去大部分水分后再挂糊。有些含水分较多的原料，可采取拍干粉的办法，即将上好味的原料放在粉堆里，使之周身滚粘上一层生粉。拍干粉的原料入油锅时，要抖去未粘附牢的粉粒，以减少油锅中的杂质。为使糊壳快速凝固，挂水粉糊的原料油炸时，油温要略高一点，第一次以六至七成热的油温炸，待原料基本成熟，再用八成热以上油温复炸一次，至成品外壳金黄发硬时即可捞出。

干炸的代表菜有干炸里脊、干炸鸡翅、糖醋黄河鲤鱼等。

（3）脆炸。

也叫松炸，是指在原料所要挂的糊（包括全蛋糊、蛋清糊、面粉糊和蛋黄糊）中，加入发酵粉，调成脆炸糊，然后把原料挂糊炸制成熟的一种烹调技法。成品外壳色泽金黄、膨胀饱满，质地酥松香脆、香味浓郁。

脆炸的原料必须选择鲜嫩无骨的动物性原料，加工成型的形体也不宜过大。原料先调上味，然后挂调制好的糊。其操作要点是：

① 调制发粉糊要掌握好糊的黏稠度，以能挂住原料、略有下滴为好。过薄影响蓬松涨发，过厚又不易使原料均匀地裹上糊浆。

② 调糊时要多搅拌，却不能搅上劲。面粉加水后，如果使劲搅拌，其中的蛋白质可形成面筋网络，这样原料就不易均匀地挂上糊浆；搅拌过少，又会影响成品的丰满。

③ 制糊时发酵粉应最后放入，因干的发酵粉遇湿面粉即产生二氧化碳气体，如果投入过早，气体已外逸，成品达不到膨胀饱满的要求；如补加发酵粉，则因发酵粉味涩，过量使用会影响成品的口感。

④ 在烹制时先用中温油，以中小火加热，令糊浆结壳、定型，并使原料基本成熟，随后再用高温油复炸一下。出锅后应立即上桌，因面粉的颗粒比淀粉大，故脱水快，还软也快。代表菜有脆皮银鱼、脆皮虾、脆皮鲜奶等。

（4）香炸。

香炸也叫拖蛋液粘碎料炸。这种炸法是将原料加工成片、条、丁等形状后，经过调味品腌渍后粘上一层面粉或淀粉，再从蛋液拖过，然后均匀地粘上一层面包糠、芝麻、松仁等香脆的粉粒状物料，最后入油锅炸制的烹调技法。常用的香脆碎料有面包糠、馒头屑、核桃仁、瓜子仁、芝麻、腰果、杏仁、松子仁、榛子仁等。

香炸的关键是香脆层的粉粒大小要尽量一致，否则极易出现焦脆不一现象，原料拖蛋液再粘上碎粒后，要用手轻轻按一下，以防香碎料在油炸时散落在油锅中。为使蛋液均匀地附于原料表面，大多数原料调味后要先拍上干淀粉。烹制时，油温应介于低油温与中油温之间，一般不宜过高，否则粉粒状物料易焦煳。代表菜有面包猪排、菠萝虾球、芝麻鱼条等。

（5）酥炸。

① 酥炸是指将原料用调味品腌渍后，采用汽蒸或汤煮至酥烂，然后直接下油锅炸制成熟的一种烹调技法。酥炸也叫熟炸，是把原料煮熟或蒸熟后再下油锅炸制酥香。还有一种方法是用酥炸糊挂糊后炸制成熟的技法。常用的酥炸糊有两种：一是鸡蛋 + 面粉 + 淀粉 + 泡打粉调和而成的糊；一是鸡蛋 + 淀粉 + 面粉 + 菜油调和而成的糊。

② 酥炸的原料要先在蒸、煮之前调好味。下油锅炸时，火力要旺，油温控制在六七成热，可以不复炸，一次性炸酥，炸至原料外层呈深黄色即可。酥炸的特点是外表酥松，咸鲜适口，色泽金黄。代表菜有香酥八宝鸭、酥炸羊腿、香酥鸡等。

（6）软炸。

① 软炸是指把加工成型的主料腌渍一下后挂一层软炸糊，再投入油锅炸制成软嫩或软酥质感菜肴的一种烹调技法。通常把鸡蛋、淀粉或面粉调和成的糊叫软糊，包括蛋黄糊、蛋清糊、全蛋糊等；把水和淀粉或面粉调成的糊叫硬糊。

② 软炸的油温，以控制在五成热为宜，炸到原料断生、外表发硬时，即可捞出；然后把油温烧到七八成热时，再把已断生的炸料下油锅复炸即成。这种炸法时间短，成菜外脆里嫩。

软炸的成菜特点：色泽金黄，外表略脆，里面软嫩，口味清淡鲜香。

代表菜：高丽大虾、软炸里脊、软炸鸡块、炸羊尾等。

4. 实训要求

（1）炸制所用油脂油量要多，一般为原料的三四倍，过少或过多都会影响菜品的质量。

（2）在操作过程中要控制好油温。油温过高易使原料色黑、味苦；油温过低，又会使制品疲软、脱糊，达不到酥脆的特色，并且还易使菜品含油过多。油温的控制要根据各种类型的炸制方法和原料的不同性质来灵活掌握，如软炸油温要略低些，酥炸的油温就应该高些。

（3）炸制的原料在加热前的码味要轻。由于炸制的菜品失水较多，原料中的食盐浓度很容易因原料失水而增大，从而使菜品口味过咸，影响质量。

（4）在炸制原料时要控制好火力的大小，并且要根据不同的情况掌握好“复炸”。一般来讲，炸制时的火力先是旺火，迅速使油温升至需要的温度，然后投入原料炸制，这是定型阶段；接下来调节火力到中小火（可根据需要油锅离火炸制也可以），这是原料成熟阶段；最后再改用大火加热升高油温，这是原料起酥、起脆阶段。在起酥起脆阶段，可以先将已经或接近成熟的原料捞起，升高油温到规定温度的时候再投入炸制。这种方法称为“复炸”。复炸不仅可以使制品变脆、起酥，还可以逼出原料中含有的多余的油脂，最终使菜品干爽酥脆。

（二）油浸、油淋法

油浸是将鲜活质嫩无异味的原料用调味品腌渍后（有的不腌），放入温油里用小火将原料慢慢浸熟，然后取出装盘，最后浇上调味品成菜的一种烹调技法。油淋是原料先用调味品腌渍后放入漏勺上，用热油反复浇淋，直至成熟的一种烹调处理技法。

成菜特点：油淋菜品外皮脆香，色泽红亮；油浸菜品质地鲜嫩，口感清爽。

1. 工艺特点

（1）用于油淋和油浸的原料，在加热前一般都要用盐、料酒等调味品腌渍后再加热。

（2）油浸是将油温升高至 100℃左右，投入原料使原料缓慢成熟的加工过程；而油淋是将油加热到 120~130℃，将热油浇淋在原料上。

（3）油浸与油淋所用的油的温度有区别。油淋是将油直接加热到成熟的过程；而油浸是将冷油直接加热到热油，再投入原料使其成熟的加工过程。前一种是升温的加热，后一种是降温的加热。

（4）油淋和油浸是将原料加热成熟，改刀装盘，然后佐以椒盐或用美极鲜等调味品调制的味汁辅佐调味。油淋菜肴一般用椒盐、番茄沙司作为作料，油浸菜肴一般用味汁浇淋。

2. 工艺流程

油淋和油浸工艺的一般流程如图 3–12 所示。

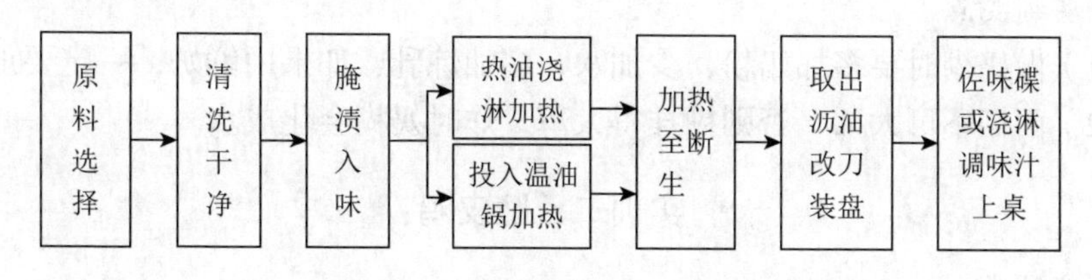

图 3–12　油淋和油浸工艺流程

3. 实训要求

（1）油淋菜品制作的操作关键：

① 原料加工时要保持原料表皮完整；

② 原料表面涂抹饴糖液要均匀，并且风干后再油淋；

③ 油淋原料表面要求成色均匀，使内部成熟一致。

（2）油浸菜品制作的操作关键：

① 油浸应选用新鲜、质地细嫩而无异味的原料；

② 油浸前原料必须清洗干净；

③ 正确掌握火候，控制好油温，避免油温过高而出现外焦里不熟的现象。

二、菜品制作工艺与实训

实训一　脆皮鲜奶

1. 烹调类别

炸。

2. 烹饪原料

主料：甜奶粉 300 克。

配料：炼乳 20 克、油 50 克、淀粉 100 克、面粉 280 克、酵母 20 克。

3. 工艺流程

（1）调制面糊：容器中放入面粉、淀粉、油、酵母、水一同搅拌均匀，面糊要稠一点。水与油的比例是 4∶1，其他的适量即可，放置 30 分钟左右。

（2）做奶糊：奶锅中放入奶粉、水、炼乳，烧沸后放入水淀粉，慢慢加，直到变成糊状，要比面糊还稠一点，倒入盘中晾凉，改刀条形。

（3）成型的奶糊裹上稠面糊，放入 140℃油锅炸，变金黄色后捞出即可。

4. 风味特色

内软嫩、洁白，外酥脆。

5. 实训要点

（1）做奶糊时要多加奶粉，少加水，多加炼乳，如果用鲜奶，一定要加糖。

（2）面糊不可太稀，否则糊挂得太薄，炸时奶糊会化成水。

实训二　脆皮鸡

1. 烹调类别

炸。

2. 烹饪原料

主料：肥柴鸡 1200 克。

配料：虾片 10 克。

调料：葱末 5 克、蒜泥 5 克、辣椒末 4 克、醋 100 克、糖浆 100 克、白卤水 2500 克、淀粉 25 克、花生油 1500 克。

3. 工艺流程

（1）将柴鸡加工洗净，放入沸水锅里浸约 1 分钟，取出洗净浮油、绒毛、污物。把柴鸡放在煮沸的白卤水盆中，用微火浸煮至六成熟取出，再放入盆内浸煮至刚熟，取出用沸水淋匀柴鸡身，洗去咸味。

（2）用手勺将糖浆淋在柴鸡身上，使柴鸡皮均匀地裹上糖浆，然后挂在阴凉通风处晾 2~3 小时，待柴鸡身晾干时，即可油炸。

（3）炒锅用大火烧，把油烧至 140℃，鸡油炸至五成熟，呈金黄色，即倒入虾片一同炸，至虾片浮起。炒锅端离火口，将柴鸡胸朝下放入笊篱内，锅放回炉上，待油烧至 140℃时，用笊篱托着柴鸡，边炸边摆动，再放入蒜、葱、辣椒末、糖醋，用湿淀粉调稀勾芡，盛在碟中。

（4）柴鸡炸好后马上切块，先切柴鸡头，后切柴鸡身，在碟上砌成柴鸡的原形，四周放上虾片即成。

4. 风味特色

口味咸鲜，色泽红亮，皮酥肉嫩，味道鲜美。

5. 实训要点

（1）鸡身淋糖浆，一定要均匀，特别是翼底部分，否则炸后表皮深浅不一。

（2）炸鸡时，切忌火太大、油太热，否则皮焦而肉不熟；火候太小，油温不足，则不着色，皮不脆。

（3）切鸡时要将砧板抹干净，鸡皮朝上不要贴在砧板上，否则会影响鸡皮脆度和美观。

三、拓展知识与运用

油脂在烹调中的运用

（1）油传热烹调法是指利用食用油为传热介质，食用油液体在锅中受热后，通过油脂的不断对流，将原料加热成熟的方法。

（2）由于油脂的热容量比较大，原料在油锅中的加热温度范围较大，传热速度较快。

（3）食用油脂的发烟点一般在 200℃左右，可以储存很高的能量，从而使原料快速成熟，同时能改变原料的质地，增加香味，增加菜肴的色彩，因此油传热烹调法在菜肴的烹制中应用十分广泛。

任务二　中油量传热烹调法与实训

一、知识储备

中油量烹调方法以油爆、滑炒的方法为代表，其用油量要根据原料的多少而定。在操作流程上，一般要分两个步骤完成：第一步为过油，要求旺火热油，快速操作；第二步为回锅调味，烹调成菜。包括爆、炒、熘等法。

（一）爆法

爆是将无骨的脆性原料，改刀后以热油（或沸水，沸汤）作传热介质，用旺火高温油快速成菜的一种烹调技法。爆多用于烹制脆性、韧性原料，如肚子、鸡肫、鸭肫、鸡鸭肉、瘦猪肉、牛羊肉等。爆菜特点：急火速成，成品脆嫩爽口，芡汁紧包原料，盘内见汁不留汁。

1. 工艺特点

爆的烹调工艺首先是将原料加工成较小的形状，然后经过上浆或不上浆后投入热锅进行初步熟处理；接下来在碗内兑汁；投入主料配料煸炒，倒入兑汁，急火勾芡，翻炒均匀后装盘成菜。

爆制工艺的一般流程如图 3–13 所示。

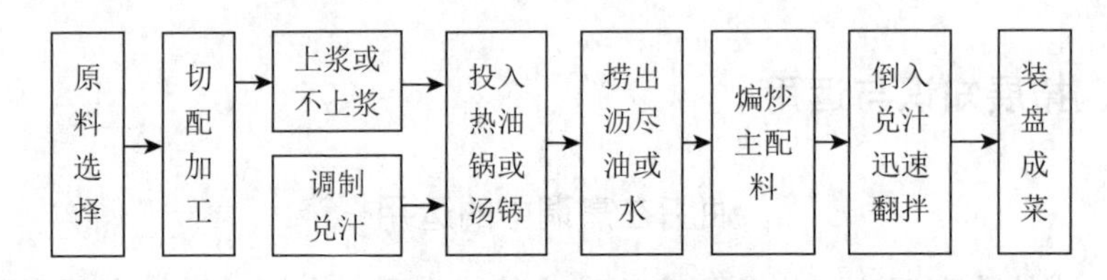

图 3–13　爆制工艺流程

2. 爆的分类

爆，根据所使用传热介质的不同，可分为油爆和汤（水）爆两类。其技法如下：

（1）油爆。

以热油作为传热介质。油爆的烹调方法，适用于烹制油爆虾、油爆肚仁等菜肴。制作油爆菜时，主料应切成块、丁等较小的形状，用沸水焯主料的时间不可过长，以防主料变老，焯后要沥干水分。主料下油锅爆制时油量应为主料的二倍。油爆菜用的芡汁，以能包裹住主料和配料为度。

（2）汤爆。

以水或汤为传热介质的一种爆法。汤爆时把原料在汤（或沸水）中加热成熟后捞出，即可蘸调味料食用；或和配料一起入锅煸炒，调味后淋入兑汁，最后翻炒成菜。烹制荤料水爆菜的关键，要掌握好沸水焯原料的时间，以焯至主料无血、颜色由深变浅为好。掌握好水的温度和加热时间。水要处于沸腾状态，且加热时间要短，如焯水时间过长，主料变老而不脆；如焯水时间过短，主料会有腥味或半生不熟的现象。

3. 实训要求

（1）要选用质嫩、形小的原料。因用急火热油烹调，加热时间短，不能使用形大、质老的原料。加热时间不宜太长，否则原料不易成熟或出现老韧的现象。

（2）爆的原料一般要经过花刀处理，以适应爆菜旺火速成的特点，使原料能够充分入味，并且保证菜肴滑嫩、爽脆的质感。

（3）要控制好味汁中调味品的用量，掌握芡汁和淀粉的用量是做好爆菜的关键。

（二）炒法

炒是将加工成丝、片、丁、条等小型形状的原料，以油为传热介质，用旺火中温油快速翻炒成熟的一种烹调方法。炒适宜细小、质嫩的原料。炒的操作一般比较简单，多数需急火速成，成品有汁或无汁，能保持原料本身风味特点。多数菜肴的质地鲜嫩、脆嫩，咸鲜不腻。

1. 工艺流程

炒制工艺的一般流程如图 3–14 所示。

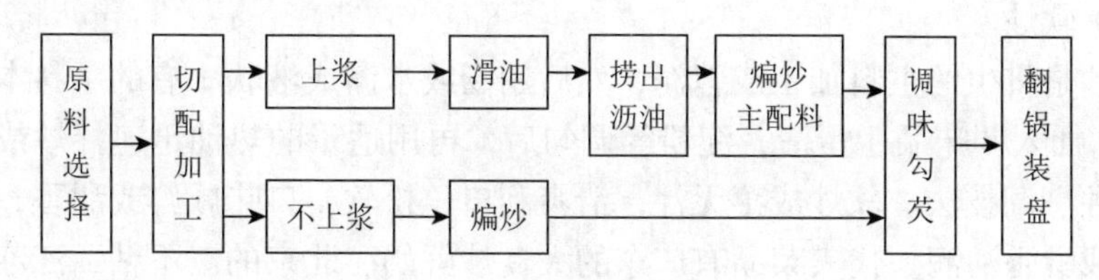

图 3–14 炒制工艺流程

2. 炒的分类

根据炒制原料的品种不同，以及原料在炒制前的加工工艺的区别，可以把炒分为滑炒、生炒、熟炒、煸炒、软炒、清炒等。具体技法如下：

（1）滑炒。

① 滑炒是原料经过改刀处理后上浆，然后投入中温油中加热成熟，再与配料翻拌并勾芡的一种烹调技法。一般滑炒的原料多选用动物性原料并需要上浆，

成熟时需要勾芡。

② 目前行业中也有使用水来替代油加热的方法，因为滑炒时的油温与沸水的水温非常接近，故可以换用。

（2）生炒。

生炒是指把不经过熟处理的生的原料，经过改刀后，与配料一起，不经过上浆或挂糊，直接放入少量热油锅中，利用旺火快速炒制成熟的一种烹调技法。生炒的原料一般要选用质地脆嫩或有一点韧性、久炒不易散碎的原料。代表菜品有上海的生煸草头、四川的生炒盐煎肉、广东的蒜蓉炒通菜、清真菜酱炒笋鸡等。

（3）熟炒。

熟炒是把经过切配加工后煮熟的原料，不需要上浆、码味，直接用中小火、少量油，加调料炒至成熟的一种烹调技法。熟炒在调味上多用豆瓣酱、甜面酱、黄酱等酱类为主的调味品，在配料上多选择芳香气味较浓郁的蔬菜，如青蒜、蒜薹、芹菜、大葱、洋葱。火力以中火为主，油不能加得太多。代表菜品有：四川的回锅肉，江苏的料烧鸭、炒蟹粉、炒软兜，湖南的东安鸡等。

（4）煸炒。

① 煸炒是指原料切配加工后，以少量热油、中小火较长时间翻炒原料，把原料中水分煸出大部分后，调味出锅装盘的一种烹调技法。原料不上浆、不挂糊、不勾芡。

② 操作时控制好用油量。用油过多，原料干硬，油过少，原料内部的水分不易煸出。煸炒的火力应该先大后小，以免原料焦煳。代表菜品有干煸牛肉丝、干煸仔鸡等。

（5）软炒。

软炒是将生的主料加工成蓉泥，然后用汤或水澥成液状（有的主料本身就是液状），加入调味品、蛋清、淀粉等调匀后，再用适量的热油迅速拌炒或滑炒成菜的一种烹调技法。软炒成菜无汁，清爽利口，松软，口味咸鲜或甜香，质地细嫩滑软或酥香油润。代表菜品有广东的大良炒鲜奶、北京的三不粘、江苏的芙蓉鸡片等。

3. 实训要求

（1）根据原料的性质掌握好投料的顺序。菜肴多数都带有配料，即使无配料，也有葱、姜、蒜等小料，它们入锅的先后顺序直接影响着菜肴的质量。

（2）一般都要求急火速成，尤其对一些质地脆嫩的蔬菜，如豆芽、莴笋、黄瓜、冬笋等，只有在急火快炒的情况下才能保持原来的风味，避免原料中汁液的流失。应用急火热油炒制，提高锅或油与原料之间的温差，缩短加热时间。

（3）要搅拌均匀。炒菜时要勤翻锅，使原料受热均匀，但锅翻动得快慢要视原料的性质而定。对于一些易碎的原料如鱼丝、鱼丁等，就不可以大幅度地连续翻锅。

（三）熘法

熘是将原料改刀后挂糊或上浆（也有不挂糊、上浆的），用油（或水）作为传热介质，将原料加热成熟后，然后淋上卤汁，或入卤汁中翻拌的一种烹调技法。

熘菜的原料使用比较广泛，常见的为一些无骨的肉、鱼、鸡、鸭等，也可以是块状的蔬菜。熘制菜肴使用的味汁是稠汁，稠汁裹在原料外部，由于淀粉糊化后形成的网络包含水分，使黏性增大，缺少流动性，这样使原料入口后仍能保持脆的口感。但如果时间过长，味汁缓慢地渗入原料内部，就会使原料回软，故要求熘菜快速上桌，才能保持应有的风味。熘菜要求旺火速成，以保持菜肴香脆、滑软、鲜嫩等特点。

1. 工艺流程

熘的原料在加卤汁混合之前，要先对原料进行加热预熟处理，一种是油炸，一种是水氽，一种是汽蒸。油炸类熘菜，原料一般多改刀成块、片、丁、丝等小料，用于煮或蒸制的则一般用整料。

熘制工艺的一般流程如图 3-15 所示。

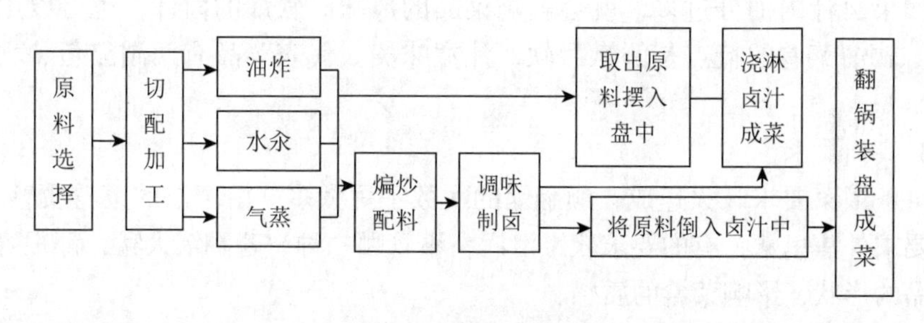

图 3-15 熘制工艺流程

2. 熘的分类

根据用料与操作上的不同，熘可分为脆熘、滑熘、软熘及醋熘等。

（1）脆熘。

① 脆熘又称炸熘或焦熘。是先将加工成型的较小的生料，用调味品腌渍，再挂水粉糊，放入油锅内炸至焦脆，最后淋上卤汁或投入到卤汁中翻拌的一种烹调技法。

② 原料在炸制时，需用大油锅，油量要多，旺火热油，炸到深黄色发硬时取出；然后另起小油锅，油量根据需要卤汁多少而定，油热时先放入小料爆锅，再放其他调味品调味，另加湿淀粉勾芡，最后明油亮芡做成卤汁，将卤汁浇淋在

原料上或投入原料翻拌即成。成菜特点是外酥脆、里香嫩。代表菜品有北京的焦熘丸子，江苏的松鼠鳜鱼、糖醋瓦块鱼等。

（2）滑熘。

① 滑熘是以片、丁、条、块等小形无骨的原料为主，先将其腌渍、上浆，烹制时将原料投入四五成热的油锅中滑油，将原料滑散至成熟时取出，另起锅，调制卤汁，最后把滑油后的原料投入卤汁中翻拌成菜的一种烹调技法。滑熘适于质嫩、形小的原料，如原料形状较大，则原料不易加热成熟。要控制好卤汁的稀稠，滑熘的卤汁调制要均匀，并且要能均匀地粘在原料上。滑熘的卤汁比焦熘要多。

② 若在滑熘菜品的卤汁中加入适量的醋，突出酸味，这种方法又被称为醋熘；在调味中加入香糟汁，又称为糟熘。代表菜品有醋熘白菜、糟熘鱼片等。其菜品口味滑嫩鲜香。

（3）软熘。

软熘不经油炸，一般以整的原料（多为鱼类），先蒸熟或投入沸水锅内，并加入葱、姜、料酒等煮至成熟时，把原料取出，将制成的卤汁淋在原料上。但淋时必须注意原料从蒸笼或水锅取出后，要去净水分。调制这类卤汁时，油要少，如果卤汁内油分过多，就会影响菜品的风味。软熘的卤汁，也可以用汤汁制成。软熘菜肴的特点是鲜嫩滑软，汁宽味美。代表菜品有西湖醋鱼、软熘豆腐等。

3. 实训要求

（1）熘菜要求旺火速成，颠翻锅的次数不可太多。由于熘的菜肴质感多样，有的要求外焦里嫩，有的要求软嫩滑润，不管哪一种，若翻锅太猛，都很容易破坏菜品的形状，影响菜肴的质感。

（2）要明油亮芡。这是熘菜的一大特色。明油是指在菜肴成熟勾芡后，在出锅前淋入事先炸制好的热的油或色拉油。要做到明油亮芡，既要掌握好芡汁的多少，又要注意芡汁的稀稠。但关键是芡汁的稀稠，稀了不亮，稠了影响口感。另外还要注意芡汁成熟的程度。

（3）对于一些形大的原料，需要在原料上剞上花刀或先用调味料腌渍一下。

二、菜品制作工艺与实训

实训一　鱼香腰花

1. 烹调类别

爆。

2. 烹饪原料

主料：猪腰 300 克。

辅料：青椒 1 个、洋葱 50 克。

调料：酱油 20 克、料酒 6 克、葱 13 克、蒜 10 克、姜 10 克、糖 20 克、醋 8 克、泡辣椒 2 个、味精 3 克、高汤 15 克、淀粉 20 克。

3. 工艺流程

（1）猪腰切成两半后去掉中心腰臊，而后用斜刀斜着剞一遍，再用直横刀剞成十字形。

（2）把猪腰用料酒、盐、湿淀粉拌匀，再加一些油。泡辣椒剁碎。用料酒、淀粉、葱、姜、蒜、糖、醋、酱油调制成味汁。

（3）炒锅上火，倒入油，烧 140℃时，放入猪腰用手勺推动，待猪腰卷起时捞起。炒锅放入底油，加辣椒、洋葱、泡辣椒翻炒，再放入猪腰，将兑好的汁倒入翻炒均匀即可。

4. 风味特色

色泽红润，香脆，刀纹清晰。

5. 实训要点

（1）剞刀时，横剞可四刀一段，剞的深度为半片腰子的 3/4。

（2）剞刀时保持刀的纹路一致。

实训二　淮安软兜

1. 烹调类别

炒。

2. 烹饪原料

主料：笔杆鳝鱼 750 克。

配料：洋葱 50 克。

调料：香醋 120 克、盐 75 克、香醋 5 克、猪油 30 克、酱油 25 克、料酒 10 克、鸡精 2 克、麻油 5 克、蒜末 10 克、胡椒粉 5 克、葱姜各 10 克、淀粉 15 克。

3. 工艺流程

（1）选用笔杆粗的鲜活鳝鱼，锅中加入 2000 克水烧开，加入盐和香醋，把鳝鱼倒入，小火煮 3~4 分钟，捞出冲凉。从头部迅速划开，将身体一分为二，再把鱼背的三角骨剔除，清洗干净，只选用鱼背部分的鳝丝。

（2）炒锅上火，加入猪油，放入蒜末煸香；倒入鳝丝，加入料酒、酱油、香醋、鸡精调味；淋入芡汁，撒入胡椒粉即可。出锅前淋入麻油。

4. 风味特色

软嫩异常，清鲜爽口，蒜香浓郁。

5. 实训要点

（1）将活鳝鱼下入沸水锅后，要立即盖紧锅盖，以防鳝鱼窜出。

（2）此菜宜选用端午前后的笔杆粗的小鳝鱼。

实训三　咕咾肉

1. 烹调类别

熘。

2. 烹饪原料

主料：五花肉 300 克。

配料：青红椒各 1 个、洋葱 30 克、鲜菠萝 150 克。

调料：番茄沙司 150 克、盐 4 克、糖 80 克、生粉 30 克、蛋清 1 个、白醋 20 克、料酒 6 克、胡椒粉 3 克、鸡精 4 克。

3. 工艺流程

（1）五花肉切小块，用盐、鸡精、胡椒粉、料酒腌渍入味。青红椒横切段，菠萝切成三角片。

（2）把五花肉扑上生粉，放五成热的油锅里炸熟，捞起；再烧热油锅炸至金黄色，捞起备用。

（3）再热油锅，放青红椒下去翻炒一下铲起，然后倒入番茄沙司、一调羹白醋、两调羹白糖、少许水煮开，一定要不断翻炒，不能煳锅。当酱汁变黏稠、红亮时，放入炸好的肉块、青红椒、菠萝块，翻炒几下，肉块均匀地裹上酱汁时即可。

4. 风味特色

色泽金黄，裹汁均匀，略带酸甜。

5. 实训要点

（1）炸肉时火候要先小火再大火。

（2）控制好糖和醋的比例及数量。

（3）挂不上糊，其实是放番茄沙司的顺序不对，方法不对，有一半的番茄沙司要用温开水按 2∶1 的比例稀释搅匀，再倒入锅里，然后再大火收汁，就很容易挂上糊。

三、拓展知识与运用

烹调技法的运用技巧

（1）爆法适合于急火快速成熟的菜肴。烹制时一般要使用调味兑汁进行调味和勾芡。

（2）油爆菜有两种制作方法：一种方法流行于我国北方地区，油爆时主料不上浆，只在沸水中一烫就捞出，然后放入热油锅中速爆，再下配料翻炒，烹入芡汁却可起锅。另一种方法流行于我国南方地区，油爆时主料要上浆，在热油锅中拌炒，炒熟后盛出，沥去油，锅内留少许余油，再把主料、配料、芡汁一起倒入爆炒即成。

（3）爆菜使用的调味汁，要求成菜时芡汁紧裹，兑汁多了就会影响菜品的爽脆效果，少了又会影响菜品的口味。

（4）滑炒是在煸炒的基础上派生出来的一种方法，它避免了煸炒受热不均匀的缺点，又保持了原料质嫩的长处，如滑炒虾仁、五彩里脊丝等。

（5）软炒的原料一般为液体或蓉制物，通常以牛奶、鸡蛋、鸡蓉、鱼蓉、肉蓉为主。

（6）为了保证脆熘菜品的质量，起油锅与调卤汁的两个过程必须结合进行，即原料还在油锅内炸时，就要同时调卤汁，待原料出锅时，卤汁也做好了，这时趁原料沸热时浇上卤汁，则更能入味。

（7）熘菜的芡汁有两种勾芡法：一种是卧汁，二是兑汁。尤其是兑汁，如果不等芡汁熟透，即一变稠就出锅，那么明油再多也不会亮，而且会澥芡。

任务三 少油量传热烹调法与实训

一、知识储备

少油量烹调方法以煎、贴为代表。煎是用少量油润滑锅底，再用中小火加热原料使其成熟的方法，包括煎、贴、塌等。这种方法中的油脂不仅是传热介质，而且是调味和增加菜肴风味的物质，比较适合质地脆嫩或细嫩原料的烹调。

（一）煎法

煎是将原料改刀后用调味品腌渍，然后在锅内放入少量植物油烧热，最后将原料放入锅中直接加热成熟的一种烹调技法。代表菜品有桃仁虾饼、干煎鳕鱼、香煎藕饼等。

煎是用中小火把原料两面煎黄使其成熟的一种烹调方法。煎的原料单一，一般不加配料，原料多经过刀工处理成扁平状，煎前先把原料用调料浸渍一下，在煎制时不再调味，因此，煎的菜肴具有原汁原味、外脆里嫩的口感，同时煎的菜肴形态整齐，色泽以金黄色为多。

1. 工艺流程

煎制工艺的一般流程如图 3–16 所示。

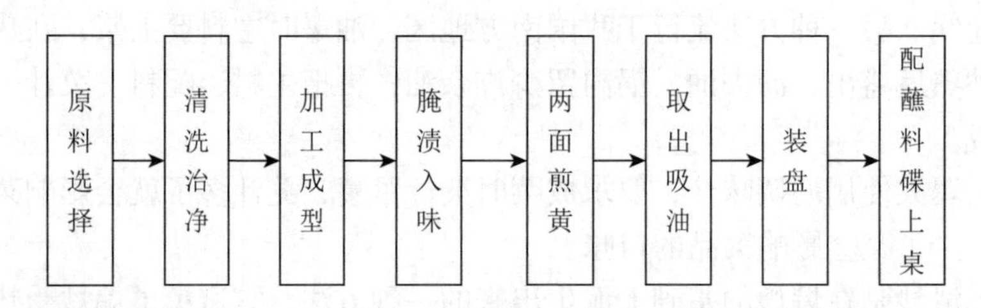

图 3–16 煎制工艺流程

2. 实训要求

（1）掌握好火候，不能用旺火煎，否则容易导致原料外表焦煳、内部不熟的现象发生。

（2）煎制时油量不宜过多，油量以不粘连锅底为好，中途可以根据情况适量加油，不使油过少。

（3）掌握好调味的方法，有的要在煎制前先把原料调好味；有的要在原料即将煎好时，趁热烹入调味品；有的要把原料煎熟装盘食用时蘸调味品吃。

（4）原料在煎制时要勤翻动，并且要使原料加热至两面金黄，色泽一致。

（二）贴法

贴是指将两种或两种以上的原料改刀后，用糊将其黏合在一起，下锅中只煎一面至原料成熟的烹调技法。代表菜品有锅贴鱼片、锅贴鸡、锅贴里脊等。

贴的菜肴制作比较精细，一般是先以薄片原料垫底，中间放上主料（可以切成片，也可剁成蓉），再盖上菜叶（青菜叶或油菜叶）或片料做成生坯，然后以少量油遍布锅底，放上生坯加热，煎制一面金黄、原料成熟即可。上桌时可以佐椒盐同食。成菜特点是一面酥脆，一面软嫩，并要改刀，配蘸料碟上桌。

1. 工艺流程

贴制工艺的一般流程如图 3–17 所示。

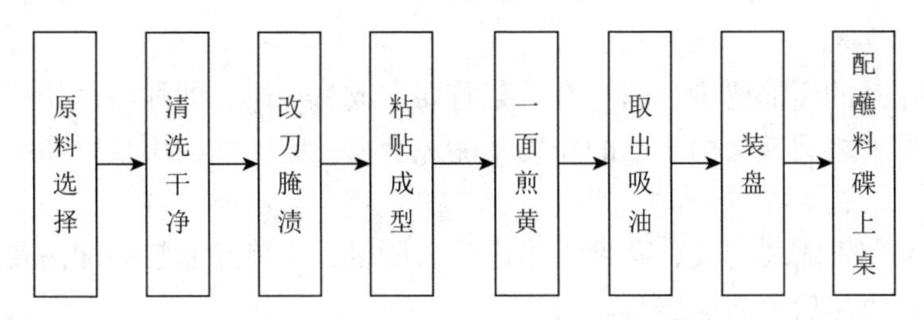

图 3-17 贴制工艺流程

2. 实训要求

（1）选用无筋无骨质地细嫩、无异味的原料。贴的菜肴底层原料常用熟肥膘肉、猪网油、蛋皮、豆腐衣等，在底层原料的上面大多使用蓉泥状的动物性原料，如鸡蓉、鱼蓉、虾仁蓉、里脊蓉等。

（2）烹制时要用小火热油慢慢将原料煎熟，并且只煎一面。

（3）贴的原料在贴制前要事先用调味品腌渍，为了防止脱层，在底层原料上应撒上少量的干淀粉，并涂上蛋清糊以增加原料之间的黏合力。

（4）煎制时动作要轻。为了促进成熟，在煎制时可以淋入高汤或水后加盖，利用水分汽化促进成熟。

（三）塌法

塌是将原料改刀后挂蛋液，用油煎制两面金黄时，再加入汤汁及调味品，用小火收尽卤汁的一种烹调技法。代表菜品有锅塌豆腐、锅塌菜卷、锅塌白肉等。

塌菜一般多选用质地鲜嫩或软嫩的原料，如豆腐、鱼肉、鲜贝、猪肉等。原料在加热前先将其用调味品腌渍入味，然后将原料入锅双面煎黄，再淋入汤汁和调味品，最后要将汤汁收尽。塌法要将原料加工成扁平状，这样便于成熟。塌是一种水油合烹法，是煎的一种延伸。

1. 工艺流程

塌制工艺的一般流程如图 3-18 所示。

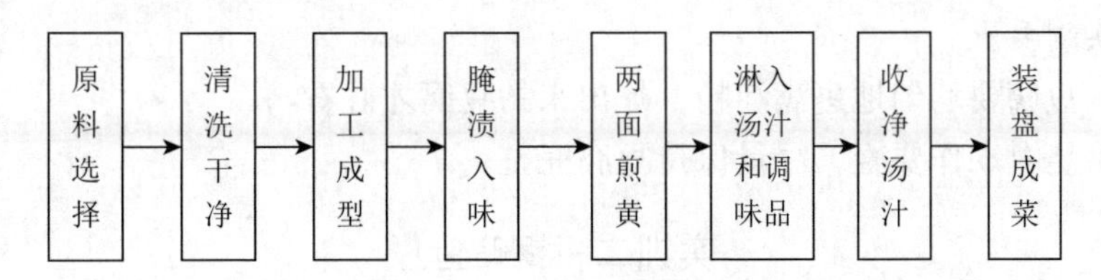

图 3-18 塌制工艺流程

2. 实训要求

（1）塌菜的用油要少。因为有的菜肴要求成为一体，即片与片相连，如果油量太多，原料之间就会由于油的作用不能黏合在一起。油的用量以原料不粘锅底为好。

（2）塌菜不需要勾芡，菜肴不带卤汁，所以，在煎好原料后加汤要适中，并且要将汤汁收尽后再起锅装盘。

（3）塌菜不需要加酱油着色。

二、菜品制作工艺与实训

实训一　锅塌豆腐

1. 烹调类别

塌。

2. 烹饪原料

主料：豆腐 400 克。

配料：鸡蛋黄 130 克、小麦面粉 100 克、虾子 15 克。

调料：大葱 5 克、姜 2 克、植物油 75 克、盐 10 克、味精 5 克、料酒 5 克。

3. 工艺流程

（1）豆腐切成 2.5 厘米厚，加盐、味精腌 10 分钟，放入面粉中两面裹均匀，再蘸上一层蛋汁备用。

（2）大火烧热炒锅，加 500 克油烧至五成热时，下豆腐片炸至皮色金黄即捞出沥油，并修去多余、不均匀的蛋衣。

（3）锅内放油 10 克，大火烧热，下葱花、姜末爆香，续下料酒、高汤、盐、虾子、豆腐，再将豆腐翻个面便可出锅，盛盘时盘底可垫生菜叶作为装饰。

4. 风味特色

汤汁浓郁，豆腐鲜嫩，色泽金黄。

5. 实训要点

（1）豆腐要均匀地裹满淀粉，炸出来的豆腐才好看。

（2）烧时动作要轻，尽量保持豆腐完整。

实训二　锅贴鱼片

1. 烹调类别

贴。

2. 烹饪原料

主料：鳜鱼500克。

配料：虾仁100克、猪肥膘肉100克、火腿肠20克、鸡蛋70克、荸荠10克、香菜10克。

调料：盐5克、味精3克、胡椒2克、醋6克、料酒8克、香油5克、淀粉5克、猪油60克。

3. 制作工艺

（1）鳜鱼洗净取鳜鱼肉，将鳜鱼片去鱼皮，猪肉取肥肉煮熟，片成0.5厘米长薄片。

（2）在鱼片内加入精盐、味精、鸡蛋清，捏上劲后，用湿淀粉少许拌匀上浆。

（3）把虾仁斩成泥，荸荠洗净削皮，拍碎后斩成末，加入料酒、精盐、鸡蛋清、湿淀粉、胡椒粉和清水，顺一个方向充分搅拌上劲。每片熟猪肥肉的两面都拍上干淀粉，平摊在砧板上，铺上一层搅拌好的虾泥。将鱼片盖上，制成锅贴鱼片生坯，上面放上香菜叶5克和火腿末。

（4）取平盘一只，涂上油，将鸡蛋黄搅成糊，铺在盘内，将生坯摆在蛋糊上。炒锅置中火上，倒入熟猪油，烧至五成热将生坯下锅，煎1分钟，加入熟猪油，改用微火煎3分钟至熟，加入料酒和醋，出锅整齐地装入平盘，两边缀上香菜即成。

4. 风味特色

香脆软嫩，甘香不腻。

5. 实训要点

（1）原料中猪油60克是实耗量，因有过油炸制的过程，需准备猪油300克左右。

（2）煎鱼片时注意控制火候，温度保持在120℃。

三、拓展知识与运用

（1）煎在烹调中具有双重意义，它既是独立的烹调方法，也是一些菜肴的初步熟处理的辅助方法，如煎焖鱼，就是先煎后焖；又如红烧鲫鱼，就是先煎后烧等。

（2）煎法的菜肴由于用油量少，并且不用急火，所以能将原料中的汁液最大限度地保留下来，不像炸那样使原料中的水分大量蒸发，煎仅仅是加热过程中原料表面的水分易汽化。

（3）贴和煎相似，贴只煎一面，因此在加热过程中往往要加点料酒或鲜汤，利用水分的汽化，促使原料成熟。

（4）塌是在煎的基础上发展而来的，在操作上只比煎多一道收汁的过程。

（5）塌的菜肴一般要煎两面，而且多数菜肴要经过改刀、腌渍、拍粉、拖蛋液等工序，色泽以金黄色为主。

【模块小结】

阐述油传热工艺对不同烹饪原料的影响，油热传递的基本方式。介绍烹制工艺中的油传热介质以及烹制工艺中的油热传递现象，侧重描述油导热烹调法的性能、类型和成品特征，掌握不同烹调方法的选料特点和类型等内容。

实训练习题

（一）选择题

1.（　　）的原料单一，一般不加配料，原料多经过刀工处理成扁平状，煎前先把原料用调料浸渍一下，在煎制时不再调味。

A. 煎　　B. 贴　　C. 塌　　D. 炒

2. 不可作为贴的菜肴底层原料的是（　　）。

A. 熟肥膘肉　　B. 面粉糊　　C. 猪网油　　D. 蛋皮

3. 贴的原料在贴制前要事先用调味品腌渍，为了防止脱层，在底层原料上应撒上少量的（　　），并涂上（　　）以增加原料之间的黏合力。

A. 干淀粉、蛋黄酱　　B. 干淀粉、蛋清糊

C. 胡椒粉、蛋清糊　　D. 小麦粉、甜面酱

4.（　　）是在煎的基础上发展而来的，在操作上只比煎多一道收汁的过程。

A. 煎　　B. 贴　　C. 塌　　D. 炒

5. 滑溜与滑炒的主要区别在于（　　）。

A. 浆糊　　B. 芡汁　　C. 火候　　D. 调味

6. 生炒菜的特点是（　　）。

A. 柔软滑嫩　　B. 松软鲜嫩　　C. 鲜香脆嫩　　D. 酥香滋润

7. 制作油爆菜时，主料下油锅爆制时油量应为主料的（　　）倍。

A. 2　　B. 3　　C. 4　　D. 5

8. 熘的原料加卤汁混合前，要先对原料进行加热预熟处理，但不包括（　　）。

A. 油炸　　B. 水汆　　C. 走红　　D. 汽蒸

（二）填空题

1. 煎制时油量不宜过多，油量以（　　　　）为好，中途可以根据情况适量加油，不使油过少。

2. 煎制时动作要轻。为了促进成熟，在煎制时可以淋入（　　　　）后加盖，利用水分汽化促进成熟。

3. 塌菜不需要勾芡，菜肴不带卤汁，所以，在煎好原料后（　　　　）要适中，并且要（　　　　）后再起锅装盘。

4. 贴的菜肴底层原料常用熟肥膘肉、猪网油、蛋皮、豆腐衣等，在底层原料的上面大多使用（　　　　）状的动物性原料，如（　　　　）等。

5. 在炸制原料时要控制好火力的大小，并且要根据不同的情况掌握好（　　　　）。

6. 油淋菜肴一般用（　　　　）作为作料，油浸菜肴一般用（　　　　）作为作料。

7. 在挂糊时原料表面不可过分湿润，可用（　　　　）吸去大部分水分后再挂糊。

8. 香炸的关键是香脆层的粉粒大小要（　　　　），否则极易出现焦脆不一现象，原料拖蛋液粘上香碎粒后，要（　　　　），以防香碎料在油炸时散落在油锅中。

9. 熘菜的芡汁有两种勾芡法，一种是（　　　　），二种是（　　　　）。如果不等芡汁熟透，即一变稠就出锅，那么，明油再多也不会亮，而且会（　　　　）。

10. 炒的操作一般比较简单，多数需（　　　　），能保持原料（　　　　）风味特点。多数菜肴的质地鲜嫩、脆嫩，咸鲜不腻。

11. 熟炒在调味上多用（　　　　）等酱类为主的调味品，在配料上多选择（　　　　）的蔬菜。

12. 软炒是将生的主料加工成（　　　　），然后澥成液状（有的主料本身就是液状），加入调味品、蛋清、淀粉等调匀后，再炒制成菜的一种烹调技法。

（三）问答题

1. 试分析煎贴塌在技法上的异同点。

2. 什么是煎？煎制作菜品在原料选择上有哪些要求？

3. 油炸时掌握油温和火候是清炸菜的成败关键，为什么？

4. 油淋、油浸菜品制作的操作关键有哪些？

5. 炸的工艺特点是什么？

（四）实训题

1. 如何理解煎既是一种烹调方法又是一种烹调辅助手段？
2. 在制作锅贴鱼片时鱼片与猪肥膘肉脱离的原因是什么？
3. 为什么锅贴鱼片的挂糊不能太厚？
4. 为什么说“锅塌”是山东菜独有的一种烹调方法？
5. 淮安软兜制作时在选料上有何要求？
6. 咕咾肉的特色体现在哪几方面？
7. 脆皮鸡的脆浆调制的比例和操作关键有哪些？

模块五

特殊烹调方法与实训

学习目标

知识目标

了解特殊传热工艺对不同烹饪原料的影响；掌握辐射、石子、泥土和空气等特殊传热等热传递的基本方式；熟悉烹制工艺中的特殊传热介质以及烹制工艺中的热传递现象；了解特殊材料导热的特点、类型和成品特征，了解气导热烹调法的性能、类型和成品特征，了解固态介质导热烹调法的性能、类型和成品特征；掌握特殊烹调方法的选料特点和类型等。

技能目标

（1）能熟知特殊材料传热烹调法和操作要领。

（2）能运用多种特殊介质传热对原料进行烹制加工。

（3）能合理应用技法加热原料，加工的成品符合规格要求。

实训目标

（1）能根据气态导热烹调法合理地使用原料。

（2）能灵活应用蒸、烤等技法烹制菜肴。

（3）能根据菜品的要求掌握好原料的成熟度。

实训任务

任务一　气传热烹调方法与实训

任务二　固态介质烹调法与实训

任务三　熬糖烹调法与实训

任务一　气传热烹调方法与实训

一、知识储备

气导热烹调法根据传热气态物质的不同，可分为热蒸汽传热和热空气传热两种方法。热蒸汽传热法包括蒸等方法；热空气传热法包括烤、熏等方法。

（一）蒸法

蒸是对蒸锅中的水进行加热，使其形成热蒸汽，在高温的作用下，使蒸笼中的蒸汽剧烈对流，把热量传递给原料，将原料加热成熟的一类烹调方法。

蒸是以蒸汽为传热介质的烹调方法。在菜肴烹调中，蒸的使用比较普遍，它不仅用于烹制菜肴（蒸菜肴），而且还用于原料的初步加工和菜肴的保温回笼等。蒸制菜肴是将原料（生料或经初步加工的半制成品）装入盛器中，加好调味品和汤汁或清水（有的菜肴不需加汤汁或清水，而只加调味品）后上笼蒸制。

蒸制菜肴所用的火候，随原料的性质和烹调要求而有所不同。一般只要蒸熟而不要蒸酥的菜，应使用旺火，在锅水沸滚时上笼速蒸，断生即可出笼，以保持鲜嫩；对某些经过细致加工的各种花色菜，则需用温火蒸制，以保持菜肴形状、色泽的整齐美观。因此，一般质地较嫩或较细致的加工要求保持造型的菜肴，大多采用蒸的方法。

1. 工艺流程

蒸制工艺的一般流程如图 3–19 所示。

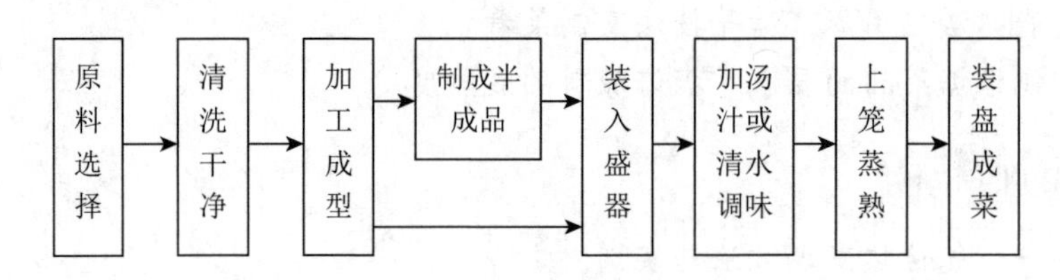

图 3–19　蒸制工艺流程

2. 蒸的分类

根据原料的不同质地和不同的烹调要求，蒸制菜肴必须使用不同的火候和不同的蒸法。

（1）旺火沸水速蒸。此法适用于蒸制质地较嫩的原料以及只要蒸熟不要蒸酥的菜肴，一般蒸制 8~12 分钟，最长不超过 20 分钟。如清蒸鱼、蒸扣三丝、粉蒸肉片、蒸童子鸡、蒸乳鸽等。

（2）旺火沸水长时间蒸。此法适用于制作粉蒸肉、香酥鸭、大白蹄等菜肴。这类菜肴原料质地较老、形状大，又要求蒸得酥烂，有的要蒸一两个小时，有的要蒸三四个小时。

（3）中小火沸水慢蒸。适用于蒸制原料质地较嫩、要求保持原料鲜嫩的菜肴，如蒸蛋羹、蒸参汤等。

3. 实训要求

蒸制菜肴要求严格，原料必须新鲜，气味必须纯正。蒸制菜肴对火候要求较高，过老、过生都不行。根据食品原料的不同，掌握大火、中火和小火的不同蒸法。

（二）烤法

烤是把食物原料腌渍或加工成半成品后，放在烤炉中利用辐射热使之成熟的一种烹调方法。烤制的菜肴，由于原料是在干燥的热气烘烤下成熟的，表面水分蒸发，凝成一层脆皮，原料内部水分不能继续蒸发，因此成菜形状整齐，色泽光滑，外层干香、酥脆，里面鲜美、软嫩，是别有风味的美食。

烤制菜肴首先是将洗净的生料，用调味品腌渍或加工成半熟制品，然后再放入烤炉内，用柴、炭、煤、煤气和电等为燃料，利用辐射热能，把原料直接烤熟。

1. 工艺流程

烤制工艺的一般流程如图 3-20 所示。

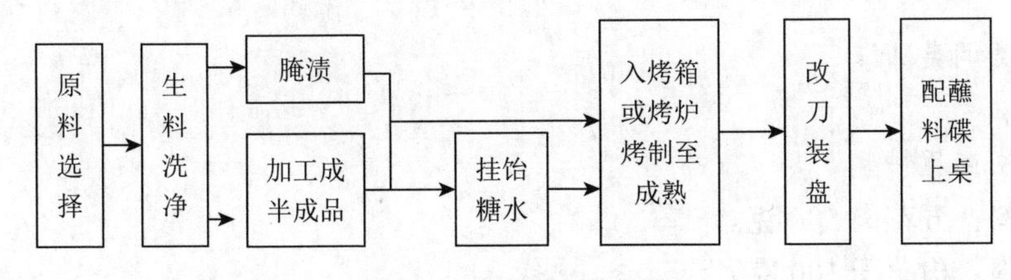

图 3-20 烤制工艺流程

2. 烤的分类

根据烤炉设备及操作方法的不同，烤可分为暗炉烤和明炉烤两种。

（1）暗炉烤。暗炉烤是使用封闭的炉子，烤时需要将原料挂在烤钩、烤叉或平放在烤盘内，再放进烤炉。一般烤生料时多用烤钩或烤叉，烤半熟或带卤汁的原料时多用烤盘。暗炉的特点是炉内可保持高温，使原料的四周均匀受热，容易烤透。烤菜的品种很多，如挂炉烤鸭、叉烧肉等。

（2）明炉烤。一般是敞口的缸、火炉或火盆。一种制法是用烤叉将原料叉好，在炉上反复烤制酥透；一种是在炉（盆）上置有铁架，烤时需要将原料用铁叉叉好，再搁在铁架上反复烤制，如烤羊肉、烤牛肉等。

3. 实训要求

（1）烤前应将炉温升高。无论是明炉还是暗炉，在烤前都必须升高炉温，然后再装入原料。炉温的高低要视原料的性质、数量和炉的容积大小而定。原料多、烤炉容积大的，温度要高些，反之应低一些。

（2）烤的原料一般需要事先腌渍。由于烤炉的性质决定了烤时不易调味或不能调味，因此，在烤前必须将原料码好味，一般用料酒、酱油、精盐、洋葱等码味。

（3）在开始烤时，一般要使用大火，待原料紧缩、表面呈淡黄色时，再改用小火烤制。

（4）控制好原料的成熟度。在烤制过程中可用细铁钎或竹签在原料肉层较厚的部位扎一下，检验原料是否成熟。如流出的汁水呈鲜红色，说明原料尚未成熟；如果流出的是清汁，说明恰到好处；如果没有汁水流出，则说明烤过头了。

（5）在原料的表面涂抹饴糖或其他调味品，必须涂抹均匀，然后挂置在通风处吹干表皮后再进行烤制。

二、菜品制作工艺与实训

实训一　梅菜扣肉

1. 烹调类别

蒸。

2. 烹饪原料

主料：五花肉 500 克。

配料：梅菜干 100 克。

调料：料酒 5 克、白糖 15 克、老抽 30 克、生抽 15 克、味精 5 克、豆豉酱 10 克、五香粉 10 克、葱白 20 克、姜片 20 克。

3. 工艺流程

（1）将五花肉切成正方块，梅菜干用温水泡 10~15 分钟。

（2）锅里沸水中放入五花肉，加葱白、料酒、姜片，焯水，煮几分钟；将五花肉捞出，然后在五花肉几面都均匀抹上生抽，使肉上色。

（3）另起锅再次放油，五花肉放入锅中用中高火小炸后，将五花肉取出稍放凉。梅菜干加调料炒匀备用。

（4）五花肉稍放凉后切薄片，每片长 8 厘米、宽 4 厘米、厚 0.5 厘米。取一个圆碗，将 1/3 的梅干菜盛在碗中垫底，将切好的五花肉块整齐地铺在梅干菜上，最后再在碗周边再铺上一圈梅干菜。

（5）锅内放水，放入扣肉的碗，用大火转中火，蒸 50~60 分钟，直至肉软烂，将肉复扣在大盘子中，取汁勾芡浇在扣肉上即可。

4. 风味特色

色泽酱红油亮，汤汁鲜美，肥而不腻，食之软烂醇香。

5. 实训要点

（1）梅干菜用温水泡完要尽量沥干，不然影响口感。

（2）在油炸时要控制好油温，使肉皮起泡。

实训二　叫化鸡

1. 烹调类别

烤。

2. 烹饪原料

主料：母鸡 1500 克。

配料：猪瘦肉 100 克、鸡肫 50 克、虾仁 50 克、香菇 25 克、火腿 25 克、猪网油 400 克。

调料：大葱 50 克、香油 50 克、姜 10 克、酱油 250 克、小葱 25 克、丁香 5 克、料酒 50 克、盐 5 克、肉豆蔻 1 克、白糖 20 克、甜面酱 50 克、八角 3 克、猪油 50 克。

3. 工艺流程

（1）猪瘦肉洗净，切成丁；鸡肫洗净；姜洗净，切末；葱去根须，洗净，切成葱花；香菇去蒂，洗净，切成丁。

（2）熟火腿切成丁，肉豆蔻切成末；虾仁洗净，沥干水分；鸡肫洗净，切成丁。

（3）将鸡煺毛、斩去脚，在左腋下开长 3 厘米左右的小口，挖去内脏，抽出气管和食管，洗净血污，晾干水分。用刀背敲断鸡翅骨、腿骨、颈骨，放入钵中，加酱油适量、料酒 25 克、精盐，腌 1 小时取出。将丁香、八角料各适量一并碾成末，加肉豆蔻末和匀，擦抹鸡身。

（4）将锅置旺火上烧热，舀入熟猪油，烧至五成热时，放入葱花、姜末、八角煸炒，接着放入虾仁、猪肉丁、鸡肫丁、火腿丁颠炒，烹入料酒 25 克，加酱油 25 克、白糖 20 克，炒至断生，即为馅料。

（5）馅料晾凉后，将馅料从鸡腋下刀口处填入鸡腹，将鸡头塞入刀口中，两腋各放 1 粒丁香夹住，用猪网油紧包鸡身。先用 1 张荷叶包裹，再用玻璃纸包裹，外面再包 1 层荷叶，用细麻绳扎成长圆形。将酒坛泥 3000 克碾成粉，加清水拌和，将泥裹在鸡上，厚 1.5 厘米，再用包装纸包裹。

（6）将裹好泥的鸡放入烤箱，用旺火烤 40 分钟，视泥干裂，补泥裂缝；再用旺火烤 30 分钟后，改用小火烤 1 小时 20 分钟，最后用微火烤 1 小时 30 分钟；取出鸡，敲掉泥，解去绳，揭去荷叶、玻璃纸，淋上香油即成。

4. 风味特色

酥烂肥嫩，鸡肉清香。

5. 实训要点

（1）烤制的时间一定要掌控好。

（2）馅料不要放得太多。

（3）若不用泥包裹也可用咸面团包裹烤。

三、拓展知识与运用

（1）气传热烹调方法是利用热空气或热蒸汽，通过高温作用，气态介质剧烈对流，将原料加工成熟的一类烹调方法。气态介质具有特殊的传热性质，主要利用热辐射或热对流方式进行。

（2）蒸制菜肴是为了使菜肴本身浆汁不像用水加热那样容易溶于水中，同时由于蒸笼中空气的温度已达到饱和点，菜肴的汤汁也不像用油加热那样大量蒸发。

（3）根据用料的不同，蒸还可分为干蒸、清蒸、粉蒸等蒸法。将洗涤干净并经刀工处理的原料，放在盘碗里，不加汤水，只放作料，直接蒸制，称为干蒸。将经初步加工的主料，加调料和适量的鲜汤上屉蒸熟，称为清蒸。将主料粘上米粉，再加上调料和汤汁，上笼屉蒸熟，称为粉蒸。

（4）在烤鸡、鸭时，原料的表皮要涂上一层饴糖，以防止原料表面干燥变硬。而且饴糖能与原料表皮的氨基酸结合，使原料表面呈现诱人食欲的枣红色，表皮也易松脆。

（5）将饴糖涂在原料上还能防止原料里脂肪的外溢，使菜肴味浓重。

（6）烤肉时，要用竹签在肉上扎几个眼，深度以接近肉皮为度，切不可扎穿肉皮。扎眼的目的是防止原料鼓泡、烤破皮面，影响菜肴的质量。

（7）明炉烤的特点是设备简单，火候较易掌握，但因火力分散，原料不易烤得均匀，需要较长的烤制，它适用于小型薄片原料或大型原料的某一个需要烤透的部位的烤制，明炉烤的效果比暗炉烤要好。

任务二　固态介质烹调法与实训

一、知识储备

固态介质导热烹调法是运用具有一定形状、体积、质地较硬的无毒、无害物质为主要传热介质，通过热传导，将原料加热成熟的一种烹调技法，具有代表性的烹调方法有石烹、盐焗和铁板烧等。

（一）石烹法

石烹是我国古代一种原始的烹饪方法，是利用石锅、石块（鹅卵石）作炊具，间接利用火的热能烹制食物的烹饪方法。

1. 工艺流程

石烹工艺的一般流程如图 3–21 所示。

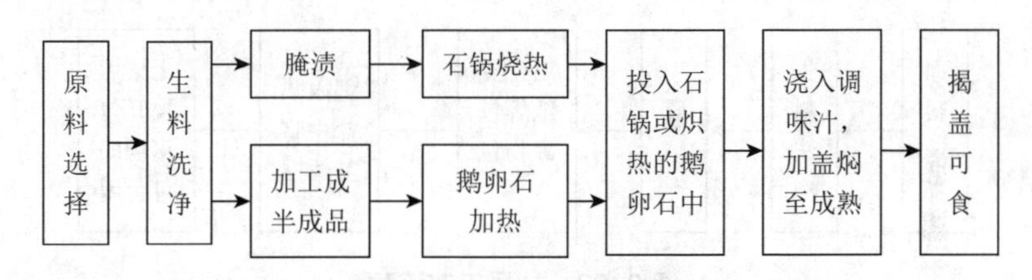

图 3–21　石烹工艺流程

2. 石烹的分类

根据所用炊具材料的不同，石烹法还可以分为鹅卵石烹、石锅烹两种。

（1）鹅卵石烹。

鹅卵石烹是把鹅卵石作为传热介质来加热食物的。用鹅卵石烹制菜肴的方法有很多种，一种是将烧得滚烫的鹅卵石盛放在容器中，同鲜活原料一起上桌，当着客人的面将原料放在鹅卵石上，然后浇淋上调味汁，利用高温聚热产生的蒸汽使原料成熟。

（2）石锅烹。

石锅烹是鹅卵石烹的一个延伸，是用小型的石锅作为盛器（而不是炊具）。使用时，石锅可以先用火烧至滚烫，也可以放在烤箱中烤至 220℃，然后随鲜嫩的生料和汤汁上桌，最后在客人面前将生料和汤汁一并倒入锅中加热。成菜特点：菜品口味清鲜、淡雅，肉质柔嫩、爽脆，情趣雅致，风味独特。

3. 实训要求

（1）用鹅卵石烹制的菜肴，宜选用鲜嫩易熟的原料，如鳝片、大虾、牛蛙、肥牛、鲜贝、贝肉等。

（2）菜肴的汤汁要多，多为半汤半菜。

（3）烹制菜肴的鹅卵石要质地坚硬，加热后又不至破裂的石头，如雨花石、三峡石。鹅卵石使用时一定要事先洗净表面的污渍。

（二）盐焗法

盐焗是将加工腌渍入味的原料用砂纸包裹，埋入灼热的晶体粗盐之中，利用盐的导热特性，对原料进行加热成菜的一种烹调技法。用砂纸包裹加热，可以使原料中的水分有一定程度的散发，这也起到浓缩原料鲜味的效果。

焗是广东方言中的一个多义词。用于盐焗的原料多为肉嫩的整只动物性原料，如河鳗、大虾、仔鸡等。成菜特点：皮脆骨酥，肉质鲜嫩，干香味厚。

1. 工艺流程

盐焗工艺的一般流程如图 3–22 所示。

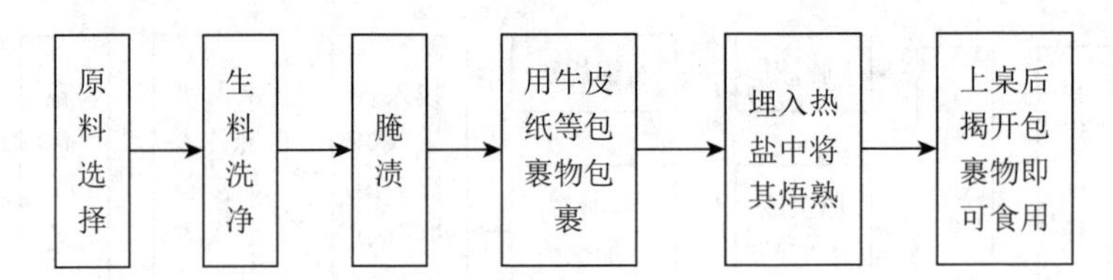

图 3–22 盐焗工艺流程

2. 实训要求

（1）要选择肉质细嫩、滋味鲜美的原料。由于盐焗是隔着物品加热原料，因此原料成熟较慢，若选择老韧的原料烹制，则原料不宜成熟。

（2）包裹物必须选用细薄、耐高温且透气性好的材料，否则原料不易焗透，如砂纸、牛皮纸等。要包紧包匀，不能太松，以免菜肴卤汁渗出。

（3）一般一份盐焗菜肴要用晶体盐 1500 克左右。炒盐时，一般要炒炸至盐发出“啪啪”响声，呈现红色，温度在 120℃以上为宜。炒制时切忌混入其他异味，以免影响菜品的质量。

（4）要将包裹好的原料全部埋入灼热的盐中，使原料受热均匀。

（三）铁板烧

铁板烧又称铁板烤，是将加工成型和调味后的原料经过炉灶烹制，随烧烫的特制铁板一起上桌，边烧边吃，或用特制的铁板在客人面前边加热边烹制菜品的一种烹调技法。

铁板烧通常选用新鲜的食材，海鲜类如龙虾、大虾、带子、鲍鱼等，肉类如牛肉、鸡肉，蔬菜如菌类、豆腐等。

铁板烧成菜具有滑嫩鲜香、滋味浓郁、皮脆肉嫩、干香味美的特点。

1. 工艺流程

铁板烧工艺的一般流程如图 3–23 所示。

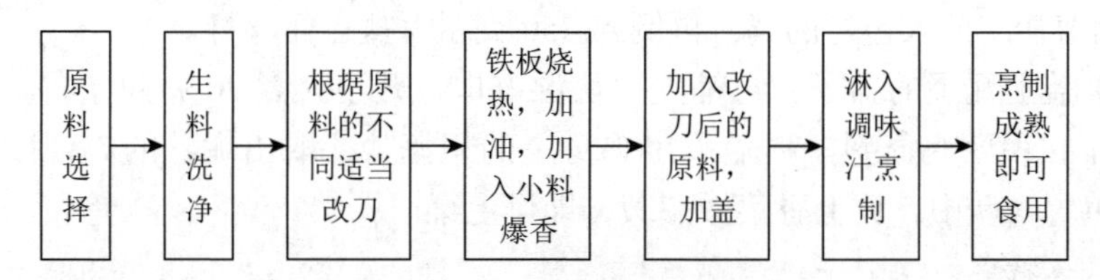

图 3–23　铁板烧工艺流程

2. 实训要求

（1）选料一定要新鲜细嫩。由于铁板烧菜时间短，过于老韧的原料不太容易成熟。

（2）在烧烤铁板时，尽量使用中火烧制，并掌握好铁板的温度，一般来说，铁板温度控制在 120℃～130℃即可。

（3）对于一些肉类、鱼类等不容易入味的原料，要事先在原料上剞上花刀，或经过刀工处理后，进行腌渍、上浆。如鱿鱼要剞花刀，虾仁、里脊肉、牛肉等要事先码味。

（4）操作时要注意安全。取拿铁板要用专用的铁板钳，以免烫伤。

（5）若在客人面前烹制，现场操作，浇汁、搅拌等动作要轻，要注意防止热油或热汤烫伤客人，操作时可以用盖、板、纸巾遮挡。

二、菜品制作工艺与实训

实训一　盐焗鸡

1. 烹调类别

盐焗。

2. 烹饪原料

主料：三黄鸡 1 只（约重 1000 克）

配料：沙姜 1 小块、香菜 2 棵。

调料：米酒 150 克、粗海盐 1.5 千克。

3. 工艺流程

（1）沙姜洗净刮去外皮，剁成细末；香菜去头，洗净沥干水待用。三黄鸡洗净去内脏，斩去头、脖子和鸡脚，用厨房纸吸干水分。

（2）用米酒（75克）和沙姜末涂抹鸡身，腌渍5分钟，将剩下的米酒（75克）倒入鸡腹里。用厨房纸将三黄鸡包住，一定要包得严实。先在瓦煲底部铺上750克粗海盐，放入包好的鸡，再倒入750克粗海盐盖住鸡身。

（3）盖上瓦煲的盖子，再铺上一块湿方巾，开小火煮20分钟左右。焗至湿方巾变干，说明鸡已熟。揭盖舀出鸡身上的粗海盐，取出焗熟的鸡，撕去厨房纸，将鸡置入碟中，放上香菜做点缀，即可上桌。

4. 风味特色

味香浓郁，色泽微黄，皮脆肉嫩，骨肉鲜香。

5. 实训要点

（1）给瓦煲盖铺上湿方巾，湿方巾变干，说明煲内的鸡已熟。

（2）鸡的重量1000克左右，焗20分钟即可。

实训二　铁板鱿鱼

1. 烹调类别

铁板烧。

2. 烹饪原料

主料：整只鱿鱼2只（约重400克）。

辅料：洋葱末15克、沙拉酱20克、海鲜酱15克。

调料：黑胡椒粉15克、味精3克、卤水1000克、色拉油10克、葱末10克、食盐15克、料酒10克。

3. 工艺流程

（1）将整只鱿鱼放入沸水中用中火氽3分钟，取出后放入卤水中微火卤30分钟。

（2）锅内放入色拉油，烧至七成热时，放入洋葱末煸炒出香，加入沙拉酱、海鲜酱、黑胡椒粉、味精调成汁备用。

（3）取一铁板烧至九成热，铺上一张叠成小船状的锡纸，将卤好的鱿鱼沿头尾打上间距为1厘米的直刀，然后放在锡纸内，浇上调好的汁上桌，撒上葱末即可。

4. 风味特色

味道咸辣。

5. 实训要点

鱿鱼焯水的时间一定要掌握好。

三、拓展知识与运用

（1）固态传热介质要无毒无害。常用的有盐、沙粒、石子、鹅卵石以及铁、铜等金属物质。

（2）石烹的方法：一种是外加热，将石头堆起来烧至炽热后扒开，将食物埋入，包严，利用向内的热辐射使食物成熟；一种是内加热，是将石头烧红后，填入食品（如牛羊内脏）中，使之受热成熟。

（3）由于现场烹制时会有大量蒸汽弥漫，如同桑拿室的蒸汽一样，故又称此菜肴为“桑拿菜”，如桑拿牛蛙、桑拿大虾等。

（4）石烹的创新方法：将已经入油锅加热滚烫的鹅卵石先放入容器中，再将烹制好的菜肴连同汤汁一起浇淋至鹅卵石上，趁热端上桌食用。

（5）盐焗是利用物理热传导的原理，用盐作导热介质使原料成熟，加热时间以原料成熟为准，以保持原料的质感和鲜味。

（6）为了防止盐焗时盐温下降过快，可选用砂锅装盐放在小火上，每隔 10 分钟翻身一次；如发现盐的温度不足时，可以取出盐再炒一次。另一种方法是将盐放到盛器内将原料埋入，然后再放入一定温度的烤箱内进行加热（烤箱温度一般控制在 150℃ ~180℃），以保持盐的温度。

（7）制作铁板菜品时，把铁板烧热，加一点油，把肉类和姜片、青椒等料放上去，把盖子盖上煮一会，快好的时候加酱油等各种味汁，最后撒上葱花即可。

任务三　熬糖烹调法与实训

一、知识储备

熬糖烹调法是将糖与介质加热，使糖受热产生一系列的变化，最终形成不同状态的加工方法。熬糖烹调法在一般烹调中运用的有三种：一是出丝，习惯上称为拔丝；二是出霜，称为挂霜；三是起黏发亮，称为蜜汁。

（一）拔丝

拔丝又叫挂浆，是将原料加工改刀后，挂糊或不挂糊，用油炸熟，趁热投入熬好的能拔出丝的糖浆中挂上糖浆。

拔丝是甜菜的一种。主料一般是小块、小片或制成丸子等形状的原料。先将加工后的主料挂糊或不挂糊用油炸熟（或不挂糊煮熟、蒸熟），另将糖水或糖油熬浓到快能拔出糖丝时，随即将炸好的主料投入，挂上糖浆即成。

一般用于拔丝的原料为去皮去核的水果、干果、根茎类的蔬菜、去骨的肉类等。拔丝是制作纯甜口味菜肴的一种方法，具有外脆香甜、里嫩软糯、色泽美观、夹取出丝的特点。

1. 工艺流程

拔丝工艺的一般流程如图 3–24 所示。

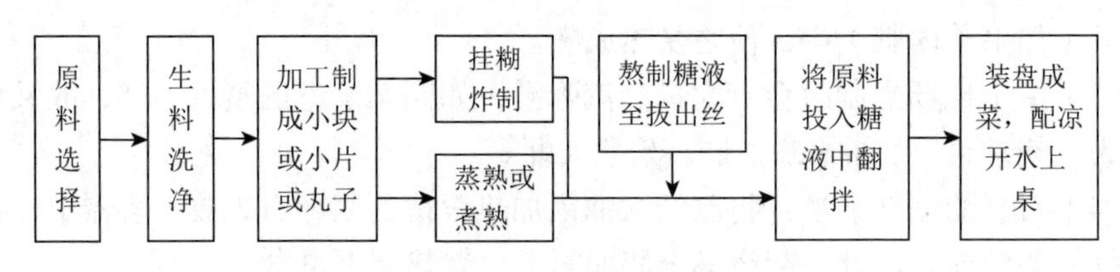

图 3–24　拔丝工艺流程

2. 实训要求

（1）控制好油炸原料的油温。过高易出现焦煳现象，影响菜肴质感；过低制品含油，不易挂上糖浆。

（2）原料挂糊时要厚薄均匀。

（3）拔丝菜肴装盘时，要事先在盘子表面涂抹上一层色拉油，以免粘连。

（4）熬制糖浆时，要控制好火候，小火慢熬，随时观察锅中糖液的变化，以免熬过或熬不到位，影响拔丝效果。

（二）蜜汁

蜜汁是将原料放入白糖和水兑好的汁中，用小火将糖汁收浓后加入蜂蜜（也可以不加）的一种烹调技法。蜜汁菜肴是一种带汁的甜菜，其汁的浓度、色泽、味道均像蜂蜜，故而得名。

蜜汁菜肴一般有两种制法：一种是将糖先用少量油稍炒，然后加水（加些蜂蜜更好）调匀，再将主料放入熬煮，至主料熟烂，糖汁收浓（起泡）即成。这一制法适用于易熟烂的原料，如白果、板栗等。另一种是将主料加糖或冰糖屑（加些蜂蜜更好）先行蒸熟，然后将糖汁熬浓（有的可加少许水淀粉勾芡），浇在原料上。这一制法适用于不易熟烂的原料，如蜜汁火腿。蜜汁多用于水果菜肴，其成菜特点是软糯香甜、外形美观。

蜜汁菜肴的制法是：一是原料加工清洗、控干；二是锅中加糖、水调味；三是投入原料熬制熟烂，汤汁收紧时加蜂蜜。

1. 工艺流程

蜜汁工艺的一般流程如图 3–25 所示。

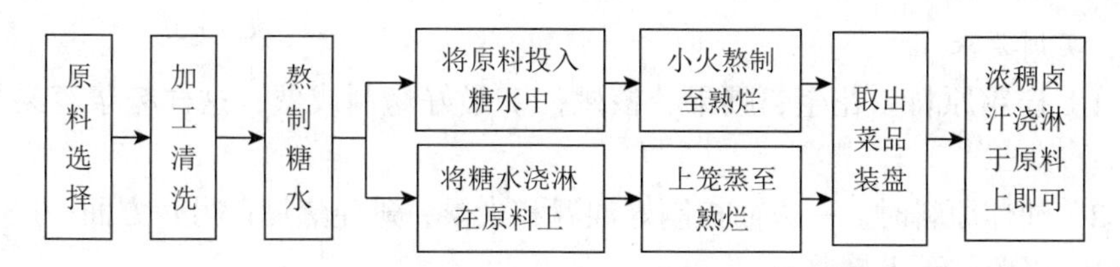

图 3–25 蜜汁工艺流程

2. 实训要求

（1）选料要精。这种方法主要用于水果，且对形、色的要求严，因此必须选用新鲜的水果，并且原料的表面要光滑、无斑点。

（2）最后加蜂蜜。做蜜汁菜肴时，待菜肴即将熟透时再加入蜂蜜。

（3）要掌握好火候。蜜汁菜肴要求汁浓明亮，而汁浓主要是糖的作用。如果火力过大，不等原料软烂，糖还没有充分溶化时蜜汁就蒸发了，势必影响菜肴的质量。

（三）挂霜

挂霜是将原料加工成块、片或丸子等小型形状后，入油锅炸熟，粘上白糖，或裹上白糖熬制的糖浆，快速晾凉后外表呈霜样菜品的一种烹调处理技法。用此方法制作的菜肴，根据原料的性质可作为冷菜。

挂霜的方法有两种：一是将炸好的原料放在盘中，上面直接撒上白糖，如香蕉锅炸、高丽豆沙等。二是挂返砂糖浆，即将白糖加少量水或油熬溶化，把炸好的原料放入拌匀，取出冷却，随着温度的降低，原料表面的糖浆重新结晶泛白成霜（也有的在冷却前再放在白糖中拌滚，再蘸上一层白糖），如挂霜腰果、挂霜桃仁等。

挂霜菜肴是一种纯甜口味的菜肴，具有表面洁白如霜、松脆香甜、形状整齐、互不粘连的特点。

1. 工艺流程

挂霜工艺的一般流程如图 3–26 所示。

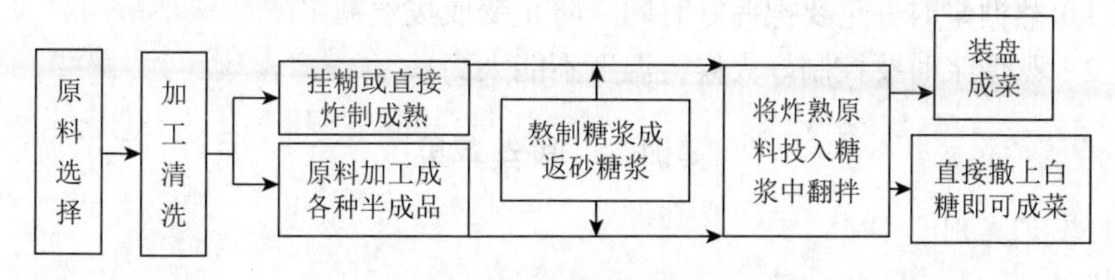

图 3–26 挂霜工艺流程

2. 实训要求

（1）挂霜原料（花生、腰果、核桃仁）最好烤制成熟，这样糖浆容易均匀裹上。

（2）油炸原料时，一方面控制好油温和火候，避免焦煳；另一方面一定要沥干油分，以免挂不上糖浆。

（3）炒糖时，锅、糖、水一定要洁净，以免影响菜品的色泽。

（4）熬制糖水时火力要小而集中，火面要小于糖液的液面，使糖液由锅中部向锅边沸腾。当呈连绵透明的片状时，即可达到挂霜的程度，否则容易出现“燎边”现象。

（5）放入原料应迅速翻动、快速离火。

二、菜品制作工艺与实训

实训一　挂霜花生仁

1. 烹调类别

挂霜。

2. 烹饪原料

主料：生花生仁 250 克。

调料：白砂糖 100 克、玉米淀粉 30 克。

3. 工艺流程

（1）将花生仁放入油锅中炸熟，捞出稍晾。花生仁去掉外皮并沥干油。

（2）炒锅内放入清水、白糖，用小火加热至糖浆冒泡。把花生仁放入锅中，迅速用锅铲不断翻动；同时均匀地撒入少许干淀粉，使糖浆均匀地裹在花生仁外面即可。

4. 风味特色

色泽自然、洁白，香甜可口。

5. 实训要点

（1）熬糖浆时一定要把握好时间，防止变成拔丝糖浆。

（2）熬糖浆时要控制好火候，温度不能太高。

实训二　拔丝苹果

1. 烹调类别

拔丝。

2. 烹饪原料

主料：苹果 350 克。

辅料：熟芝麻 10 克、鸡蛋 1 个、干淀粉 150 克。

调料：白糖 150 克、花生油 750 克（实耗 75 克）。

3. 工艺流程

（1）将苹果洗净，去皮、心，切成 3 厘米见方的块。鸡蛋打碎放在碗内，加干淀粉、清水调成蛋糊，放入苹果块挂糊。

（2）锅内放油烧至七成热，下苹果块，炸至苹果外皮脆硬呈金黄色时，倒出沥油。

（3）原锅留油 25 克，加入白糖，用勺不断搅拌至糖溶化，糖色成浅黄色有黏性起丝时，倒入炸好的苹果，边颠翻，边撒上芝麻，即可出锅装盘，快速上桌，随带凉开水一碗。先将苹果块在凉开水中浸一下再入口，更为香脆。

4. 风味特色

色泽金黄，块形光滑，味酸甜，糖丝绵长。

5. 实训要点

（1）水果类原料要去皮，并注意活性酶的变化。肉类要去皮、去骨，鱼去刺。

（2）炸制时要防止脱糊。可双人双火操作，一人炸制，一人炒糖，不仅节省时间，也可防止脱糊。

（3）天冷时可用热水盘作底保温，延长成菜后的拔丝时间。

实训三　酒香煨肉

1. 烹调类别

蜜汁。

2. 烹饪原料

主料：五花肉 500 克。

配料：五年花雕酒 1500 克。

调料：老抽 5 克、冰糖 20 克、盐 8 克、葱 20 克、姜 20 克。

3. 工艺流程

（1）五花肉皮用老抽抹匀，下热油锅炸至上色，取出后浸冷水。

（2）砂锅底下铺上竹篾垫，五花肉皮朝上，加入所有调料。

（3）不要加水，全用花雕酒，小火慢煨 8 小时，起锅，汤汁勾芡即可。

4. 风味特色

色泽红亮，入口香糯，肥而不腻，带有酒香。

5. 实训要点

上色时掌控好油温，小火慢煨。

三、拓展知识与运用

（1）糖在加热时，如果以水为介质进行加热，从宏观上看是一个连续的过程：当糖投入水中，糖颗粒溶解于水，经过一定时间的加热，糖汁起黏，形成蜜汁。实践中也有先用油上色后再熬糖的方法，加热时水分蒸发，溶液开始饱和。

（2）拔丝的原料是否挂糊可视原料的性质而定，一般含水量较多的水果类原料多需要挂糊，而质地紧密的根茎类（含淀粉多的）原料则多数不挂糊。

（3）因为蜂蜜不适宜用水长时间煮沸，其最适宜温度为60℃~70℃，否则蜂蜜中所含有的风味物质就会发生分解，影响蜂蜜的味道和色泽。

（4）熬糖浆出锅前的一段时间，这时糖汁很浓，要控制火候，火力稍大就会“燎边”，产生焦煳现象，影响菜肴的味道和色泽。另外，在用小火之前应撇去浮沫，以保持菜肴的光泽。

【模块小结】

阐述特殊传热工艺对不同烹饪原料的影响，以及辐射、石子、泥土和空气等特殊传热的基本方式。介绍烹制工艺中的特殊传热介质以及烹制工艺中的热传递现象，特殊材料导热的特点、类型和成品特征，拔丝、挂霜和蜜汁的烹调技法，以及合理地选择原料制作菜品。

实训练习题

（一）选择题

1. 菜品在炸制后多要用辅佐调味来弥补，下列不能用于辅佐调味的是（　　）。

A. 风味酱汁　B. 番茄酱　C. 色拉油　D. 椒盐

2. 脆炸的原料必须选择（　　）的动物性原料，加工的形体也不宜（　　）。

A. 鲜嫩少骨 / 过大　B. 鲜嫩无骨 / 过小

C. 鲜嫩少骨 / 过小　D. 鲜嫩无骨 / 过大

3. 猪五花肉多用于（　　）。

A. 炸、熘、爆　B. 炒、熘、红烧　C. 红烧、炸、炒　D. 炒、炸、熘

4. 将原料投入油中加热到成熟的过程分为两种，一种是升温加热，一种是降温加热。下列属于升温加热的是（　　）。

A. 香炸　　B. 软炸　　C. 油淋　　D. 油浸

5. 拔丝菜品温度在（　　）范围可以保持出丝效果，低于（　　）无法拔丝。

A.90℃　　B.100℃　　C.110℃　　D.120℃

6. 拔丝苹果在改刀后要经过（　　）处理后才能进行油炸。

A. 拍粉处理　　B. 挂糊处理　　C. 吸水处理　　D. 糖腌处理

7. 挂霜根据原料特性有挂糊和（　　）之别，但必须走油。

A. 不调味　　B. 不腌渍　　C. 不挂糊　　D. 不上色

8. 下列几种类型的菜肴，用糖量最多的为（　　）。

A. 蜜汁类菜肴　　B. 糖醋味型菜肴　　C. 荔枝味型菜肴

D. 红烧卤酱菜肴

9. 在烤鸡、鸭时，原料的表皮要涂上一层饴糖，以达到（　　）目的。

A. 防止表面干燥变硬　　B. 增加风味

C. 辅佐调味　　D. 防止油脂渗出

10. 在烤制过程中可用细铁钎或竹签在原料肉层较厚的部位扎一下，来检验原料是否成熟。如流出的是清汁，说明（　　）。

A. 制品成熟　　B. 制品未熟　　C. 制品老韧　　D. 成熟恰到好处

11. 对某些经过细致加工的各种花色菜，则需用（　　）蒸制，以保持菜肴形状、色泽的整齐美观。

A. 大火　　B. 中火　　C. 温火　　D. 急火

12. 用于蒸制质地较嫩的原料以及只要蒸熟不要蒸酥的菜肴，一般应蒸制（　　）分钟，最长不超过 20 分钟。

A.5~8　　B. 6~10　　C. 8~10　　D.8~12

（二）填空题

1. 烤肉时，要用竹签在肉面扎几个眼，深度以接近肉皮为度，切不可扎穿肉皮。扎眼的目的是（　　　　）。

2. 气态介质具有特殊的传热性质，主要利用（　　　　）方式进行。

3. 气导热烹调法根据传热气态物质的不同可分为（　　　　）、（　　　　）两种方法。

4. 蒸制菜肴是将原料（生料或经初步加工的半制成品）装入盛器中，加好（　　　　）和（　　　　）或（　　　　）（有的菜肴只加调味品）后上笼蒸制。

5. 炒糖时，锅、（　　　　）、（　　　　）一定要洁净，以免影响菜品的色泽。

6. 因为蜂蜜不适宜用水长时间煮沸，其最适宜温度为（　　　　）。

7. 一般用于拔丝的原料为（　　　　）、根茎类的蔬菜、去骨的肉类等。

8. 在烧烤铁板时，尽量使用中火烧烤，并掌握好铁板的温度，一般来说，铁板温度控制在（　　　）即可。

9. 用鹅卵石烹制的菜肴，宜选用鲜嫩易熟的原料，如（　　　　）、（　　　　）、（　　　　）、（　　　　）等。

10. 铁板烧成菜具有（　　　　）、（　　　　）、（　　　　）、（　　　　）的特点。

（三）问答题

1. 挂霜制作菜品的方法有哪几种？各适用于何种原料？

2. 熬糖烹调法操作关键有哪些？

3. 什么叫爆的烹调法？有何操作关键？

4. 在制作滑炒菜品时应该注意哪些事项？

5. 蒸的方法可以分为哪几类？各适用于哪些菜品的制作？

6. 烤制菜品时的操作关键有哪些？

（四）思考题

1. 制作梅菜扣肉时抹老抽起什么作用？为什么称“虎皮肉”？

2. 古老的菜肴叫化鸡在现代如何保持风味特色？

3. 制作酒香煨肉时应如何控制火候？如何保持肉的形状完整？

4. 挂霜的操作关键是什么？

5. 如何观察拔丝糖浆熬制时的状态？

模块六

冷菜烹调方法

学习目标

知识目标

了解冷菜烹调方法的特点和分类方法；掌握每种烹调方法的操作步骤、工艺流程、操作关键、成品特点及相关的代表菜品；了解并掌握冷菜烹调方法之间的异同点。

技能目标

掌握各种冷菜烹调操作方法，能熟练运用冷菜的烹调方法制作出色、香、味、形俱佳的美味冷菜；能根据原料的不同特性及菜肴的不同风味要求，灵活选用烹调方法制作冷菜；比较冷菜不同烹调方法之间的异同；掌握冷菜的成品特点，熟知操作中的基本规律。

实训目标

(1) 能熟练掌握冷菜的各种烹制方法。

(2) 能掌握冷菜烹调的操作流程、制作关键、成品特点。

(3) 能熟练运用各种冷菜烹调技法制作不同的冷菜。

实训任务

任务一　冷制冷吃烹调法

任务二　热制冷吃烹调法

任务三　其他冷菜烹调方法

任务一　冷制冷吃烹调法与实训

一、知识储备

（一）拌制法

拌是把生的原料或晾凉的熟料，切制成小的丝、丁、片、条等形状，加入各种调味品，直接调拌成菜的一种烹调方法。其用料广泛，荤、素均可，生、熟皆宜。如生料，多用鲜牛肉、鲜鱼肉、各种蔬菜、瓜果等；熟料多用烧鸡、烧鸭、熟白鸡、五香肉等。拌菜常用的调味料有精盐、酱油、味精、白糖、芝麻酱、辣酱、芥末、醋、五香粉、葱、姜、蒜、香菜等。

拌制菜肴的特点：一般具有新鲜脆嫩、清香鲜醇、香气浓郁、清凉爽口的特点，少汤少汁或无汁。代表菜肴有蓑衣黄瓜、拌生鱼、红油鱼丝、小葱拌豆腐、葱油海蜇、麻辣白菜、鸡丝拌黄瓜、温拌腰片、香菜花生仁、生菜拌虾片、芥末鸭舌、麻酱海螺、棒棒鸡、白斩鸡、麻辣肚丝、凉拌茄子等。

1. 拌的种类

拌制菜肴的方法很多，按制作方法的不同，一般可分为生拌、熟拌、生熟混拌等。

（1）生拌。生拌是指菜肴的主辅原料都没有经过加热处理，只是经过腌渍或将生料直接拌制的方式，如蒜泥黄瓜等。

（2）熟拌。熟拌是指菜肴的主辅原料加热成熟，晾凉后再进行调味拌制成菜的方法，如蒜泥白肉等。

（3）生熟混拌。生熟混拌是指原料有生有熟，经切配后，再以味汁拌匀成菜的方法，具有原料多样的特点，如黄瓜拌鸡丝等。

2. 工艺流程

拌制菜肴应选择新鲜无异味、受热易熟、质地细嫩、滋味鲜美的原料。生料直接拌制的菜肴，现拌现制，及时食用。熟拌类菜肴可采用炸、煮、焯、氽等烹调方法加工后切成型再拌制。其装盘调味的方式有拌味装盘、装盘淋味和装盘蘸味等。

拌制工艺的一般流程如图 3–27 所示。

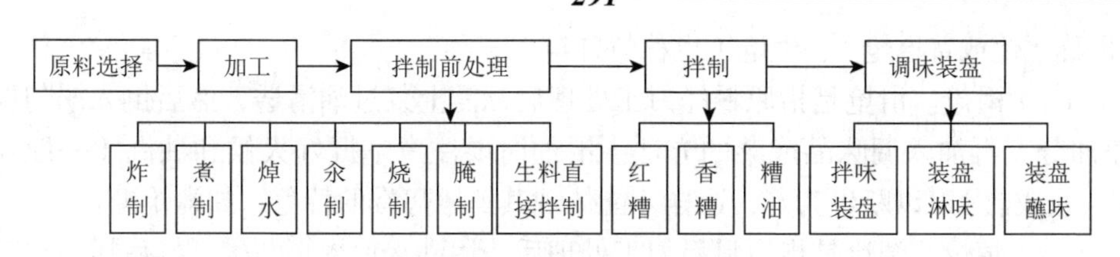

图 3–27 拌制工艺流程

3. 实训要求

（1）选料要精细，刀工要美观。尽量选用质地优良、新鲜细嫩的原料。拌菜的原料切制要求是细、小、薄，这样可以扩大原料与调味品接触的面积。刀工的长短、薄厚、粗细、大小要一致，有的原料需剞上花刀，这样更能入味。

（2）要注意调色，以料助香。拌凉菜要避免原料和菜色单一，缺乏香气。例如，在黄瓜丝拌海蜇中，加点海米，使绿、黄、红三色相间，提色增香；应慎用深色调味品，成品颜色强调淡雅。拌菜香味要足，一般总离不开香油、麻酱、香菜、葱油之类的调料。

（3）调味要合理。各种冷拌菜使用的调料应有其特色，不论佐以何种味型，都应先根据复合味的标准，在器皿内调制成味汁后，再进行拌味（或淋味、蘸味）。调制的味汁，要掌握浓厚的程度，与原料拌和稀释后能正确体现复合味。凉拌菜肴的装盘、调味、食用要相互紧密配合，装盘或调味后要及时食用。

（4）掌握好火候。有些凉拌蔬菜须用开水焯水，应注意掌握好火候，原料的成熟度要恰到好处，要保持脆嫩的质地和碧绿青翠的色泽；老韧的原料，则应煮熟烂之后再拌。

（5）生拌凉菜必须十分注意卫生。生菜洗涤要干净，切制时生熟分开，还可以用醋、酒、蒜等调料杀菌，以保证食用安全。

（二）炝制法

炝是指将加工成型的小型原料，用沸水焯烫或用油滑透，趁热加入花椒油或香油、胡椒粉等调味品调拌均匀成菜的烹调方法。炝是冷菜制作中常用基本方法之一。炝菜清爽脆嫩、鲜醇入味，适用于冬笋、芹菜、蚕豆、豌豆等蔬菜及虾仁、鱼肉等海河鲜，还有鲜嫩的猪肉、鸡肉等原料。

炝制菜肴的特点是：一般具有鲜嫩味醇、清爽利口、色泽鲜艳、风味清新的特色。代表菜肴有红油鱼丝、炝凤尾虾、虾子炝芹菜、腐乳炝虾、炝腰片、炝软肝、炝虎尾等。

1. 炝的分类

炝制工艺根据炝前成熟处理方法的不同，可分为滑炝（也称油炝）、焯炝

（也称水炝或普通炝）、生炝（也称特殊炝）三种。

（1）滑炝。滑炝是指原料经刀工处理后，需上浆过油滑透，然后倒入漏勺控净油分，再加入调味品成菜的方法。滑油时要注意掌握好火候和油温（一般在3～4成热），以断生为好，这样才能体现其鲜嫩醇香的特色，如滑炝虾仁。

（2）焯炝。焯炝是指原料经刀工处理后，用沸水焯烫至断生，然后捞出控净水分，趁热加入花椒油、精盐、味精等调味品，调制成菜，晾凉后上桌食用。对于蔬菜中纤维较多和易变色的原料，用沸水焯烫后，须过凉，以免原料质老发柴，同时也可保持较好的色泽，以免变黄，如海米炝芹菜。

（3）特殊炝。特殊炝是选用质嫩味鲜的河鲜、海鲜原料，如虾、蟹、螺等，炝制前可用竹篓将鲜活水产品放入流动的清水内，让其吐尽腹水，排空腹中的杂质，再沥干水分，放入容器中，不经过加热，用白酒、精盐、料酒、花椒、冰糖、葱、姜、蒜、丁香、陈皮等调味品调制成卤汁，水产品倒入容器内浸泡，令其吸足酒汁，待这些水产品醉死、醉透并散发出特有的香气后，直接食用。

2. 工艺流程

炝制的原料应选用新鲜、细嫩、清香、富有质感特色的原料。经过去壳、削皮、抽筋，洗净异味，刀工处理，以丝、段、片和自然形态等为主。要根据不同的原料和菜肴采用特定的炝制方法，然后用调味品调拌均匀或兑好卤汁调拌成菜，直接装盘供食。

炝制工艺的一般流程如图 3-28 所示。

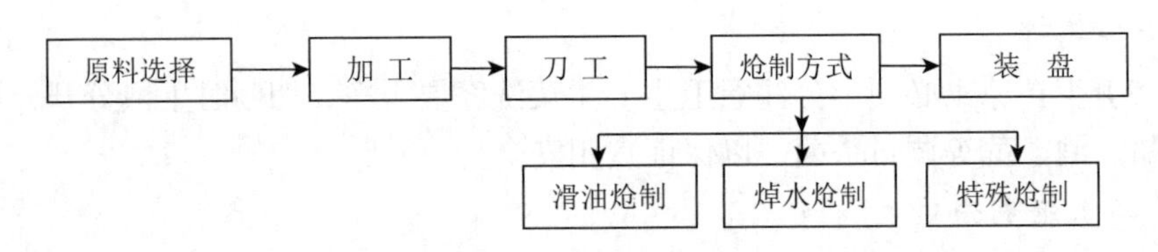

图 3-28 炝制工艺流程

3. 实训要求

（1）炝应选择新鲜、脆嫩，符合卫生标准的原料。

（2）原料在加工时，丁、丝、片、条、块要厚薄、粗细均匀，大小一致，便于成熟。

（3）烹调时要掌握好火候，断生即可，保持原料制品的脆嫩鲜美。

（4）特殊炝所用的调味品，以白酒、醋、蒜泥、姜末等具有杀菌消毒功能的调味品为主。

（5）菜肴经炝制拌味后，应待渗透入味后才能装盘。

（三）腌渍法

腌渍是指原料以盐为主要调味品，拌和、擦抹或浸渍原料，经静置以排除原料内部水分，使调味汁渗透入成菜的制作方法。作为冷菜独立的烹调方法，腌渍冷菜不同于腌咸菜，它是以盐为基本调味，辅以其他调料（如绍酒、糖、辣椒、香料、葱姜等）将主料一次性加工成菜的方法。腌渍的菜肴具有贮存、保味时间长，鲜嫩爽脆，干香、浓郁的特点，适用于黄瓜、莴笋、萝卜、藕、虾、蟹、猪肉、鸡肉等原料。

植物性原料一般具有口感爽脆的特点，动物性原料则具有质地坚韧、香味浓郁的特点。代表菜肴有酸辣白菜、盐腌黄瓜、辣莴笋、酱菜头、红糟仔鸡、卤浸油鸡等。

1. 腌渍的分类

冷菜中采用的腌渍方法较多，根据所用调味品的不同，大致可分为盐腌、酱腌、糟腌、醉腌、糖醋腌、醋腌等。

（1）盐腌。

① 盐腌是将原料用食盐擦抹或放盐水中浸渍的腌渍方法。这是最常用的腌渍方法，也是各种腌渍方法的基础工序。盐腌的原料水分滗出，盐分渗入，能保持原料清鲜脆嫩的特点。经盐腌后直接供食的有腌白菜、腌芹菜等。用于盐腌的生料必须特别新鲜，用盐量要准确。熟料腌渍一般煮、蒸之后加盐，如咸鸡。这类原料在蒸、煮时一般以断生为好，腌渍的时间短于生料煮、蒸时间。

② 盐腌原料的盛器一般要选用陶器，腌时要盖严盖子，防止污染。如大批制作，还应该在腌渍过程中上下翻动1~2次，以使咸味均匀渗入。

（2）酱腌。

酱腌是将原料用酱油、黄酱等浸渍的腌渍方法。酱腌多采用新鲜的蔬菜，如酱菜头等。酱腌的原理和方法与盐腌大同小异，区别只是腌渍的主要调料是酱油、黄酱。

（3）醉腌。

醉腌是以绍酒（或优质白酒）和精盐作为主要调味品的腌渍方法。醉腌多用蟹、虾等活的动物性原料（也有用鸡、鸭的）。腌渍时，通过酒浸泡，将蟹、虾醉死，腌后不再加热即可食用。

（4）糟腌。

糟腌是以香糟卤和精盐作为主要调味品的腌渍方法。糟料分红糟、香糟、糟油三种。糟腌多用鸡、鸭等禽类原料，一般是原料在加热成熟后，放在糟卤中浸渍入味而成菜，如红糟鸡。糟制品在低于10℃的温度下口感最好，所以夏天制作糟菜，腌渍后最好放进冰箱，这样才能使糟菜具有凉爽淡雅之感。

（5）糖醋腌。

糖醋腌是以白糖、白醋作为主要调味品的腌渍方法。在糖醋腌之前，原料必须经过盐腌这道工序，滗出水分，渗进盐分，以免澥口，然后再用糖醋汁腌渍，如辣白菜等。糖醋汁的熬制要注意比例，糖和醋的比例一般是2∶1~3∶1，糖多醋少，甜中带酸。

（6）醋腌。

醋腌是以白醋、精盐作为主要调味品的腌渍方法。菜品以酸味为主，稍有咸甜，如酸黄瓜。醋腌也是先经盐腌工序后，再用醋汁浸泡，醋汁里也要加入适量的盐和糖，以调和口味。醋腌菜脆嫩爽口，口感较有特色。

2. 工艺流程

腌渍菜肴应选用新鲜度高、质地细嫩、滋味鲜美、富有质感特色的原料。动物性原料要洗涤除去血腥异味。要根据腌渍菜肴的需要，进行刀工处理，一般以丝、片、块、条和自然形态为主。

腌渍工艺的一般流程如图3–29所示。

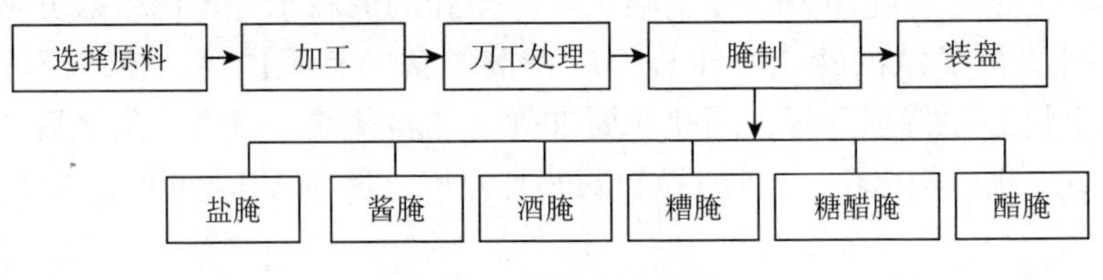

图3–29　腌渍工艺流程

3. 实训要求

（1）含水量少的原料腌渍时要加盐水腌（又称盐水腌渍法），这样便于入味，且色泽均匀；含水量多的原料可以直接用干盐擦抹。

（2）蔬菜类原料一般是生料直接与调味品的味汁腌渍成菜，动物性原料一般要经过熟处理（如蒸、水煮、焯水、炸等）至刚熟（切不可过于酥烂），再与调制的味汁腌渍成菜。腌渍的时间长短，应根据季节、气候，原料的质地、大小而定。

（3）腌渍的肉类原料在熟处理之前要用清水泡洗，以除去部分咸味和腥味，对一些蔬菜腌品要挤去水分以后再制作。

二、醉、糟、泡烹调技法

（一）醉制法

醉制法就是将烹饪原料经过初步加工和熟处理后，放入以高粱酒（或优质白酒或绍酒）和盐为主要调味品的卤汁中浸泡腌渍至可食的一种冷菜烹调方法。醉制是一种极有特色的烹调技艺，通常也叫醉腌。醉制菜酒香浓郁，肉质鲜美。醉制冷菜一般不宜选用多脂肪食品原料，适宜使用蛋白质较多的原料或明胶成分较多的原料，多用于新鲜的鸡、鸭、鸡鸭肝、猪腰子、鱼、虾、蟹、贝类及蔬菜等原料。原料可整料醉制，也可加工成条、片、丝或花刀块醉制。酒多用米酒、果酒、黄酒或白酒，其中以绍酒、白酒较为常用。

醉制的菜肴一般具有酒香浓郁、肉质鲜美、鲜爽适口、本色本味的特点。代表菜肴有醉蟹、醉蛋、醉虾、醉泥螺、醉冬笋等。

1. 醉制分类

醉制工艺有不同的种类，按所用调料不同，醉可分为红醉（用酱油）、白醉（用盐），按原料的加工过程又分为生醉和熟醉。

（1）生醉。

生醉是将生料洗净后装入盛器，加酒料等醉制的方法。主料多用鲜活的虾、蟹和贝类等。山东、四川、上海、江苏、福建等地多用此法，如醉泥螺、醉河虾、醉蟹等。

（2）熟醉。

熟醉是将原料加工成丝、片、条、块或用整料，经熟处理后醉制的方法。具体制法可分为三种：

① 先焯水后醉。将原料放入沸水锅中快速焯透，捞出过凉开水后沥干水分，放入碗内醉制。如山东醉腰花。

② 先蒸后醉。原料洗净装碗，加部分调味料上笼蒸透，取出冷却后醉制。此方法在北京、福建等地使用较多。如醉冬笋、红酒醉鸡等。

③ 先煮后醉。原料放入锅中煮透，取出冷却后醉制。此方法天津、上海、北京、福建等地使用较多。如醉蛋、醉蟹、醉虾、醉泥螺等。

2. 工艺流程

醉制菜肴应选用新鲜度高、多蛋白质、多明胶成分的动植物原料，不宜选用多脂肪食品。植物性原料，择除整理，清洗干净；动物性原料，活的原料最好能在清水中静养几天，使其吐尽污物，然后洗净，去除血腥异味。原料可整料醉制，也可加工成条、片、丝或花刀块醉制。

醉制工艺的一般流程如图 3-30 所示。

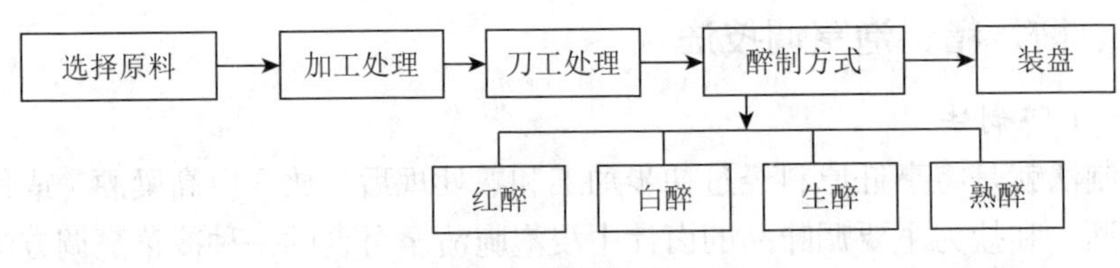

图 3–30 醉制工艺流程

3. 实训要求

（1）用来生醉的原料必须新鲜，无毒、无害，符合卫生要求。

（2）醉制过程中，盛器口要封严盖紧，不可漏气，到食用时方可取出。醉制时间长短应根据原料而定，一般生料时间长些，熟料时间短些。长时间腌渍的咸味不能太浓，短时间腌渍的则不能太淡。另外，若以黄酒醉制，时间不能太长，防止口味发苦。醉制菜肴若在夏天制作，应尽可能放入冰箱或保鲜室内。

（3）不管是生醉还是熟醉，所用的盛器必须严格消毒，注意清洁卫生。

（二）糟制法

糟制法就是将烹饪原料放入由糟卤和盐等调味料调制的卤汁中浸渍成菜的一种烹调方法。糟制通常也叫糟腌。冷菜的糟制方法和热菜的糟制方法有所不同，热菜的糟制一般选用生的原料，经过糟制后需经蒸、煮等方法烹制，趁热食用。而冷菜的糟制是将原料烹制成熟后再糟制，食前不必再加热处理。糟制一般取用整只的鸡、鸭、鸽等禽类以及鸡爪、猪爪、猪肚、猪舌等原料，有时也选用一些植物性原料如冬笋、茭白等，经过焯水、煮或蒸制成熟后，浸渍在糟卤中，使之入味。

糟制的菜肴一般具有肉质细嫩、糟香浓郁、色泽淡雅、咸鲜爽口的特点。代表菜肴有红糟鸡、糟冬笋、糟油口条、糟鸭、糟花生、香糟蛋。

1. 糟制的分类

糟制工艺有不同的分类方法，根据原料在糟腌前是否经过熟处理，可分为生糟和熟糟两种，冷菜糟制以熟糟为多。根据所用糟调料的不同，糟制可分为红糟、香糟和糟油三种制法。

（1）红糟。

红糟产于福建省，广东清远地区客家人称为“红曲”。在红曲酒制造的最后阶段，将发酵完成的衍生物，经过筛滤出酒后剩下的渣滓就是酒糟（即红糟）。为了专门生产这种产品，在酿酒时就需加入 5% 的天然红曲米。红糟一直是我国江南地区调制红糟肉、红糟鳗、红糟鸡、苏式酱鸭、红糟蛋及红糟泡菜等食品的原料，含酒量在 20% 左右，质量以隔年陈糟为佳，色泽鲜红，具有浓郁的酒香味。

（2）香糟。

香糟产于杭州、绍兴一带。酿制黄酒剩下的酒糟再经封陈半年以上，即为香糟。香糟色黄，香味浓厚，含有 8% 的酒精，有与醇黄酒同样的调味作用。香糟能增加菜肴的特色香味，在烹调中应用很广，烧菜、溜菜、爆菜、炝菜等均可使用。山东亦有专门生产的香糟，是用新鲜的黄酒酒糟加 15%~20% 炒熟的麦麸及 2%~3% 的五香粉制成，香味奇特。以香糟为调料糟制的菜肴有其独特的风味。福建闽菜中许多菜肴就以此闻名。上海、杭州、苏州等地的菜肴也多使用香糟。

（3）糟油。

① 糟油也称糟卤，是用科学方法从陈年酒糟中提取香气浓郁的糟汁，再配入香辛调味汁精制而成。香糟卤透明无沉淀，突出陈酿酒糟的香气，口味鲜咸适中。

② 糟卤的配制：将香糟 500 克、绍酒 2000 克、精盐 25 克、白糖 125 克、糖桂花 50 克、葱姜 100 克放入容器内，把香糟捏成稀糊后，容器加盖（以防香气散发）浸泡 24 小时，然后灌入尼龙布袋里，悬挂在桶上过滤，滴出的即是糟卤。制成的糟卤应灌入瓶里盖上瓶塞，放入 10℃左右的冰箱里保存，以防受热变酸。糟卤主要用于热炒菜肴，如糟溜鱼片等，也可用于糟蒸鸭肝、糟煨肥肠、糟溜三白等。

2. 工艺流程

选用鲜活、味感平和而鲜、没有特殊异味的原料。将整料分割成较大的块状，小型料保持自然形态。经过焯水、煮或蒸制方法使其成熟，将熟处理的原料（有的需经刀工切成条、片等规格）放入调制好的糟卤糟腌 3~4 小时即可。

糟制工艺的一般流程如图 3-31 所示。

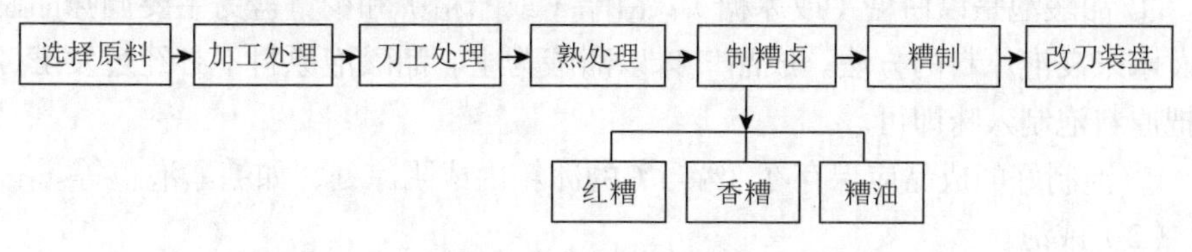

图 3-31 糟制工艺流程

3. 实训要求

（1）选用的原料以鲜、嫩为宜，最好不用冷藏或经过复制的原料，注意其自身的特殊性和加热后的变化。本身带有腥膻气味的原料如牛肉、羊肉等，做糟菜非但不能突出香味，还会使原料与糟结合产生一种异味，使人难以接受。另外，一些有特殊气味的原料如香菇、蒜薹、洋葱等，都不宜制作糟菜。

（2）糟制原料熟处理时注意火候及原料的生熟度，鸡鸭类以断生为度，猪肚以软烂为度，切不可过于酥烂。

（3）根据红糟、香糟和糟油的制作特点掌握各种调料投放的比例。

（4）根据原料的不同特性掌握冰箱的温度和糟腌的时间。烧煮成熟的原料（有些原料需改刀）放入晾凉的卤内，连同容器一起放入冰箱。卤汁要宽，以淹没原料为度。冰箱温度应控制在3℃~5℃，浸渍时间一般4小时左右。

（5）不管是生醉还是熟醉，所用的盛器必须严格消毒，注意清洁卫生。

（三）泡制法

泡制是以新鲜蔬菜和应时水果为原料，经初步加工，用清水洗净晾干，不需要加热，放入特制的容器中浸泡一段时间而成菜肴的一种方法。泡制的原料很多，主要有蔬菜的根、茎、叶、花，果类蔬菜及部分水果、菌类。泡制的溶液是用盐水、绍酒、白酒及干红辣椒、红糖等调料，花椒、八角、甘草、草果、香叶等香料，放入冷开水中浸渍制成。泡制后的成品可直接食用，也可与其他荤素原料配合制成风味菜肴。泡制的容器即泡菜坛，又名“上水坛子”，用陶土烧制，口小肚大，是我国大部分地区制作泡菜时为必不可少的容器。

泡制的菜肴一般具有芳香脆嫩、清淡爽口、鲜咸微酸或咸酸辣甜的特点。代表菜肴有泡豇豆、四川泡菜、北京泡菜、酸辣黄瓜、什锦泡菜、糖醋泡藕、甜酸辣苹果等。

1. 泡的分类

泡制工艺的分类方法，按所泡原料的性质可分为素泡和荤泡；按泡制的卤汁及选用原料的不同，大体可分为甜酸泡及咸泡两种。

（1）甜酸泡。

① 甜酸泡是以白糖（或冰糖）、白醋（或醋精）和少量盐为主要调味品制成的卤水来浸泡原料的方法。成品口味以甜酸为主。甜酸泡原料不必经过发酵，只要把原料泡制入味即可。

② 泡制好的成品应保存在3%~5℃的冰箱内或阴凉处，如糖醋泡藕等。

（2）咸泡。

咸泡是以盐、白酒、花椒、生姜、干辣椒、蒜等为主要调味品调制成的卤汁泡制原料的方法。成品咸酸辣甜，别有风味，如泡酸豇豆等。

2. 工艺流程

选用新鲜蔬菜及部分水果、菌类，根据菜肴要求进行刀工处理，并将原料清洗、晾干，根据原料的需要有些经过水煮、氽汤等熟处理，捞出后及时投入凉水中冲漂凉透。根据菜品口味特点选用不同调味料调制成咸卤或酸甜卤，将原料放入卤汁浸渍发酵，或把原料直接泡制入味即可。

泡制工艺的一般流程如图 3-32 所示。

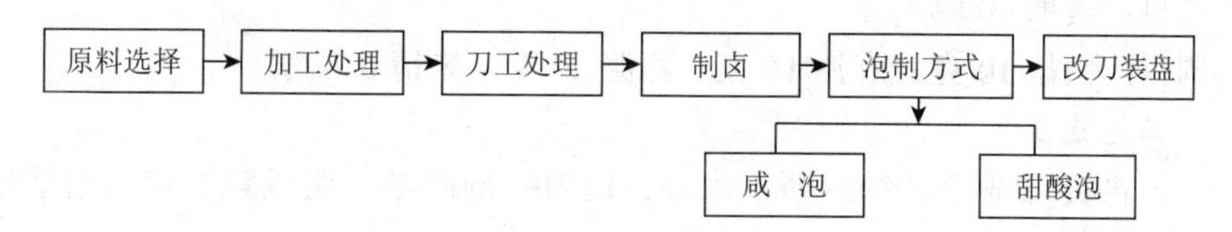

图 3-32 泡制工艺流程

3. 实训要求

（1）泡制的原料要新鲜、脆嫩，加工时要洗涤干净，并用流动清水洗涤，在可能的情况下，为除去残余农药，还可在清水中加入浓度为 2%~15% 的小苏打，浸泡 10 分钟后，再用清水洗 2~3 遍使其符合卫生标准。

（2）泡制时要有特别的泡菜坛，并放在阴凉处，翻口内的水 1~2 天需换一次，切忌污染油腻，以防发酸变质。

泡菜坛是以陶土为原料，两面上釉烧制而成，是制作泡菜的主要容器。泡菜坛的形状是两头小、中间大，坛口外有坛沿，为水封口的水槽。腌渍泡菜时，在水槽里加水再加扣上坛盖，可以隔绝外界空气，并防止微生物入侵。泡菜发酵过程中产生二氧化碳气体，可以通过水槽中以气泡的形式排出，使坛内保持良好的气体条件，腌渍品可以久藏不坏。泡菜坛的规格有大有小，小的可装 1~2 千克，大的可装数百千克。泡菜坛质地的好坏，直接影响泡菜的质量。因此，使用时应选择火候老、釉彩均匀、无裂纹、无砂眼、内壁光滑的坛体，并根据加工的数量确定规格大小，著名的泡菜坛有景德镇瓷器泡菜坛、五良大甫泡菜坛等。

（3）泡卤要保持清洁，取原料时要使用工具，勿用手和油勺等。

（4）泡制时间应根据季节和泡卤的新、陈、淡、浓、咸、甜而定，一般冬季长于夏季，新卤长于陈卤，淡卤长于浓卤，咸卤长于甜卤。

（5）泡卤如无腐败变质，可继续用来泡制原料；若卤汁杂质多或味不够浓，可将杂质过滤并用锅烧沸，适量加入调味料，冷却后再继续泡制。

三、冷制冷吃烹调法与实训

（一）拌制技法实训

实训一 蓑衣黄瓜

1. 烹调类别

生拌。

2. 烹饪原料

主料：黄瓜 400 克。

调料：精盐 10 克、麻油 16 克、蒜泥 20 克、味精 0.7 克。

3. 工艺流程

（1）将黄瓜洗净，然后沥干水分，用刀一剖两半，切成蓑衣状，用精盐略腌，挤去水分。

（2）炒锅上火，放入麻油烧热，下蒜泥煸香，倒入碗中晾凉，然后把麻油、味精与黄瓜一起拌匀，装盘即可。

4. 风味特色

色泽翠绿，脆嫩爽口。

实训二　黄瓜拌鸡丝

1. 烹调类别

生熟拌。

2. 烹饪原料

主料：熟三黄鸡 200 克。

配料：黄瓜 150 克。

调料：酱油 20 克、香醋 15 克、芝麻酱 15 克、花椒粉 3 克、味精 3 克、辣椒油 15 克、香油 10 克、白糖 10 克、蒜泥 5 克。

3. 工艺流程

（1）黄瓜去皮、瓤，切成粗丝，熟三黄鸡肉切成粗丝或手撕成丝，放入盘中摆放整齐。

（2）用蒜泥、酱油、白糖、芝麻酱、味精、花椒粉、辣椒油、香醋、香油调制成卤汁，食时淋于鸡丝和黄瓜丝上，拌匀即成。

4. 风味特色

色泽红亮，麻辣香甜，略带酸味。

（二）炝制技法与实训

实训一　虾子炝芹菜

1. 烹调类别

炝。

2. 烹饪原料

主料：芹菜 500 克。

配料：虾子 25 克、玉兰片 50 克。

调料：精盐 1 克、味精 0.7 克、花椒油 25 克。

3. 工艺流程

（1）芹菜去根叶，洗净切段；玉兰片切成小片。虾子用热水涨发并洗净，沥去水分后放在热花椒油内炸片刻。

（2）将芹菜及玉兰片放入沸水锅中烫至六成熟捞出，用凉开水浸凉沥干水分，再将虾子、花椒油倒入，加盐和味精拌匀，装盘即可。

4. 风味特色

色泽碧绿，清鲜爽口。

实训二　腐乳炝虾

1. 烹调类别

特殊炝。

2. 烹饪原料

主料：河虾 100 克。

调料：红腐乳 1 块、黄酒 25 克、生姜 5 克、优质白酒 15 克、白糖 0.5 克、香油 25 克、香菜少许、川椒粉 1 克。

3. 工艺流程：

（1）将河虾剪去须爪，洗净后放入盘内。另将生姜切成末，再将豆腐乳压成蓉泥放在锅里，加黄酒、白糖、麻油拌匀，再放入小碟内。

（2）将河虾放入盘内，加入白酒拌匀，洒上川椒粉、生姜末、香菜，然后用碗盖严。

（3）食用时，将盖虾的碗揭开，以虾蘸腐乳食用。

4. 风味特色

虾肉鲜嫩，乳汁味美，清爽适口。

（三）腌渍技法实训

实训一　辣莴笋

1. 烹调类别

盐腌。

2. 烹饪原料

主料：莴笋 500 克。

调料：干辣椒 8 克、花生油 50 克、精盐 5 克、味精 5 克、香油 4 克、姜末 5 克。

3. 工艺流程

（1）把莴笋削去毛叶，去外皮及根蒂，洗净，切成梳子片。

（2）把莴笋用盐略腌，挤去水分装入盆内，放入味精、麻油、姜末，把干辣椒用油炸成辣椒油倒入莴笋内，浸渍入味即成。

4. 风味特色

清脆香辣，鲜爽利口，酸辣适中。

实训二　红糟仔鸡

1. 烹调类别

糟腌。

2. 烹饪原料

主料：光仔鸡 1 只（约重 1250 克）。

配料：红糟 10 克。

调料：精盐 25 克、白糖 25 克、味精 3 克、高粱酒 50 克、五香粉 2 克。

3. 工艺流程

（1）将仔鸡清洗干净，入汤锅内小火煮至刚熟，捞出，晾凉后斩下鸡头、翅膀、鸡脚，鸡身改刀斩成四块，放入盆内，用高粱酒、精盐 15 克、味精 2 克调匀，倒入盆中拌匀，密封腌渍两小时（中途翻身一次）。

（2）将红糟、味精（1 克）、五香粉、白糖、精盐（10 克）及凉开水 150 克调匀，倒入原先的盆中拌匀，再腌渍一小时。

（3）取出鸡块，轻轻抹去红糟，将鸡斩成 5 厘米长、1.5 厘米粗的条，依刀口摆入盘内，用少许卤汁淋上即可。

4. 风味特色

色泽红润，鸡肉鲜嫩醇厚，有浓郁的糟香气味，糟香爽口。

（四）醉制技法实训

实训一　醉蟹

1. 烹调类别

红醉。

2. 烹饪原料

主料：活螃蟹 2000 克。

调料：酱油 120 克、黄酒 200 克、曲酒 120 克、冰糖 100 克、花椒 5 克、葱 60 克、老姜 80 克、丁香 1 粒。

3. 工艺流程

（1）将活螃蟹洗净后放在篓子里压紧，使之不得移动，放在通风阴凉处 3~4 小时，让其吐尽水分。

（2）将锅洗净，放入酱油、花椒、葱、姜、冰糖，煮到冰糖溶化后倒入盆内冷却，制成卤汁。

（3）取一个大口坛洗净擦干，将蟹脐盖掀起，放入丁香一粒，再将螃蟹放入坛中，上用小竹片压紧，使蟹不能爬行。将黄酒、曲酒倒入冷透的卤汁中搅匀再倒入坛中，卤汁要淹没螃蟹。为防止变质，须把坛口密封，醉制 3 天后即可食用。

4. 风味特色

蟹肉鲜嫩，酒香浓厚。

实训二　酒醉鸽蛋

1. 烹调类别

熟醉。

2. 烹饪原料

主料：鸽蛋 24 个。

调料：生姜 5 克、葱 5 克、精盐 15 克、味精 1 克、黄酒 5 克、曲酒 20 克。

3. 工艺流程

（1）将鸽蛋放入锅中，加适量的清水烧沸，再用中火煮 5 分钟后取出冷却，然后剥去外壳。

（2）炒锅上火，加入清水 350 克及葱姜、精盐、黄酒、味精烧沸，倒入盛器中冷却待用。

（3）将鸽蛋放入盛器中，倒入曲酒，再用塑料纸封口，醉制 4 小时左右即可食用。

4. 风味特色

鲜嫩爽口，酒香扑鼻。

（五）糟制技法实训

实训一　香糟鸡

1. 烹调类别

香糟。

2. 烹调原料

主料：仔鸡 1 只（约重 1250 克）。

调料：香糟 150 克、葱 25 克、黄酒 50 克、精盐 10 克、胡椒粉 1.5 克、姜 25 克、味精 1.5 克。

3. 工艺流程

（1）将仔鸡宰杀煺毛，去内脏后洗净，放入沸水锅中略烫，去尽血污。

（2）炒锅上火，倒入适量清水，放入鸡、姜片、葱、黄酒烧沸后改用小火，保持微沸，并不时翻动鸡身，使其受热均匀，烧至鸡成熟时即可起锅。

（3）鸡冷却后，去头颈、爪、翅，再卸下鸡腿。将鸡身剖两片，放入鸡汤、香糟、胡椒粉、精盐、味精调成的香糟汁中浸泡 4 小时左右。

（4）食用时将鸡取出改刀装盘，淋上香糟卤即可。

4. 风味特色

肉质细嫩，糟香浓郁，咸鲜爽口。

实训二　糟油冬笋

1. 烹调类别

糟油。

2. 烹饪原料

主料：净冬笋 300 克。

调料：香糟水 100 克、味精 1.5 克、精盐 3 克。

3. 工艺流程

（1）冬笋切成梳子片，下水锅煮熟后取出，然后沥干水分。

（2）把冬笋放在碗内，加入香糟水、精盐，用盖盖严使笋浸透在糟卤内，浸泡 2~3 小时即可装盘。

4. 风味特色

色泽淡黄，香脆味甜，别有风味。

（六）泡制技法实训

实训一　泡豇豆

1. 烹调类别

咸泡。

2. 烹饪原料

主料：豇豆 2500 克。

调料：精盐 250 克、干辣椒 10 克、白酒 120 克、花椒 15 克。

3. 工艺流程

（1）精盐、干辣椒、花椒同时放入泡坛内，再加入曲酒和冷开水（1500 克）搅动，待精盐溶化后待用。

（2）豇豆洗净晾干后，放入装有盐水的泡菜坛，翻口内加些水，用盖盖严，夏天泡 3 天左右，冬天泡 6 天左右，即可食用。

4. 风味特色

咸酸适口，爽脆鲜美。

实训二 泡藕

1. 烹调类别

甜酸泡。

2. 烹饪原料

主料：嫩藕3000克。

调料：白糖500克、糖精2克、白醋100克、香叶5片。

3. 工艺流程

（1）将藕洗净，去藕节后切成薄片，立即放入水中漂洗干净。

（2）将容器里加冷开水（1000克），白糖、糖精烧沸，待全部冷却后再加入白醋，泡制成卤汁。

（3）将藕片从水中捞出沥干水分，放入调制好的卤汁中，同时放入香叶，上压放重盆子，泡1天左右即可食用。

4. 风味特色

色泽洁白，甜中带酸。

四、拓展知识与运用

（一）拌制前的熟处理

原料拌制前的熟处理，对凉菜的风味特色有直接的影响，不同的原料其处理的方法也不相同，具体有以下几种处理方法：

（1）炸制后凉拌，菜肴具有滋润酥脆、醇香浓厚的特点，适用于猪肉、牛肉、鱼、虾、豆制品和根茎类蔬菜等原料。一般是在熟处理前加工，主要以条、片、块、段等形态为主。

（2）煮制后凉拌，菜肴有滋润细腻，鲜香醇厚的特点，适用于禽畜肉品及其内脏及笋类、鲜豆类等原料。一般经熟处理晾凉后加工，主要是条、片、丝、块、段等形态。

（3）焯水后凉拌，菜肴具有色泽鲜艳、细嫩爽口、清香味鲜或滋味浓厚的特点。适用于蔬菜类原料。有的是焯水前刀工处理，有的是焯水后刀工处理，主要以段为主。

（4）汆制后凉拌，菜肴具有色泽鲜明、嫩脆或柔嫩、香鲜醇厚的特点，适用于猪肚、猪腰、鱼虾、海参、鱿鱼等原料。不论任何汆制，都要根据原料的质地，达到嫩脆或柔嫩的质感。汆制后凉透，及时拌制。

（5）腌渍后凉拌，菜肴具有清脆入味，鲜香细嫩的特点，适用于大白菜、莴笋、萝卜、菜头、藠头、蒜薹、嫩姜等蔬菜类原料。腌渍时，要掌握精盐与原料的比例，咸淡恰当，以清脆鲜香效果最佳，要沥干水分后调味拌制。

（二）冷菜厨房的实训基本要求

冷菜是各种宴席上不可缺少的菜肴，又是宴席的第一道菜，素有菜肴的"脸面"之称，在宴席中往往被人们称为"迎宾菜"。冷菜通常以第一道菜展示在餐桌上，由于具有选料广泛、色泽鲜艳、品种丰富、口味多样、造型优美等特点，使人在视觉和味觉上获得美的享受，顿时食欲大增。冷菜制作在厨房生产中起着相当重要的作用，所以，一个成功的餐饮企业需要有好的冷菜师傅的加入。

从我国餐饮菜品来看，近些年冷菜制作的变化比较大，好的冷菜师傅也难找，特别是技术素质较高的师傅不多，其原因是多方面的。客人关注冷菜是因为它是宴席的前奏曲或序曲，其质量关乎到宴席的整体水平和客人的认可程度。因为它不同于热菜需要加热，而是直接进入客人的视野供品尝，因此，对冷菜的要求也比较高。下面主要强调两点。

1. 强化操作卫生

冷菜与热菜、面点所不同的是，它是食品安全风险很大的菜肴种类，在加工操作中的卫生要求特别高，预防此类高风险食品引起食物中毒的措施包括生熟分开、保持清洁、控制温度、控制时间、严格消毒等。正因为安全卫生问题，整个厨房只有冷菜间专设"二次更衣室"。正如人们所说："冷菜操作员是食品安全防范的重点岗位。"因为这里的食品都是即食食品，这就对操作人员提出了更高的要求，除了戴工作帽外，在帽内最好还要戴一层薄网帽（罩），以防止头发的掉落。工作人员始终要保持双手的干净和及时戴口罩等。冷菜厨房应该处处都是整洁的，冷菜厨师应该全身都是清洁、干净的，这也是冷菜厨房工作人员应有的素质，以确保菜品食用安全可靠。

在冷菜厨房应严格遵守"五专"原则，即专人、专间、专用工具、专用消毒设施和专用冷藏设备。即：有专门的人员来负责冷菜加工制作；冷菜厨房有专间或专用场所，专门对冷菜食品进行加工，专间温度应控制在25℃以下；冷菜专间内配备专用的刀、砧板、容器及其他工具；设有专用的消毒设施，专门对工具、容器、抹布等进行消毒；冷菜专间内有专用的冷藏冰箱。餐厅、厨房等非专间人员不得进入冷菜专间，这些都是最起码的卫生要求。

2. 注意事项

（1）当天冷菜当天用，严禁滥用调味品。

① 冷菜不同于热菜，是直接进食的菜品，有些是生食凉拌不需要加热，因此冷菜厨房是餐饮企业食品卫生安全的前沿阵地。从菜肴制作上讲，当天冷菜应

当天用完，不要放到第二天。即使当天有剩余，也要及时处理。

② 现在市场上各种调味品较多，鱼龙混杂、良莠不齐，许多香精及化学调味品一旦放进冷菜中，就会带来异样的口感，甚至影响身体健康。许多厨师只一味地强调利用现成的、省事的调料，结果会产生“变味的感觉”，失去了原有的风格，这是应该引起人们注意的。

（2）对冷菜点缀的看法。

近年来冷菜的点缀之风蔓延。适当地点缀固然重要，但许多饭店似乎已过了头。有的把有些生的不可以吃的原料当装饰品，如生的面团；有的还加进浓浓的色素，手工长时间处理的雕花萝卜等，让人看了很不舒服；有的用陶土、泥人等不洁物品进行点缀装饰；有的咸味冷菜也模仿西方的餐盘点缀，用甜果汁（如蓝莓汁）作点缀（中国人与西方人爱蘸甜食的习惯不同，特别是北方人不爱吃甜味汁，许多厨师“依样画葫芦”而不辨习俗）；有的果汁淋在盘边乱糟糟的，不清爽，败人胃口；更有甚者，将雕刻品、装饰品做得很大，甚至超过菜肴本身，等等。这些现象应该引起人们的特别注意。归根结底一句话，不能用上世纪的审美观接待21世纪的现代客人，因为现在的饮食强调的是绿色环保、原生态和健康、安全、雅致，这些是需要我们去思考和研究的。

任务二　热制冷吃烹调法

一、知识储备

技法实训一　煮卤酱烹调法

（一）煮制法

煮制法就是将处理好的原料放入足量汤水，用不同的加热时间加热，待原料成熟时，即可出锅的技法。以水为介质导热的煮制法用途最为广泛。冷菜制作中运用煮卤的方法也较多，根据卤汁及选用原料的不同，大体可分为盐水煮及白煮两种。

1. 盐水煮

盐水煮就是将腌渍的原料或未腌的原料放入水锅中，加盐、姜、葱、花椒等调味品（一般不放糖和有色的调味品），再加热煮熟，然后晾凉成菜的烹调方法。在盐水煮时，应根据原料形状的大小和性质的不同，分别采用不同的火候和操作方法：对一些形小、质嫩或要保持原色的植物性原料，应沸水下锅煮至断生即可；对形大、质老、坚韧的原料应冷水下锅，煮至七成熟捞出即可；对事先用盐或硝酸钠与盐腌渍的原料，应泡洗或焯水后，再放入水锅中煮熟。

盐水煮制菜肴的特点是：鲜嫩爽口，咸淡适中，色泽淡雅，无汤少汁，是夏令佳肴。代表菜肴有盐水牛肉、盐水鸭肫、盐水虾、盐水猪舌、盐水鸭、盐水毛豆、盐水羊肉等。

（1）工艺流程。盐水煮的原料必须选用新鲜无异味、易熟的原料，如鲜河虾或者新鲜的牛羊肉，如牛腱肉等。在煮制之前一般要经过焯水处理，并根据原料的质地要求采取不同的火候和烹制方法。

盐水煮制作工艺的一般流程如图 3-33 所示。

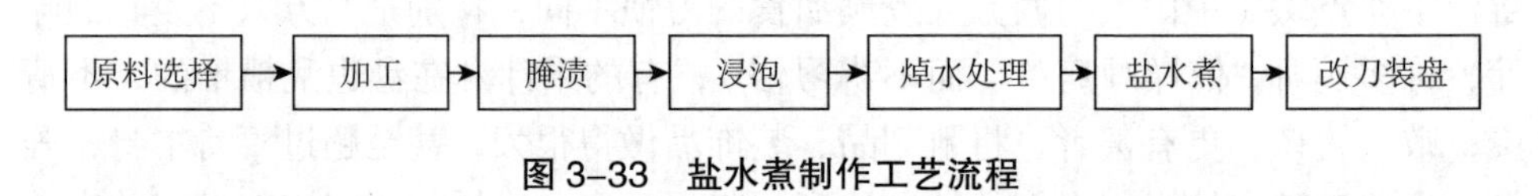

图 3-33　盐水煮制作工艺流程

（2）实训要求

① 对新鲜质嫩的原料，应迟放盐（待原料即将成熟时放入），这是因为盐有电解质，能使原料中的蛋白质过早凝固，从而延长加热时间，使原料质地变老，至于葱、姜、花椒等香料，其下锅的迟早，应随烹饪原料煮的时间长短而定，一般香料与原料一起下锅。

② 掌握水与原料的比例，应以淹没原料为宜。同时盐和水的比例应随原料而定，一般 500 克水加入精盐 25 克，对于事先用盐腌渍的原料，一般不加盐，只加黄酒、葱、姜等调味品。

③ 腌渍形大、质老的原料，应事先放入水中泡洗去掉苦涩味或焯水后再煮制。一般先用大火烧沸，然后再用小火煮熟即可，不宜长时间用大火烧煮，否则原料质老而韧。

2. 白煮

白煮就是将加工整理过的生料放入清水锅中，烧开后改中小火长时间加热成熟，冷却后切配装盘，配调味料拌食或蘸食成菜的冷菜技法。白煮与热菜煮法的主要区别在于白煮制过程中只用清水，有时为了除去原料中的部分腥味，也可适当加放一些去异味的葱、姜、黄酒等，食用时把成熟的原料切成片、条、块等形状，整齐地放入盘中，然后用调味品拌食或蘸食。白煮的原料以家禽、家畜类肉品为主，尤其以猪肉为最常用的主料。

白煮菜肴的特点是：清淡爽口，白嫩鲜香，纯正本味，为夏令佳肴。代表菜肴有白斩鸡（白切鸡或白煮鸡）、白煮肉（白切肉）、白煮豆腐、白煮猪肚、白煮牛百叶等。

（1）工艺流程。白煮的原料应选用无异味、新鲜的家禽、家畜类原料。新鲜无异味、无血水的原料不需要焯水，血水多、有腥膻味的原料需要焯水去异味。煮制时，根据原料特点控制好火候和加热时间。因白煮的原料是整块大料，须根据菜肴要求改刀装盘上桌。原料装盘后可将调味料浇在菜肴上，也可连同调味碟一同上桌，由客人调拌或蘸食。

白煮制作工艺的一般流程如图3–34所示。

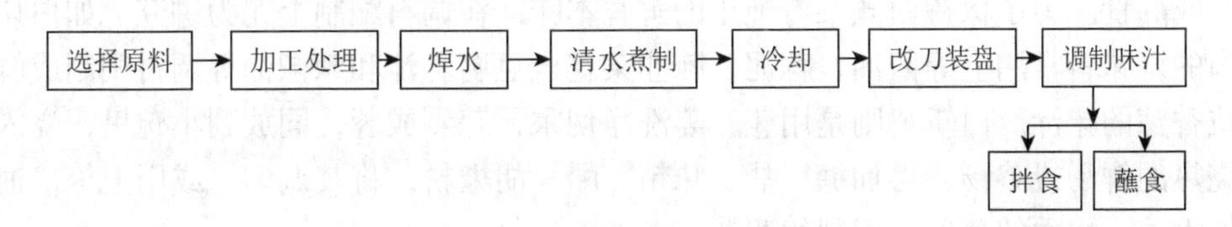

图3–34　白煮制作工艺流程

（2）实训要求

白煮技法的操作程序比较简单，就是将加工整理好的原料放入开水锅中，用中小火长时间煮熟成菜，但实际操作过程中，白煮技法从选料到成菜，每个环节都有一系列的要求，并且操作方法也很细致。具体操作方法如下：

① 原料选择：用于白煮的原料须选用新鲜的家禽、家畜类原料，根据菜肴的不同要求，精选优良品种原料、无异味原料中最细嫩的部位，如白切肉选用的猪肉必须是皮薄、肥瘦比例适当、肉质细嫩、体重在50千克左右的育肥猪。猪宰杀后，取其去骨带皮的通脊肉、五花肉做原料，才符合白煮的要求。白煮羊头肉所用的羊头也很讲究，一般都用内蒙古羯山羊头，这种羊头肉厚、质嫩、不膻，成熟后可片成大薄肉片。白煮时不掺杂其他调味品，以充分体现原料的鲜香本味。

② 原料加工：原料应根据需要细致加工，清除污物和异味。如羊头清理，就必须将其先放入冷水中浸泡两小时以上，泡尽血水，然后用板刷反复刷洗头皮，并用小毛刷刷洗口腔、鼻孔、耳朵等部位，直至清洗干净。白切肉的猪肉加工，要刷去表面污物，除净细毛，清洗干净后改刀成长20厘米、宽12厘米的大块。

③ 煮制：白煮的水必须选用洁净的清水，容器最好选用透气好、不易散热和污染的大砂锅，其目的一是能保持恒温热量，水温不会发生过高过低的大变化，有利于加热效果；二是保持水质不发浑，让原料在洁净的水中加热，使成品显得清爽。冷菜的白煮在火候运用上与热菜的煮法有所区别，热菜大部分使用大火或中大火，加热时间短；冷菜的白煮则是用中小火或微火，加热时间较长（一

般根据原料的性质而定，时间控制在1~3小时）。火力控制保持水面微开状态，水量要多，一次加足，以浸没原料为度，中途不能加水。在检查白煮肉的成熟度时，多用筷子戳扎，如一戳即入，拔出时无嗫力，即成熟度适当，捞出放入冷开水中浸泡冷却，肉质则更加爽口白嫩。

④ 装盘调味：白煮的原料大多为整块大料，必须改刀装盘。不同的原料装盘要求不同，如白切肉改刀切片，要求切得大而薄，肥瘦相连，不散不碎，整齐美观。原料装盘后可将调味料浇在菜肴上，也可连同调味碟一同上桌，由客人调拌或蘸食。为了保持白煮菜肴纯正的鲜香本味，在调料配制上尤为讲究。如白切肉的调味料常用上等酱油、蒜泥、腌韭菜花、豆腐乳汁和辣椒油等调料调制成鲜咸香辣的味汁。白斩鸡则是用葱、姜洗净切末，蒜剁成蓉，同放到小碗里，浇入烧热的鲜汤或鸡汤，再加糖、盐、味精、醋、胡椒粉，将其调匀，或用上等酱油加香油、炸香的葱姜末调制的调料。

（二）卤制法

将经过加工整理或初步熟处理的原料投入事先调制好的卤汁中加热，使原料成熟并且具有良好香味和色泽的方法称卤制法。卤制菜肴的原料形状一般以大块或整形为主，原料则以鲜货为宜。适用于鸡、鸭、鹅、猪、牛、羊、兔及其内脏和豆制品、蛋类原料。

卤制法是制作冷菜的常用方法之一。加热时，将原料投入卤汤（最好是老卤），用大火烧开，改用小火加热至调味汁渗入原料，使原料成熟或至酥烂时离火，将原料提离汤锅。卤制完毕的材料，冷却后宜在外表涂上一层油，一来可增香，二来可防止原料外表因风干而收缩变色。遇到材料质地稍老的，也可在汤锅离火后仍旧将原料浸在汤中，随用随取，既可以增加和保持酥烂程度，又可以进一步入味。

卤制的菜肴一般具有色泽美观、味鲜醇厚、软烂油润的特点。代表菜肴有红卤鸡、卤肫干、香卤鸭掌、卤兰花豆干、卤猪肝、卤鸭舌、盐水鸭、卤香菇、卤水豆腐、卤鸡蛋。

1. 卤的分类

卤制菜肴的色、香、味取决于汤卤的制作。汤卤制作工艺方法很多，由于地域的差别，各地调制卤汤时的用料不尽相同。按所用调味料的不同，行业中习惯上将汤卤分为两类，即红卤和白卤（亦称清卤）。

（1）红卤。调制红卤水常用的原料有红酱油、红曲米、黄酒、葱、姜、冰糖（白糖）、盐、味精、大茴香、小茴香、桂皮、草果、花椒、丁香等。

（2）白卤。调制白卤水常用的原料有盐、味精、葱、姜、黄酒、桂皮、大茴香、花椒等，俗称“盐卤水”。

无论红卤还是白卤，尽管其调制时调味料的用量因地而异，但有一点是共同的，即在投入所需卤制品时，应事先将卤汤熬制一定的时间，然后再下料。

2. 工艺流程

卤制菜肴应选用新鲜细嫩、滋味鲜美的原料。制卤是卤汁菜肴的制作关键。加热成菜一般以小火烹制，至原料达到成熟程度、渗透入味后捞出，静置晾凉再斩条或切片装盘成菜。

卤制工艺的一般流程如图 3–35 所示。

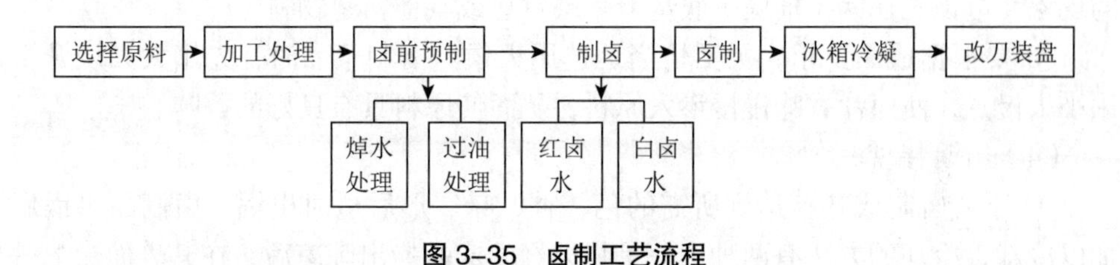

图 3–35　卤制工艺流程

3. 实训要求

（1）选料加工。

① 卤制菜肴应选用新鲜细嫩、滋味鲜美的原料。鸡应选用仔鸡或成年公鸡，鸭应选用秋季的仔鸭，鹅应选用秋后的仔鹅，猪肉应选用皮薄的前后腿肉，牛羊肉应选用肉质紧实、无筋膜的肉，内脏应选用新鲜无异味、未污染杂质的内脏。

② 卤制原料的整理加工是做好卤菜的重要环节，一般包括初步加工、分档及刀工处理几道工序。加工中要除尽残毛，漂洗干净，除去血腥异味，特别是内脏原料要刮洗净黏液、污物和杂质等。

（2）卤前预制。

卤制的原料应根据原料特性及菜肴特点，卤制前通常要经过焯水或过油等熟处理方法，一是去除原料的异味，二是可使原料上色。

① 大多数原料需要经过焯水处理，以除去异味，如家禽、家畜的内脏等。

② 有些形体较大的动物性原料为了使成品色泽红润，肉有肉味，一般熟处理前要经过盐腌或硝腌，如卤牛肉等。

③ 有些原料在卤制前需要经过过油熟处理的方法，使菜肴丰富质感，增加色泽，如琥珀凤爪，先将洗净的鸡爪焯水，再过油，然后再卤制。

（3）卤制。

卤制时要掌握好卤汁与原料的比例，一般卤汁以淹没原料为好。卤制时把握好卤制品的成熟度，卤制品的成熟度要恰到好处。卤制菜品时通常是大批量进行，一桶卤水往往要同时卤制多种不同原料，或一种多量原料。不同的原料之间的特性差异很大，即使是同种原料，其形体大小也有差异，这就给操作带来了一定的难度。因此，在操作的过程中，应注意以下几点：

① 要分清原料的质地。质老的置于锅（桶）底层，质嫩的置于上层，以便取料。

② 要掌握好各种原料的成熟要求，不能过老或过嫩（是指原料加热时的火候运用程度）。

③ 如果一锅（桶）原料太多时，为防止原料在加热过程中出现结底、烧焦的现象，可预先在锅（桶底）底垫上一层竹垫或其他衬垫物料。

④ 要根据成品要求，灵活恰当地选用火候。卤制菜品时，先用大火烧开再用小火慢煮，使卤汁香味慢慢渗入原料，从而使原料具有良好的香味。

（4）出锅装盘。

① 原料卤制成熟，达到所需的色、香、味、形后适时出锅。卤制品出锅后加以冷却，冷却的方法有两种：一是将卤好的成品捞出晾凉后，在其表面涂上一层香油，以防成品变硬和变干、变色；二是将卤好的成品离火浸在原卤中，让其自然冷却，随吃随取，最大限度地保持成品的鲜嫩和味感。

② 卤菜制品装盘时根据原料形状灵活掌握，形小的可直接装盘食用，形大的要改刀后再装盘。卤制菜肴装盘上桌时，通常淋浇适量原卤调味，或将原卤调味盛入味碟与辣椒酱、椒盐、香油等调味品味碟一同上桌，供食者有选择地浇食或蘸食，以突显卤制菜肴的风味特色。

（5）老卤保质。

老卤的保质也是卤制菜品成功的一个关键。所谓老卤，就是经过长期使用而积存的汤卤。这种汤卤，由于加入多种原料，以及原料在加工过程中呈鲜味物质及一些风味物质溶解于汤中且越聚越多而形成了复合美味，所以长时间的加热或存放，使其品质提高。使用这种老卤制作原料，会使原料的营养和风味有所增加，因而对于老卤的保存也越显关键，具体体现以下几个方面：定期清理，勿使老卤聚集残渣而形成沉淀；定期添加香料和调味料，使老卤的味道保持浓郁；取用老卤要用专门的工具，防止在存放过程中使老卤遭受污染而影响保存；使用后的卤水要定期烧沸，从而相对延长老卤的保存时间；选择合适的盛器盛放老卤。

（三）酱制法

酱制法是指将经过腌渍或焯水后的半成品原料，放入酱汁锅中，大火烧沸，再用小火煮至质软汁稠后捞出，再将酱汁收浓淋在酱制成品上，或将酱制的原料浸泡在酱汁中的一种烹调方法。根据酱卤汁的颜色，可分为紫酱色、玫瑰色和鲜红色等。

酱制菜肴的特点：色泽鲜艳，酱香味浓，鲜香酥烂。代表菜肴有酱猪肘、酱鸡、酱鸭、酱鸭头、酱牛肉、酱牛舌、酱鸡、酱狗肉等。

1. 工艺流程

选用新鲜动物性原料及其下水部位。先将原料初步加工，用精盐或酱油腌渍，或进行焯水处理，以除去血腥异味。放入以酱油为主并选用八角、桂皮、草果、丁香、陈皮、甘草、小茴香、砂仁、豆蔻、白芷、姜、葱、花椒、精盐、白糖、绍酒、味精等香料调味品调制的酱汁中，旺火烧沸撇去浮沫，再用小火煮至软熟酥烂捞出；取部分酱汁用微火或小火熬浓，涂在酱制品表面上；或煮至软熟酥烂后，再将酱制品浸泡在原酱汁内。食用时，根据要求改刀装盘，然后浇上原汁。

酱制工艺的一般流程如图 3–36 所示。

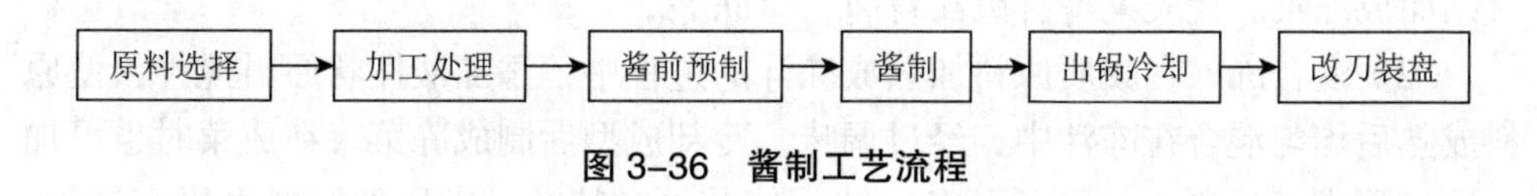

图 3–36　酱制工艺流程

2. 实训要求

（1）酱制原料通常以肉类、禽类等动物性原料为主。原料通过初加工和刀工处理后根据需要进行焯水、过油或腌渍处理。

（2）酱制原料下锅须在锅底垫上竹垫，防止原料粘锅底。酱汁配制时掌握好香料（选用八角、桂皮、草果、丁香、陈皮、甘草、小茴香、砂仁、豆蔻、白芷、花椒、葱、姜、辣椒等）和白糖、酱油的用料比例。香料太少，香味不足；香料过多，药味浓重。白糖过多，酱菜“反味”；白糖太少，酱菜味道欠佳。酱油过多，酱菜发黑，味道偏咸；酱油太少，则达不到酱菜要求，体现不出酱菜风味特色。

（3）酱制过程中先用大火烧沸后再保持微沸，原料要上下翻动，使色泽均匀，成熟时间一致。根据原料的质地和大小，掌握烹调的时间，待原料成熟达七成软烂时，可撇去汤面的油脂和浮沫，用大火收稠汤汁，使原料上色。

技法实训二　冻、油炸卤浸、油焖烹调法

（一）冻制法

冻是指用含胶质丰富的动植物原料（琼脂、猪肉皮等）加入适量的汤水，通过烹制过滤等工序制成较稠的汤汁，再倒入烹制成熟的原料中，使其自然冷却后放入冰箱冷冻，将原料与汤汁冻结在一起的一种烹调技法。冻制的技法较为特

殊，它要运用煮、蒸、滑油、焖烧等方法或其中的某些方法制成冻菜。冻制能使菜肴清澈晶亮、软韧鲜醇，俗称“水晶”。此种方法根据季节的不同选用的烹饪原料也有所差别，夏季多用含脂肪少的原料制作，如冻鸡、冻虾仁、冻鱼等菜肴；冬季则用含脂肪多的原料制作，如羊糕、水晶肴蹄等菜肴。

冻制菜肴的特点：色泽鲜艳，晶莹透明，图案清晰，形状美观，软韧鲜醇，清凉爽口，冻汁入口即化。代表菜肴有水晶鸭掌、什锦水果冻、五彩羊糕、水晶虾仁、三色水晶冻、冻虾仁肉圆、冻肉糜、杏仁豆腐、冻鸡、冻鱼等。

1. 冻的分类

冻的技法较为特殊，根据操作方法的不同，冻可分为原汁冻、混合冻、配料冻和浇汁冻。

（1）原汁冻。直接利用主料所含的胶质，经较长时间熬、煮水解后，再冷却凝结而成冻菜。代表菜肴有镇江肴肉、鱼冻等。

（2）混合冻。在胶质原料加热成冻汁的过程中，添加液体状原料搅拌，使原料成熟后均匀混合在冻汁中，经过调味，冷却成型后制成冻菜。在成菜时也可加入固定形态的原料点缀菜肴的色、味，使其更有特色。常用的原料主要有鸡蛋、花生酱等。代表菜肴有冻肉糜、杏仁豆腐等。

（3）配料冻。配料冻分两种：一种是将原料经过熟处理后，与猪皮冻（食用胶或琼脂）等胶质添加料一起蒸、煮，然后冷凝成菜。如以肉皮为冻料的潮州冻肉、以琼脂为冻料的冰冻水晶全鸭等。另一种是将经过刀工处理和熟处理的丁、丝、片、条及花形原料冷透后加入熬好的冻汁中凝冻成菜，如三色水晶冻、冻虾仁肉圆等。

（4）浇汁冻。浇汁冻就是把冻汁作为胶凝剂，在固定成型的原料中浇入冻汁，利用成冻后的感官特征而制成系列“水晶”菜肴。其方法是将主料煮至软熟后去骨，按一定造型装入碗中，淋入冻汁，等冷凝成型后翻碗装盘即可，如水晶鸭掌、什锦水果冻、五彩羊糕、水晶虾仁等。

2. 工艺流程

选用新鲜猪肘和鸡、鸭、虾、蛋等动物性原料（咸味凉菜）及蜜饯、果脯、糖水罐头和干鲜水果等（甜味凉菜）。根据原料特性及菜肴特点采用洗涤、刀工处理、上浆、焯水和滑油等操作工序。琼脂冻汁、猪肉皮冻汁等原料用小火慢熬至溶化，再过滤即成冻汁。原料装入器皿中，将调好的冻汁填满原料的空隙，使其凝结冷冻。将凝冻成型的原料放入温度接近 0℃的冷藏冰箱中制成冻品，冻品脱模后装入盘中即可。

冻制工艺的一般流程如图 3–37 所示。

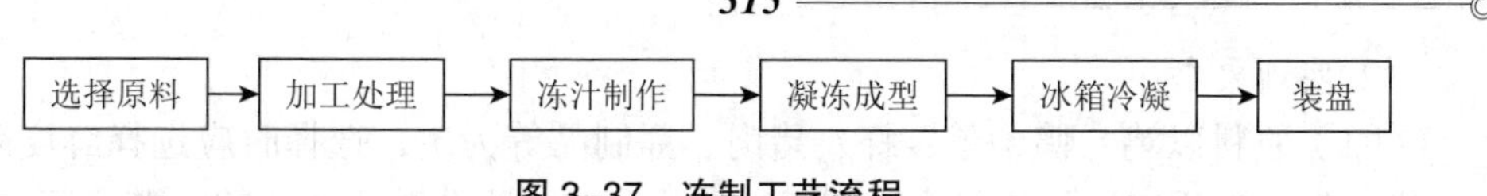

图 3-37 冻制工艺流程

3. 实训要求

（1）冻制菜肴应选择鲜嫩、无骨、无血腥的原料，加工时刀工处理要细致，一般以小片状为多。主要有肉类（如鸡、鸭、排骨、猪皮、脚爪等）、鱼虾类、蔬菜类及水果类等。猪肘、鸡、鸭、虾、蛋等动物性原料一般制作咸味凉菜，蜜饯、果脯、糖水罐头和干鲜水果等一般制作甜味凉菜。

（2）制作冻汁所用的猪肉皮，以选用猪的脊背及腰肋部位皮为佳，加工时要除尽猪肉皮上的肥膘和污物，汤汁要去掉油分，一般采用过滤等方法，使汤汁清澈。

（3）制作冻汁所用的猪肉皮、琼脂和水的比例要恰当，不宜太稠或太稀。

（4）用配料点缀时，配料的色泽要鲜艳，浇入原料中的汤汁不要太烫，应呈半流质状，否则影响配料色泽。

（5）用调制的冻汁浇入原料时，一定要让冻汁填满原料的空隙，这样才能保证制品的质量。

（二）油炸卤浸

油炸卤浸就是把原料用热油炸制后，趁热浇上卤汁或以卤汁浸渍的一种烹调方法。其操作方法有多种：有的把炸好后的原料放入卤汁锅中用小火烧至入味，再用大火收干卤汁；有的把炸好的原料趁热浇上预制的卤汁拌匀即可；还有的原料先用适量的调味品腌渍一下再炸，然后用卤汁浸渍等。油炸卤浸常适用于鸡、猪肉、鱼、虾、豆制品、面筋、鸡蛋等原料。

油炸卤浸的菜肴一般具有干香酥脆、味醇鲜香的特点。代表菜肴有脆鳝、油爆虾、蝴蝶鱼片、怪味泥鳅等。

1. 工艺流程

原料选择：以选用新鲜的鸡、猪肉、鱼、虾、豆制品、面筋、鸡蛋等为主。动物性原料要求是新鲜的、细嫩无筋、肉质紧实无肥膘的原料。根据烹调要求采用精盐、白酒、料酒、酱油、姜、葱等调味料进行腌渍，沥干水后一般要经过油锅中炸制，最后放入预先制好的卤汁内浸渍，使卤汁的滋味渗透入味即可。

油炸卤浸制作工艺的一般流程如图 3-38 所示。

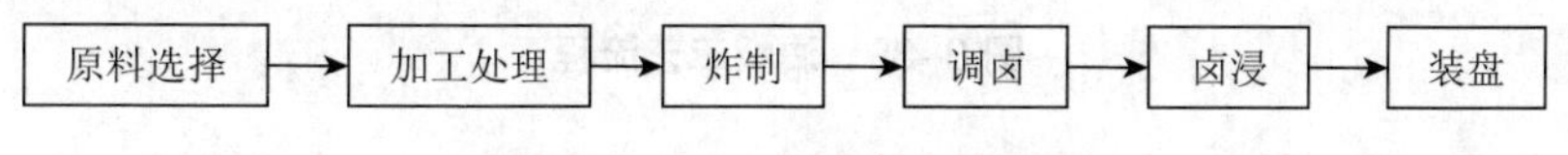

图 3-38 油炸卤浸制工艺流程

2. 实训要求

（1）原料以鸡、鸭、鱼、虾、猪肉、豆制品等为主，选择时应选择鲜度高、细嫩无筋、肉质细嫩的原料。鸡鸭要选用小公鸡、小公鸭或成年鸡、鸭，不宜用老鸡鸭或母鸡鸭。鱼要选用肉多、质嫩、无细刺的新鲜鱼。原料成型不宜过大，一般以丁、丝、片、条、块、段等形为主。

（2）原料油炸前需要调味的，不宜太咸，而且要沥去一部分水分再炸。

（3）凡是油炸卤浸的原料一般不挂糊上浆，而是直接放入旺火热油中炸，油温应控制在六成热左右，而且一次不宜下料过多，对片大形厚的原料必须复炸。用油一定要用植物油，不用混合油，更不能用猪油、牛油、羊油，否则菜肴晾凉时油脂凝结将使菜肴失去光泽。

（4）需要预先制作的卤汁，味要浓厚，卤汁与原料比例应适当，并且原料在卤汁中浸渍时间应根据菜肴特点而定，不宜太长或太短。卤汁的味型有咸鲜味、咸甜味、五香味等。

（三）油焖法

油焖法就是将原料加工成小型的块、片、段等形状，经过油炸或煎、煸炒，然后加入调料和汤水用旺火烧沸，转至小火烧焖，最后用旺火收干汤汁的一种烹调方法。由于此技法运用了油炸、焖、烧等多项工序，采用小火烧焖，大火收汁，使成品干香滋润，因此，油焖有的地区称“炸收”或“烧焖”。油焖法适用于鸡、鸭、鱼、虾、猪肉、排骨、牛肉、兔肉、豆制品等原料。

油焖的菜肴一般具有色泽棕红或金黄、滋润酥松爽口、香鲜醇厚的特点。代表菜肴有陈皮牛肉、糖醋排骨、油焖春笋、芝麻肉丝、酥味鲫鱼、陈皮兔丁等。

1. 工艺流程

将鲜度高、细嫩无筋、肉质紧实无肥膘的原料，经刀工处理后，用精盐、白酒、料酒、酱油、姜、葱等调味品腌渍，再根据原料的质地、菜肴的色泽、质感、口味的具体情况，运用油炸的方法。对于味感浓厚的菜肴，油炸的程度要松酥干香些；味感醇厚的菜肴，油炸的程度要滋润细嫩些。然后加入调味品调味，用小火烧焖，待原料焖透入味后用旺火将汤汁收干，酌放辣椒油、香油，以滋润美化菜肴。

油焖制作工艺的一般流程如图 3–39 所示。

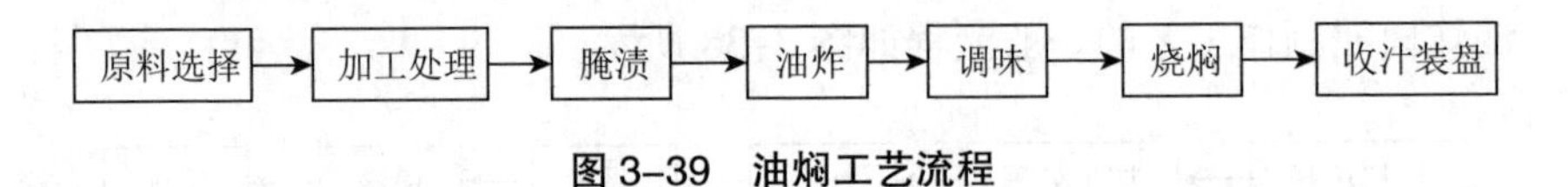

图 3–39　油焖工艺流程

2. 实训要求

（1）原料选择以鸡、鸭、鱼、虾、猪肉、牛肉、兔肉、豆制品等为主，选择时应选择鲜度高、细嫩无筋、肉质紧实无肥膘的原料。鸡鸭要选用小公鸡、小公鸭或成年鸡、鸭，不宜用老鸡鸭或母鸡鸭。鱼要选用肉多、质嫩、无细刺的新鲜鱼。

（2）油焖的原料不宜切得太大，否则不宜入味。一般以丁、丝、片、条、块、段等形为主。原料一定要经过油炸或煸炒，去掉部分水分，以便于油脂和味道渗入内部。

（3）原料油炸前需要调味的，不宜太咸，不能用白糖、饴糖、蜂蜜等糖分重的原料码味，以防油炸后色太深。

（4）油焖浸的原料一般不挂糊上浆，而是直接放入旺火热油中炸，油温应控制在六至七成热左右，而且一次不宜下料过多，对片大形厚的原料必须复炸。用油一定要用植物油，不用混合油，更不能用猪油、牛油、羊油，否则，菜肴晾凉时油脂凝结会使菜肴失去光泽。

（5）调味品及汤汁应一次加足，中途不宜再加水。制品出锅前，要用旺火收干汤汁，不用勾芡。

二、热制冷吃菜品技法与实训

（一）煮制技法与实训

实训一　盐水虾

1. 烹调类别

煮。

2. 烹饪原料

主料：新鲜大河虾500克。

调料：姜2片、葱3段、盐15克、花椒5粒、料酒50克、味精5克、麻油5克。

3. 工艺流程

（1）河虾剪去虾须、爪，用清水洗净，沥干水。

（2）炒锅洗净，倒入清水，用大火烧开，再放入葱结、姜片、精盐；待香味溢出，盐粒溶化后放入河虾，烹入黄酒，加少许花椒，用大火烧煮；见虾壳发红、体形卷曲、肉质收缩、虾脑清晰可见时，便已成熟，淋几滴麻油，用漏勺捞出，置盘内冷却后食用，也可连汤带虾一起倒入大碗，冷却后随吃随取。

4. 风味特色

色泽红亮，虾肉滑嫩，口味咸鲜。

5. 实训要点

（1）河虾要选择新鲜的。

（2）煮河虾的香料不要放得太多。

实训二　白切肉

1. 烹调类别

白煮。

2. 烹饪原料

主料：猪臀肉 500 克。

调料：大蒜 50 克、上等酱油 50 克、红油 10 克、盐 2 克、冷汤 50 克、红糖 10 克、香料 3 克、味精 1 克。

3. 工艺流程

（1）将猪肉洗净，改刀成 20 厘米长、12 厘米宽的大块，放入冷水锅中，用大火烧开，然后撇去污沫，加盖改小火继续煮焖，至猪肉成熟达六成烂时捞出，放入冷开水中冷却或自然冷却。

（2）将冷却的白煮肉改刀，片成长 15 厘米、宽 10 厘米的薄片装盘。

（3）大蒜捶成蓉，加盐、冷汤调成稀糊状，成蒜泥；上等酱油加红糖、香料在小火上熬制成浓稠状，加味精即成复制酱油。将蒜泥、复制酱油、红油兑成味汁淋在肉片上，或带调味碟一同上桌蘸食。

4. 风味特色

色泽乳白，肉嫩味鲜，肥而不腻。

5. 实训要点

（1）煮肉时控制好火候，不要煮烂。

（2）调制卤汁时口味浓点。

（二）卤制技法与实训

卤牛肉

1. 烹调类别

红卤。

2. 烹饪原料

主料：黄牛肉 5000 克。

调料：酱油 500 克、黄酒 250 克、大茴香 2 克、小茴香 2 克、冰糖 375 克、精盐50克、甘草7克、桂皮2克、草果35克、花椒7克、丁香12克、味精20克、麻油20克、姜50克。

3. 工艺流程

（1）把大小茴香、甘草、桂皮、草果、花椒、丁香装入白纱布袋扎好待用。

（2）清水2500克烧沸，再加入酱油、冰糖、精盐、黄酒和香料袋。用中火煮1小时，加入味精即成卤汁。

（3）选黄牛后腿肉切成块，用精盐200克、花椒3.5克调匀后，均匀地抹在牛肉块上腌渍（夏天约6小时，冬天约24小时）。在腌渍过程中要上下翻转2~3次。

（4）将卤汁、腌渍过的牛肉块和香料袋放入锅中，用旺火烧沸，撇去浮沫，再放入精盐、酱油、黄酒、姜、味精，改用小火将牛肉卤至酥烂。

（5）横纹切成长方形薄片放入盘里，淋上麻油，撒上花椒粉、辣椒粉即成。

4. 风味特色

色泽红润，醇香味浓。

（三）酱制技法与实训

酱鸡

1. 烹调类别

酱。

2. 烹饪原料

主料：光鸡1只（约重2000克）。

调料：红曲米6克、葱15克、桂皮15克、八角2粒、姜15克、黄酒15克、酱油15克、冰糖50克、精盐5克、麻油10克。

3. 工艺流程

（1）在鸡右翅的软肋下开一个小口，斩去脚爪洗净，用沸水焯一下，洗去血污，用精盐在鸡的腹内揉擦均匀。

（2）用白纱布把葱、姜、桂皮、八角、红曲米包扎好放入砂锅，加清水1500克，用中火煮出酱汁，再将鸡放入酱汁中，加黄酒、酱油、冰糖、精盐，用小火将鸡煮至七成熟时捞出。

（3）把锅内的香料袋捞出，酱汁用大火收稠，在鸡身上浇上几遍，直至鸡身发亮发光，淋上麻油即可。

4. 风味特色

色似玫瑰，甜中带咸。

（四）冻制技法与实训

水晶舌掌

1. 烹调类别

冻。

2. 烹饪原料

主料：鸭舌 20 根、仔鸭掌 10 个。

配料：毛豆米 10 粒、琼脂 4 克、熟火腿 10 克。

调料：精盐 2 克、姜 5 克、葱 1 根、黄酒 5 克、味精 0.5 克。

3. 工艺流程

（1）锅上火倒入清水烧沸，投入舌、掌焯水后捞起用清水洗净，再将舌、掌放入清水锅中，加葱姜、黄酒用中火烧沸；撇去浮沫，加盐 1.5 克移至小火，烧至能出掌骨后捞起，去掌骨，用刀修齐；将毛豆米入沸水锅中焯水，捞出放入清水中待用。

（2）取 10 个小汤匙，将鸭掌放在里面，再放上毛豆米；取小碗 10 个，将火腿切成小菱形片叠在碗底成花形，放入鸭舌，并将鸭掌整齐放入，边角料填在里面。

（3）原汤锅上烧沸，琼脂改刀泡洗后投入锅中，用精盐、味精调味后倒入汤匙及小碗内，晾凉后，放入冰箱中冷冻。

（4）将碗内鸭舌放在盘的中间，匙内鸭掌围在四周成荷花形。

4. 风味特色

造型美观，冻如水晶，凉爽适口。

（五）油炸卤浸技法与实训

油爆虾

1. 烹调类别

油炸卤浸。

2. 烹饪原料

主料：大河虾 500 克。

调料：葱末 2 克、姜 3 克、黄酒 10 克、白糖 30 克、醋 15 克、麻油 10 克。

3. 工艺流程

（1）将河虾初步加工处理，炒锅烧热放入油，用旺火烧至八成热时，将河虾放入锅里，用炒勺不断推动，炸至虾壳变红，即用漏勺捞起。待锅中油温回升至八成热时，再将虾倒入锅中，待虾头壳蓬开后用漏勺捞起。

（2）将锅内的油倒出，加入姜末略煸；放入河虾，加入酒、糖、酱油、葱末，用旺火颠翻几下，烹醋后出锅装盘即成。

4. 风味特色

虾壳红艳松脆，虾肉鲜嫩，略带酸甜。

（六）油焖法技法与实训

陈皮牛肉

1. 烹调类别

油焖。

2. 烹饪原料

主料：牛肉500克。

调料：陈皮40克、干辣椒20克、花椒5克、姜10克、葱段20克、盐10克、黄酒30克、白糖30克、麻油10克、红油10克。

3. 工艺流程

（1）牛肉洗净，去筋，切成片，盛入碗内加盐、黄酒、姜、葱拌均匀，腌约20分钟。陈皮用温水泡后切成小块待用。

（2）炒锅置旺火上，放油烧至七成热，下牛肉片炸至表面变色，水分快干时捞起。

（3）炒锅放油40克，油热后加干辣椒、花椒、陈皮炒出香味，再放葱、姜、牛肉、盐、黄酒、白糖，汤煮开，改用中火收汁，汁快干时加入红油、麻油翻匀出锅即可。

4. 风味特色

色泽红亮，质地酥软，麻辣回甜，陈皮味香。

三、拓展知识与运用

酱与卤的比较

酱的制作方法大致与卤相同，故有人把酱与卤并称“卤酱”。事实上卤与酱在原料选择、品种类别、制作过程以及成品特点等方面都有不同之处。具体体现在以下几方面：

（1）酱菜选料主要集中在动物性原料上，如猪、牛、羊、鸡、鸭、鹅及其头、蹄等原料。而卤菜的原料选择面较广，适应性较强，可用动物性原料也可用植物性原料。

（2）酱使用的主要调味料为酱油，有时也用面酱或豆瓣酱或加糖色上色，用量多少直接影响菜品的质量，酱制成品一般色泽酱红或红褐，品种相对单调；而卤制则有红卤和白卤之分，成品种类较多。

（3）酱菜的卤汁可现调现用，酱制时把卤汁收稠或收干，不留卤汁，也可用老卤酱制，原料酱制成熟后留一部分卤汁收稠于成品上；而卤菜一般都需要用老卤，每次卤制适量添加调味料，卤好后把剩余的卤汁继续留用作为老卤备用。

（4）酱制菜肴除了使原料成熟入味外，更注重原料外表的口味，特别是将卤汁收稠，黏附在原料表面，所以酱制口感外表口味更浓；而卤菜原料由于长时间浸泡在老卤中加热，所以成品内外熟透，口味一致。

实训练习题

（一）填空题

1.“拌”是用于（　　　）的烹调方法。拌菜调味的方式一般有（　　　）、（　　　）、（　　　）三种。

2.“炝”的烹调方法使成品具有（　　　）、脆嫩爽口的特点。炝菜所用辛辣味的调味品，除胡椒粉还有（　　　）油等。

3. 腌法是利用盐的（　　　）使原料析出水分，形成腌渍品的独特风味。经腌渍后，脆嫩性的植物原料更加（　　　），动物性原料也会产生一种（　　　），质地变得（　　　）。

4. 冷菜的糟制方法和热菜的糟制方法有所不同，热菜的糟制一般选用生的原料，经过（　　　）等方法烹制，趁热食用。而冷菜的糟制是将原料（　　　），食前不必再加热处理。

5. 卤制的原料在卤之前一定要（　　　）或冲洗干净，以防血污影响卤汁清澈度。卤根据卤水的颜色不同，可分为（　　　）和白卤水两种。卤制原料成品特点为（　　　）。

6. 酱制原料通常以（　　　）原料为主。原料通过初加工和刀工处理后根据需要进行（　　　）、（　　　）、（　　　）处理。然后放入酱汁锅中进行酱制。一般先以（　　　）烧开，再改用（　　　）煮至原料（　　　）、（　　　）为止。

7. 冷菜中的“冻”是以（　　　）为传热介质，将富含的原料熬煮冷凝成菜。冻菜原料不含胶质时，可添加（　　　）等使其凝固。

8. 怪味鸡所采用的烹调方法是（　　　）；南京盐水鸭所采用的烹调方法是（　　　）；油爆虾所采用的烹调方法是（　　　）。

（二）选择题

1. 热制冷食菜肴的制作方法主要有卤、(　　)、热炝和白煮等。

A. 醉　B. 腌　C. 酱　D. 拌

2. 卤是指将原料放入事先调制好的卤汁中进行（　　）的方法。

A. 浸泡入味　B. 加热熟制　C. 旺火加热　D. 断生处理

3. 汤卤是决定卤菜（　　）的关键性因素。

A. 形、香、味　B. 色、味、质　C. 色、香、味　D. 色、香、形

4. 老卤具有醇浓馥郁的复合美味，是因其（　）的缘故。

A. 呈鲜物质积累多　B. 加入的鲜味调料多

C. 保存时间长　D. 含多种香料

5.（　　）工艺是指将原料在沸水中烫熟后迅速捞出，蘸味料或拌调料后食用。

A. 热炝　B. 白煮　C. 水煮　D. 卤制

6. 为了达到热炝菜脆嫩的质感效果，烫制时应在原料（　　）后立即捞出。

A. 熟烂　B. 入味　C. 断生　D. 飘浮

7. 拌法有生拌、熟拌、生熟拌三种方法,（　　）冷菜属于生熟拌法。

A. 香辣鱼片　B. 酱汁黄瓜丝　C. 蒜香茄条　D. 怪味鸡片

8. 炝法有生炝、水炝、油炝三种方法,（　　）冷菜属于油炝法。

A. 酱瓜鱼片　B. 炝腐乳活虾　C. 炝鱿鱼丝　D. 炝西蓝花

9. 冷菜制作醉的方法主要用（　　）作为调料。

A. 柠檬汁　B. 醋　C. 酒　D. 酱油

10. 糟制的烹饪原料在熟制处理时一般（　　）熟即可。

A. 五成　B. 六成　C. 七成　D. 八成

11. 泡菜要备有特别的泡菜坛，放在阴凉处，翻口内的水必须（　　）换一次。

A.1~2 天　B.3~4 天　C.5~6 天　D.7~8 天

12. 蒜泥白切肉煮熟程度为（　　）。

A. 五成熟　B. 六成熟　C. 七成熟　D. 八成熟

13. 冷菜盐水鸭的烹调方法是（　　）。

A. 卤　B. 蒸　C. 烫　D. 汆

14. 使用白煮法制作的冷菜是（　　）。

A. 五香酱牛肉　B. 苏式烟熏鱼　C. 葱油白斩鸡　D. 糖醋小萝卜

15. 以下冷菜中不需要加热的是（　　）。

A. 糖醋萝卜皮　B. 银牙拌鸡丝　C. 水晶肉皮冻　D. 醪糟醉山药

16. 酱制冷菜的操作程序一般是（　　）。

A. 选料→加工处理→入锅酱制→冷却切配→装盘

B. 加工处理→选料→入锅酱制→冷却切配→装盘

C. 选料→入锅酱制→加工处理→冷却切配→装盘

D. 加工处理→选料→冷却切配→入锅酱制→装盘

（三）问答题

1. 拌菜的特点是什么？常见的拌法有哪几种？各举一个例子。

2. 什么叫滑炝、生炝？常用的调味品有哪些？

3. 炝和拌有什么相同和不同之处？

4. 卤汁如何制作？如何调理？

5. 冻制菜肴的操作要领是什么？

6. 腌渍菜肴的操作要领是什么？

7. 腌、泡、糟、醉四种烹调方法有何异同？

8. 酱和卤有什么相同和不同之处？

9. 油炸卤浸和油焖有哪些不同之处？

10. 炸、炒、烤、熏、蒸等烹调方法既可制作热菜，也可制作冷菜。在制作热菜和冷菜时，这些烹调方法有哪些相同和不同之处？

（四）实训题

1. 结合课程所学，请每位同学制作 10 款不同的冷菜。

2. 按小组训练，每组选用五种不同的烹调方法制作五款冷菜。

3. 用泡菜坛制作泡菜时既要加盖，还要用一圈水封口。通过训练比较不用水封口制作的泡菜与用水封口制作的泡菜品质有何不同。

4. 自制红卤水和盐水鸭老卤。

项目四

菜品造型工艺

模块一

冷菜造型工艺

学习目标

知识目标

了解菜肴造型的艺术处理原则，了解菜品造型的主要途径；掌握实用型冷盘造型的步骤，掌握热菜造型的基本手法，掌握菜品盛装工艺的基本方法，了解菜品装饰与美化的基本技巧。

技能目标

掌握冷菜造型艺术处理的手法，能够对不同的冷菜进行造型艺术处理；能对实用型冷盘进行造型，掌握欣赏型冷盘造型的基本方法；掌握冷、热菜菜品盛装的基本手法，会装饰和美化冷热菜肴。

实训目标

（1）掌握菜品造型的艺术处理原则。
（2）掌握冷菜造型的基本手法。
（3）掌握热菜造型的基本手法。
（4）能对冷、热菜菜品进行造型艺术处理。

实训任务

任务一　实用型冷盘装盘技巧
任务二　欣赏型冷盘造型技艺

任务一　单盘装盘技巧

一、知识储备

按造型艺术处理的效果及价值分，冷菜有实用型冷盘和欣赏型冷盘。实用型冷盘包括单盘和一般拼盘，单盘指用一种冷菜原料切配造型，分围碟与独碟两种。一般拼盘指用两种或两种以上的冷菜原料按一定的切配造型拼摆，分双拼、三拼、四拼、什锦拼盘等类型。欣赏型冷盘又称工艺拼盘或花色拼盘，行业内习惯称为花拼或彩拼，具有食用性与艺术欣赏性相结合的双重属性。

（一）冷菜拼摆装盘的原则

（1）坚持食用性和艺术性相统一的原则。

（2）遵循简易、美观、大方、因材制宜的原则。

（3）坚持突出精巧艺术的原则。

（4）坚持食用、卫生、安全的原则。

（5）坚持用料合理、避免浪费的原则。

（二）冷菜拼摆装盘的基本要求

（1）刀工要精细。

（2）色彩要和谐美观。

（3）味汁要富于变化。

（4）装盘要合理，盛器要协调。

（5）用料要合理，注意营养卫生。

（三）冷菜拼摆装盘的步骤和基本方法

1. 冷菜拼摆装盘的步骤

（1）垫底。是将修切下来的边角余料或质地稍次的原料垫在下面，作为装盘的基础。

（2）围边。是用切得比较整齐的原料，将垫底碎料的边沿盖上。围边的原料要切得厚薄均匀，并根据拼盘的式样规格等将边角修切整齐。

（3）盖面。就是用质量最好、切得最整齐的原料，整齐均匀地盖在垫底原料的上面，使拼盘显得丰满、整齐、淡雅。

此外，一些冷菜拼盘制作好后，还要根据需要浇上味汁，或者用一些原料加以装饰和点缀，如车厘子、香菜、黄瓜片、雕花萝卜等。

2. 冷菜拼摆装盘的方法

（1）排：是将原料切成或处理成不同形状的块或片，或是原料加热后形成的自然形状，并列排在盘内。排有并行排列、弧形排列、四角形排列等多种形式，要根据不同原料和设计构思进行排列。

（2）堆：是将刀工处理好的原料堆入盘内。这种方法用于单拼或双拼，在盘内可以堆出不同形状的简单图案，明快美观。

（3）叠：一般是将原料切成片叠在一起。用这种方法可叠出叶形、梯形、桥形、马鞍形、蚌形等多种形式。制作时可在砧板上直接叠好用刀铲入盘内，也可切成片在盘内摆叠。

（4）围：将原料切成片在盘内排围一圈，中间可放置其他原料或点缀物。如盘内围一圈皮蛋，中间可放置拌好的鸡丝、黄瓜丝，这样可使冷盘菜既清爽又美观。

（5）摆：是运用精细的刀工技巧，把各种原料切成不同形状，拼摆成各式各样的彩色图案或图形。运用这种方法要掌握扎实的切配技术，才能使拼接出的图案图形清爽利落，形态逼真。

（6）覆：是将整齐原料切成片或丝，先整齐地排放在碗或盘中，然后再覆盖在垫好底的盘中，取掉碗或盘，使排好的原料整齐、丰满。如牡丹彩拼，就是将花瓣形的原料切成花瓣形的片排好于碗内后，整齐地覆在垫底的鸡丝之上，呈一朵牡丹花形，既美观又大方。

二、菜品制作工艺与实训

实训一　双冬宝塔

1. 烹调类别

卤。

2. 烹饪原料

主料：宝塔形大冬笋 100 克。

配料：水发冬菇 25 克、豆腐干 130 克。

调料：桂皮、茴香各 5 克，生姜、葱各 15 克，精盐 5 克、酱油 12 克、料酒 8 克、味精 3 克、白糖 8 克。

3. 工艺流程

（1）冬笋剥壳，取中间一段宝塔状，9 厘米长；笋头部取一段，长 3 厘米；其余切成四段，各长 1.5 厘米。冬菇中 1 只剪蒂留长柄，其余 9 只剪柄与菇盖平，用水洗净后温水浸发。

（2）取桂皮、茴香各 3 克，生姜、葱各 5 克，料酒、精盐、酱油、白糖、味精少许。将各种香料包入纱布袋，加葱结、姜块及适量清水煮沸后用文火焖煮，出香味；捞出纱布袋、葱结、姜块，经纱布滤出汁，加入剩余调料，用文火煮沸成香卤汁，然后把冬笋、冬菇、豆腐干入锅内，在卤汁中煮熟，捞出。

（3）以豆腐干为塔基，冬笋作塔身，冬菇作塔檐、塔顶，进行装盘。先将豆腐干摆在盘中央为塔基，再把大的 3 厘米长一段冬笋叠在豆腐干上，然后以一层冬菇、一层冬笋从大到小往上叠，最后一层的冬菇以柄向上（也可用笋尖）作为塔顶，留下4只冬菇放在盘的四方。

4. 风味特色

造型美观，清香爽口。

5. 实训要点

（1）香料卤调制时间要控制好。

（2）卤时火候不要太大，控制为中火。

实训二 虾蘑拼盘

1. 烹调类别

炸。

2. 烹饪原料

主料：鲜蘑菇150克，活大虾12只。

调料：麻油15克、酱油18克、精盐10克、葱15克、姜15克、醋10克、白糖8克、清汤25克。

3. 工艺流程

（1）鲜蘑菇去杂质，洗净，放入锅内，加入清汤，再加精盐，味精，煮透待用。

（2）活大虾去头洗净，沥去水分，放入热油锅炸熟，沥油后将各种调料倒入锅里，翻炒几次倒出冷却即成。

（3）装盘时将蘑菇放在盘中央，虾围在蘑菇周围。

4. 风味特色

一红一白，一菜两味。

5. 实训要点

（1）鲜蘑菇要去杂质，洗净，卤时不要咸。

（2）活大虾在炸时要控制好油温。

三、拓展知识与应用

（一）冷菜的特点

（1）味道稳定。冷菜冷食不受温度所限，味道相对稳定，适合宾主边吃边饮，所以它是理想的饮酒佳肴。

（2）常以首菜入席，起着先导作用。冷菜常以第一道菜入席，冷菜讲究装盘工艺，优美的形、色，对整桌菜肴有着一定的影响。特别是一些图案装饰冷盘，令人心旷神怡，兴趣盎然，不仅诱发食欲，对于活跃宴会气氛，也起着锦上添花作用。

（3）冷菜由于风味殊异，自成一格，所以还可独立成席、如冷餐宴会、鸡尾酒会等，主要由冷菜组成。

（4）可以大量制作，便于提前备货。由于冷菜不像热菜那样随炒随吃，因而可以提前准备，便于大量制作。若开展方便快餐业务或举行大型宴会，冷菜就能缓和烹饪工作的紧张状况。

（5）便于携带，食用方便。冷菜一般都具有无汁等特点，所以它便于携带，也可作为馈赠亲友的礼品。在旅途中食用，不需加热，也可不依赖餐具。

（6）可作橱窗的陈列品，起着广告作用。由于冷菜没有热气，又可以久搁，因而可作为橱窗陈列的理想菜品。这既能反映企业的经营面貌，又能展示厨师的技术水平，对于饭店开展业务、促进饮食市场的繁荣，具有一定的积极作用。

（二）冷菜与热菜的区别

（1）冷菜与热菜相比，在制作上除了原料初加工基本上一致外，明显的区别是：前者一般是先烹调，后刀工处理；而后者则是先刀工处理，后烹调。热菜一般是利用原料的自然形态或原料的切割、加工复制等手段来构成菜肴的形状；冷菜则以丝、条、片、块为基本单位来组成菜肴的形状，并有单盘、拼盘以及工艺性较高的花鸟图案冷盘之分。

（2）热菜调味一般都现做现调，并多利用勾芡使调味汁均匀分布；冷菜调味强调"入味"，或是附加食用调料（如配碟）；热菜必须通过加热才能使原料成为菜品，冷菜有些品种不须加热就能成为菜品。热菜是利用原料加热以散发热气使人嗅到香味，冷菜一般讲究香料透入肌里，使人食之越嚼越香，所以有"热菜气香"，"冷菜骨香"之说。

（3）冷菜和热菜一样，其品种既常年可见，又四季有别。冷菜的季节性以"春腊、夏拌、秋糟、冬冻"为典型代表。这是因为冬季炮制的腊味，需经一段"着味"过程，只有到了开春时食用方"始觉味美"。夏季瓜果蔬菜比较丰富，为凉拌菜提供了广泛的原料。秋季的糟鱼是增进食欲的理想佳肴。冬季气候寒冷，有利于烹制冻蹄等冻制品菜肴。可见冷菜是随着季节变化而形成的。现在也有反季供应，有时冬令品种在盛夏供应，更受消费者欢迎。

（4）冷菜的风味、质感也与热菜有明显的区别。从总体来说，冷菜以香气浓郁、清凉爽口、少汤少汁（或无汁）、鲜醇不腻为主要特色。具体又可分为两大类型：一类是以鲜香、脆嫩、爽口为特点，一类是以醇香、酥烂、味厚为特点。前一类的制法以拌、炝，腌为代表，后一类的制法则由卤、酱、烧为代表，它们各有不同的风格。

任务二 欣赏型冷盘造型技艺

一、知识储备

欣赏性冷菜拼盘指花色拼盘，也称工艺冷盘，是经过精心构思后，运用精湛的刀工及艺术手法，将多种冷菜菜肴在盘中拼摆成飞禽走兽、花鸟虫鱼、山水园林等各种平面或立体的图案造型，常用于高档宴席。

（一）花色拼盘的组成结构

花色拼盘基本分为主体、附体、配件、食用件、装饰。

以花色拼盘锦鸡为例（见图 4–1）：

主体：锦鸡、芭蕉叶。

附体：灯笼、芭蕉果。

配件：露珠。

食用件：假山、西兰花、虾仁。

装饰：小草。

图 4–1 花色拼盘锦鸡

（二）花色拼盘的基本表现形式

花色拼盘的基本表现形式，一般可分为平面型、卧式型、主体型三大类。花色拼盘的主题内容很多，春夏秋冬、飞禽走兽、花鸟鱼虫、山川风物等，皆可生动再现。比如表现植物的有“春暖花开”“茁壮成长”，表现山水的有“椰岛风光”“锦绣河山”，表现动物的有“孔雀开屏”“松鹤延年”等。

花色拼盘在制作过程中要注意以下四个方面。

（1）取主料。取主料时要准，根据所要拼摆的物体形态下大料，多为凤眼片、长形片、圆形片、橄榄片，要符合要求，无断裂、无阶梯。

（2）初加工（焯水或入味）。取好主料后就需要根据拼摆的物体要求焯水入味，水温100℃时加入下好的大料熟制，焯水后加料酒、味精、盐入味。焯水后入味要透彻。

（3）划细片。划细片时要求刀工精细程度高，每片厚度一致。先进的制作工艺多用片刀加工，成片一致，不容易散开。

（4）拼接。拼接时应注意轻拿细片，慢慢捻开，手稳心静。拼摆时尽量覆盖住底部原料，无散片。

（三）花色拼盘的造型分类

花色拼盘的造型分类如表4–1所示。

表4–1 花色拼盘的造型分类

造型分类	具体种类	花色拼盘实例
动物类造型	禽鸟、畜兽、鱼类、蝴蝶等	丹凤朝阳、鸳鸯戏水、金鸡报春、龙、麒麟、奔马、金鱼、蝴蝶冷盘等
植物类造型	花卉、树木、果实、叶类等	牡丹花、荷花、松树、椰树、葡萄、桃子、荷叶、枫叶等
器皿类造型	花篮、花瓶、宫灯、扇子、奖杯、船类等	花篮、花瓶、宫灯、扇子、奖杯、船类等
景观类造型	自然景观、人文景观、综合景观等	南海风光、锦绣山河、天坛、西湖十景、红山风景等
组合图案造型	抽象组合、具象组合、混合式组合等	百鸟朝凤、梅竹冷拼、百花闹春等

（四）花色拼盘的制作程序

（1）构思：根据宴席的主题构思，根据餐厅、厨房的人力和时间构思，根据宴席的标准构思。

（2）构图：根据构思构图，根据色彩合理搭配构图，根据烹调美学构图。

（3）选料：合理选用原料。

（4）刀工：选择不同的刀工处理方法，刀工要精细。

（5）拼摆：选择盛器，安排底垫，具体拼摆，装饰点缀。

（五）冷色拼盘造型美的形式法则

冷色拼盘的美应该是美的形式和美的内容的统一体。美的形式为表现美的内容服务，美的内容必须通过美的形式表现出来。冷盘造型的形式美是指构成冷盘造型的一切形式因素（如色泽、形状、质地、结构、体积、空间等），按一定规律组合后所呈现出来的审美特性。形式美主要是表现某种概括性的审美情调、审美趣味、审美理想。花色冷盘形式美法则体现在以下几个方面。

（1）单纯一致。如单拼及奔牛、马、鹿等独立成盘的。

（2）对称均衡。对称：以轴线为中心，如花篮、宫灯、什锦拼盘等。均衡：是一种动力均衡和运动均衡，使作品有动感，如翠鸟赏花、荷塘情趣、飞燕迎春等。

（3）调和对比。表现形态的动与静、方与圆、大与小，位置的远与近，冷与暖等对比，如梅花鹿、雄鹰展翅、蝶恋花等。

（4）尺度比例。是指每种造型图案的结构、比例的大小，粗细、长短、高低等。

（5）节奏韵律：要符合自然界事物的规律，如由大到小、由上到下等自然变化。如鸟类的翅膀的摆法。

（6）多样统一。将上述法则综合运用。

二、菜品制作工艺与实训

观园荷趣　贾府美碟

观园荷趣展现的是金陵十二钗生活的场景，既是一幅立体的山水画，也是一首有形的抒情诗。大观园里斑鹿、鸳鸯，戏耍其内，琴剑挂件广悬于壁，匾额、楹联充塞其间。其他诸如茂林修竹、清流激湍、十里荷花、丹桂飘香、雨打芭蕉，均能以景入情，以情化景，引人遐思，使人心醉。看那怡红馆里竿竿湘妃竹的“龙吟细细，凤尾深深”，便会明白此意境之清幽雅致。主盘用琼脂雕刻成马头墙，拼摆的荷花在微风中轻轻摇曳，池塘里银波水暖，鸳鸯对浴，不远处假山玲珑、亭阁耸翠，交相辉映，构成大观园一幅立体的山水画。

观园荷趣　贾府美碟标准冷菜谱如表 4–2 所示。

表 4–2　观园荷趣　贾府美碟标准冷菜谱

宴席名称	观园荷趣　贾府美碟		
制作人		味型	咸鲜、麻辣、酸辣、酸甜
烹调方法	腌、卤、煮、拌	餐具搭配	浅底方形盘、小圆盘

续表

售价	268 元	成本价		125 元
主辅调料	主料	单价（元/500 克）	重量（克）	备注
	盐方火腿	14	750	
	雨润红肠	17	320	
	皮蛋肠	21	300	
	鸡蛋干	16	300	
	酱牛肉	58	200	
	辅料	单价（元/500 克）	重量（克）	备注
	青萝卜	4.5	500	
	胡萝卜	2.5	500	
	白萝卜	1.3	500	
	心里美萝卜	3.75	500	
	荷兰黄瓜	6	750	
	莴笋	3	300	
	蒜苗	6.9	50	
	沙拉酱	28	100	
	调料	精盐、白糖、香醋、味精、麻辣汁、白醋、可可粉		
制作工序和要求	（1）将琼脂采用泡、煮等烹调加工方法加热成熟，取出后放入冰水中冷却。 （2）将黄瓜、白萝卜、心里美萝卜分别用盐等调味品腌渍后，用刀加工成薄片，整齐地拼摆于盘中。 （3）花拼用各种经过烹调加工后的原料改刀成型，以大观园庭院为背景，两只鸳鸯心心相印。拼摆装饰荷花、假山、屋檐、窗花等。 （4）取小圆盘，把酱牛肉、胡萝卜、莴笋、盐方火腿改刀切片分别放入盘中。 （5）配以麻辣味汁、豆豉汁上桌即可。			
整体观感	（1）刀面长短一致，厚薄均匀，纹路清晰，画面整洁。 （2）造型逼真，搭配合理，刀工细腻，设计明快。			
风味特点	（1）口味多样，随客人意愿而定（配麻辣味汁、豆豉汁等） （2）荤素有机搭配，保证营养素的均衡。			
菜序及适应性	一组冷菜首先放在桌上，体现宴席的主题，有利于调节宴席气氛，呈现饮食文化。			
台面布置	冷菜体现宴会的主题与核心，同时突出整桌菜品的艺术性和观赏性，以及文化的韵味。第一道菜应放在桌上最显眼的位置。			

续表

备注	刀面整齐，均匀分布，有层次感。
营养成分分析	蛋白质含量较高，其中氨基酸的组成接近人体需要，营养较为丰富，能提高机体抗病能力。此外，口感细腻的鸡蛋干中还含有丰富的维生素 A、维生素 B_2、维生素 B_6、维生素 D、维生素 E，以及人体所需的微量营养素钾、钠、镁、磷、铁等，营养价值较高。与此同时，搭配的黄瓜、莴笋、萝卜等食材，含有胡萝卜素和维生素 C、膳食纤维等营养成分。整道菜肴具有健脾、除湿利尿、降脂、镇痛、促消化、美容养颜等功效。

三、拓展知识与应用

常见冷菜调味汁的做法

（1）盐味汁。以精盐、味精、香油加适量鲜汤调和而成，为白色咸鲜味。适用拌食鸡肉、虾肉、蔬菜、豆类等，如盐味鸡脯、盐味虾、盐味蚕豆、盐味莴笋等。

（2）酱油汁。以酱油、味精、香油、鲜汤调和制成，为红黑色咸鲜味。用于拌食或蘸食肉类主料，如酱油鸡、酱油肉等。

（3）虾油汁。用料有虾子、盐、味精、香油、绍酒、鲜汤。做法是先用香油炸香虾子，然后再加调料烧沸，为白色咸鲜味。拌食荤素菜肴皆可，如虾油冬笋、虾油鸡片。

（4）蟹油汁。用料为熟蟹黄、盐、味精、姜末、绍酒、鲜汤。蟹黄先用植物油炸香后加调料烧沸，为橘红色咸鲜味。多用以拌食荤料，如蟹油鱼片、蟹油鸡脯、蟹油鸭脯等。

（5）蚝油汁。用料为蚝油、盐、香油，加鲜汤烧沸，为咖啡色咸鲜味。用以拌荤料，如蚝油鸡、蚝油肉片等。

（6）韭味汁。用料为腌韭菜花、味精、香油、精盐、鲜汤。腌韭菜花用刀剁成蓉，然后加调料、鲜汤调和，为绿色咸鲜味。拌食荤素菜肴皆宜，如韭味里脊、韭味鸡丝、韭味口条等。

（7）麻叶汁。用料为芝麻酱、精盐、味精、香油、蒜泥。将麻酱用香油调稀，加精盐、味精调和均匀，为赭色咸香味。拌食荤素菜肴均可，如麻酱拌豆角、麻汁黄瓜、麻汁海参等。

（8）椒麻汁。用料为生花椒、生葱、盐、香油、味精、鲜汤。将生花椒、生葱同制成细蓉，加调料调和均匀，为绿色咸香味。多拌食荤料，如，椒麻鸡片、野鸡片、里脊片等。忌用熟花椒。

（9）葱油。用料为生油、葱末、盐、味精。葱末入油后炸香，即成葱油，再同调料拌匀，为白色咸香味。用以拌食禽类、蔬菜类、肉类，如葱油鸡、葱油萝卜丝等。

（10）糟油。用料为糟汁、盐、味精，调匀后为咖啡色咸香味。用以拌食禽类、肉类、水产类荤料，如糟油凤爪、糟油鱼片、糟油虾等。

（11）酒味汁。用料为好白酒、盐、味精、香油、鲜汤。将调料调匀后加入白酒，为白色咸香味，也可加酱油成红色。用以拌食水产品、禽类较宜，如醉青虾、醉鸡脯，以生虾最有风味。

（12）芥末糊。用料为芥末粉、醋、味精、香油、糖。芥末粉加醋、糖、水调和成糊状，静置半小时后再加其他调料调和，为淡黄色咸香味。用以拌食荤素料均宜，如芥末肚丝、芥末鸡皮薹菜等。

（13）咖喱汁。用料为咖喱粉、葱、姜、蒜、辣椒、盐、味精、油。咖喱粉加水调成糊状，用油炸成咖喱浆，加汤调成汁，为黄色咸香味。拌食禽类、肉类、水产品都宜，如咖喱鸡片、咖喱鱼条等。

（14）姜味汁。用料为生姜、盐、味精、油。生姜挤汁，与调料调和，为白色咸香味。最宜拌食禽类，如姜汁鸡块、姜汁鸡脯等。

（15）蒜泥汁。用料为生蒜瓣、盐、味精、麻油、鲜汤。蒜瓣捣烂成泥，加调料、鲜汤调和，为白色蒜香味。拌食荤素皆宜，如蒜泥白肉、蒜泥豆角等。

（16）五香汁。用料为五香料、盐、鲜汤、绍酒。鲜汤中加盐、五香料、绍酒，将原料放入汤中，煮熟后捞出冷食。最适宜煮禽内脏类，如盐水鸭肝等。

（17）茶熏味。用料为精盐、味精、香油、茶叶、白糖、木屑等。先将原料放在盐水汁中煮熟，然后在锅内铺上木屑、糖、茶叶，加铁箅子，将煮熟的原料放在铁箅子上，盖上锅用小火熏，使烟剂凝结于原料表面。禽类、鱼类皆可熏制，如熏鸡脯、五香鱼等。注意锅中不可着旺火。

（18）酱醋汁。用料为酱油、醋、香油，调和后为浅红色咸酸味型。用以拌菜或炝菜，荤素皆宜，如炝腰片、炝胗肝等。

（19）酱汁。用料为面酱、精盐、白糖、香油。先将面酱炒香，加入糖、盐、清汤、香油再将原料入锅㸆透，为赭色咸甜型。用来酱制菜肴，荤素均宜，如酱汁茄子、酱汁肉等。

（20）糖醋汁。以糖、醋为原料，调和成汁后，拌入主料中，用于拌制蔬菜，如糖醋萝卜、糖醋番茄等。也可以先将主料炸或煮熟后，再加入糖醋汁炸透，成为滚糖醋汁，多用于荤料，如糖醋排骨、糖醋鱼片。还可以将糖、醋调和入锅，加水烧开，凉后再加入主料浸泡数小时后食用，多用于泡制蔬菜的叶、根、茎、果，如泡青椒、泡黄瓜、泡萝卜、泡姜芽等。

【模块小结】

掌握制作冷菜的一般方法，认识刀工在冷菜制作中的重要性；掌握制作花色冷盘的基本技能。

实训练习题

（一）填空题

1. 糖雕的制作方法有（ ）、（ ）、（ ）三种。

2. 雕刻花卉按先后顺序分为（ ）、（ ）两种方法。

3. 菜肴盘饰的式样从形状和作用分为:（ ）、（ ）、（ ）、（ ）、（ ）。

4. 冷菜拼摆的步骤是:（ ）、（ ）、（ ）、（ ）、（ ）。

5. 冻制根据口味不同，可分为（ ）、（ ）两种。

6. 酱就是将腌渍后经（ ）的半成品，放入（ ）的酱汁中，烧沸转至中小火煮至（ ）、上色的烹调方法。

7. 根据所熏的烹饪原料生熟不同，熏分为（ ）和（ ）两种。

（二）选择题

1. 冷菜装盘的步骤一般分为垫底、围边、（ ）三个步骤。

A. 盖顶 B. 封顶 C. 盖面 D. 垫底

2. 围边要以整齐、匀称、平展来体现技艺的效果，使其形成一个（ ）的表面。

A. 如画 B. 斑斓 C. 完整 D. 零散

3. 色彩鲜艳的冷盘均可用（ ）原料来点缀。

A. 对比度较弱的 B. 对比度强烈的

C. 对比度一般的

4. 制作大型黄油雕刻，涉及的环节有（ ）。

A. 构思、绘图、剪接 B. 浇注、制坯、打磨

C. 上油、装饰、修整

5. 半围点缀摆放法是在餐盘的一边将点缀花（ ）成半圆状的方法。

A. 镶嵌 B. 堆摆 C. 拼制摆放 D. 拼制

6. 将经过加工的各种装饰花型，围摆或（　　）在整盘的四周或中心，此技法称装饰点缀花。

A. 贴摆　　B. 镶嵌　　C. 叠摆　　D. 摆

7. 冷盘造型应坚持符合食用（　　）的原则。

A. 选料广泛　　B. 工艺讲究　　C. 安全卫生　　D. 制作精细

8. 冷盘拼摆，色彩搭配上应以和谐为准，即（　　）。

A. 鲜艳、纯正　　B. 平和、淡雅　　C. 艳而不俗，淡而不素　　D. 淡雅

9. 点缀品的使用应掌握（　　）的原则，要突出主题。

A. 少而精　　B. 既淡而雅　　C. 既繁不乱　　D. 整齐

10. 点缀花的类别可以按点缀花雕刻造型（　　）划分。

A. 手段　　B. 形式　　C. 类别　　D. 手法

11. 点缀花可以起到弥补主菜（　　）不足的作用。

A. 色彩　　B. 风格　　C. 食量　　D. 造型

12. 点缀花在使用时，要注意（　　）。

A. 营养　　B. 卫生　　C. 密封　　D. 安全

13. 料花的加工方法，可采用戳法、剔法、（　　）、切法等方法加工。

A. 手撕法　　B. 剥离法　　C. 削法　　D. 刻法

14. 料花加工是将原料加工成剖面为不同图案的坯料，而后加工成（　　）料花。

A. 平面形　　B. 双面形　　C. 单面形　　D. 立体形

15. 插花法是将原料切成薄片，（　　）或叠制后，用牙签插成不同花形造型。

A. 压制　　B. 卷制　　C. 滚制　　D. 包制

16. 局部点缀，多用于（　　）菜肴的装饰。

A. 单一料成品　　B. 整料成品　　C. 小型成品　　D. 大型成品

17. 半围点缀花的摆放要求是：要掌握好盛装菜品与点缀花的分量、（　　）的搭配。

A. 品种　　B. 色彩、形态　　C. 式样　　D. 形态

18. 加工的各种装饰花型，围摆、镶嵌在整盘的四周或中心，此技法称（　　）。

A. 装饰点缀花　　B. 制作点缀花　　C. 应用点缀花　　D. 拼摆点缀花

（三）判断题

（　）1. 平面式花色拼盘，注重食用，故造型要求比较少。

（　）2. 常见的工艺冷盘，用色应暖色多一点，冷色少一点，以求高雅别致。

（　）3. 果雕过程主要包括选料、构思、润饰、组装、成型、加工、上油等。

（ ）4. 色彩是物体表面的固有色在人体视觉中形成的感知觉。

（ ）5. 冷盘的组装手段在冷盘制作工艺中非常重要，它是实现美感的重要途径。

（ ）6. 冷菜装盘的第三个步骤是围边点缀。

（ ）7. 围边应以整齐和夸张艺术来体现技艺效果。

（ ）8. 冷盘装盘类型可概括为单盘、拼盘、艺术盘三类。

（ ）9. 卧式花色冷盘多作为观赏，不作食用。

（ ）10. 冷菜是各种宴席必不可少的菜肴，素有菜肴“脸面”之称。

（ ）11. 贴的手法主要是对形象的感悟，不用刀工。

（ ）12. 不要将不粘锅直接放在明火上干烧。

（ ）13. 切配冷菜，运刀要有力度，要稳、准、快。

（ ）14. 花色冷盘的拼摆只要将其带汁分开即成，菜肴味的轻重无须考虑。

（ ）15. 排的手法主要用于组织刀面，对造型影响大。

（四）简答题

1. 简述食品雕刻的原则。
2. 简述食品雕刻类型。
3. 简述食品雕刻制品的贮藏。
4. 简述花色冷盘的拼制特点。

（五）实训题

1. 写出实用型什锦冷盘造型的步骤和操作关键。
2. 分组设计四季不同的艺术冷拼。
3. 分组选择蔬菜原料拼摆三色冷盘。

模块二

热菜造型工艺

学习目标

知识目标

学习菜肴造型艺术处理与菜肴盛装，主要包括菜肴造型理的实用原则、规律和造型的主要途径。学生重点介绍和实训热菜造型的方法，熟练热菜盛装的规格要求、手法以及装饰美化方法等，并辅之较系统知识与实训。

技能目标

（1）会运用造型艺术处理的菜品。

（2）能够对不同的热菜进行造型工艺。

（3）掌握欣赏性热菜造型的基本方法。

（4）掌握热菜的基本盛装；会装饰和美化菜肴。

实训目标

（1）熟练菜肴造型的工艺处理原则。

（2）掌握菜肴造型的主要手法。

（3）掌握热菜造型与装饰规律。

（4）掌握菜肴盛装工艺基本方法。

（5）熟练菜肴装饰与美化的基本技巧。

实训任务

任务一　热菜造型手法

任务二　热菜拼摆造型与装饰

任务三　菜品盛装器皿的选择

中国菜肴花样繁多，技艺精湛，在很大程度上表现在热菜造型工艺的巧妙变化上。10多年来，中国菜品的热食造型菜不断涌现出新的风格，数以千计的制作精巧、栩栩如生、富有营养的热食造型菜，像朵朵鲜花，在中国饮食文化的百花园里竞相开放。这些千姿百态、外形雅致的“厨艺杰作”，在中高档宴会的餐桌上，与其他菜点一起，构成了一种完美的、具有中国特色的烹调艺术。

随着人们的生活水平不断提高，人们在吃饱的同时，更追求精神上的享受。热菜造型工艺能美化热菜，使其形象生动，起画龙点睛之作用，但方法不得当，反而会画蛇添足，影响宴席效果。

任务一　热菜造型手法

一、知识储备

（一）热菜造型的操作规范

热菜造型需在炉前进行，需坚持如下操作规程：

（1）严格控制炉前灰尘的污染。由于煤的燃烧易扬起灰尘，柴油、液化气的燃烧易起油烟灰，对菜肴及盛器造成污染，因此，造型时需充分运用抽风换气设备，并保持炉前、台面的清洁。

（2）配菜器具不应作装盛造型之用，严格做到生熟隔离，并在使用前经过严格的杀菌消毒处理。

（3）造型时不应用手直接接触菜肴，造型后亦严禁用手触摸，防止二次污染。

（4）不应延误造型时间，充分做好加热前超前造型的准备，以利于出锅成型。

（二）热菜造型的性质与特征

热菜是宴席的主体菜肴，能使宴席过程高潮迭起。热菜与冷菜不同，其最显著的特点就是趁热食用，以强烈的风味令人倾倒，因此，热菜受温度的制约性极强，必须以最快的速度造型。但这并不是说，热菜可以杂乱无章地呈献在人们面前，这样会在一定程度上有损人们的进餐情趣，从而影响宴席效果，因此，热菜造型既要快又要美，相对于冷菜造型，热菜造型难度更大。与冷菜相比，热菜造型具有如下特征：

（1）造型艺术表现时间最短，具有“一挥而就”“一扫而光”的特点，“一挥而就”是指出锅装盘成型之快，“一扫而空”是指趁热分而食之。

（2）热菜为多酥烂菜品、细嫩之物，不利于切割，更不利于精细刀工的再表演。

（3）热菜多为卤性菜品，汤汁较多，稠黏多味，一般不利于拼摆造型，受

“串味”制约较严，不适于拼盘。

（4）由于热菜受温度制约，不宜加长装盘造型时间；即使需精细造型，也需提前造型，预先在盘边周围、锅内装饰好缀件。

（5）热菜为依次上席，在宴席的主题中更追求个性的表现，前后配合具有内在节奏，因而因菜而异，一菜一格，环环相扣，并跌宕起伏。

（三）热菜造型的基本方法

最常见的造型方法有以下几种：

（1）花刀处理法。

① 运用剞刀法（综合刀法）在原料上划上一定深度、宽度的刀纹，加热之后变化成型，使菜肴美观、多姿，形态喜人。常用花刀法加工的原料有猪腰、猪肚（肚头）、鱿鱼、鸡鸭肫、鱼类等。因为这些原料质地脆嫩，弹性好，收缩性大，形体厚而较大。按照成菜的要求，可采取不同的刀法加工，经过烹调之后，可演变成荔枝、麦穗、菊花、凤尾、葡萄、松鼠等形状，给人以美感。

② 花刀法的运用基本要求是：剞刀的纹路、深浅、宽度必须一致，不能“穿花”（剞穿），具体菜肴又有具体要求。

③ 烹调时要讲究技巧，如猪肚码水淀粉不宜过多（浓），水淀粉也不宜太干，否则，加热“花形”不开；下锅时要求油热手快，一气呵成，即“片刻成型、及时开花”，这样才形美质嫩。又如鱼芽葡萄鱼，要选用干而细的淀粉扑均匀，扑粉后立即炸制，以免受潮，干淀粉吸水后，花形不美，口感不好。

（2）卷包法。

即把一些蓉馅、末、丝、丁、片等小型原料，按有色与无色区分，放于具有韧性的大片原料上，或食用性纸片上，再卷包成筒状，或长方形、正方形、锥体等。用于卷筒的原料主要有蛋皮、荷叶、网油、豆油皮、千张等。可分为单筒卷、如意卷两种。如意卷，又称双筒卷，指从皮的两端同时等距离地向中间对卷成型，例，如意蛋卷等。纸包一般采用食用玻璃纸或威化纸，如纸包鲜鱼等。

（3）酿填法。

即在一种原料上，放上其他原料的成型方法，可分五种形式。

① 填入凸凹不平的原料表面。将凸凹不平的原料，用蓉类原料填入凸凹处，使原料表面平展，如将花菜裹上一层鱼蓉或将鸡蓉氽熟，在鱼肚表面填上蓉料蒸熟。

② 填入盘空间，补充菜肴内容不足。有些热菜造型常采用此法，如一品鳜鱼等。

③ 掏空原料部分内容，再填入相关原料。此法应用也较广，如将老南瓜掏出内瓤，取盖蒸熟，再装入烩制的鲜料。

④ 去除小型原料的籽（核）或内脏，填入相关原料。

将小型植物性原料的籽（核）或小型动物性原料的内脏除去，在不破坏原料外表整形的条件下，填入准备好的原料，如开口笑（红枣中酿入糯米粉）、酿青椒（青椒中酿入猪肉馅料）、脆皮大肠（猪大肠中酿入馅料）等。

⑤ 整形原料去骨（刺）后，填入相关原料。通常将鸡、鸭、鱼等整形原料去骨（刺），再填入相关原料，让其形态饱满，使其恢复原有自然形态或转变成其他形态，如八宝鸡（去骨后填入八宝料）、鱼咬羊（鱼从背部去骨刺后填入羊肉馅料）、葫芦鸭（鸭子去骨后填入八宝料，形成葫芦状）等。

（4）镶嵌法。

镶是把一个物体嵌入另一物体内或围在另一物体的边缘，主要用于整体原料之间的组合，如掌上明珠，是把鹌鹑蛋镶于加工好的鸭掌上。一般来说，围摆原料多为植物性原料，且色泽艳丽，形象突出，主要起到美化主料、装饰整体效果的作用。

二、菜品制作工艺与实训

鲜橙汁素燕窝

1. 烹调类别

蒸。

2. 烹饪原料

主料：冬瓜 250 克。

辅料：鲜橙 1 个，淀粉 200 克。

调料：蜂蜜 3 克。

3. 工艺流程

（1）将冬瓜去皮去瓤，洗净，切细丝。将切好的冬瓜丝蘸匀干淀粉，放入热水锅中氽水，再快速放入凉开水中冲凉，沥干水分做成素燕窝待用。

（2）鲜橙去顶部做成杯盖状，挖出橙肉，用榨汁机打成鲜橙汁，橙皮保持原状做盛器。

（3）素燕窝焯水后放入橙中，鲜橙汁加热调味后淋入橙中即可。

4. 风味特色

清新爽口，味带酸甜，形似燕窝，美观大方。

5. 实训要点

（1）橙皮及橙盖需略加雕刻，做成盛器美观大方。

（2）冬瓜丝要粗细一致，过凉要迅速。

三、拓展知识与应用

我国造型菜品制作有其独特的表现形式，它是经烹调师精巧灵活的双手，运用一定的造型工艺而完成的。创制造型菜品的根本目的，是为了具有较高的食用价值。菜肴通过一定的艺术造型，使人们在食用时达到审美的效果，食之津津有味，观之令人心旷神怡。它以食用为前提，展现在宾客面前，以此增加气氛，增进食欲，勾起人们美好的联想，感到一种美的享受。

食用与审美寓于菜肴造型工艺的统一之中，而食用则是主要方面。菜肴造型工艺中一系列操作技巧和工艺过程，都是围绕食用和增进食欲这个目的进行的，既要满足人们对饮食的欲望，又要产生美感。

造型热菜与普通菜肴的根本区别，在于它经过巧妙的构思和艺术加工，创造了一个审美形象，对食用者产生较好的艺术感染力。而普通菜肴一般不注重造型，菜肴成熟后直接盛入盘、碟中即可。

在创作造型热菜时，制作者必须正确处理食用审美两者之间的关系。任何华而不实的菜品，都是没有生命力的。需要特别强调的是，菜品不是专供欣赏的，如果制作者本末倒置，这将背离烹饪的规律，也为广大顾客所反感。脱离了食用为本的原则，单纯地追求艺术造型，就会产生“金玉其外，败絮其中”的形式主义倾向。现代餐饮经营者竭力反对那些矫揉造作的“耳餐”“目餐”的造型菜。以食用为主、审美为辅，食用与审美统一的造型热菜，才是人们所真正需求的并具有旺盛生命力的菜品。

任务二　热菜拼摆造型与装饰

一、知识储备

（一）热菜的拼摆造型与装盛造型

热菜通常是一菜一盘，采用拼法的较少，在大型宴会菜品制作中有时需要拼制，一般是双拼与三拼，统称之为热拼。热拼一般只能运用卤性较少或无卤的干性菜肴，如炸、煎、炒、爆等类菜肴，有双味、两吃、三色之称。

在手法上，冷盘造型侧重于拼摆，热菜则侧重于装盘与点缀，即直接将菜肴装入盘或碗中，然后再点缀，因此在程序与方法上相对简化，但要求更为准确。热菜造型注重自然成型，基本上采用一种手法一次性成型。不同的菜肴类型需不同的装盛造型手法，适应于不同类别菜品的装盛造型方法有以下几种。

（1）拉入法。将锅端临盛器上方，倾斜锅身，用手勺将锅内菜肴左右轮拉入盛器中，此法适用于对炒、熘、爆类小料形菜品的装盘，呈自然堆积造型形式——馒头形。

（2）倒入法。将锅端临盛器上方，倾斜锅身，使菜肴自然流入盛器，此法适用于汤菜的装碗，倒时需用手勺盖注原料，汤经过勺底缓缓流下。

（3）舀入法。将锅端临盛器一侧，用手勺逐勺将菜品舀出盛入碗（盘）之中，此法适用于卤性较多、稠黏而颗粒较小菜品的装盘，如一些烩菜。

（4）排入法。将原料提前造型排入盘中，或成熟后改刀排入盘中，此法适于对炸、熘、蒸、煎类菜品的造型，形制较为匀称。

（5）拖入法。将锅端临盛器左侧上端，倾斜锅身并同时迅速将锅往右移动，使锅中菜肴整个脱离锅滑入盘中，此法适用于对整条或排列整齐的扒、烧菜肴的造型。

（6）复入法。此法与冷菜造型手法的复入法相同，适用于蒸、扒、扣菜造型。

热菜造型手法种种，都必须使其形态饱满，神形生动，大小得体。对炸、煎菜的造型，应沥去油分。装盘时锅底不宜离盘过近，以免锅灰污染菜肴，亦不宜过高，给装盛带来不便，汤汁四浅。动作要既轻又准，防止菜品破损或零乱。浇卤时需将菜品浇得均匀，对于整块的肉、禽、鱼造型，应浇在皮面上；碎小菜肴的选型则需主料在上，辅料在下，突出主体。

（二）热菜装盘成型的基本方法

（1）直接装盘法。是指将片、丁、丝、小块、小段等小型原料经过炒、烧、焖等烹调后，直接装盘，呈自然几何形体，一般多堆起。

（2）平行排列法。是将蒸制、炸制、烤制的片、条、段、块、卷等成型美观的菜肴，用平行排列的方法装盘。

（3）放射排列装盘法。指菜肴造型呈放射状，最典型的是炒菜心，取圆平盘，按菜心纵向朝盘中围摆，分向心式与离心式两种，菜叶朝外为向心式，朝里为离心式。

（4）对称排列装盘法。是根据对称原理，将同色、同形、等量的菜肴均匀地装盘，使之形成完全均衡的图形，一般用于成型美观、大小均匀一致的小型条状或块状原料。

（5）围摆装饰成型法。是根据色彩的搭配规律和整体形状的要求，将各种形状装饰形体摆在菜肴四周，呈现围边装饰效果。

（6）整体菜肴自然分解成型法。即先把能突出整体原料特征的部分取下，再将主要食用部分分解成一定的形状，组合拼摆在盘中。多见于整体的动物类菜肴，例如将整只鸭的头部、腿部、翅膀取下，其他部分剁块，再复制成整体形状装盘。

（三）菜品的装饰

菜品的装饰是指对装盘后的菜品加以点缀等美化，以突出菜品的主题风格。菜品装饰的基本要求如下：

（1）要以食用为前提，符合卫生要求，不影响菜品味觉，装饰后更能诱人食欲，烘托气氛。尽量不要把装饰生料放在成熟的菜品上。

（2）选材要合理，与菜品的色泽搭配要和谐。

（3）刀工处理要得当，该细腻的一定要细腻，粗犷的刀工中也要蕴含装饰品位，力求把细节做到位。

（4）装饰要突出主题，层次清楚，简洁明了，美观大方，不过分雕琢，不喧宾夺主，不搞“花架子”，要让人一看就懂。

（5）装饰主要着眼于一些特色菜、高档菜、品牌菜、造型菜，一般普通家常菜肴不必装饰，高档华贵的菜盘也不必装饰。

（6）装饰手法要富于变化，不要每道菜都一个样，否则失去了装饰的意义。

（7）装饰过程要在极短时间内完成。

（8）尽量使用可利用的边角余料，以降低成本。

（四）菜品装饰的基本方法

菜品装饰的方法多种多样，其变化也很大。常见的基本方法主要有点缀和围边。

1. 点缀

点缀是最常见的菜肴装饰方法，特点是用料少，往往起到“画龙点睛”的作用。点缀的方法主要有以下几种：

（1）对称式。指在菜肴两旁对称点缀，有双对称、多对称之分。点缀物主要为具有一定抽象形态特征的加工原料。工整相对，是对称式的一大特点，可以避免繁杂和零乱。

（2）鼎足式。又称三点式，适合点缀圆形平盘盛装的片、丁、丝、条等菜肴。菜肴盘边多点缀碧绿的黄瓜，辅之少许红椒，赏心悦目。

（3）扩散式。多以细末料点缀在菜肴上，形成强烈对比和反差，达到“形散意不散”的效果。如炒鸡粥，菜肴色泽洁白，撒上红火腿末，形成色泽反差对比，使菜肴红白相映，更突出了菜肴主题，让人食欲大增。

（4）盖面式。运用较为繁复，需根据菜肴规格和要求，拼摆上各式多样的纹样图案，如一品豆腐、一品鲍鱼的点缀。盖面式点缀的基本要求是盖中有透，扬抑并存，虚实结合。

（5）点睛式。点睛式用于象形菜肴，方法是在动物造型菜头部点缀眼睛，使头部造型更生动。

（6）花心式。指在菜肴的中心部位点缀花卉图案，如金黄色的炸凤尾明虾，虾尾朝外呈放射状摆在盘里，盘中心点缀鲜红的番茄花。

（7）间隔式。适合整齐、无汁或汤汁较少的菜肴，于盘边绕菜肴间隔点缀，如明珠大乌参，乌亮的海参装于盘中，周围缀以洁白的鸽蛋，每两个鸽蛋间插上一个橄榄形胡萝卜，犹如串起的明珠。

（8）边花式。这是最常见的一种点缀方法，多用于炸、炒、爆、烧等无汤汁或汤汁少的菜品。方法简单，便于操作。菜品装盘后，在盘边一角的适当位置点缀上一种花卉，并用绿色辅料衬托。常用花卉有鲜花和旋、刻的番茄花、土豆花、萝卜花等。

2. 围边

围边与点缀的区别在于，点缀量小且用料少，而围边用料较多，通常是围成一定的大块形图案。按围边方式分类有半围、全围、单边围等，按用料分类有生料围和熟料围，按造型分类有梅花形、正方形、长方形、椭圆形、扇形、圆球形、多面体等。围边是常用的装饰方法，操作时应注意以下问题：

（1）要根据菜肴的形体特征决定围边方法和造型图案，速度要快，时间要短。

（2）围边要突出菜肴主料，使菜肴特色鲜明，不可喧宾夺主，色调要清新。

（3）生料围边应选择可生食的素料，如西红柿、甜橙、柠檬、橘瓣、芫荽、黄瓜等。刀工的厚薄要恰当，并按菜肴的造型大小决定围边的形体大小。同时应与菜肴保持一定的间隔，防止串味。

（4）使用熟料围边是最值得提倡的一种围边方法，其特点是既具有食用性，又具有装饰性，同时也符合卫生要求，具有一举多得的作用。常用围边熟料主要为绿色蔬菜，如菜心、芥蓝、各色素料球（胡萝卜球、南瓜球、莴笋球等）、面食、白色鸡蛋糕、黄色鸡蛋糕等。

二、菜品制作工艺与实训

五谷扣肉

1. 烹饪原料

主料：五花肉 750 克。

配料：大米 80 克、糯米 20 克、红小豆 20 克、绿豆 20 克、黑豆 20 克、薏米 20 克、小米 20 克。

调料：八角 5 克、桂皮 5 克、生抽 10 克、老抽 8 克、糖 8 克、盐 3 克、鸡精 3 克、葱姜各 15 克、湿淀粉 15 克。

2. 制作工艺

（1）所有米粮类配料用水泡4小时，清洗干净后，加少量水，入蒸箱中蒸熟取出。

（2）带皮五花肉入水锅煮断生取出，趁热在肉皮表面上抹点老抽，入七成热的油中炸至金黄色，沥油捞出，放入水中浸泡至皮软，取出切成长10厘米、厚0.8厘米的大片。

（3）热锅起油，煸香葱姜，下五花肉片，加水没过肉片，加入调料调味。大火烧开，小火煨至五花肉软糯捞出，卤汁用湿淀粉勾薄芡。取两片扣肉，夹入杂粮饭，淋少许卤汁，摆盘即可。

3. 风味特色

色泽酱红，香气扑鼻，清甜爽口。

4. 实训要点

（1）米粮类配料需提前泡4小时左右。蒸饭时可加少许盐和油。

（2）炸扣肉时油温和时间要掌握好，炸好后要用水泡软，以达到“虎皮”的效果。

三、拓展知识与应用

（一）热菜造型的基本要求

热菜造型菜品中除了菜肴在烹调时杀菌消毒外，还应注意食品装盘过程中使用的餐具卫生、厨师个人卫生习惯，以及制作菜品原料的生熟混杂等食品安全卫生。

（1）菜肴必须装在消毒过的器皿中。

（2）操作时，不可直接用手接触食物。

（3）消毒过的器皿要避免污染，不可用未消毒的抹布擦拭盘子。

（4）要力戒生熟混杂，不允许用非食品作装饰品。

（5）注意个人卫生，操作时不能吸烟，并戴口罩。

（6）造型菜肴成品储藏或短暂存放时，注意保管好，不能生熟混放。

（二）热菜造型的表现形式

热菜的造型表现形式千姿百态、丰富多彩，有自然朴实之美，有绮丽华贵之美，有整齐划一之美等。热菜造型艺术的表现形式一般可分为抽象造型、形象造型、图案造型和装饰造型。

1. 抽象造型

（1）热菜的抽象造型主要根据菜肴原料的形状特点，表现为丁、丝、片、块等具体形状的原坯，再加入其他原料，配合不同的加热方法，成熟后按点、线、体特征进行装盘造型。

（2）在烹调过程中有的原料也是造型坯料，例如：丁的种类有很多，因此丁状的原料可用作点的抽象造型，如腰果虾仁是把腰果、虾仁看作点构成的造型菜。丝的坯料种类主要有粗、细、长、短之分，丝的菜肴可通过线的抽象造型美化。片、块的造型为体的抽象造型，如拔丝苹果是由苹果块装饰而成。

2. 形象造型

（1）热菜的形象造型就是让菜肴造型处在艺术形象与模拟对象之间。这“似与不似”的菜肴形象能令人产生联想。形象造型是根据原料的特征和规律，确定菜肴形象的主题，通过原料形状和烹饪技术的配合，进行构思和布局，达到预期的效果。

（2）热菜形象造型一般通过两种手法表现：一是写实手法，以物象为基础，适当地裁剪、修饰，塑造表现物象的特征和色彩，造型简洁工整，生动逼真。二是写意手法，突破自然物象的束缚，充分发挥厨师的想象力，对物象进行大胆的加工和塑造，且不影响物象原有的特征。

3. 图案造型

热菜的图案是应用美术，具有实用性和装饰性，美的菜肴是图案与造型的产物。图案造型特点是多样统一，对称均衡。根据图案造型的基本特点，图案造型要符合以下几点要求：

（1）对称与均衡相结合。

（2）对比和调和相结合。

（3）节奏和韵律相结合。

4. 装饰造型

热菜的装饰造型就是通过食用原料在餐盘四周或中心做出有一定形状的花色边，或以其他不同色彩的原料作点缀，它可食性强，简单易做，造型雅致，是热菜造型艺术中运用较多的方法之一。

任务三　菜品盛装器皿的选择

《随园食单》的作者袁枚曾叹道：“古诗云：‘美食不如美器’，斯语是也。”并说，菜品在出锅后，该用碗的就要用碗，该用盘的就要用盘，“煎炒宜盘，汤羹宜碗，参错其间，方觉生色”，是对美食与美器关系的一个精练总结。

一、知识储备

中国烹饪器具种类繁多、历史悠久，是构成中华饮食文化的重要的组成部分。中国烹饪器具的发展历史中几种影响较深远的烹饪器具，按时间先后和材质工艺的不同，大致可以分为五个时期：陶器时期，青铜器时期，漆木器时期，瓷器时期和铁器时期。其中对烹饪技术发展产生重大影响的主要是陶器时期、青铜器时期和铁器时期。

（一）陶器的出现和发展

1. 陶器的出现

用火制熟食物与陶器的出现密不可分。新石器时代后，先民们在磨制工具时摸索出“木与木相摩则燃”的规律，进而发明了火；在烧烤食物、化生为熟的饮食活动中，又探索出不少的食物制熟技术。人类最初的熟食法有火烹法、包烹法、石燔法和石烹法。包烹法是用草、泥包裹食物置火中煨烤成熟的方法。在漫长的原始生活中，人类发现包裹于食物上的泥巴或是晒干的泥巴被火烧之后，变得更加结实、坚硬，而且可以防水，于是原始的陶器在偶然间产生了。

2. 陶器时期的发展

陶器是人类第一次利用天然物，按照自己的意志创造出来的一种崭新的东西。从目前所知的考古材料来看，陶器中的精品有旧石器时代晚期距今 1 万多年的灰陶，有距今 8000 多年前的磁山文化的红陶，有距今 7000 多年的仰韶文化的彩陶，有距今 6000 多年的大汶口的蛋壳黑陶，有距今 4000 多年的商代白陶，有距今 3000 多年的西周硬陶，还有汉代的釉陶等。到了宋代，瓷器的生产迅猛发展，制陶业趋于没落，但是有些特殊的陶器品种仍然具有独特的魅力，并在各个历史时期一直未中断过制作和使用。

3. 陶器时期烹饪技术的发展情况

陶器发明及制陶业兴起，使得真正意义上的烹饪器具应运而生。伴随着这些烹饪器具的运用，新烹饪技法应运而生。“水熟”成了这时期烹饪工艺的基本特点，煮、蒸等技法成为这一时期烹饪技术的主导。

（二）青铜器的出现和发展

1. 青铜器的出现

在不断总结劳动实践经验和制陶经验的基础上，人类发明了冶炼术，并开始制作铜器。公元前 1500 年出现的青铜鼎被视为铜烹时代的标志。我国古代制造青铜器的主要原料是铜锡合金。作为中国饮馔史上的第二代烹饪器具，青铜器曾在历史上产生过巨大影响。青铜具有熔点低、易锻造、硬度高、不易锈蚀等优点。青铜既具有石器坚硬的特点又具有陶器的可塑性，弥补了陶炊具易碎的不足。因此，随着青铜烹饪时代的到来，青铜炊具逐步取代了陶炊具。

2. 青铜器的发展

中国古代青铜器是我们的祖先对人类物质文明的巨大贡献。青铜器按用途可分为食器、酒器、兵器、乐器等。食器又可分为饪食器与盛食器两大类。饪食器有鼎、鬲、甗；盛食器有簋、敦、豆、盆等。从各朝代青铜器发展情况看，夏始炼九鼎，商殷重铸酒器，西周突出食器发展，春秋战国是“钟鸣鼎食，金石之乐”的青铜器鼎盛时期。

3. 青铜器时期烹饪技术的发展情况

这一时期的菜肴品种多样，地方风味菜肴萌芽，宴席初具雏形，出现“列鼎而食，席前方丈”的排场局面，这与青铜烹饪器具的使用是分不开的。

（1）烹。由于青铜炊具美观耐用、传热快的特点，这就有利于烹饪方法的多样化。青铜烹器的应用，使高温油烹法产生。烹是将加工的小型原料稍加腌渍，直接拍粉或挂浆糊，放入油锅中炸制（或用少油量煎制）后，再放到另一旺火热油锅中（或原锅留少油）烹入预先调成的调味汁，用高温加热，原料迅速吸收味汁，成为香气浓郁的菜肴。

（2）刀工。在3000多年前，我国劳动人民已经认识到，通过调整铸造青铜器的金属成分比例，可以获得满足不同用途性能的青铜器。随着冶炼术的不断提高，青铜器具胎体变薄；同时薄形铜刀的使用，使刀工技法得以形成。春秋时期，已有简单的食雕出现。刀工技术的运用使得原始食物的分割变得更加精细。因此，在青铜器时期，由刀工、火候和调味三大内容所构建的中国烹饪技术体系即已形成。

（三）铁器的出现和发展

1. 铁器的出现

商代人曾用天然陨铁制作过刀刃和饰物。人们在冶炼青铜的基础上逐渐掌握了冶炼铁的技术。中国最早关于使用铁制工具的文字记载是《左传》中的晋国铸铁鼎。在春秋时期，中国已经在农业、手工业生产上广泛使用铁器。

2. 铁器的发展

中国烹饪史把秦汉以来铁器的普及使用，作为烹饪发展进入铁烹时代的标志。铁烹时代大致可分为秦汉至南北朝的铁烹早期、隋唐至南宋的铁烹中期、元明清时代的铁烹盛期和辛亥革命以后至今的现代铁烹时期。秦汉时期冶铁技术的成熟极大促进了铁制炊具的使用和推广。

3. 铁器时期烹饪技术的发展情况

铁制炊具良好的导热性，促进了炒这一烹饪技艺进一步发展。《中国烹饪百科全书》中对炒的解释为：“炒”就是以少油旺火快速翻炒小型原料成菜。炒适用于各类烹饪原料，因成熟快，原料要求形体小，大块要改刀成薄、细、小的丝、片、丁、条、末或花刀块，以利于均匀成熟或入味。

（四）菜肴盛器的种类

菜肴装盘时所用盛器的种类很多，大小不一，风格各异，在使用上各地也有所不同，以下为几种常用的菜肴盛器。

（1）腰盘。腰盘又称长盘、鱼盘，是椭圆形扁平的盛器，因形态像腰子，故名。其尺寸大小不一，最小的轴长 18 厘米，最大的轴长 70 厘米。小的可盛各式小菜，中等的盛各种炒菜，大的盛整只鸡、鸭、鱼等大菜及作宴席冷盘使用。

（2）圆盘（平盘）。圆盘是圆形扁平的盛器，尺寸大小不一，最大的直径 52 厘米，主要用于盛无汁或汁少的热菜与冷菜。

（3）汤盘。汤盘是圆而扁的盛器，但是盘的中心凹下，最小的直径 20 厘米，最大的直径 42 厘米。主要用于盛汤汁较多的烩菜、熬菜、半汤菜等，有些分量较多的炒菜，如炒黄鳝糊，往往也用汤盘盛装。

（4）汤碗。汤碗专作盛汤用，直径一般为 28~38 厘米。另外还有一种带盖的汤碗，叫瓷品锅，主要用于盛整只鸡、鸭制作的汤菜，如香菇老鸡汤、清炖鸭子等。

（5）扣碗。扣碗专用于盛扣肉、扣鸡、扣鸭等，使菜肴成熟后形态完整。其直径一般为 17~27 厘米。另外还有一种扣钵，用于盛全鸡、全鸭、全蹄等。

（6）砂锅。砂锅既是加热用具，又是盛器，适于炖、焖等用小火加热的方法。原料成熟后，就用原砂锅上席，因热量不易散失，有良好的保温性能，故多在冬天使用，其规格不一，形式多样。

（7）汽锅。汽锅呈扁圆形状，有盖，由锅底突出一段汽孔道，一般为陶土制品（云南特产），锅体在炉膛的四周。还有一种菊花锅，无炉膛，用酒精做燃料，在锅下烧火，四面出火，火力较强。这两种锅都能够自身供给热能，使汤水滚沸，可以临桌将生的原料放入锅中烫涮，边涮边吃。火锅一般在秋冬季使用。

另外，市场上还有各式各样的异形餐具，如柳叶形、金鱼形餐具，这些异形餐具也能很好地美化菜肴，提升酒店菜品的档次。

（五）盛器与菜品的配合原则

菜肴制成后，都要用盛器装上才能上席食用。不同的盛器对菜肴会有不同的影响。一个菜肴如果用适合的盛器盛装，可以把菜肴衬托得更加美观，因而增加人们对菜肴的喜爱。所以应当重视盛器与菜肴的配合。一般原则是：

1. 盛器的大小应与菜品的分量相适应

菜品量多的应该用较大的盛器，量少的菜肴应该用较小的盛器。如果把量多的菜肴装在小盘、小碗内，菜肴在盛器中堆砌得很满，甚至使汤汁溢出盛器外，不但不好看，还影响清洁卫生；如果把量少的菜肴装在大盘、大碗内，菜肴只占盛器容积的很少位置，就显得分量不足。所以盛器的大小应与菜肴的分量相适应。

2. 盛器的品种应与菜品的品种相配合

盛器的品种很多，各有各的用途，必须用得恰当，如果随便乱用，不仅有损美观，而且不实用也不方便。例如一般炒菜、冷菜宜用圆盘或腰盘，整条鱼宜用腰盘，烩菜及一些汤汁较多的菜肴宜用汤盘，汤菜宜用汤碗，砂锅菜、火锅菜应原锅上席。

3. 盛器的色彩应与菜品的色彩协调

盛器的色彩如果与菜肴的色彩配合得当，就能把菜肴的色彩衬托得更加美观。一般情况下，洁白的盛器对大多数菜肴都是适用的。但是有些菜肴，如果用带有色彩的盛器来盛装，可进一步衬托出来菜肴的特色。例如，滑熘鱼片、芙蓉鸡片、炒虾仁等装在白色的盘中，色彩就显得单调，装在带有淡绿色、蓝色或淡花边的盘中，使人感到鲜明悦目。

二、拓展知识与应用

现代酒店餐具发展趋势

在现实生活中人们认为美有两种，一种是自由美，另一种是依存美，后者含有对象的合乎目的性。一个成功的设计必然是形体与恰当的材料相结合所反映出来的。各个时代的材料体现了各个时代的文明水平和发展历程。无论是陶餐具、青铜餐具还是瓷餐具，都将材质应用得淋漓尽致。如蓝釉材料的发现产生了端庄富丽的景泰蓝，纯铜的运用使得掐丝造型技术近乎天工。

在当代，科技的不断进步，新型材料对设计餐具的影响绝非仅仅止于技术性利用的范畴，而是包含了视觉与触觉的“整体质感”，以及对设计流行趋势所形成的激发作用。从心理上讲，餐具设计应该以能给人带来愉快的心情为主，这有利于人的进食。那么作为餐具载体的材料便显得尤为重要——尤其是材料本身的纹理和色彩。一套亮晶晶的餐具，会让人精神振奋，跳跃的色彩和璀璨的光芒无疑是平淡的日子里给自己和家人最好的礼物。

金属与陶瓷特质的餐具，给视觉带来不凡的视觉效果，给人以全新的材料美。除了感官上的冲击，这些特制的餐具还具有持久耐用的效果，清洗也更加方便；同时简化了烦琐的纹饰设计，看起来格外流畅，为家居带来别具一格的风情。

社会的不断发展用于制作餐具的材料种类很多，然而许多用于制作餐具的材料并不卫生，也不科学。酒店常见的竹木餐具本身不具有毒性，但易于被微生物污染，涂上油漆的竹木餐具对人体有害。纸制餐具虽然不会传染疾病，但是扔掉的纸餐具会污染环境。玻璃餐具清洁卫生，但有时它会“发霉”，一般用肥皂等碱性物质洗刷后才可去掉霉点。塑料具有很强的耐水性，但含有氯乙烯致癌物，长期使用会诱发癌症。铝在人体内积累过多，会引起动脉硬化、骨质疏松、痴呆等症。因此，完美的餐具不但应该具有精巧的造型，美轮美奂的图案，还应该有安全性及环境效应。

通常材料对餐具主要表现为三大影响：

（1）由“重文化”向“轻文化”过渡，社会基本结构的厚重感正在消失，取而代之的是轻薄感和轻量化。

（2）天然材料与非天然材料外观差别模糊化。

（3）生态高技术材料制作餐具。

当今社会信息全球共享，我们应该利用这种客观条件来发展我们的民族饮食文化，利用信息的全球化将我们的优势与特色展示给世界人民。我们应该不断地接受新的事物，借助于新的设计理念，将传统文化融合到新的设计理念中，发扬我们的民族特色，设计出具有中国特色的餐具。

【模块小结】

阐述菜品造型的艺术处理原则，重点讲述热菜造型的基本手法；运用热菜造型的基本手法，对冷、热菜菜品进行艺术处理；掌握菜品盛装工艺的基本方法。

实训练习题

（一）多项选择题

1. 下列属于图案造型手法的有（　　）。

A. 对称与统一　B. 模仿与写实　C. 统一与变化

D. 夸张与变形　E. 对比与调和

2. 下列菜品中采用小卷手法的有（　　）。

A. 三丝鱼卷　B. 熘牛肉卷　C. 兰花肉卷

D. 如意虾卷　E. 卷筒鳜鱼

3. 夹的菜品所选择的馅料一般是（　　）。

A. 八宝馅　B. 甜馅　C. 蓉胶馅

D. 颗粒馅　E. 生料馅

4. 下列菜品中采用镶的手法制作的有（　　）。

A. 秋叶鸽蛋　B. 白酥鸡　C. 百花鱼肚

D. 红酥鸡　E. 八宝鸡

5. 下列可作为穿的填充原料的有（　　）。

A. 火腿　　B. 笋　　C. 鱼蓉

D. 虾泥　　E. 鱼翅

6. 花色冷拼需要将加工好的原料按一定的（　　）在盘中拼摆成一定的形状。

A. 次序　　B. 层次　　C. 位置

D. 色彩　　E. 大小

7. 从季节的因素考虑，（　　）图案适合秋季冷拼的构图。

A. 枫叶　　B. 菊花　　C. 荷花　　D. 杨柳

8. 下列餐具可以使冷拼在整个盘面进行构图布局的是（　　）。

A. 无边的白色圆盘　　B. 无边的全黑色圆盘　　C. 黄边平面腰盘

D. 黑边平面圆盘　　E. 无边全绿色腰盘

9. 鸳鸯戏水冷拼中的次要部分是（　　）。

A. 荷花　　B. 水纹　　C. 水草

D. 翅膀　　E. 眼睛

10. 如果假山底部原料色泽偏淡，容易造成（　　）现象。

A. 主次不清　　B. 重心不稳　　C. 层次不清

D. 食用性差　　E. 虚实比例不当

11. 下列原料在制作花色菜肴菜品时不符合卫生要求的是（　　）。

A. 人工色素　　B. 牙签　　C. 竹签

D. 天然色素　　E. 鱼骨刺

（二）判断题

（　）1. 刀工不仅具有较强的技术性，而且具有较高的艺术性。

（　）2. 经刀工处理的原料必须对原料有美化作用。

（　）3. 符合卫生要求、力求保持营养是刀工的唯一要求。

（　）4. 刀工处理不仅能决定原料的形状，而且对菜肴质感有重大影响。

（　）5. 经刀工处理的原料，肯定是粗细均匀、整齐划一的。

（　）6. 所切的烹饪原料出现连墩现象是因为墩面不平。

（　）7. 合理使用原料，最主要是掌握计划用料。

（　）8. 刀工要与烹调密切配合，适应烹调的要求。

（　）9. 切、剁、砍是直刀法。

（　）10. 滚刀切是指刀在滚动地切原料。

（　）11. 配菜是原料初步加工与烹调之间的纽带，是菜肴的烹调过程。

（　）12. 所谓刀工处理就是对烹调原料进行初步加工。

（三）简答题

1. 简述冷菜装盘的六种手法。

2. 简述盛具菜肴配合的原则。

3. 菜肴装盘的要求有哪些？

4. 以红烧鱼为例，简述用拖入法装盘应注意的问题。

5. 采用盛装法的菜肴装盘有哪些要求？

6. 汤和羹在装碗时应注意些什么？

7. 用最简练的语言讲述南京盐水鸭的制作工艺及质量标准。

（四）实训题

1. 制作菊花青鱼，分别以四种形式采用工艺装盘。

2. 以整条鱼为主要原料，设计一道工艺造型菜品。

参考文献

［1］邵万宽．烹调工艺学［M］．北京：旅游教育出版社，2013.

［2］周晓燕．烹调工艺学［M］．北京：中国纺织出版社，2008.

［3］陈苏华．烹饪工艺学［M］．上海：上海文化出版社，2006.

［4］周明扬．烹饪工艺美术［M］．北京：中国纺织出版社，2008.

［5］周妙林．中餐烹调技术［M］．北京：高等教育出版社，1995.

［6］季鸿崑．烹调工艺学［M］．北京：高等教育出版社，2003.

［7］周妙林．菜单与宴席设计［M］．北京：旅游教育出版社 2017.

［8］张荣春．烹饪工艺与营养——禽蛋类［M］．北京：旅游教育出版社，2011.

［9］张荣春．冷菜制作与食品雕刻［M］．北京：高等教育出版社，2002.

［10］邵万宽．创新菜点开发与设计［M］．北京：旅游教育出版社，2004.

［11］邵万宽．菜单设计［M］．北京：高等教育出版社，2008.

［12］张荣春．中餐烹调技术［M］．北京：旅游教育出版社，1996.

［13］冯玉珠．烹调工艺学［M］．北京：中国轻工业出版社，2005.

责任编辑：果凤双

图书在版编目（CIP）数据

中式烹调工艺与实训 / 张荣春主编. -- 北京 : 旅游教育出版社，2018.5（2024.7重印）

ISBN 978-7-5637-3727-7

Ⅰ. ①中… Ⅱ. ①张… Ⅲ. ①中式菜肴—烹饪—技术培训—教材 Ⅳ. ①TS972.117

中国版本图书馆CIP数据核字(2018)第087605号

中式烹调工艺与实训

张荣春　主编

颜忠　史红根　副主编

出版单位	旅游教育出版社
地　　址	北京市朝阳区定福庄南里 1 号
邮　　编	100024
发行电话	（010）65778403　65728372　65767462（传真）
本社网址	www.tepcb.com
E - mail	tepfx@163.com
排版单位	北京旅教文化传播有限公司
印刷单位	唐山玺诚印务有限公司
经销单位	新华书店
开　　本	710毫米×1000毫米　1/16
印　　张	23
字　　数	352 千字
版　　次	2018 年 5 月第 1 版
印　　次	2024 年 7 月第 4 次印刷
定　　价	45.00 元

（图书如有装订差错请与发行部联系）